U0358638

国家社科基金重大项目“中国古代环境美学史研究”（13&ZD072）最终成果

中国古代环境美学史

先秦卷

陈望衡 范明华——主编

陈望衡 徐骆 著

江苏人民出版社

图书在版编目(CIP)数据

中国古代环境美学史. 先秦卷 / 陈望衡，范明华主编；陈望衡，徐骆著. -- 南京：江苏人民出版社，2024.1
ISBN 978-7-214-27205-8

Ⅰ. ①中… Ⅱ. ①陈… ②范…③徐… Ⅲ. ①环境科学—美学史—中国—先秦时代 Ⅳ. ①X1-05

中国版本图书馆 CIP 数据核字(2022)第 089393 号

中国古代环境美学史
陈望衡　范明华　主编
先秦卷
陈望衡　徐　骆　著

项目统筹　康海源　胡海弘
责任编辑　孟　璐
装帧设计　潇　枫
责任监制　王　娟
出版发行　江苏人民出版社
地　　址　南京市湖南路1号A楼，邮编：210009
照　　排　江苏凤凰制版有限公司
印　　刷　南京爱德印刷有限公司
开　　本　652毫米×960毫米　1/16
印　　张　172.75　插页 28
字　　数　2300千字
版　　次　2024年1月第1版
印　　次　2024年1月第1次印刷
标准书号　ISBN 978-7-214-27205-8
定　　价　880.00元(全七册)

总序：中国古代环境美学思想体系

中国古代有着丰富而又深刻的环境美学思想，这思想可以追溯到距今约七八千年的新石器时代，而其奠基则主要在距今2 000多年的先秦时代，其中春秋战国时代的“百家争鸣”对于中国古代环境美学思想的形成起了重要的作用。汉、唐、宋、明、清是中国历史上存在时间较长的朝代，它们于中国环境美学的建构与完善分别起着重要的作用。大体上，汉代主要体现在家国意识的建构上，唐代主要体现为山水审美意识的拓展与提升，宋代主要为新的城市观念的建构，明代主要为园林思想的成熟，清代主要为中国古代环境美学的总结以及向近代环境美学的过渡。探查中国古代环境美学的发展历程，我们认为中国古代有一个完整的环境美学思想体系。

一、汉语“环境”一词考辨

中国自远古起，就有环境思想，但“环境”这一概念产生得比较晚。构成环境一词的“环”与“境”，其出现时间则要早得多。

“环”字最早出现于金文中，写法不一。[①]《说文解字》把“环”归入

① 方述鑫等编：《甲骨金文字典》，成都：巴蜀书社1993年版，第23页。

“玉”部，称“环，璧也”，“从玉，睘声”，《绎史》将“环”图示为◎。可见，“环”是璧的一种，指圆形的、中间有圆孔的玉器，孔的直径和周边的宽度相等。环是古代一种重要礼器。《王度记》云：“大夫俟放于郊三年，得环乃还，得玦乃去。”“环”和“玦”（环形有缺口的玉）成为大夫能否得恩宠的信号。周朝设官职“环人”，《周礼·夏官司马》云：“环人，下士六人，史二人，徒十有二人。”

离开讲礼的场合，“环”则显出其他的含义。

第一，从“环”的圆形生发出“环形”（圆形及类圆形）、“环绕”之义。《庄子·齐物论》云：“枢始得其环中，以应无穷。”《庄子·大宗师》亦云：“其妻子环而泣之。”又，《汉书·高帝纪》有语：“章邯复振，守濮阳，环水。”

第二，与“环绕”相近，“环”有“包围”义。《吕氏春秋·仲秋纪·爱士》有“晋人已环缪公之车矣”语。

第三，“环”有“旋转”义。《茶经·五之煮》说：“以竹策环激汤心。”

第四，“环”有起点与终点重合即无起点亦无终点义。《史记·田单列传》云：“奇正还相生，如环之无端。”《荀子·王制》云：“始则终，终则始，若环之无端也。”没有了起点与终点之别，“环”又发展出“连续不断”之义，如《阅微草堂笔记·如是我闻》有“奇计环生”语。

第五，从“环”外在形象的完满生发出“周全”“遍通”“周密”等义。《楚辞·天问》有“环理天下”语，此处的“环”有“周全”义；《文心雕龙·风骨》云“思不环周”，又，《文心雕龙·明诗》云“六义环深”，此两处的“环”均有“周密”义。

“环”与其他字组合，还会产生新义，如《韩非子·五蠹》“自环者谓之私”，王先慎《诸子集成·韩非子集解》中引《说文解字》认为此“环”与“营”相通。

《说文解字》释“境”为“疆也。从土，竟声，经典通用竟”。何谓疆？界也。何谓界？画也。《后汉书·史弼传》云，古代先王“疆理天下，画界分境，水土异齐，风俗不同”，可见“境”的意思是“划（画）出的边界”。围绕着边界，“境”生发出不同的意思。

第一，就边界本身而言，“境”释为“疆界”。《史记·晋世家》：“（晋）秦接境。”《春秋繁露·玉英》：“妇人无出境之事。”《韩非子·存韩》：“窥兵于境上而未名所之。”《礼记·曲礼下》：“大夫、士去国，逾竟（境），为坛位，乡（向）国而哭。”《史记·孝文本纪》：“匈奴并暴边境，多杀吏民。”对“边境”，《国语》有一生动比喻，其《楚语》曰：“夫边境者，国之尾也。”“境”还可析出细貌，如《资治通鉴·梁纪五》云：“魏敕怀朔都督简锐骑二千护送阿那瑰达境首。”境首，犹言边境也。

第二，把边界当作一条线，就相关话语者所持立场而论，边界的两边就有了不同的归属地，分出“境内”和“境外”。《礼记·祭统》云：“诸侯之祭也，与竟内乐之。”《史记·卫青霍去病列传》云：“以臣之尊宠而不敢自擅专诛于境外。”“境”的“内”“外”之别给人造成一种亲疏有别之感，边界成了时刻提醒人们危机将临的警戒线。

第三，不管“境内”“境外”，都是指“地方”。《论衡·书虚》：“共五千里之境，同四海之内。”《桃花源记》：“率妻子邑人来此绝境，不复出焉。”这“地方”由东、西、南、北来圈定，称为“四境”。《淮南子·道应训》：“诚有其志，则四境之内皆得其利矣。”

第四，“境”也与“环”一样，其义从有形的地方拓展到精神之域。《淮南子》有诸多这样的用法，如《原道训》：“夫心者……驰骋于是非之境。”《俶真训》：“定于死生之境，而通于荣辱之理”；“若夫无秋毫之微，芦苻之厚，四达无境”。《修务训》：“观始卒之端，见无外之境。”

最早把“境”的概念引入艺术理论中的是东汉学者蔡邕。他的论书著作《九势》云：“此名九势，得之虽无师授，亦能妙合古人，须翰墨功多，即造妙境耳。”

“境”与其他词义合作形成的语域，朝着诗学维度拓展，则产生了“意境”和“境界”。这两个语词不仅在诗论中，而且在画论、书论、文论中都成为评判作品是否达到最高水平的标准。“境界”还可指人生修炼达到精神通达的程度。

最早使用“意境”评诗的是唐代诗人王昌龄，传为其所作的《诗格》二卷中有“诗有三境”论，其中第三境即为“意境”。王昌龄还创“境象”概念，他在论第一境“物境”时说：“处身于境，视境于心，莹然掌中，然后用思，了然境象。”这“境象”与“意境”同义。

“境”从“身境”（物境）到“象境”（意境）的拓展，可以看作“境”在历史文化中，其精神因素不断增强的一个缩影。有学者认为，“境”从“实境”到“虚境”，在精神审美因素上的提升与佛教有关。佛教著名的“六境”说根据不同的对象分出六种识境（色、声、香、味、触、法）。佛学意义上“境”更多地偏向“境界”的含义。

“境界”，同样经过了从外在物理空间到内在精神空间的变化过程。汉代郑玄在《诗·大雅·江汉》“于疆于理”句下笺云：“正其境界，修其分理。”当中“境界”指“地方”。魏晋南北朝时期，佛学把“境界”引入精神领域，如《无量寿经》说“比丘白佛，斯义弘深，非我境界”，此处“境界”指的就是内在修炼所达到的程度。

真正在审美意义上使用“境界”概念的是近代的王国维。他的《人间词话》试图以“境界”为核心概念来把握中国古代诗词的主要精神。“境界”成为艺术之本，亦成为艺术美乃至美之所在。

“环境”是晚出词，据资料库显示，先秦至民国的文献中，“环”“境”组合使用大致有200多处。而在隋朝之前，“环境”用例至今没有发现。因此大致可以推断，“环境”最早可能出现在唐朝，进一步缩小范围，可认定在唐朝中后期。唐朝段文昌（773—835年）《平淮西碑》有“王师获金爵之赏，环境蒙优复之恩”。又，《唐大诏令集》卷一一八《令镇州行营兵马各守疆界诏》（下诏时间为大和年间）有“今但环境设备，使之不能侵轶，须以岁月，自当诛除。此所谓不战之功，不劳而定也”。此处的“环境”亦须作动宾短语理解，有“环绕某处全境”之意，不是合成词。

由上可见，唐代“环境”作为“地区”的用例还不太固定。宋代“环境”概念使用要多一些，且趋向于表示某个地区或地带。如北宋《新唐书·王凝传》曰：“时江南环境为盗区，凝以强弩拒采石。”（《新唐书》完成于嘉祐五年,即公元1060年。)与此差不多同时的《黄州重建门记》曰:“环境之内,皆若家视。”(作者郑獬自叙本文完成于治平三年,即公元1066年。)吕南公(1047—1086年)《上运使郎中书》曰:“使环境之俗,欢荣戴赖,如倚父母。”上述“环境”都指环绕某处之全境。

康熙时的《佩文韵府》《骈字类编》中举“环境”这一条目时都有个例句:“诸军环境,不得妄加杀戮。”引自《文苑英华·讨凤翔郑注德音》。《文苑英华》编纂于太平兴国七年至雍熙三年(982—986年),其所撷取的《讨凤翔郑注德音》一文来自唐代的“德音”(诏书的一种)。这样一来,“环境”的出现似乎要推到唐代。但仔细推敲“诸军环境”这句话,如把“环境”当成“某地”看,与“诸军”意思搭配不上。那么“诸军环境”该作何解呢?直接查《唐大诏令集·讨凤翔郑注德音》,其文字却是“诸军还境,不得妄加杀戮”,显然意思就较为清楚,“诸军还境”意为“各路军队回到凤翔这个地方”。古汉语“环”与“还”意义相通,《文苑英华》的写法是允许的,而清代的字书在收集“环境”这一词条时有些草率。即使唐代的说法成立,所引的例子也可能是孤证,况且《文苑英华》以及《唐大诏令集》都编定于宋代,因此,可以推定,“环境”用以指称地区,应是从北宋开始的。

有了北宋的发端,南宋使用“环境”一词就较为便当。南宋熊克《中兴小纪》卷四云:“时河东环境为盗区。”范浚《徐忠壮传》亦云:“当是时,河东环境,为敌区独。”都用了“河东环境”,意思也一样。李曾伯《帅广条陈五事奏》有“蛮傜环境,动生猜疑”。“环境”也见于诗作,李纲《闻建寇逼境携家将由乐沙县以如剑浦》:“纷然群盗起,环境暗锋镝。”刘克庄《送邹莆田》:“租符环境少,花判入人深。”

此后,元、明、清的文献均有“环境”的用例。从以上考证大致可以看出,在古文文本中,“环境”的使用不是太普遍,严格地说,它还没有形成一个概念,其内涵与外延都不够确定。只有到了近代,“环境”才真正成为概念。

作为概念的“环境”,其意义已经远不止于“地区”义,具有一定的人文内涵，凸显了地区与人生存发展的某种关系。鲁迅在《孤独者》中说："后来的坏，如你平日所攻击的坏，那是环境教坏的。"这"环境"的用法就与此前时代的用法完全不同。显然，将这里的"环境"解释成地区、地带就完全不妥。

到了当代，由于人与自然的关系成为生存的一大问题，人们的环境意识进一步加强：一是从自然科学的维度，创建了各种环境科学，如环境化学、环境物理学、环境生物学、环境土壤学、环境工程学等；二是开拓出"社会环境"概念，相应地创建了社会环境科学；三是从生态学维度，创建生态环境科学，生态问题不仅涉及自然问题，也涉及人文问题，因此，出现了诸多具有交叉性、边缘性的生态环境科学，如环境哲学、环境伦理学、环境美学等。

梳理中国文化视野下"环境"语词及概念的发生与发展过程，对于我们研究古代的环境美学思想是很有必要的：

第一，要区别"环境"语词与"环境思想"。虽然"环境"语词在中国文化视野中晚出，但不说明中国古代的环境思想晚出。中国古代的环境思想具有两种形态：一种是感性的物质的形态，另一种是概念形态。而概念是需要用语词来代表的。中国古代与环境相关的概念很多，主要有天、地、天地、自然、山水、山河、江山、田园、家园、国家等，这些概念各自指称古代环境思想中的某个部分。也就是说，中国古代的环境思想，包括环境美学思想，更多不是通过"环境"这一概念，而是通过天地、山水、家园等概念表达出来的。

第二，"环境"这一语词，作为概念来使用时，在中国古代更多指自然环境，而不是指社会环境。"社会"当然有"环境"义，但是，在中国传统文化中，"社会"主要是作为政治学—社会学的范畴来使用的。研究中国古代的环境思想，应该以自然环境为主要研究对象。更兼，虽然自然环境文化通常被视为物质文化，但是，中国文化中的物质文化均具有深厚的精神内涵。换句话说，中国文化中的自然均为文化的自然，因此，研究中国古代的自然环境，不仅不能忽视其文化内涵，而且需要将其作为自然环境的灵魂来看待。

第三,基于“环境”由“环”与“境”构成,这两个概念的含义均不同情况地渗入“环境”概念,成为“环境”概念的内涵成分。

“环”作为独立的概念,不仅重视范围与边界,而且重视中心。受此影响,中国环境思想的中心概念与边界概念都非常重要,中国古代有“大九州”之说,《史记·孟子荀卿列传》载:“(邹衍)以为儒者所谓中国者,于天下乃八十一分居其一分耳。中国名曰赤县神州。赤县神州内自有九州,禹之序九州是也,不得为州数。中国外如赤县神州者九,乃所谓九州也。于是,有裨海环之,人民禽兽莫能相通者,如一区中者,乃为一州。如此者九,乃有大瀛海环其外,天地之际焉。”“大九州”说强调中国是九州之中心,另外也强调九州外有大瀛海包围着。

“境”为域,此域虽也有“地域”义,但自唐开始,“境”越来越多地指精神之域,因此,它主要是一个文化概念,包含丰富的哲学、宗教、美学内容。“境”成为“环境”一词的重要构成部分后,将它的这一特质也带入“环境”概念,因此,研究中国古代的环境思想,不能不注意它的文化内涵、精神内涵。

第四,“环境”概念具有时代的变异性、承续性和发展性。尽管中国古代的环境概念与现代的环境概念不同,这种不同显示出环境概念的变异性,但是,古今环境思想更具有承续性。我们今天在使用天地、山水等古代的环境概念时,是在一定程度上接受了它们的古义的。当然,这其中也渗入了新的时代内容。这说明“环境”概念具有时代的发展性。

二、中国古代的“环境”概念系统

中国古代虽然没有“环境”这一语词,但有环境思想,而且还有类似“环境”的概念。这些概念大致可以分为两类:居室环境概念和自然环境概念。基于人们对环境的认识主要是指对自然环境的认识,加之居室类环境如都市、宫殿等所涉及的问题远不止于环境,且那些问题似比环境问题更重要,因此,讨论环境问题,一般将重点放在自然环境上。中国古代有关自然环境的概念主要有天地（天）、山水、山河（河山、江山）、家国（社稷、家园）、仙境（桃花源、瀛壶）等。

（一）天地（天）

"天地"在古汉语中最初是分开来用的，出现很早。甲骨文中有"天"字，画作正面站立的人：。人的头上有一四边形的圈，表示头顶的空间。已发现的甲骨文中没有"地"字，金文中有。《说文解字》释"天"："颠也，至高无上，从一大。"释"地"："元气初分，轻清阳为天，重浊阴为地，万物所陈列也。从土，也声。"最早将"天"与"地"合在一起且赋予其深刻哲学含义的是《周易》。《周易》的《经》部分，天、地是分用的；其《传》部分，既有分用，也有合用。分用的天有时相当于天地。合用的天、地则形成一个概念，相当于现今的"自然"。

作为宇宙的全称，"天地"概念更多用"天"来代替。这样做，是为了凸显天的至高性。

天地的性质有五：第一，天地是与人相对的，基本上属于物质的概念，但有精神性。第二，天地广大悉备。《中庸》认为天地无穷大，它说："今夫天，斯昭昭之多；及其无穷也，日月星辰系焉，万物覆焉。今夫地，一撮土之多；及其广厚，载华岳而不重，振河海而不泄，万物载焉。"（第二十六章）第三，天地是万物的母体。这句话一是指天地生万物。《周易·系辞下》云："天地之大德曰生。"二是指天地养万物。《周易·颐卦·彖辞》云："天地养万物。"第四，宇宙运动的规律为天地之道。《庄子》将天地之道概括成"正"，说要"乘天地之正"（《逍遥游》）。《中庸》说："天地之道，博也，厚也，高也，明也，悠也，久也。"（第二十六章）第五，天地具有神性。

自古以来，中华民族给予天地以崇高的礼赞。这种礼赞大体上有两种情况：其一，赞美天地兼赞美天道。《庄子》云"天地有大美而不言"，此天地既是物质性的自然界，又是精神性的天道——自然规律。于是，"天地有大美"既说自然界有大美，又说自然规律有大美。其二，赞美天地兼赞美天工。如《淮南子·泰族训》云："天地所包，阴阳所呕，雨露所濡，化生万物。瑶碧玉珠，翡翠玳瑁，文采明朗，润泽若濡，摩而不玩，久而不渝，奚仲不能旅，鲁般不能造，此之谓大巧。”这种“大巧”即天工。

天地如此伟大如此美，就不仅成为人膜拜的对象，还成为人效法的对象，于是，就有了天人相合的理论。

《周易·乾卦·文言》云：“夫‘大人’者，与天地合其德，与日月合其明，与四时合其序，与鬼神合其吉凶，先天而天弗违，后天而奉天时。”与天地相合，意义重大，不仅可以获得平安，获得成功，而且可以获得“大乐”。《乐记·乐论》云“大乐与天地同和”，而与天地同和的快乐，《庄子》称之为“天乐”，天乐为“至乐”。《庄子·至乐》云“至乐无乐”。之所以称之为无乐，是因为它是天之乐，天无所谓乐与不乐。人能达此境界必然“通于万物”（《庄子·天道》），而能通于万物，人真就与天地合一了。因此，人与天合，不仅具有实践上遵循规律的意义，而且还具有精神上通达天道的意义。

（二）山水

“天地”主要是哲学概念，而“山水”则主要是美学概念。作为美学概念的“山水”发轫于先秦。孔子云“知者乐水，仁者乐山”（《论语·雍也》），这水与山成为乐的对象，说明它们已进入审美领域了。

山与水合成一个概念，应该是在魏晋。此时出现了以山水为题材的诗歌和画作，后人名之为山水诗、山水画，应该说，在这个时候，山水就成为一个美学概念，它不再指称自然形势，而专指自然美本体。东晋的谢灵运是中国第一位山水诗诗人。他的名篇《石壁精舍还湖中作》用到了“山水”：“昏旦变气候，山水含清晖。”东晋另一位文学家左思的《招隐（其一）》亦用到了“山水”，云：“非必丝与竹，山水有清音。”

“山水”与“天地”存在着内在联系。天地是宇宙概念，山水是宇宙的一部分，将山水归于天地，是不错的，但一般不这样做。在天地与山水这两个概念间，人们的关注点是它们不同的意义。从总体上来说，天地是哲学概念，而山水是美学概念。言天地，总离不开言本，人们认为天地是人之本、万物之本。言山水，总离不开言美，人们认为山水具有最大、最高的美，并且认为它是人工美之母、之师。天地虽然兼有物质与精神、具象与抽象两个方面的意义，但是由于它在时空上的无穷性，人们更多地从精神上、从抽象意义上去理解它。而山水则不是这样。虽然它也兼有物质与精神、具象与抽象两个方面的意义，但人们更看重的是它的物质的、具象的意义。相较于天地，山水具体得多，感性得多，亲和得多。如果说天地给予人的更多是理，是启示，那么，山水给予人的更多是美，是快乐。

“山水”与“自然”也存在着内在联系。自然，就其作为性质来说，它说的是性质中的一种——本性。凡物均有其本性，不只是自然物有本性，人也有本性。所以，自然不是自然物。自然，也作为物来理解。作为物，名之曰自然物，自然物的根本性质是非人工性。山水属于自然物。自然物的价值可以从两个方面来理解：一方面，自然物具有对自身及对整个自然界的价值，其中包括生态价值；另一方面，它也具有对人的价值，是这种价值让它接受人的评价、利用。山水的价值，也有这两个方面，但是，山水作为美学概念，凸显的是审美价值。因此，言及山水，我们几乎完全忽视其对自身的及对整个自然界的价值。

相较于“风景”概念，“山水”又抽象得多。可以这样说，山水，当其进入人的审美视界就成为风景。我们通常也将风景说为“景观”，其实，风景只是景观中的一种——自然景观。

中国的自然环境审美早在先秦就有萌芽，但一直没有一个合适的概念来描述它。“山水”的出现，意味着自然环境审美独立了。

中国的山水意识，有一个发展的过程。大体上，先秦时注重以山水“比德”，至魏晋南北朝注重山水“畅神”，由“比德”到“畅神”，明显体现出山水审美的自觉性的出现。郭熙在《林泉高致》中探寻君子爱山水的缘由，云：“君子之所以爱夫山水者，其旨安在？丘园养素，所常处也；泉石啸傲，所常乐也；渔樵隐逸，所常适也；猿鹤飞鸣，所常观也。”明确将山水与人的关系归于人之“常处”“常乐”“常适”“常观”。如果说“常处”“常适”涉及居住，那么，这“常乐”“常观”就属于审美了。

关于山水画，郭熙说："世之笃论，谓山水有可行者，有可望者，有可游者，有可居者。画凡至此，皆入妙品。但可行可望，不如可居可游之为得。"(《林泉高致·山水训》)这说明，在中国人的心目中，山水，不管是现实山水还是画中山水，都具有家园感，山水是环境的概念。

（三）山河（河山、江山）

中国传统文化中，除了"山水"这样倾向于表达纯审美意象的概念，还有一些注重在审美中凸显国家意识的环境概念，主要有"山河""江山""河山"等。

南北朝的文学家庾信在《哀江南赋序》中用到"山河"概念，文云："孙策以天下为三分，众才一旅；项籍用江东之子弟，人惟八千，遂乃分裂山河，宰割天下。岂有百万义师，一朝卷甲，芟夷斩伐，如草木焉？"这里的"山河"指国土，也指国家。《世说新语·言语》也这样用"山河"概念，文曰："过江诸人，每至美日，辄相邀新亭，藉卉饮宴。周侯中坐而叹曰：'风景不殊，正自有山河之异！'皆相视流泪。"

与"山河"概念相类似的有"江山"。《世说新语·言语》中有一段文字："袁彦伯为谢安南司马，都下诸人送至濑乡。将别，既自凄惘，叹曰：'江山辽落，居然有万里之势！'"这里的"江山"从字面上看，似是赞美自然风景，但这不是一般意义上的自然风景，而是祖国、国家、国土等意义上的自然风景，江山成为祖国、国家、国土以及国家主权等意义的代名词。

"河山"原是黄河与华山的合称。《史记·天官书第五》："及秦并吞三晋、燕、代，自河山以南者中国。"这里的"河"指黄河，"山"指华山。但后来，河山用来指称祖国、国家、国土以及国家主权。《史记·赵世家》："燕、秦谋王之河山，间三百里而通矣。"这里的"河山"指国土。

山河、江山、河山等概念虽然能指称祖国、国家、国土、国家主权等，但一般不能在文中替换成这样的概念，主要是因为山河、江山、河山等概念除具有祖国、国家、国土、国家主权等意义外，还具有审美的意义，其审美特性为壮美、崇高。一般来说，在国家遭受外族入侵的形势下，人们多用山河、江山、河山来指称祖国、国家、国土及国家主权。南宋诗词用这类概念最多，显示出深厚的忧患意识和昂扬的爱国主义情感。

（四）家国（社稷、田园）

很难说“家国”是环境概念，但是在一定的语境下，可以将其看作环境概念。

“家国”是“家”与“国”的组合。分别开来，它们各是一种社会形态，将它们合为一体，意在强调它们的血缘关系，国是家的组合体，家是国的构成单元。家国既是实体存在，也是一种思想、情怀。“家国”概念系统主要有两个系列。

第一，由“地”到“社稷”等概念构成的“国家”系列。

《周易·乾卦·彖辞》云：“大哉乾元，万物资始。”《坤卦·彖辞》云：“至哉坤元，万物资生。”“乾元”指天，“坤元”指地。这里，“始”是生命之始，“生”是生命之成。生命之成，重在养。坤，作为地，最为重要的功能是养育生命。《说卦》说：“坤也者，地也，万物皆致养焉。”养物的前提是载物。《周易·坤卦·象辞》说：“坤厚载物。”正是因为地能载物，故地“德合无疆。含弘光大，品物咸亨”，如此，地就成为万物之母。

从这些表述来看，虽然是天与地共同作用生物，但地的作用更为人所看重。这种情况的出现，与农业社会有重要关系。农业社会虽然重视天象，但更重视大地。基于农业，让人顶礼膜拜的“大地”演化成了更让人感到亲和的“土地”。

大地是哲学化的概念，土地是功利化的概念。先秦古籍中，大地哲学主要集中在《周易》，土地功利则主要集中在《周礼》。《周礼·地官司徒第二》云“以土会之法，辨五地之物生”，“五地”指山林、川泽、丘陵、坟衍、原隰。土地功利，基础是农业，延伸则是政治，其中核心是国家、国土、国家主权。

正是因为土地有这样重要的功利，所以土地就成为祭祀的对象。于是，一个标志祭地的概念——“社”产生了。“社”与“稷”相联系，《孝经》云：“稷者，五谷之长。……故立稷而祭之。”社稷本来指两种祭礼，但此后引申出国家的意义，成为国家的另一称呼。

第二，由田园、园田、农家、田家等构成的“家园”系列。

这套概念系列衍生出了中国重要的诗歌流派——田园诗。田园诗产生的土壤是农业文明，浇灌它茁壮成长的雨露是环境审美。《诗经》中有诸多描绘农家生活的诗，应被视为田园诗的滥觞，但作为诗派，田园诗应该说是陶渊明开创的。田园诗在唐朝已相当兴盛，大诗人王维就写过诸多田园诗，如《山居秋暝》《桃源行》《辋川闲居赠裴秀才迪》《田园乐》《鸟鸣涧》《渭川田家》《田家》《新晴晚望》等。宋代田园诗写作蔚然成风。虽然田园诗也描写了农家生活的艰辛和官家对农民的压迫，具有揭示社会黑暗的价值，但是，田园诗的主体是展现田园风光之美，这无疑是最具农业文明特色的环境之美。

国家也好，家园也好，它们都由具有一定疆域的土地来承载。中华民族具有深刻的土地情结，这种情结与家国情怀复合在一起，具有极为丰富的文化内涵，成为中华民族的重要传统。

（五）仙境（桃花源、瀛壶）

中华民族理想的人物是神仙，神仙生活的地方为仙境。

神仙是自由的，可以说居无定所，但还是有相对比较固定的生活场所。神仙的居住场所大体上可以分为三类：一、天宫龙宫等；二、昆仑山、海上三神山等；三、桃花源之类。三类场所，第一类完全是虚幻的，人无法达到，值得我们重视的是二、三类，它们就在红尘中，诸多寻仙的人千方百计要寻找的就是这类仙境。

仙境中的风景极为优美，反映出中华民族崇尚自然美的传统。美好的自然风景总是以生态优良为首位的，因而所有的仙境中人与动物均和谐相处。

仙境常被人们用来作为园林建设的理想范式。最早将海上仙山引入园林的是秦始皇，据《元和郡县图志》卷一：“兰池陂，即秦之兰池也，在县东二十五里。初，始皇引渭水为池。东西二百丈，南北二十里，筑为蓬莱山。刻石为鲸鱼，长二百丈。”以后的各个朝代都情况不一地将各种仙境引入园林,“一池三神山”更是成为园林建设的一种范式,沿用至今。计成的《园冶》描绘了理想的园林。他认为理想的园林应具有仙境的品格:“莫言世上无仙,斯住世之瀛壶也。”(《卷三·掇山》)“漏层阴而藏阁,迎先月以登台。拍起云流,觞飞霞伫。何如缑岭,堪偕子晋吹箫。欲拟瑶池,若待穆王待宴。寻闲是福,知享既仙。”(《卷一·相地》)

仙境基本性质是在人间又超人间。在人间,指适合人居;超人间,指它具有人间不可能具有的优秀品质——快乐,长寿,没有苦难。

陶渊明的《桃花源记》描写的桃花源是仙境的典范。桃花源人本生活在世俗社会中,只是因为逃避战乱才迁到这里,与世隔绝,从而“不知有汉,无论魏晋”。他们的长相、穿着与世俗之人没有什么不同,“男女衣着,悉如外人”,但他们“黄发垂髫,并怡然自乐”。桃花源与世俗社会也没有什么不同,“阡陌交通,鸡犬相闻”。如果要找出什么不同,那就是和谐,就是宁静,就是快乐,就是长寿。

仙境作为中华民族的环境理想,是中华民族建设现实生活环境的指导,具有重要的意义。

三、中国古代环境意识的基础:农业文明

中国古代有关环境问题的思考与实践由来已久,溯其源,可达史前。史前人类早期的生产方式是渔猎,基本上是在相对固定的地域或地区生活,或是依赖着一片草原,或是依赖着一片山林,或是依赖着一片水域。渔猎的地区能够让人对这片土地产生一定的亲和感、依赖感,但是不够稳定,因为渔猎生产受资源的影响,人们不得不经常性地迁徙。而农业则不同。农业需要固守一片田园,年复一年地耕作、经营。对这块土地每年都要有投入,只有这样,才能有所收获。与之相关,农业需要定居。除非有不可抗拒的原因,农民一般不会迁移。从事农业的人们在相对比较固定的土地上一代又一代地生产着,生活着,发展着。环境的意识,从本质上来说,就产生在农业这种生产方式之中。

考古发现,距今约12 000年前的湖南道县玉蟾岩遗址就有稻谷的遗

存，这属于旧石器时代向新石器时代过渡的时期。此外，在江西万年仙人洞遗址和湖南澧县彭头山遗址，也发现了史前人类种植水稻的证据，这两处遗址距今均约 9 000 年。在距今约 6 000 年（属新石器时代早期）的浙江余姚河姆渡遗址，考古学家发现了大量稻谷、谷壳、稻秆和稻叶堆积，最厚处达一米。在气候干燥的黄河地区，史前人类也早早进入了农耕时代。甘肃秦安大地湾遗址，就发现了炭化黍，距今约 8 000 年。这些史实证明中华民族很早就在创造着农业文明，而环境意识包括环境的审美意识就建构在农业文明的创造之中。

中国古代的环境意识，在农业文明的基础上，向着两个方面展开：

第一，家园意识。

谈环境经常要涉及的概念是自然。自然，只有当与人相关的时候，它才成为人的自然。人的自然首先是或者基本上是物质的自然。物质的自然，对于人的意义主要是两个，一是资源，二是环境。从理论与实践上来说，前者侧重于人的生产资料与生活资料的获取，后者则侧重于人身体上和心灵上的安顿。作为身体与心灵安顿之所的环境通常被称为“家园”。

农业生产的主要场所为田野，日出而作、日落而息的农业生产中，生产地与生活地一般不会分隔得太远，生产区与居住区总是挨着的，这两者共同构成了人们的家园。家园是环境问题的核心，环境审美的本质即是家园感。

农业生产是家庭产生的物质基础。渔猎生产中，人的合作不是生产必需的前提，即便有合作，这种合作也未必需要以家庭为单位。而农业生产是必须合作的，理想的生产单位是家庭。一般来说，男人从事较为繁重的田园劳作，女人则主要从事畜养和采集的劳动。有了孩子后，一般来说，男孩是父亲的帮手，女孩则是母亲的帮手。

在中华民族，一夫一妻的家庭究竟产生于何时，还是一个正在研究的课题，从理论上说，应该是农业社会。考古发现，西安半坡仰韶文化遗址存有大量房屋基址，房子分方形、圆形两类，面积不等，绝大多数屋子面积在12—20平方米。这正是对偶家庭所居住的屋子。严文明先生认为，半坡居民有300—600人，分为三级，最低级为对偶家庭，住12平方米左右的小屋子，数座小屋与中型屋子（面积20—40平方米）组成一个大家庭或家族，若干个大家庭组成氏族公社，三五个氏族公社组成胞族公社。① 考古发现，半坡人已经以农业为主要的生产方式了。可以说，中华民族最早的家庭就是应农业生产之需而建立的，并稳固地成为社会的基本单位。甲骨文中的“家”，上为屋顶形，有覆盖的意义；下为豕，即猪。“家”字的创造明显表现出农业文明的影响。

中华民族最早的国家形态应是由氏族公社构成的胞族公社，胞族公社的首长就是族长，因此，以胞族公社为基本性质的国家实际上就是放大的家。炎帝部落与黄帝部落在实现合并之前都是胞族公社，其合并后，性质有了变化，成为胞族公社的联盟。

尽管由胞族公社联盟所构成的国在性质上与家有了区别，但社会的基本单位仍然是家。重要的还不是家这样的单位的存在，而是家观念一直是社会的主导观念，血缘关系一直被视为社会的基本关系，这和儒家学说有着重要关系。进入文明社会后，儒家试图为社会制定行事规则。儒家的基本立场是家观念。儒家建构的公民道德，其基础是正确处理家庭人员的关系。家庭人员之间的良性关系建立在等级和友爱两重原则的基础之上，而等级与友爱均以血缘亲疏为最高原则。儒家将这套家庭伦理观念推及社会，建立社会伦理，于是国就是放大的家，君主是全国人民共同的家长，而全国人民均是这个大家庭中的成员。

家意识的扩大即为国意识，国意识的缩小就是家意识。儒家经典《大学》云：“欲治其国者，先齐其家。”“家齐而后国治。”齐家是治国之先，这“先”不仅具先后义，而且具习用义，就是说，齐家是治国的演习或者说练习，治国是齐家之后的大用。如此说来，治国与齐家在基本原则与方

① 参见严文明《仰韶房屋和聚落形态研究》，《仰韶文化研究》，北京：文物出版社1989年版，第180—242页。

式上是相通的。

中国文化中有两个重要概念——“国家”和“家国”。言“国家”,实际上说的是“国”,但要以“家”托着;言“家国”,虽然是既说“家”又说“国”,但是以“家”为先或者说为前的。不管是“国家”概念还是“家国”概念,“家”与“国”均密切联系,不可分割。

中华民族的环境意识具有强烈的家国情怀。这是中华民族环境意识包括环境审美意识的重要特质。这种特质的产生与中华民族以农为本的生产方式以及因此建构的家国意识有着重要关系。

第二,天人关系。

环境问题说到底还是天人关系问题。天人关系应该是人类共同的问题。天人关系中的“天”具有多义性,它可以理解成自然界,可以理解成上天的意旨、鬼神的意旨乃至不可知的命运等。从环境美学的维度来看,这“天”,只能理解成自然,但不能把所有自然现象都理解成环境,只有与人的生存、生活相关的那部分自然,可以被看作环境。

中国文化的以农为本,在很大程度上影响着中国人的天人关系。农业的基本性质是代自然司职,基于此,农业文明中的天人关系有两种形态:

其一,人与第一自然的关系。第一自然是人还不能对它施加影响的自然,而它可以对人的生产、生活产生影响。以人代自然司职为基本性质的农业,本就融会在自然活动的体系中,比如,春天,是万物生长的时节,也是播种农作物的时节。可以说,农作物及畜养物,都与自然共生,既如此,农业全面地接受着大自然的影响,包括有利的影响和不利的影响。对于这种影响,人们非常敏感。从农业功利的维度,人们形成了对于自然现象相对固定的审美观念。就天象景观来说,风调雨顺的景观是美的,狂风暴雨的景观就被认为是丑的。杜甫诗云:“好雨知时节,当春乃发生。随风潜入夜,润物细无声。”(《春夜喜雨》)这“雨”好是因为“润物”。就大地景观来说,膏壤沃野、新绿满眼,是美的;不毛之地、荒寒之地,就是丑的。虽然在自然景观的审美过程中,人们不一定都会想到农业，但潜意识中，农业功利已成为衡量自然景观美丑的重要标尺。或者说，农业功利意识早就化为中华民族的集体无意识。

其二，人与第二自然的关系。第二自然是人工创造的自然。对于人工创造的自然，人类对它们具有极为真挚深厚的情感。农业文明中第二自然的整体形象为田园。田园中既有庄稼、牲畜等人造的自然物，也有人造的自然活动，它们共同构成一种田园景观。这种田园景观成为农业环境审美的重要对象。与之相关，田园诗以及田园散文在中国文学体系中占有重要地位。中华民族其乐融融的天伦之乐以及耕读传家的传统都建立在田园生活的基础上。正是因为如此，中国古代环境美学的一大特点就是重视田园环境的审美。

中国人的环境观念虽然在很大程度上受到以农为本的影响，但亦不受其约束。中国人的世界观既有务实的一面，又有务虚的一面；既有执着的一面，又有超越的一面。表现在环境审美上，则是既重功利——潜意识中的农业功利，又重超越——主要是对物质功利包括农业功利的超越。陶渊明在这方面很有代表性。他的《读山海经（其一）》云：

> 孟夏草木长，绕屋树扶疏。众鸟欣有托，吾亦爱吾庐。既耕亦已种，时还读我书。穷巷隔深辙，颇回故人车。欢然酌春酒，摘我园中蔬。微雨从东来，好风与之俱。泛览周王传，流观山海图。俯仰终宇宙，不乐复何如！

诗中的景观审美明显具有田园风味，功利性也是有的，如“欢然酌春酒，摘我园中蔬”；但是，当说到“微雨从东来，好风与之俱”就已经实现超越了。诗人更多体会到的不是功利，而是自然风物与人身心合一的美妙，最后诗人上升到哲学的高度——“俯仰终宇宙，不乐复何如！”

陶渊明是一位具有多重身份的诗人。首先，他是农民，农作物长得好不好，直接关系着生存，因此，他在意“种豆南山下，草盛豆苗稀。晨兴理荒秽，带月荷锄归。道狭草木长，夕露沾我衣。衣沾不足惜，但使愿无违”［《归园田居（其三）》］。但是，他不只是农民，他还是诗人，因此，他能够说："翩翩飞鸟，息我庭柯。敛翮闲止，好声相和。"（《停云》）更重要的是，他是哲学家，他能超越一切功利，实现与自然之间心灵的对话："结庐在人境，而无车马喧。问君何能尔？心远地自偏。采菊东篱下，悠然见南山。山气日夕嘉，飞鸟相与还。此还有真意，欲辩已忘言。"[《饮酒（其五）》]

以农为本，说的只是经济基础，审美与经济基础是存在联系的，但是这种联系更多是间接的、隐晦的、精神的、超越的。基于此，虽然中华民族对于自然环境的审美的根基是农业，但其表现方式是多元的、丰富多彩的。

四、中国古代环境美学理论体系（一）：天人关系

如从黄帝时代算起，中华民族拥有五千年的文明，这文明中包含对环境美学问题的深层思考，形成了相当完善的理论系统。环境理论体系首先是环境哲学，环境美学是环境哲学的组成部分。环境哲学的核心问题是人天关系论。

（一）环境哲学中的天人关系

虽然人天关系不等于人与自然的关系，但人与自然的关系无疑是人天关系的主体。长期以来，中华民族对此问题有着诸多深刻的思考，大体上可以分为三个方面。

1. 天人合一论

张岱年先生说："中国哲学有一个根本思想，即'天人合一'，认为天人本来合一，而人生最高理想，是自觉地达到天人合一之境界。"①天人合一，有诸多理论。首先它涉及"天"的概念，天有自然义、本性义、天道（理）义、造物神义、鬼魅义，还有不可知义。其次，"合"亦有多种含义，有唯物主义的解释，也有唯心主义的解释，比如董仲舒的天人感应论，完全是唯心主义的。最后，这"合一"的"一"，究竟是天，还是人，并不定于一

① 张岱年：《中国哲学大纲——中国哲学问题史》，北京：昆仑出版社 2010 年版，第 6 页。

尊。为了强调天的权威性，天人合一，这“一”就是天；为了凸显人的主体性，天人合一，这“一”就是人。比如张载的“为天地立心”说，也是天人合一。在张载看来，天地只是物质，并无精神，而人有灵性、有心性。他的“为天地立心”说，实质是让自然为人造福，凸显的是人的主体性。他并不否定自然规律的客观性，也不反对遵循自然规律办事，只是在这一语境中他不强调这一点。

天人合一论的精华是自然的客观性与人的主体性的统一。《周易·革卦》说：“汤武革命，顺乎天而应乎人。”顺乎天，顺的是天理；应乎人，应的是人心。这句话也许是中国古代天人合一思想的最佳表达。

天人合一论最有思想性的观点，是老子的“道法自然”说。其全句为“人法地，地法天，天法道，道法自然”（《老子》第二十五章）。这种表述，是有深意的。“人法地”的“地”，是指大地。人的确只能效法或师法自然——特别是与人共同生活在大地上的自然物——进行创造。“地法天”的“天”不是指与大地相对的天空，而是指整个宇宙。作为部分的地，理所当然应服从整体的天。“法天”，服从天，遵循天。那么，“天”又应服从、遵循什么呢？老子说是“道”。道即规律。宇宙，即天，它的运行是有序的，有规律的。“道”从何来，又是什么？老子认为道就在事物本身，道不是别的，就是事物之本然/本质，也就是自然——自然而然。本然是外在形态，本质是内在核心，自然而然是存在方式。作为宇宙整体的“天”，究其本，是道的存在。人生活在地上，法地而生；地作为天的一部分，法天而存；天作为宇宙整体，循道而行；而道不是别的，就是事物自身的存在，包括它的内在本质与外在形态。说到底，人作为宇宙的一部分，其存在也应“法自然”。“法自然”，于人而言，即是尊重人自身的自然，同时也尊重人以外的他物的自然，包括环境的自然，实现两种自然的统一。只有这样，人才能生存，才能发展。老子的“道法自然”具有深刻的人与环境和谐论以及生态和谐论思想。

2. 天人相分论

与天人合一论相对立的是天人相分论。持此论者，最早是荀子。他说"天行有常，不为尧存，不为桀亡。应之以治则吉，应之以乱则凶"，强调要"明于天人之分"。(《荀子·天论》)庄子反对"以人灭天"，对于治马高手伯乐残害马的天性的种种作为予以猛烈抨击，他尖锐地嘲讽鲁侯"以己养养鸟"导致鸟"三日而死"的愚蠢做法(《庄子·至乐》)。高度重视民生的管子也谈天人相分，他的立论多侧重于生产与生活。管子认为"天不变其常，地不易其则，春秋冬夏不更其节，古今一也"(《管子·形势》)，强调"天"即自然规律是客观的、不变的，人必须法天、遵天，"凡有地牧民者，务在四时，守在仓廪"(《管子·牧民》)。管子还谈到环境建设，说要"因天材，就地利，故城郭不必中规矩，道路不必中准绳"(《管子·乘马》)，一切从实际出发，尊重自然。

天人相分是客观存在的，不需要人为，而天人合一，需要人为。只有承认天人相分，并且努力认识进而把握天地之道、实践天地之道，才能实现天人合一。天人相分的观点，中国历代均有人在谈，如唐代有刘禹锡的"天人交相胜"说、柳宗元的"天人不相预"说。宋明理学虽更多地谈天人合一，但首先肯定的还是天人相分，是在肯定天人相分的前提下强调天人合一。

3. 天人相参论

《周易》提出天人地"三才"说。"三才"说的伟大价值在于彰显人在宇宙中的地位。人不仅居于天地之中，而且参与天地的创造。《中庸》更是明确提出，人"可以赞天地之化育"，"与天地参"(第二十二章)。

人"与天地参"，有两种理解。按天人相分论，是天做天的事，人做人事，人不去干扰天地的运行。荀子说："天有其时，地有其财，人有其治，夫是之谓能参。"(《荀子·天论》)按天人合一论，则是人一方面尊重天，循天而行；另一方面运乎心，逐利而行。天理与人利实现统一，天理为真，人利为善，两者的统一为美。

(二) 环境建设与环境审美中的天人关系

中国古代的天人关系哲学是中国人的思维法则，也是中国人环境建设的指导思想。

中国人的环境建设开始于筑巢而居。《韩非子》云:"上古之世,人民少而禽兽众,人民不胜禽兽虫蛇。有圣人作,构木为巢以避群害,而民悦之,使王天下,号之曰有巢氏。"(《韩非子・五蠹》)有巢氏的时代是巢居开始的时代,这个时代对于初民审美意识的生发具有极其重要的意义。居,是生存第一义。动物的居住,大体上有两种:一种基本上是利用自然环境,将就一个居住场所;另一种则是利用自然物质,建设一个居住场所。前者的特点是"就",后者的特点是"建"。人类的居住场所,原来主要是"就",比如,住在山洞里,为穴居。当人类觉得这种居住场所不理想,想自己动手盖一个屋子的时候,建筑就产生了。

从目前的考古发现来看,在旧石器时代,人类居住在洞穴里。而到了新石器时代,人类才开始建造属于自己的屋子,这距今大约一万年。

有两类建筑是值得格外注意的。一类是部落举行祭祀或集会的大房子,在距今 7 000—5 000 年的仰韶文化时期已有。在仰韶村遗址,考古人员发现一座面积在 130 平方米以上的大屋子;在半坡遗址,发现一座面积近 160 平方米的大房子;又在西坡遗址,发现一座面积竟达 516 平方米的房子。这更大的房屋,结构复杂,四周设有回廊,为四阿式建筑。我们有理由猜想,这大房子是部落最高首领举行重大活动的地方,相当于故宫中的太和殿。这样的建筑发现让建筑与礼制结上了关系,意义巨大。

另一类建筑为园林。园林的出现比较晚,考古发现,夏代、商代是有园林的。据甲骨卜辞记载,这样的园林,其功能是多元的,包括狩猎功能、种植功能、豢养功能,还有休闲观景等功能。这最后一项功能,我们可以将它概括为审美功能。此后的发展中,园林的狩猎功能、种植功能、豢养功能消失,园林成为人们的另一住所,这另一住所的最大好处是景观美丽,人们在这里可以放松身心,尽情地欣赏美景、宴饮欢乐。园林的审美功能日益凸显,成为园林的主导功能。园林,本来不是艺术,但因为审美功能成为园林的主导功能,而跻身艺术。如果要说这艺术与其他艺术有什么不同,那就是这艺术还保留着物质功能——可居。于是,园林成为艺术中唯一兼有物质功能的特殊存在。

城市是人类居住相对集中的地方,是一定区域内的政治中心、经济中心、交通中心和文化中心。城市出现得很早,距今约 6 000 年的凌家滩遗址出土了许多精美的玉器,其中有玉龙、玉冠饰、玉鹰、玉钺等只有部落首领及贵族才能拥有的玉器,专家认为,这个地方很可能就是古代的一座城市。无疑,城市是当时当地最为优越的生活环境。优越的生活必然不只是物质上富足,还包括精神上富足,而精神上富足,其最高层次无疑是审美。

就是在建设优秀的生活环境的过程中,人们逐渐形成了一些环境审美意识。这些意识,一方面是环境哲学的具体展开,另一方面,又是环境建设的理论指导。在中华民族长达五千年的环境建设实践中,有一些环境审美意识是最值得重视的。

1. 人为主体

环境建设中,人为主体。环境与自然不一样。自然可以与人不相干,而环境则不能没有人。人于环境不是被动的,而是可以按自己的需要选择并建设环境。前文谈到,环境于人的第一要义是居住,不是所有的自然环境都适合人居住,就是适合人居住的环境,其品位也有高下之别。这里就有一个人选地的问题。柳宗元在他的散文中说起一件逸事:潭州地方官杨中丞为名士戴简选了一块风景不错的好地建造住宅。在柳宗元看来,戴氏算是找到一块与他的心志相符的好地了,而这块好地也算是找对了主人,两者可说是惺惺相惜。于是,他说:“地虽胜,得人焉而居之,则山若增而高,水若辟而广,堂不待饰而已奂矣。”(《潭州杨中丞作东池戴氏堂记》)在审美关系中,物与人两个方面,柳宗元更看重的是人。在《邕州柳中丞作马退山茅亭记》中,他明确地说:“美不自美,因人而彰。”

人的主体性是环境审美的第一原则。主体性原则既表现在对自然的尊重上,也表现在对人的需要(包括审美需要)的充分考虑上。

2. 观天法地

环境建设中人的主体性突出体现在观天法地上。

观天法地有两个方面的意义：一、自然基础。天指天气，地指地理，二者都关涉到人的生存与发展问题。《周礼·考工记》就记载了营建都城时匠人对地形与日影的测量情况："匠人建国，水地以县，置臬以县，视以景。为规，识日出之景与日入之景，昼参诸日中之景，夜考之极星，以正朝夕。"二、礼制需要。中国人的环境建设重视礼制。都城是皇帝所居的地方，对于天象的观察尤其重要。皇帝居住的正殿应对应天上的紫微星。长安正是这样的："正紫宫于未央，表峣阙于阊阖。疏龙首以抗殿，状巍峨以岌嶪。"按张衡《西京赋》的说法，西汉的都城长安与刘邦还有一种特殊的关系："自我高祖之始入也，五纬相汁以旅于东井。"这是说"五纬"即金木水火土五星"相汁"（和谐），并列于"东井"（即井宿）。

3. 重视因借

中国的环境建设强调尊重自然。计成提出园林建设"因借"说，"因"的、"借"的均是自然："因者：随基势之高下，体形之端正，碍木删桠，泉流石注，互相借资；宜亭斯亭，宜榭斯榭，不妨偏径，顿置婉转，斯谓'精而合宜'者也。借者：园虽别内外，得景则无拘远近，晴峦耸秀，绀宇凌空；极目所至，俗则屏之，嘉则收之，不分町疃，尽为烟景，斯所谓'巧而得体'者也。"（《园冶·兴造论》）"因借"理论不仅适用于园林，也适用于一切环境建设。

4. 宛自天开

虽然总体上中国的环境建设以老子的"道法自然"说为最高指导思想，强调尊重自然格局、以自然为师，但是，也不是一味拜倒在自然的脚下，毫无作为。如《周易》的"三才"说，《中庸》的"与天地参"说。特别是荀子，其建立在"天人相分"哲学基础上的"有物"说，更是宣扬人的主体精神，强调向自然索取："大天而思之，孰与物畜而制之？从天而颂之，孰与制天命而用之？望时而待之，孰与应时而使之？因物而多之，孰与骋能而化之？"（《荀子·天论》）荀子的"骋能而化之"是对"道法自然"说的重要补充。事实上，中国的环境建设所持的建设理念正是"道法自然"与"骋能而化之"的统一。计成说园林"虽由人作，宛自天开"，堪为对这统一的精彩表述。

“宛自天开”既是对天工最高的赞美,也是对人工最高的赞美。除此以外,中国人的园林学说中还有“与造化争妙”(李格非《洛阳名园记·李氏仁丰园》)的观念。这与中国绘画理论中“画如江山”“江山如画”的说法完全一致。“画如江山”,江山至美;“江山如画”,画又成最高之美了。概括起来,我们可以这样表述:天工至尊,人工至贵。

5. 遵礼守制

中国文化的礼制精神可以追溯到史前,史前的彩陶、玉器就是礼器。进入文明时代后,夏、商两朝均有礼制的建构,只是不完善。到周朝,主政的周公花大气力构建礼制。从《周礼》一书,我们可以看出周朝的礼制是何等的完备!儒家知识分子极力鼓吹礼制。自汉代始,以礼治国成为中国数千年治国的基本方略。礼制对中国人生活的影响是广泛而又深刻的,不独在政治中,也在环境建设之中。《周礼·考工记》就明确地说匠人营建国都是有礼制规定的:“匠人营国,方九里,旁三门。国中九经九纬,经涂九轨,左祖右社,面朝后市……”礼制虽然渐有变异,但基本上是有承传的,像宫殿建筑群的设置,“左祖右社,面朝后市”被一直贯彻下来,没有改变。

中国古代环境建设的礼制有一个核心的东西,就是等级制。这种等级制在统治者看来归属于天理,也就是说,人间的秩序是对应着天上的秩序的,因而它具有神圣性,不可违背。这种等级制好不好,不是我们在这里要讨论的问题。从审美的维度来看这种等级制,我们只能说,它营造了一种秩序,这种秩序经过礼制制定者或维护者的阐述,显出它的庄严与神圣。于是,中国的宫殿建筑因这种秩序表现出一种美——崇高之美。这种崇高感,恰如张衡《西京赋》所言:“惟帝王之神丽,惧尊卑之不殊。”

中国礼制的等级制不仅表现为由百姓到天子的递升体系,也体现为天子居中、臣民拱卫的体系,因此,在中国古代的环境建设中,中轴线是非常重要的,因其体现了礼制的尊严。而于审美来说,中轴线的设置的确创造了一种美——“中”之美。审美意义上的“中”，具有稳定感、平衡感。人体具有中轴线，脊柱就是中轴，大体上两边对称。在中国，中之美不仅具有人体学的依据，还具有文化意义：中国自称中国，认为自己居世界地理之中，同时也是世界文化之中心，因此，中之美在中国特别受到青睐。

6. 活用风水

风水分为阳宅风水与阴宅风水，阳宅风水讲如何选择居住地，阴宅风水讲如何选择墓地。两者其实相通之处很多，基本原理一样。认真地研究风水的内容，迷信与科学兼而有之。从科学角度言之，它是中国最古老的建筑环境学、环境美学的萌芽。从迷信角度言之，它是中国古老的巫术文化的遗绪。而在哲学思想上，它是中国古老的天人合一论在地理学上的集中体现。

中国最古老的诗歌总集《诗经》中有关于相地的记载。《诗经·大雅·公刘》详细地描述了周人的祖先公刘率众迁居豳地的过程。公刘择地，注意到了这样几个方面：一、根据地的向阳向阴，辨别地气的冷暖，选择温暖的地方居住；二、根据地势的高低，选择干燥平坦的地方居住；三、根据山林情况，选择靠山的地方居住。从此诗的描绘来看，公刘择地既考虑到了实用价值又考虑到了审美价值。这些考虑可以视为中国风水学的萌芽。

中国风水学中的择地，虽然看起来很神秘，但其实不外乎两个标准，一是实用，二是美观。二者在风水学上是统一的。只要到通常视为风水好的地方去看看，不难发现，所谓风水好，好就好在对人的生存有利，对事业的发展有利，对审美的观赏有利，这三者缺一不可。

中国风水学，其实质是生命哲学，好的风水主要在于它有生命的意味或者说“生气”。《黄帝宅经》云：“宅以形势为身体，以泉水为血脉，以土地为皮肉，以草木为毛发，以舍屋为衣服，以门户为冠带，若得如斯，是事严雅，乃为上吉。”在中国风水学看来，美与善是统一的，就是说，凡风水好的地方均是风景美好的地方。《黄帝宅经》云：“《三元经》云：地善即苗茂，宅吉即人荣。又云：人之福者，喻如美貌之人。宅之吉者，如丑陋之子得好衣裳，神彩尤添一半。若命薄宅恶，即如丑人更又衣弊，如何堪也。”

中国人的哲学是面向未来的。为了今后的幸福，也为了子孙后代的幸福，甚至为了那不可知的来世的幸福，中国人用了一切办法，甚至包括相地这样的办法，来为自己以及死去的亲人寻找一个合适的长眠之地。风水学从本质上来说，是中国人特有的未来学。

风水学存在着道与术两个方面的内容。它的道主要是中国古代以阴阳为核心的哲学思想、天人合一思想、礼制思想。它的术则有重地形的“峦头”说和重推算的“理气”说。

风水学内容丰富，合理的、不合理的，乃至迷信的东西都有。它也存在理解与运用上的问题。事实上，古人运用风水理论就存在着诸多差别，宜具体问题具体分析，不可笼统论之。自古以来，关于风水学的争议不断，但其一直拥有旺盛的生命力。不管到底应对风水学作何评价，它的影响是客观存在的。今天我们有责任对它做深入的研究与分析。当代，最重要的是领会它的精神，是活用。

五、中国古代环境美学理论体系（二）：家国情怀

环境美学的本质为家园感。在中国，家园感分为两个层次：一是家居，二是国居。家居与国居具有一体性，从而显示出一种情怀——家国情怀。

（一）中国古代环境美学中的家园意识

家园感，集中体现在以“居”为基础的生活之中。《说文解字》释“家”：“家，居也。”中国传统文化中的“居”，根据居住场所可分为城居、乡居、园居、山居等，根据居住的质量则可分为安居、和居、雅居、乐居四个层次。对于环境美学来说，我们关注的主要是居住的质量。中国古代环境美学理论体系的核心是家居意识，具体来说，有以下五个方面。

1. 安居

先秦诸子对于“安居”都非常重视，儒家最为突出。安居主要指人的

生命财产的保全。安或不安，一是取决于自然，二是取决于社会。对于来自自然的原因，因为诸多因素不可知，所以，诸子谈得不多，谈得多的，主要是社会的平安。社会的平安首先是政治上的，其中最重要的是没有战乱。孔子于此深有体会，他说："危邦不入，乱邦不居。天下有道则见，无道则隐。"(《论语·泰伯》)逃避战乱，固然不失为明智之举，但反对战乱，消弭战乱的根源，更是儒家积极去做的。老子也是主张"安其居"的，他坚决反对战争，义正词严地警告统治者："民不畏死，奈何以死惧之?"(《老子》第七十四章)社会的动乱不仅来自国与国之间的争夺杀戮，也来自统治者对人民的严酷的压迫与剥削。儒家主张仁政，反对苛政，意在让人民安居。中国古人所有关于安居的言论闪耀着人道主义的光芒。

2. 和居

和居，同样是侧重于社会上人与人之间的和谐。儒家于这方面贡献尤其突出。儒家认为和居的根本是尊礼重道："有子曰：礼之用，和为贵。先王之道，斯为美。"(《论语·学而》)墨子主张以爱治国，他说："诸侯相爱，则不野战；家主相爱，则不相篡；人与人相爱，则不相贼；君臣相爱，则惠忠；父子相爱，则慈孝；兄弟相爱，则和调。天下之人皆相爱，强不执弱，众不劫寡，富不侮贫，贵不敖贱，诈不欺愚。凡天下祸篡怨恨，可使毋起者，以相爱生也。"(《墨子·兼爱中》)墨子与孔子的和居思想都具有乌托邦的色彩，但精神非常可贵。

3. 雅居

雅居，源推隐士生活。中国的隐士文化源远流长，可追溯到商代的叔齐伯夷，而真正成为一种文化可能是在汉代。南齐文人孔稚珪作《北山移文》揭露隐士周颙"假步于山扃""情投于魏阙"的虚伪，可见此时"隐"已经成为重要的社会现象了。隐士过着仙人般自由自在的生活，充分享受着山林泉石之乐。

欧阳修说"举天下之至美与其乐，有不得兼焉者多矣"(《有美堂记》)，有两种乐——"富贵者之乐"和"山林者之乐"(《浮槎山水记》)难以兼得。这实际上说的是隐士生活与仕宦生活难以兼得。然而，就不能想办法吗？办法是有的，那就是建别业。官员的正宅一般设在官衙的后部，由于与官衙相连，受到诸多限制，风景不佳是最大的缺点。别业一般建在郊外风景优美之处，官员于办公之余或退休之后在此生活，则可以尽享“山林者之乐”。另外，还可以在此读书、弹琴、会友、宴饮，尽享文人的生活。别业起于汉末，兴盛于唐，最著名的别业为王维的辋川别业。可以说，别业开私家园林的先河。

私家园林的生活是真正的雅居生活。《园冶》说园林中的生活“顿开尘外想，拟入画中行”，“尘外想”即隐士情怀，“画中行”即游山玩水，无疑，这就是雅居了。当然，雅居生活不只是“画中行”，还有文人们醉心的其他生活，如弹琴吹箫、写诗作画等。文震亨的《长物志》描写园林中室庐、花木、水石、禽鱼、书画、几榻、器具、位置、衣饰、舟车、蔬果、香茗等种种设施，无不透出清雅高洁的情调。

雅居兼“山林者之乐”与“富贵者之乐”两种乐，又添加上文人情调，其环境之雅洁与人物之清高融为一体，如文震亨所说：“门庭雅洁，室庐清靓，亭台具旷士之怀，斋阁有幽人之致。”（《长物志・室庐》）雅居是中国知识分子理想的生活方式，与之相应，园林也就成为他们理想的生活环境。

4. 乐居

乐居，是中华民族最高的生活追求。它有两种哲学来源，一种是道家哲学。道家哲学认为，人生最大的问题是处理人与自然的关系，而处理好这一关系的关键，是“法自然”。这其中具有一定的生态和谐的意味，一是老子所说的“为无为”，强调本色生存；二是为了保护资源，对动物要有一定的关爱，不可竭泽而渔；三是在审美层面，强调人与自然的和谐，如辛弃疾所说的“我见青山多妩媚，料青山、见我应如是。情与貌，略相似”，又如计成所说的“鹤声送来枕上”“鸥盟同结矶边”。

另一种是儒家哲学。儒家哲学认为，人生最大的快乐是仁爱相处，其中统治者与被统治者的仁爱相处最难，也最重要。为此，儒家提出礼乐治国，以礼区别等级，保证统治者的利益；以乐和同人心，削减阶级对立。孟子提出“与民同乐”论，他的“乐民之乐者，民亦乐其乐。忧民之忧者，民亦忧其忧”（《孟子·梁惠王下》）成为几千年来儒家津津乐道的经典。

理学是综合了儒道释三家思想而以儒学为主干的思想学说，对于乐居，亦有着诸多言论，这些言论相对集中在关于“颜子之乐”的讨论之中。《论语》中的颜子，生活极端贫困，然而，生活得很快乐。为什么能这样？显然是精神在起作用，也就是说，他生活在一种精神世界里，是这种精神让他快乐。这精神是什么？有的说是“仁”，有的说是“天地”。凡此等等，均说明，乐居最重要的是要具有一种高尚的精神境界，对于现实有一定的超越。回到环境问题，人能不能乐居，关键是能不能与环境建构起一种良性关系，人在这种关系中实现精神上的提升与超越。

5. 耕读传家

“耕读传家”是中国儒家知识分子重要的精神传统，此传统发源于先秦，成熟于清代中期。左宗棠、曾国藩堪谓此中代表，这两位清朝中兴大臣，均有过一段时间家乡务农、躬耕田野、课读子孙的经历。因为这样一种传统是在农村培养的，对于农村的建设具有重要的意义，所以我们才将它归入环境美学范围。笔者曾经在广西富川县农村做过调查，清朝时凡是大一点的村子均有自办的书院，书院遗址大多尚存。

“耕读传家”中“耕”“读”二字是值得深究的。“耕”，凸显中国文化以农为本的传统。治国以农为本，治家也以农为本，乃至立身也以农为本。“读”在中国有着独特的意义，读书不只是一般的学习知识，而是“学成文武艺，货与帝王家”，即为国家效劳。

（二）中国古代环境美学中的国家意识

中国人的环境意识不仅具有浓郁的家园情怀，而且具有强烈的国家意识，特别是中国意识。其表现主要是：

1. 昆仑崇拜

中国人的环境观具有深厚的国家意识，这意识可以追溯到黄帝时代，突出体现是与黄帝相关的昆仑崇拜。昆仑在中国人的心目中，有着至高无上的地位。此山西起帕米尔高原,横贯新疆、西藏间,向东延伸到青海境内,全长 2 500 公里。被誉为中国母亲河的黄河、长江,其源头水系均可追溯到这里。从地理上讲,以它为主干的青藏高原是中国山河的脊梁,西高东低的格局对中国的气候乃至农业生产、中国人的生活、中国的城乡布局起着决定性的影响。因此,中国的风水学将昆仑看作中国龙脉之源。

尽管昆仑对于中华民族的生存具有重大的意义,但它成为中华民族的第一自然崇拜的根本原因还不在这里。昆仑之所以成为中华民族的第一自然崇拜,是因为昆仑是中华民族始祖黄帝最初生活的地方。《山海经·西山经》云:“西南四百里,曰昆仑之丘,是实惟帝之下都。”这段记载说昆仑之丘为“帝之下都”,“帝”指谁?历史学家许顺湛说是黄帝:“帝之下都即黄帝宫,其地望在昆仑丘。”①

2. “中国”概念

战国时邹衍提出“大九州”说,将全世界分为八十一州,中国为其中一州,称赤县神州。于是,“中国”的概念就有了着落。司马迁接受此种说法。他在《史记·五帝本纪》中说:“尧崩,三年之丧毕……舜曰‘天也’,夫而后之中国践天子位焉。”“中国”这一概念在中国古籍中多有出现,一般来说,它不指具体的朝代(政权),而指以汉族为主体的中华民族所生活的这块固有的土地,因此,它主要是国土概念,同时也指在这块土地上建立的国家。

“中国”这一概念中用了“中”,体现出中华民族对于自己的国土、自己的国家的珍爱。在中华文化中,“中”不仅指空间意义上的居中,而且还有正确、恰当、核心、领导等多种美好的内涵。此外,按中国传统文化的理念,“中”就是“礼”。“《周礼·疏》引云:‘礼者,所以均中国也。’”《白虎通义·礼乐》云:“先王推行道德,调和阴阳,覆被夷狄,故夷狄安乐,来朝中国,于是作乐乐之。”可见,用今天的概念来解读,“礼”就是文明。

① 许顺湛:《五帝时代研究》,郑州:中州古籍出版社 2005 年版,第 60 页。

"中国"这一概念就是礼仪之邦、文明之邦。

3. "华夏"概念

中国又称夏、华、[1]华夏[2]、诸夏[3]。这跟中国古代部族三集团有关,三集团为华夏集团、苗蛮集团、东夷集团。华夏集团主要由炎帝部落与黄帝部落构成,两个部落之间曾发生过战争,后来实现了统一,建立了联盟。华夏集团与东夷集团、苗蛮集团也发生过战争,最后也实现了统一。按《山海经》中的说法,三大集团还存在着血缘关系,而且均可以追溯到黄帝,为黄帝的后人。虽然《山海经》具有神话色彩,不是信史,但其中透露的信息告诉我们,主要生活在昆仑山一带、黄河流域、长江流域的史前人类之间是有着各种联系的,考古发现也证明了这一点。历史学家徐旭生认为"到春秋时期,三族的同化已经快完全成功,原来的差别已经快完全忘掉",由于华夏集团"是三集团中最重要的集团","所以它就此成了我们中国全族的代表"。[4]

中国大地上存在着诸多民族,大家之所以认同"中国"概念,不仅是因为上面所说的种族上具有一定的血缘关系,而且是因为在长期的相处之中,诸民族的文化相互交融,达到彼此认同,以儒家为主体的汉民族文化成为中华民族文化的核心。

"夏""华"均是美好的词。"中国有礼仪之大,故称夏;有服章之美,谓之华。"(孔颖达《春秋左传正义》)将中国称为华夏,是中华民族对自己民族、国家、国土的赞美。蔡邕《郭有道碑文》云:"考览六经,探综图纬,周流华夏,随集帝学。"这"周流华夏"的意思是巡视中国美好的土地,因此,华夏不仅指中华民族、中国,还指中国的国土。

中国传统文化一方面讲"夷夏之辨",坚持夏文化优秀论(这自然有大民族主义之嫌),另一方面也讲"夷夏一体"。孟子提出"用夏变夷",主

---

① 《左传·定公十年》:"裔不谋夏,夷不乱华。"
② 《左传·襄公二十六年》:"楚失华夏。"
③ 《左传·僖公二十一年》:"以服事诸夏。"
④ 徐旭生:《中国古史的传说时代》,北京:文物出版社1985年版,第40页。

张以先进的夏文化改变落后的夷文化。而实际上夏文化也不断地学习夷文化中先进的东西,战国时始于赵国的“胡服骑射”就是一例。唐代,胡文化源源不绝地进入中原地区,成就了唐文化的博大与丰富。宋、元、明、清,夏文化与夷文化基本上就没有差别了。

应该说,世界上不论哪一个民族,其环境美学观念中均有家情怀和国情怀,但是,可以说没有哪一个民族能像中华民族这样,家情怀与国情怀达到如此高度的融会:国是放大的家,家是微型的国;国之本在家,家之主在国;国存家可存,国破家必亡。中国五千年来,虽政权有更迭,但基本国土没有变过,因此,家园、国土、国家,在中国文化中,其意义具有最大的叠合性。按中国文化,爱家不爱国是不可想象的,爱家必爱国,而爱国必爱国土。

中国古代的环境美学具有浓重、深刻的家国情怀,这是中国古代环境美学的本质性特点。

六、中国古代环境美学理论体系(三):准生态意识

科学的生态系统知识,中国古代应该是没有的,但这不等于说古人就没有生态意识。在长期与自然打交道的过程中,古人已经感到人与物之间存在着一种内在的联系,这种联系让人认识到,要想在这个世界上生活得好,就必须兼顾物的利益。人与物,不能是敌对的关系,而应该是友朋的关系。于是,准生态系统的意识产生了。这些意识大致可以归结为两个方面。

(一)中国古代环境美学中的物人共生观念

对于物与人的关系,中国古代有着极为可贵的物人共生观念。主要体现在如下一些命题上。

1. 尽物之性

中国文化中有着朴素的生态观念。《中庸》说:“唯天下至诚,为能尽其性。能尽其性,则能尽人之性。能尽人之性,则能尽物之性。能尽物之性,则可以赞天地之化育。”(第二十二章)将人之性与物之性作为一个

系统来考虑，并且认为它们的利益是一致的，这种思想明显体现出原始的生态意识，难能可贵。

2. 民胞物与

“民胞物与”是北宋哲学家张载在《西铭》中提出来的。原话是：“民吾同胞，物吾与也。”前一句是说如何处理人与人之间的关系：应将民看作同胞兄弟，既是同胞兄弟，就具有血缘关系，需要彼此关照。后一句是说人与物的关系，强调人与物是朋友、同事的关系，不仅共存于世界，而且共同创造事业。

“物吾与也”中的“与”有两义：

一为“相与”义。“物吾与也”即是说物是人的朋友。将物看作人的朋友，以待友之道来处理人与物的关系，说明人与物是平等的，人要尊重物，包括尊重物的利益。计成的《园冶》，说到园林景物时，云：“好鸟要朋，群麋偕侣。槛逗几番花信，门湾一带溪流。竹里通幽，松寮隐僻。送涛声而郁郁，起鹤舞而翩翩。”（《相地》）这是一种人与物和谐相处的景观，非常动人。

二为“参与”义。“物吾与也”即是说物是人的同事。人与物共同生存在这个世界上，共同从事生命的创造。这意味着人与物存在着生态关系：人与物共处于生态系统之中，为命运共同体。

3. 公天下之物

“公天下之物”是《列子》提出来的。《列子·杨朱》云：“身固生之主，物亦养之主。虽全生，不可有其身；虽不去物，不可有其物。有其物，有其身，是横私天下之身，横私天下之物。不横私天下之身，不横私天下物者，其唯圣人乎！公天下之身，公天下之物，其唯至人矣！此之谓至人者也。”《列子》认为，人是生命，要发展；物“亦养之主”，要滋养。人的发展，追求“全生”；物的滋养，同样追求“全生”。人要“全生”，会损害物的利益；同样，物要“全生”，会损害人的利益。怎么办？《列子》提出既“不横私天下之身”，也“不横私天下物”，让人与物各自受到一定的利益限制，同时又各自能得到一定的发展。这就是“公天下之身”“公天下之物”，其实质是生态公正。

4. 天下为公

“天下”这一概念，在中国古籍中出现得很多。天下，既可以指国家的天下，也可以是社会的天下，还可以是人与物共同拥有的天下。上述《列子》所谈的“天下”是人与物共同拥有的天下，即宇宙。而儒家经典《礼记》侧重于从社会的维度来谈“天下”，《礼记·礼运》说：“大道之行也，天下为公。选贤与能，讲信修睦。故人不独亲其亲，不独子其子，使老有所终，壮有所用，幼有所长，矜寡孤独废疾者皆有所养。男有分，女有归。货恶其弃于地也，不必藏于己；力恶其不出于身也，不必为己。”如果说《列子》谈天下，突出的是自然生态公正，那么，《礼记》谈天下突出的则是社会生态公正。社会生态公正的关键是人各在其位、各尽其职、各得其利，即“老有所终，壮有所用，幼有所长，矜寡孤独废疾者皆有所养。男有分，女有归”。

（二）中国古代环境美学中的资源保护意识

中国古代的环境保护意识与资源保护意识是合一的，主要表现为以下三种观念。

1. 网开一面

《周易·比卦》说：“王用三驱，失前禽，邑人不戒，吉。”朱熹对此的解释是：“天子不合围，开一面之网，来者不拒，去者不追。”周朝对于保护资源有着明确的规定：“凡田猎者受令焉。禁麛卵者，与其毒矢射者。”“山虞掌山林之政令，物为之厉，而为之守禁。仲冬斩阳木，仲夏斩阴木。凡服耜，斩季材，以时入之。令万民时斩材，有期日。凡邦工入山林而抡材，不禁。春秋之斩木，不入禁。凡窃木者，有刑罚。”（《周礼·地官司徒第二》）当然，虽有这样的要求，是不是做到了，那是另一回事。事实上，在古代，对动物进行灭绝性屠杀的事时有发生。张衡在《西京赋》中就痛斥过这种行为：“泽虞是滥，何有春秋？擿漻澥，搜川渎。布九罭，设罜䍡。摷昆鲕，殄水族……上无逸飞，下无遗走。擭胎拾卵，蚳蝝尽取。取乐今日，遑恤我后！”中国古代对于生态的保护，虽然为的是人的利益，但实际上兼顾了生态的利益。有必要指出的是，这种保护，主要是出于对资源的爱惜，还不能说是为了生态环境，只是客观上起到了保护环境的作用。

2. 珍惜天物

中国的环境保护思想还体现在对物的珍惜上。古人将浪费资源和劳动成果的行为称为“暴殄天物”。唐代李绅的《悯农》诗云：“春种一粒粟，秋收万颗子。四海无闲田，农夫犹饿死。/锄禾日当午，汗滴禾下土。谁知盘中餐，粒粒皆辛苦。”这诗已经成为蒙学经典。珍惜天物，虽然目的不是保护生态，但起到了保护生态的作用。

3. 见素抱朴

崇尚朴素生活，在中国有两个源头。一是道家的道德哲学。老子主张“见素抱朴”。“素”，没有染色的丝；“朴”，没有雕琢的木。两者均用来借指本色。“见素抱朴”，用来说做人，即要求人按照人性的基本需要来生活。这样做为的是养生，但反对奢华，有珍惜财物的意义，而珍惜财物的客观效果是保护生态。

另一源头是儒家的伦理学说——崇尚节俭。它的意义是多方面的，主要是政治方面。贞观元年，唐太宗想营造新的宫殿，但最后放弃了，他对臣下说：“自古帝王凡有兴造，必须贵顺物情。……朕今欲造一殿，材木已具，远想秦皇之事，遂不复作也。”不仅如此，他还说：“自王公以下，第宅、车服、婚娶、丧葬，准品秩不合服用者，宜一切禁断。”（《贞观政要・论俭约》）尽管唐太宗主要是从政治上考虑问题的，但不浪费、少奢华，对于资源和环境的保护还是很有意义的。

七、结　语

中国古代的环境美学是中国人在自己的生产实践与生活实践中创立的。这一历史可以追溯到史前。在进入文明时代之始，曾有过以大禹为首的华夏部落联盟与特大洪水斗争的伟大事迹。正是这场漫长的、最终以人类胜利告终的斗争，让“九州攸同，四奥既居，九山栞旅，九川涤原,九泽既陂,四海会同"(《史记·夏本纪》),中华民族美好的生活环境由此奠定,而治水的诸多经验也成为中华民族环境思想的重要组成部分。由于时代久远,我们只能凭现存的祖国山河,凭有限的文字记载,想象那场气壮山河的斗争如何再造山河。中华民族长期以农立国,以地为本,以水为命,以家国为据,以和谐为贵,以道德为理,以天地为尊,以动植物为友,以安居为福,以乐天为境。所有这些,是中国人基本的生活状态。中国古代的环境美学思想就寄寓在这种生活状态之中,并且是这种生活状态的经验总结。虽然由古到今,中国人的生活状况已经发生了巨大的变化,但是中国人的文化心理仍然保持着诸多传统的基因。更重要的是,中国人所面对的一些关涉环境的主要问题并没有发生根本性的变化,如何处理好人与自然的关系、文明与生态的关系、个人与社会的关系、家与国的关系、国与世界的关系,仍然困扰着当代的中国人。从中国古代环境思想中寻找美学智慧,以更好地处理当代环境问题,其意义之重大不言而喻。

值得特别提及的是,当代全球正在建设的生态文明与农业文明有着重要的血缘关系。如果说生态文明是工业文明批判性的发展,那么,可以说生态文明是农业文明蜕化性的回归。生态文明建设,核心是处理好环境问题,实现文明与生态的协调发展,共生共荣。这方面,农业文明会给我们诸多有益的启迪。有着五千年农业文明的中国,为我们准备了智慧的宝库,值得我们深入发掘、认真学习。

陈望衡

目　录

引论:中华环境美学的奠基　*1*

第一章　老子的环境美学思想　*6*

第一节　老子的自然观　*7*

第二节　老子的天地观　*12*

第三节　老子的人与自然和谐观　*18*

第四节　老子的环境理想　*23*

第二章　庄子的环境美学思想　*32*

第一节　天地大美论:“天地有大美而不言”　*33*

第二节　天地无私论:“道者为之公”　*43*

第三节　天地相分论:“一而不党,命曰天放”　*51*

第四节　天地相合论(上):“人与天一也”　*60*

第五节　天地相合论(下):“与天和者,谓之天乐”　*71*

第三章　列子的环境美学思想　*81*

第一节　天地的性质　*82*

第二节　天地的功能　*87*

第三节　天地万物与人并生　90

第四节　公天下的生态意识　94

第五节　遵循自然而为　96

第六节　列子的环境理想:美丽中国　99

第四章　管子的环境美学思想　105

第一节　天地的性质　105

第二节　环境资源与尊时务时　108

第三节　土地的意义　111

第四节　管子的天人自然观　113

第五节　以天下为天下的环境意识　115

第六节　尊重万物与改造环境　116

第七节　生态平衡与社会发展　118

第八节　管子的环境理想　119

第五章　孔子的环境美学思想　122

第一节　天地观:唯天为大,则法自然　123

第二节　山水观:乐山乐水,育德启思　130

第三节　居住观:君子居之,里仁为美　141

第六章　孟子的环境美学思想　157

第一节　自然之美　159

第二节　宫室之美　160

第三节　环境之美　163

第四节　真正的快乐　168

第七章　荀子的环境美学思想　171

第一节　绍续孔孟　172

第二节 自然之天 174

第三节 天人之分 177

第四节 人最为天下贵 178

第五节 认识自然与造福人类 187

第八章 墨子的环境美学思想 193

第一节 环境的根本规定——“以天为法” 194

第二节 环境理想——“顺天之意” 197

第三节 与环境共处——“俭节则昌” 201

第四节 环境大和谐——“兴天下之利,除天下之害” 204

第九章 韩非子的环境美学思想 207

第一节 适应于“道”的环境资源利用 208

第二节 归属于“道”的万物生存发展 210

第三节 顺应于“道”的人与自然关系 212

第四节 人工对天工的尊重与效法 213

第五节 以“天道”为本的“观”与“用” 214

第六节 基于“道”的环境资源分配 215

第十章 《周易》的环境美学思想 219

第一节 天地崇拜 221

第二节 乾天崇拜 233

第三节 坤地崇拜 245

第四节 太阳崇拜 258

第五节 山水情怀 268

第十一章 《尚书》的环境美学思想 282

第一节 《尚书》的环境意识:测天顺时 283

第二节 《尚书》的环境改造:浚河导洪 284

第三节 《尚书》的环境理想:“五服”统国 286

第十二章 《周礼》的环境美学思想 288

第一节 环境的国家观念:环境作为国家资源 289

第二节 环境的崇拜意识:环境与祭祀制度 291

第三节 环境的经营意识:认知与适应环境 293

第四节 环境的保护意识:法规、禁令与章程 296

第五节 环境的生活意识:环境的教育与治理 298

第六节 《周礼》环境美学思想的当代价值 301

第十三章 《礼记》的环境美学思想 305

第一节 天地与人 306

第二节 生态与人 309

第三节 时令与人事 312

第四节 家园意识 314

第十四章 《吕氏春秋》的环境美学思想 318

第一节 天地作为家园:天顺地固 319

第二节 天地作为法则:“法天地” 322

第三节 环境和谐:“天下之天下” 332

第十五章 《诗经》的环境美学思想 342

第一节 情感符号 343

第二节 奇妙想象 346

第三节 境界元素 349

第四节 生活情景 351

第五节 农耕对象 353

第六节 家国情怀 356

第七节 风水之源 358

第十六章 屈原的环境美学思想 361

第一节 环境审美的思想空间 361

第二节 环境审美的情感空间 365

第三节 环境审美的时空拓展 369

第十七章 《山海经》的环境美学思想 374

第一节 人类家园:神人与自然的共创 375

第二节 华夏圣都:神圣壮美昆仑山 379

第三节 巫风之野:最大女巫西王母 384

第四节 仙境情结:华夏族心中的理想家园 387

第十八章 《逸周书》的环境美学思想 391

第一节 土地观念 392

第二节 "顺道"观念 395

第三节 生态观念 399

第四节 "中国"观 402

主要参考文献 407

后 记 414

引论：中华环境美学的奠基

先秦时代通常指公元前221年秦帝国建立前的中华民族的历史，这段历史大体上分为两个大的阶段：第一段是史前，包括旧石器时代和新石器时代；第二段为夏商周三代。通常将夏代定为中华民族文明史的开始。夏代的开始时间，历史学家定为前2070年，夏代灭亡时间约为前1600年；商代开始时间约为前1600年，灭亡于前1046年；周代开始于前1046年，灭亡于前256年。前221年，秦帝国统一全国。虽然先秦历史很长，但文字使用的时间不是太长。目前能让今人确切认识的文字是甲骨文，甲骨文是商代的文字，是用刀刻在牛骨或龟甲上的，每片龟甲或牛骨所刻文字不多，不能充分地表达思想。西周以后，人们将文字刻在竹简上，这就能够比较充分地表达思想了，周朝是中国历史上的思想爆发期，出现了百家争鸣的局势。在思想的交锋中，形成了道、儒、墨、管、法等多家学说，中国的环境美学思想主要奠基于周朝。

道、儒、墨、管、法等多家的环境美学思想具有三个共同的特点：

第一，概念没有分化，均统一在"天"或"天地"等概念中。"天""天地"是极为笼统的概念，具有五义：宇宙（自然与人），自然（天与地），资源，环境，神灵等。论及天地时，各家均不同情况地融会自然哲学、资源经济、生态保护、伦理象征、审美欣赏、家国情怀等多种意义。

第二，都不同程度地包含有源自史前的具有巫术色彩的自然崇拜意义。天地，对于人们来说，不仅是生存之本、生活之处、发展之源，而且是人的总管，是命运的代名词，具有至高无上的权威性。即使是《周易》这样的哲学著作，论及天地时也会联系上鬼神概念。比如乾卦的彖辞阐述人与天地的关系，云："夫'大人'者，与天地合其德，与日月合其明，与四时合其序，与鬼神合其吉凶，先天而天弗违，后天而奉天时，天且弗违，而况于人乎，况于鬼神乎？"①

第三，明显地具有农业生产依赖与顺应于天地自然的意义，这种依赖与顺应明显地具有功利意义，因而与富民强国相联系。

虽然道、儒、墨、管、法五家在环境问题上具有以上所说的三个共同特点，但它们也还存在一些分别，这些分别不是观点与立场上的对立，而是看问题所侧重的维度不同。相对而言，道家对于天地、自然的看法更多地具形而上的意义，而儒、墨、管、法四家的环境观虽然也具哲学的意味，但更多地具形而下的意义。

先秦的环境美学思想主要集中在7个方面：天地为本、尊天顺地、生态保护、风水意识、朴素生活、自然大美、家国情怀等。

一、天地为本。先秦诸子百家都对天地持有敬畏的态度，在天地与人的关系上，都将天地看成人之本，即认为生命、人均来自天地。《易传》云："大哉乾元，万物资始……至哉坤元，万物资生。"②荀子亦说："天地者，生之本也。"③人虽然来自天地，但是，人不同于其他同样来自天地的生命。《礼记》说"人者，其天地之德，阴阳之交，鬼神之会，五行之秀气也"④，一句话，"人为天地之心"。人的这样一种特殊地位，让人具有参与天地化育的能力，《周易》称人为与"天""地"并列的三"才"之一，《老子》称天大、地大、人亦大。从环境学的角度理解这些论述，它启示我们：一

① 杨天才、张善文译注：《周易》，北京：中华书局2011年版，第24页。

② 杨天才、张善文译注：《周易》，第6、28页。

③《荀子·礼论》，方勇、李波译注：《荀子》，北京：中华书局2011年版，第303页。

④《礼记·礼运上》，王文锦译解：《礼记译解》，北京：中华书局2011年版，第300页。

方面环境决定人，另一方面，人也反作用于环境。

二、尊天礼地。这同样是先秦诸子百家共同的观点。尊、礼不只是一种精神上的态度，而且是一种实践。这一观点存在的前提是天人相分，即承认天地是绝对的，高于人之上，它的运动是客观的，不以人的意志为转移。中华哲学重视天人合一。天人合一具有非常丰富的内涵：有实践上的意义，即遵循自然规律办事；也有精神上的意义，这精神上的意义可以分为两种，一种是自然崇拜以及自然神灵崇拜，一种是具有审美意味的物我两忘、神与物游。“天人合一”的意义非常多，在《庄子》那里，主要是适性养生，返朴归真；在《韩非子》那里，则是重视自然人性，以它为基础建构法制，韩非子提出“恃万物之自然而不敢为也”，似是消极，实是积极；在《管子》那里，则落实到农业生产上去，强调“务在四时”；而在《荀子》那里，则扩大到人的全部实践，不仅是生产实践，还有政治实践，荀子提出“制天命而用之”。所有这些学说，均不同程度地含有重视环境的意义，但也不单是重视环境的意义。

三、生态保护。中国古代虽然没有现代的生态理念，却懂得天地是一个严密的生命系统。人作为天地所生的万物之一，与他物息息相关。人要想得到发展，必须兼顾物的发展。《礼记》说：“唯天下至诚，为能尽其性。能尽其性，则能尽人之性。能尽人之性，则能尽物之性。能尽物之性，则可以赞天地之化育。可以赞天地之化育，则可以与天地参矣。”① 在这种万物一体观念之下，西周有着中国历史上最为严格的生态保护制度，山、河、湖都有专门的看管人，他们不仅负责资源的采集，而且也负责生态的保护。《礼记》记载有周朝的生态保护的制度：“国君春田不围泽，大夫不掩群，士不取麛卵。”②

值得我们注意的是，先秦诸子百家有诸多言论表面上看似与生态无关，细品却具有生态保护的意义，如《老子》的“无为”论，它包含着对生态

① 《中庸·第二十二章》，陈晓芬、徐儒宗译注：《论语·大学·中庸》，北京：中华书局 2011 年版，第 335 页。

② 《礼记·曲礼下》，王文锦译解：《礼记译解》，第 43 页。

平衡规律的尊重。《孟子》说："牛山之木尝美矣，以其郊于大国也，斧斤伐之，可以为美乎？是其日夜之所息，雨露之所润，非无萌蘖之生焉，牛羊又从而牧之，是以若彼濯濯也。人见其濯濯也，以为未尝有材焉，此岂山之性也哉？"[①]此种阐述的落脚点在维护山之性上，这种"山之性"究其本是生态的。在这里，孟子提出了一个很重要的美学观点：美在生态。

四、风水意识。风水作为一门学问，产生于汉代，但其萌芽在先秦，《诗经·大雅·公刘》说到择地："既景廼冈，相其阴阳，观其流泉。"[②]这是阴阳概念在相地中的最初记载。阴阳概念产生于《周易》，可以说《周易》是风水学的经典。阴阳学说与战国后期邹衍等提出的五行学说相结合，构成了风水学的基本理论体系。

五、朴素生活。朴素理论创始人为老子，老子提出"见素抱朴"。他说的"素"与"朴"均是"道"的代名词，还不能理解为现代汉语中的朴素，但是，朴、素的本质是本性。在老子看来，本性生存就是道，低于或超出本性的生存就是违道。正是基于此，他反对"五色""五音""五味""驰骋田猎"，因为它们是伤害人的本性的。这种阐述就与现代意义的朴素概念相联系了。崇尚朴素生活，是先秦诸子共同的理念，其中以墨子最为突出。朴素生活的特点是尚俭，奢侈生活的本质是尚费。这就涉及环境保护了，环境与资源具有重叠性，对于资源的浪费意味着对于环境的破坏。

六、自然大美。先秦诸子都热诚地推崇自然美，他们所用的相当于自然的概念是"天地"。庄子说"天地有大美"，《周易》整体可以看作一曲天地颂歌。先秦时期，对天地自然的肯定与赞颂，已经开始有了重哲学、重伦理、重生态、重功利、重审美的多种区别。

七、家国情怀。中华民族的环境意识鲜明地体现出家国情怀。《山海经》展现了具有神话色彩的华夏家园之美，所描述的华夏家园既神秘

---

① 《孟子·告子上》，杨伯峻译注：《孟子译注》，北京：中华书局 1960 年版，第 263 页。

② 刘毓庆、李蹊译注：《诗经·雅颂》，北京：中华书局 2011 年版，第 716—718 页。

又壮丽，它着力歌颂的昆仑山，是华夏家园的中心。《列子》详尽地描绘中国的位置、版图，而且极赞其壮丽。阴阳家的代表人物邹衍同样对于中国的地理位置感兴趣，他提出“大九州”说：“所谓中国者，于天下乃八十一分居其一分耳。中国名曰赤县神州。赤县神州内自有九州，禹之序九州是也，不得为州数。中国外如赤县神州者九，乃所谓九州也。于是有裨海环之，人民禽兽莫能相通者，如一区中者，乃为一州。如此者九，乃有大瀛海环其外，天地之际焉。”①《山海经》《列子》及邹衍所说虽然只是传说，但足以体现出这些传说的作者与宣传者的中国意识：中国是伟大的，是神奇的，是美丽的，是天地中心。周朝将资源与人口一并纳入政府管理，具体主管的官员为地位仅次于天官冢宰的地官大司徒，“大司徒之职，掌建邦之土地之图与其人民之数”②。这说明，周朝有着鲜明的国家意识，包括国土意识、国民意识和国权意识。关于人民在环境中的生活，先秦的典籍也有着丰富思想。《论语》提出“安居”观，这安居含有人与自然和谐、人与人之间和谐的意义。《诗经》生动具体地描绘了人民在具体环境中的日常生活，诗中的自然风物、人情风俗显露出浓重的家园感。《楚辞》主要是屈原的羁旅诗。屈原是中国第一位爱国主义诗人，虽然他的去国含有政治上的意义，但他诗中显露出的家国情怀，在很大程度上超越了政治意义，具有超越时空、超越民族的精神力量。

概言之，在先秦，很难说有系统、完整的环境美学体系，但诸多学说涉及人与自然的关系、个人与社会的关系，为中华环境思想包括环境美学思想的发展奠定了基础。这些思想在后代，一些继续在形而上的层面发展，更多的则落实到环境的保护与建设之中去，成为城乡规划、建筑、园林的指导思想。

① 《史记》，长沙：岳麓书社 1988 年版，第 568 页。

② 徐正英、常佩雨译注：《周礼》，北京：中华书局 2014 年版，第 213 页。

第一章　老子的环境美学思想[①]

老子(生卒年不详),中国古代伟大的思想家、哲学家。关于他的生平,《史记·老子韩非列传》有简略的记载:"老子者,楚苦县厉乡曲仁里人也,姓李氏,名耳,字聃,周守藏室之史也。"[②]他与孔子处同一时代。孔子曾适周问礼于老子,归来对弟子说:"鸟,吾知其能飞;鱼,吾知其能游;兽,吾知其能走。走者可以为罔;游者可以为纶;飞者可以为矰。至于龙,吾不能知,其乘风云而上天?吾今日见老子,其犹龙邪?"[③]孔子如此赞许老子,由此可见老子在中国思想史上的崇高地位。

老子的著作为《老子》,据《史记》载,老子归隐,过函谷关时,关令尹喜强留老子为之著书,老子"言道德五千言",故是书又名《道德经》。20世纪80年代,据联合国教科文组织统计,在世界文化名著中,译成外国文字出版发行量最大的是《圣经》,其次就是《道德经》。

老子是中国道家学派的主要创始人,道家与儒家并为中国古代最重要的两大思想学派,两种思想学派相生、相对、相补、相用,共同建构起中华精神体系大厦。佛教自东汉传入中国,并未从根本上改变儒道互补、

① 本章系国家社科重大项目《中国古代环境美学史研究》(编号13&ZD072)中期成果之一。

② 韩兆琦译注:《史记》(六),北京:中华书局2010年版,第4430页。

③ 韩兆琦译注:《史记》(六),第4432页。

共主华夏的格局。虽然学界多将佛教作为与儒道并列的一大思想学派，但是，源自印度的纯佛教在中国地位较低，在中国拥有地位的佛教是中国化的佛教，所谓的中国化就是接纳儒家与道家思想，而民间佛教多是用佛教来宣传儒家仁义与道家的通脱。

老子的思想核心是“自然”。自然具有两义：一为本然，说的是事物的本来性质；一为自然界，说的是与人（包括人工制品）相对的物质世界。老子主“自然”的思想，使得他成为中国环境观的创始人。中华民族的环境观包括环境审美观，其有别于其他民族的特殊性正在于此。

第一节　老子的自然观

“自然”，是《老子》的中心概念，在《老子》中的主要意思是自然而然。自然而然是一种状态，因此，它是可感的，是事物的现象。这现象是事物性质的真实体现，所以，通过这可感的现象可以认识到事物的不可感的性质。能认识这不可感的性质，靠的是理性。因此，自然既是状态又是性质，作为状态，可以称之为自然界，作为性质，可以称之为自然性。《老子》的自然概念从根本上奠定了中国古代环境美学的哲学基础。

《老子》一书中，谈到“自然”的文字有四处，不妨引出，从中析出环境美学的因素。

一、“我自然”

> 第十七章：太上，下知有之；其次，亲而誉之；其次，畏之；其次，侮之。信不足焉，有不信焉。悠兮其贵言。功成事遂，百姓皆谓：我自然。①

这是《老子》一书最早出现“自然”概念之处。全段的意思是：最好的时代，人们不知有统治者的存在；其次，人们亲近他赞誉他；再其次，人们

① 汤漳平、王朝华译注：《老子》，北京：中华书局2014年版，第67页。

畏惧他；再再其次，人们轻侮他。诚信不足啊，人们都不相信他。（最好的统治者）悠然啊，极少发布指令。事情成功了，百姓都说，这是我自然而然办成的。

这段话说是论百姓与统治者的关系，从环境意义来看，论的是社会环境。什么样的社会环境是美好的社会环境？《老子》认为，社会环境分为四种。第一种，百姓不知道有统治者存在；第二种，知道有统治者的存在，亲近他、赞美他；第三种，知道有统治者的存在，畏惧他；第四种，知道有统治者的存在，不是害怕他，而是轻侮他。百姓与统治者的四种关系反映出四种不同的社会环境。第一种是最好的，有统治者，百姓却不知有统治者，意味着统治者与百姓没有实质区别，统治者与百姓的关系是最和谐的。第二种是次好的，百姓已经知道统治者与自己不一样了，知道要分彼此，但亲近统治者，赞美统治者。百姓也许是想通过这种方式来获得统治者的青睐，并且这种方式能够见效。因此，这种社会环境虽然不是最好的，也还是次好的。第三种，就谈不上好了，由于统治者对于百姓的残酷压迫，百姓畏惧统治者。畏惧只会加大统治者与百姓的距离，只会造成社会的动荡。第四种，明显不好。由于统治者的压迫已经超出百姓的忍受能力，所以百姓对于统治者就不只是畏惧而是轻侮乃至仇恨了。百姓对于统治者的仇恨，意味着人民起来反抗了，社会环境进一步处于动荡之中。

比较四种社会环境，不难看出，《老子》所持的标准是和谐。和谐是可以分层次的，大体上可以分为无界和谐与有界和谐。像第一种环境，百姓不知道统治者的存在，属于无界和谐，这种和谐层次最高。第二种环境，应该也称得上和谐，却是有界和谐。第三种、第四种均不是和谐而是冲突了。

和谐的环境，当其体现在人们的生活之中时，是什么样子？《老子》举了一个例子：统治者十分悠闲，极少向百姓发布指令，而百姓竟然也将事办成了。为何能将事办成，是听了上头的指令吗？百姓都说：我自然。"我自然"意味着不是按上头的指令办，而是凭自身的智慧、自己的本意办。这凭自身的智慧、自己的本意办事，就是自由。原来，自然的和谐带给人们最大的幸福不是别的，而是自由。

二、“希言自然”

> 第二十三章：希言自然。故飘风不终朝，骤雨不终日。孰为此者？天地。天地尚不能久，而况于人乎？故从事于道者同于道，德者同于德，失者同于失。故同于道者，道亦得之；同于失者，道亦失之。信不足焉，有不信焉。①

“希言”，少说话，其实就是不说话。《老子·第四十一章》中有“大音希声，大象无形”②，“希声”就是无声，与“无形”相对应。这个世界上，唯有人能言，因而“言”是人为的体现。虽然《老子》不一概地反对人为，但对人为是警惕的。《老子·第五章》说“多言数穷”③，意思是话说多了，事情反而办不好了。《老子》主“无为”。“无为”与“有为”相对。无为循自然而为，自然为自然而然，由事物本质驱动，如水之向下流，此种为不叫为。有为是反自然而为，此种为，只能发生在人身上。人的为与“言”相联系，言不仅指说话，也指思考，这其中就有许多违背自然的想法。按《老子》的逻辑，说得太多，也就是想得太多，而想得太多，违背自然的地方就越多，所以“多言数穷”。

强调“希言自然”，就是强调自然是与人为相对立的，自然具有客观性。

然而，人就不能做到与自然一致吗？能。《老子》用“飘风不终朝，骤雨不终日”说明天地万物皆在变，人也在变。那么人要怎样变，才能做到合乎自然呢？《老子》提出“同”的哲学：“从事于道者同于道，德者同于德，失者同于失。”这样做，有什么意义？王弼本《道德经》在此处为：“同

① 汤漳平、王朝华译注：《老子》，第89页。
② 汤漳平、王朝华译注：《老子》，第158页。
③ 汤漳平、王朝华译注：《老子》，第20页。

于道者，道亦乐得之；同于德者，德亦乐得之；同于失者，失亦乐得之。”① 从正面来说，就是得道、得德；从反面来说，就是失道、失德。这里，《老子》强调这种得失是乐得乐失，这就富有审美意味了。从环境与人的关系维度来理解《老子》这一思想，它是在强调人与自然合一。人与自然合一，就会得道、得德，而且这种得充满着快乐——得的过程是快乐的，得的结果不仅是有益的，而且也是快乐的。

此章结尾，有“信不足焉，有不信焉”，强调信的绝对性。此章强调同于道，则于德要彻底；不彻底，就是不信。

三、“道法自然”

> 第二十五章：有物混成，先天地生。寂兮寥兮！独立而不改，周行而不殆，可以为天地母。吾不知其名，强字之曰“道”，强为之名曰“大”。大曰逝，逝曰远，远曰反。故道大，天大，地大，人亦大。域中有四大，而人居其一焉。人法地，地法天，天法道，道法自然。②

在所有论道的言论中，这段话是最为重要的了。它首先解释了什么是道。从功能上来说，道是天地之母，先于天地生。从构成来看，道为“混成”，具有多元性与整一性。从存在来看，道具有无限性，时间上无限，空间上无限；具有运动性，运动具有循环性。《老子》没有说明它是物质的还是精神的，从描述来看，更像是物质的，那么它能不能被看到、被听到、被感觉到？这段文字没有说，但第十四章说道“视之不见，名曰夷；听之不闻，名曰希；抟之不得，名曰微”③。应该说，这道是不能感觉的，既然如此，又如何得知它存在？《老子》在十六章提出：“致虚极，守静笃，万物并作，吾以观复。”④这种方式有两个要点：一是心境准备，心中不存任

① 《老子·第二十三章》，〔魏〕王弼注，楼宇烈校释：《老子道德经注》，北京：中华书局 2011 年版，第 60 页。

② 汤漳平、王朝华译注：《老子》，第 95 页。

③ 汤漳平、王朝华译注：《老子》，第 53 页。

④ 汤漳平、王朝华译注：《老子》，第 61 页。

何杂念，也不为任何杂念所动，是为虚极、静笃。二是观复，观万物的运动，不能只观事物的现象，还要观复——事物运动的规律。显然，这种观是理性的观了。通过长时间的观复，就可以得道。

这样，世界上就有四个重要因素了，这就是道、天、地、人。它们是什么关系呢？《老子》提出："人法地，地法天，天法道，道法自然。"①法，是效法，是遵循。四法中，最重要的是"道法自然"。前面说到道"先天地生""为天地母"，应该说，道就是终极的存在了，但是，它又说"道法自然"，显然，道不是终极的存在，终极的存在是自然。自然，是什么？自然像道一样是物的存在，"独立而不改，周行而不殆"吗？不是，自然不是物，它是一种状态，一种性质。作为状态，它是合乎本性的存在；作为性质，它为事或物的本性。"法自然"的意思不是去法某物，如人之法地、地之法天、天之法道，而是法一种存在方式——合乎事物本性的存在方式。凡事凡物能以合乎它本性的方式存在着，它就是合道的。"道法自然"不是说道的作为，而是对道的最为彻底的解释。

《老子》说的"四法"，从人开始。事实上，所有的法，均为人之法。地怎么法天？还是人去法。天怎么法道？也还是人去法。同样，道之法自然，也是人去法。《老子》此章的落脚点，其实不是道法自然，而是人法自然。人法自然，首要的是释放本性、实现本性，与周围环境实现无界的和谐统一。这当然具有很大的理想性，甚至空想性。人与环境总是存在一定的矛盾，但实现人与环境（社会环境与自然环境）的统一，总是人类不懈的追求。

四、"莫之命而常自然"

> 第五十一章：道生之，德畜之，物形之，势成之。是以万物莫不尊道而贵德。道之尊，德之贵，夫莫之命而常自然。故道生之，德畜之；长之育之；亭之毒之；养之覆之。生而不有，为而不恃，长而不

---

①《老子·第二十五章》，汤漳平、王朝华译注：《老子》，第95页。

宰，是谓“玄德”。①

这段话的要点有三：一是道与德的关系，《老子》认为是体与用的关系，道为体，德为用。道是事物成就的内在根据，德是事物成就的外在实现。二是道德与生命的关系，道也好，德也好，都是生命产生与发展的根本因素与动力。只不过，道更多地是生命存在的内在根据，具体来说，就是“道生之”，而德是生命发展的动力。三是道德与自然的关系。在这里，《老子》提出一个重要命题：“道之尊，德之贵，夫莫之命而常自然。”道也好，德也好，都是命。何谓命？本性。就是说，道与德之所以尊贵，是因为它提出了宇宙万物运行的一个基本法则，就是一切都是按照自己的本性而存在、而生存、而发展的。事物的本性一方面取决于自身的需要，另一方面也受制于与它的关系。像人，要生存，因此不能不食用某些动物与某些植物，但是，这种食用必须限制在生态平衡圈子里，超过这个圈子，人就会受到来自自然界的惩罚。因此，《老子》说的道、德、命、自然等概念均涉及宇宙万物运行的基本法则——生态平衡。《老子》既从最为宏观的维度——“道”的维度来谈自然界的规律性，又从最微观的维度——“命”的维度来谈自然界的规律性。值得注意的是，这里它说“道之尊，德之贵”是“常自然”。为什么要用“常”字？难道道与德只是常自然而不是都自然吗？也许《老子》认为，道与德的“法自然”也只能永远是进行时，宇宙的一切都在变化，没有静止，因此，也就没有终点。

第二节 老子的天地观

《老子》中，“天地”概念类似于今天说的自然环境，它是物质的，但天地的根本性质为自然。与天地相对的是人，天地不管在什么情况下，都是自然而然的存在，人呢？人，从本质上来说，不是自然而然的存在，正是因为这样，所以人与天地是对立的。但是，人也可以追求自然而然的

---

① 汤漳平、王朝华译注：《老子》，第205—206页。

存在，当人实现其自然而然的存在时，人就统一于天地。《老子》云："人法地，地法天，天法道，道法自然。"[①]最终法的是自然，天地是自然，即自然而然的榜样。

对于天地的自然状况，《老子》用了一系列的否定句式来描述。其中重要的有以下几处。

一、"天地不仁"

《老子·第五章》云：

> 天地不仁，以万物为刍狗；圣人不仁，以百姓为刍狗。天地之间，其犹橐龠乎？虚而不屈，动而愈出。多言数穷，不如守中。[②]

"刍狗"是用草扎成的狗，专用于祭祀之中，祭祀完毕，它就被扔掉或烧掉了。《老子》说天地是没有仁慈的，它对待万物的态度，就像人对待刍狗一样。以此为例，它说到圣人对于百姓的态度，也应该是没有仁慈的，圣人将百姓当成刍狗，任其自生自灭。

这里用的概念是"不仁"，仁为爱，不仁即不爱，这里的不爱，是不管，任其自生自长。不仁，用于说天地，无疑是深刻的。天地即自然界，它是客观的，不以人的意志为转移。生活在天地中的动植物是非常多的，天地对于它们一视同仁，无任何偏私。同样的春夏秋冬运转，对于不同的生命具有不同的意义。比如，严冬对于诸多花草来说是浩劫，然而梅花正是这个时候开放。《老子》说天地不仁，显然是对人来说，人总是认为天地是有情感的，企图通过祭祀等手段笼络神、讨好神。《老子》的"天地不仁"，对于人是一个沉重的打击。至少有三个问题让人冷静：一、人是不是天地之骄子？回答，不是。二、人与其他生灵是不是同享天地之恩，没有任何特权？答案是肯定的。三、人是不是需要检讨自己对于自然的过分掠夺包括对于地球上其他生灵的过分摧残？答案是肯定的。如果这种分析能够成立，"天地

---

① 《老子·第二十五章》，汤漳平、王朝华译注：《老子》，第 95 页。
② 汤漳平、王朝华译注：《老子》，第 20 页。

不仁”实际上提出了一个重要的思想:生态公平。

《老子》试图将天地不仁论用于社会,提出“圣人不仁”,圣人不仁,似乎是讲圣人不要爱百姓,其实不是。爱固然是好东西,但爱得不当,是种灾难。与其爱得不当,还不如不爱。《庄子》所说的“相濡以沫,不如相忘于江湖”①,与这里的“不仁”,思想是一致的。这种思想的实质是自由。自由,不只是比那种不当的爱重要,应该说比所有的爱都可贵。自由是一个重要的哲学问题,《老子》的不仁论,并不涉及自由的方方面面,实际上它只说了一种自由,即解放本性的自由,本性即自然,即道。各物均有自己的本性,因此各物均有自己的自然,均有自己的道。由于世界上各物均是相联系的,因此各物的自由相互交集、相互作用,构成一张网,这网中各物的自由共同构成生态的自由。

《老子》这一章,说天地像一只大风箱,“虚而不屈,动而愈出”②。这话深刻地揭示了世界的本质:它是运动的,无限的,有规律的。

人在这个世界中,要妥善处理好与他物的关系。怎么处理?《老子》反对多言,多言即算计,而提出“守中”的主张。“中”通“冲”,“守中”即“守冲”,即持守虚静和谐之道,也就是自然之道。自然之道就是自然而然地存在着、生活着、发展着,用今天的概念来说,符合生态要求地生存着、发展着。

虽然天道不仁,但如果能体会其中的妙处,守中地生活着,定然会从天地获得更多的好处。《老子·第七十九章》云:“天道无亲,常与善人。”③“无亲”即“不仁”,但善人即“守中”的人,可以从天地中获利。

二、“天之道,损有余而补不足”

“天地不仁”是说天地不偏私,并不是说它没有作为。天地有它自己的作为,这作为,体现于它在追求一种平衡。《老子·第七十七章》说:

---

①《庄子·大宗师》,方勇译注:《庄子》,北京:中华书局2010年版,第100页。

②《老子·第五章》,汤漳平、王朝华译注:《老子》,第20页。

③ 汤漳平、王朝华译注:《老子》,第297页。

> 天之道，其犹张弓与？高者抑之，下者举之；有余者损之，不足者补之。天之道，损有余而补不足。人之道则不然，损不足以奉有余。孰能有余以奉天下，唯有道者。①

意思是说，道的功能就像张弓，弦位高了，就低一点；弦位低了，就高一点。有余者就损一点，不足者就补一点。这就是平衡。

天地存在着各种平衡，有物理的平衡、化学的平衡、气候的平衡、生命的平衡、生态的平衡……各种平衡的效果是维系平衡，而维系平衡的实质，是实现天地的有序运转。有序运转，就是和谐，和谐就是美。

需要维系平衡的前提是失衡，宇宙为什么会失衡？原因很多，主要原因是宇宙中各种物的发展不可能是平衡的。这种局部的不平衡有可能影响到整体。不平衡的发生发展促使一种相反的力——平衡力的产生，宇宙的平衡力不断地调整着宇宙中各物的力量关系，以实现它们的平衡。新的平衡不是旧平衡的重复，新平衡出现的同时，新的不平衡又发生了，于是平衡几乎未有停顿地发挥着作用。这就是宇宙的运动情况。从哲学维度来看宇宙中的失衡与平衡，失衡是绝对的，平衡是相对的。不断地失衡，不断地平衡，这是天地活力所在。

天地的失衡与平衡相互作用、相互交替，这不是人为的，而是天地自身的运动，失衡力与平衡力均来自宇宙自身，是天地的自运动。②

从环境美学维度来看天地的失衡与平衡活动，首先可以认识到天地的失衡与平衡活动直接关系到人的生存，人应该配合这种活动。从总体来看，天地的失衡是不利于人的生存的，平衡则利于人的生存。平衡即为和谐，和谐是美。虽然和谐才有利于人的生存与发展，但没有失衡就无所谓平衡，没有经历过冲突，也就没有和谐，因此，实现和谐过程中的冲突也具有美学的意义。通常我们将这种冲突的美称为崇高。冲突是

---

① 汤漳平、王朝华译注：《老子》，第292页。

②《老子》中这类言论很多，如第三十二章云："天地相合，以降甘露，民莫之令而自均。"第三十三章云："知人者智，自知者明。"第三十七章云："万物将自化"，"天下将自正"。第五十七章云："民自化""民自正""民自富"。

和谐之母，同样，崇高是优美之母。就环境来说，生态环境最为重要，它是人类得以生存与发展的前提。生态环境中，生态失衡现象是常见的，但是生态平衡的趋势更是不可抗拒的。长期以来，造成生态失衡的原因一直是自然本身，但自工业社会以来，人类对环境的破坏以及对自然界的过分掠夺，也成为原因之一。为了人类自身的利益，人必须处理好自己与生态环境的关系，让地球上的生态平衡得以被有序地维系。

三、“无为而无不为”

《老子》认为，天地的运动是循道的运动，循道的运动有一个基本性质：“损”。《老子·第四十八章》：“为学日益，为道日损，损之又损，以至于无为。无为而无不为，取天下常以无事，及其有事，不足以取天下。”①何谓损？这涉及何谓益。益是增加，损就是减少。按《老子》的观点，这天地是不多也不少的，因此无须益当然也无须损。之所以提出损益来，是因为天地间出现具有高度智慧的人，人具有贪婪之心，绝不可能主动地损，只会主动地益。正是在这种情况下，《老子》提出损来，损到什么地步？无为。无为在这里的意义，是无损无益，维系天地间各种力量的平衡，包括生态平衡。

损道是对人而言的，对于天地来说，它的品德不仅是“不仁”“无亲”——无偏私的，而且也不是自私的。它的一切活动，于自己既无损也无益。

> 大道泛兮，其可左右。万物恃之以生而不辞，功成而不有。衣养万物而不为主。②
>
> 生而不有，为而不恃，长而不宰。③

——不居功，不为主，不自以为大。

看起来，似是柔弱，然而“天下之至柔，驰骋天下之至坚”④。

---

① 汤漳平、王朝华译注：《老子》，第190—191页。

②《老子·第三十四章》，汤漳平、王朝华译注：《老子》，第129页。

③《老子·第五十一章》，汤漳平、王朝华译注：《老子》，第206页。

④《老子·第四十三章》，汤漳平、王朝华译注：《老子》，第172页。

看起来，似是退让，然而“不争而善胜，不言而善应，不召而自来，繟然而善谋”①。

看起来，似是疏漏，然而“天网恢恢，疏而不失”②。

这是一曲响彻云霄的天地赞歌！

《老子》主张人效法天地、效法道、效法自然，像天地一样“为无为，事无事，味无味”③，以柔胜刚，以退为进，“无为而无不为”④。

《老子》的无为哲学主要是对统治者说的，希望统治者不扰民、不好战、不多事、不贪欲、不乐杀人。

> 圣人云：“我无为，而民自化；我好静，而民自正；我无事，而民自富；我无欲，而民自朴。”⑤
>
> 兵者不祥之器，非君子之器，不得已而用之，恬淡为上。胜而不美，而美之者，是乐杀人。夫乐杀人者，则不可得志于天下矣。⑥

《老子》警告统治者，如果一味以强硬的手段对付百姓，只会引火烧身，自取灭亡。

> 若民恒且不畏死，奈何以杀惧之也？若民恒且畏死，则为奇者，吾将得而杀之，夫孰敢矣？若民恒且必畏死，则恒有司杀者。夫代司杀者杀，是代大匠斫也。夫代大匠斫者，希不伤其手矣。⑦

《老子》其实也有它的主体性哲学，即“无为”，“无为”就是遵道、遵自然。这不仅是构建人与自然界和谐的必经之路，也是构建人类社会和谐的必经之路。

《老子》的主体性哲学，对于当今的生态文明建设，具有重要的激励

---

①《老子·第七十三章》，汤漳平、王朝华译注：《老子》，第279页。

②《老子·第七十三章》，汤漳平、王朝华译注：《老子》，第279页。

③《老子·第六十三章》，汤漳平、王朝华译注：《老子》，第251页。

④《老子·第三十七章》，汤漳平、王朝华译注：《老子》，第138页。

⑤《老子·第五十七章》，汤漳平、王朝华译注：《老子》，第231页。

⑥《老子·第三十一章》，汤漳平、王朝华译注：《老子》，第119页。

⑦《老子·第七十四章》，汤漳平、王朝华译注：《老子》，第283页。

作用与启迪意义。

第三节　老子的人与自然和谐观

环境与生活密切相关。如果说环境是生活的硬件，那么，可以说生活是环境的软件。环境的主题是生活。衡量环境的好坏，标准可以有若干，但根本的标准是能否认可生活，怎样认可生活。最为基本的认可是宜居，高一点，就是安居，最高应是乐居了。《老子》不仅描绘了人类理想的生活环境，也描绘了人类理想的生活方式，两者相互认可，深刻地反映了《老子》的环境观。老子所处的时代为东周，华夏族自史前蒙昧时代进入文明时代不过1 000多年，他的环境观与生活观，一方面呈现着史前大同（老子称之为“玄同”）社会中人们和谐生活的美丽虹影，另一方面又显示出当时社会中人们相互残杀的冷峻。老子未必希望回到史前的社会，但是，史前社会的和谐又确是构成他理想社会的重要成分。上面，我们主要阐释老子所认可的客体世界——无亲的天道、不仁的天地，还有无为而无不为的自然界。下面，我们主要阐释老子认可的主体世界——人是如何生活的。

一、“见素抱朴”

> 第十九章：绝圣弃智，民利百倍；绝仁弃义，民复孝慈；绝巧弃利，盗贼无有。此三者以为文不足，故令有所属；见素抱朴，少私寡欲。绝学无忧。①

在这一章中，《老子》提出其生活原则：见素抱朴，少私寡欲，绝学无忧。三句话中，“见素抱朴”是总纲。“见素抱朴”中“抱朴”最重要。

① 汤漳平、王朝华译注：《老子》，第73页。“绝学无忧”中的“学”是指崇尚聪明机巧的学问。《老子》反对这种学问，是因为这种学问让人去牟私利、求私欲，脱离人的自然本性。“绝学无忧”与“绝圣弃智”意义大致相通。“绝仁弃义”即反对虚伪的仁义之学，提倡出自自然本性的孝道与慈爱。“绝巧弃利”中的“巧”与拙相对，是反自然的，“利”是超出人性所必需的利。第六十五章中说“古之善为道者，非以明民，将以愚之”，这里的“愚之”并非真正的愚民，而是让民脱离超出本性的机巧以回归自然。

"朴",原义是没有雕刻的木头,比喻为道。"抱朴",就是抱道,即将做人行事的基本原则——"道"立于心中。

关于"朴",《老子·第二十八章》有深入的论述:

> 知其雄,守其雌,为天下谿。为天下谿,常德不离,复归于婴儿。
>
> 知其白,[守其黑,为天下式。为天下式,常德不忒,复归于无极。
>
> 知其荣,]守其辱,为天下谷。为天下谷,常德乃足,复归于朴。
>
> 朴散则为器,圣人用之,则为官长,故大制不割。①

这段文章中,括号中的文字有学者说为后人窜入之语,即使并非《老子》原文,但大意还是不离《老子》,姑且看作《老子》思想加以分析。这段文章关键词是"朴"。文章说了三知三守,即知雄守雌,知白守黑,知荣守辱。明知雄、白、荣三者是风光的事,却要守不风光的雌、黑、辱,为的是什么? 为的是复归。三守带来三复归:婴儿、无极、朴。婴儿、无极、朴三者可以互训,据此,我们可以推出朴有婴儿性质、无极性质。婴儿为比喻,喻的是蓬勃的生命力。无极在这里可能还不是道的代名词,而是指无限。具有蓬勃生命力的无限量级的朴,实质就是道。"朴散则为器",相当于"道"落实到"德"。不同的是,"德"的精神味仍然很浓,而"器"则具较多的物质功用色彩。这说明,"朴"更多地联系日常生活。事实也是如此,"朴"这一概念更多用来描述生活的简约节俭。在老子看来,朴的生活方式切合道的本质。

"素"本义为没有染色的丝,没有染色,那就是本色。素与朴的意义是相通的,《老子》反对虚伪,反对装饰,反对美言,力主本色生存。朴与素,后来联缀成一个词,用来表述一种生活方式,这种生活方式有两个特点:一是真实本色,二是简约节俭。这种方式与贫穷、寒酸完全没有关系,相反,它具有婴儿般的活力,单纯,美妙,给人无限的希望。

---

① 汤漳平、王朝华译注:《老子》,第 108 页。

朴素，虽然主要由《老子》提出，但获得各个学派的赞许与认同，成为中华民族生活传统。与之相反的奢侈浪费，尽管也一直存在着，并为某些统治阶级分子所炫耀，但从来没有得到过名正言顺的地位，即使是帝王，其过分的奢华也总是为人所诟病，奢靡至极者，均被斥为亡国之君。到工业社会，奢华似是摆脱了被斥责的魔咒，但总是与正义格格不入。每个人有权选择自己的生活方式，却没有特权过分地耗费地球上有限的资源，地球上的资源是全人类的。《老子》倡导"见素抱朴"的生活方式，有利于保护环境、保护资源，对于正在进行的生态文明建设具有极其重大的意义。

二、"少私寡欲"

生活的总原则是"见素抱朴"，体现这一原则的具体表现则是"少私寡欲"。与"少私寡欲"有着相互阐释且互相补充意义的概念是"慈俭"。《老子·第六十七章》云："我有三宝，持而宝之：一曰慈，二曰俭，三曰不敢为天下先。"①

慈，是爱，对人对物的爱。有了这份爱，就少私了。慈不是仁，仁是对人的，对物谈不上仁，《老子》的慈则被及天地，是对天地万物的爱。这种爱包括生态的内涵。爱，自然首先体现在对生命的爱之中，但个体因为生存的需要，不能不伤及别物的生命，正如牛要活着，不能不吃草，而草是有生命的，按慈，就不应该伤害它。《老子》没有这样过细地探究。但是，它说"少私寡欲"。私与欲，均没有被完全否掉，只是提出要有一定的限制，要少，在寡。少、寡到什么地步？《老子》没有明说，但通过阅读全篇，可以看出它对于私与欲的限制，是以自然为底线的。自然即本性，人有其自然，即本性，人的本性就是人的生存与必要发展，凡是生存与必要发展所需要的人性都是本性，都是自然，是可以肯定也应该肯定的。基于此的欲，也同样是必须且应该肯定的。老子反对的只是超出自然的欲。《老子·第十二章》云："五色令人目盲；五音令人耳聋；五味令人口

① 汤漳平、王朝华译注：《老子》，第263页。

爽；驰骋畋猎令人心发狂；难得之货令人行妨。是以圣人为腹不为目，故去彼取此。”①不少人误以为老子反对欲，其实，他只是反对纵欲。“一色”（适当的色）是自然、合道，“五色”（过多的色）就是反自然、违道。与《老子》“少私寡欲”相呼应的概念是“俭”，除此以外，还有“节”“损”。俭、节、损，不是无限的，而是以自然为底线，过头了，伤及人的生存，同样是反自然，是违道。《老子》的慈俭观，实际上是在倡导一种生活方式——生态生存。生态生存以生态平衡为底线，而生态平衡是动态的、变化的，没有固定的生活指标。当野猪的数目过少，不足以维系相应的生态平衡时，就不能随便捕杀猪野；然而如果野猪足够多，且伤及相应的生态平衡时，野猪为什么不能成为人们的美味佳肴呢？

值得说明的是，《老子》反对过分的人欲，对什么叫过分，作出了深刻且明确的阐述，但是，它并没有制定具体的生活标准。具体的生活标准，是由时代生产力发展水平来决定的。在老子的时代，穿丝织物就算得上奢侈了，今天，这又算得了什么呢？在无电的时代，用油点灯，在有些人家是奢侈了，而在用电极为普遍的今天，有谁还用油去点灯呢？

与“爱”处于同等地位的还有“俭”。“俭”，就是“啬”。《老子》没有对“俭”作更多的阐述，对“啬”是这样说的：

> 第五十九章：治人事天，莫若啬。夫唯啬，是谓早服；早服谓之重积德；重积德则无不克；无不克则莫知其极；莫知其极，可以有国；有国之母，可以长久。是谓深根固柢，长生久视之道。②

说“治人事天，莫若啬”，则“啬”的重要性便提到至高无上的地位了。为什么啬这样重要？《老子》说“夫唯啬，是谓早服”。“服”主要有两种解释，一是将其释为“复”，早复，就是早复返于道；二是将其释为“事”，“早服”即早事，即早作准备。笔者倾向于第一种解释。《老子》看重早。人自成为人以后，贪欲膨胀，离道是很远了，要想复返于道，就不能不节制贪欲，节制贪欲，就是

---

① 汤漳平、王朝华译注：《老子》，第 45 页。
② 汤漳平、王朝华译注：《老子》，第 237 页。

啬。《老子》这种啬，对欲来说，是损；而对德来说，是积。如此，德越积越多，力量也越来越大，直到无所不克，就有国家了。德以及德之本——道，是国之母，也可以说是国家之根本。是它，维系了国家、社会的长久永恒。将“俭”“啬”提升到关系国家、社会长治久安的高度，除了老子，没有第二个。

《老子》的“啬”论在今天有着重要的意义。尽管在今天，我们没有必要像老子时代那样过着粗衣粝食的生活，我们有足够的理由享受生活，但是，我们仍然不要浪费，仍然不要奢华。这不只是出于对劳动的珍惜，如古诗所云“谁知盘中餐，粒粒皆辛苦”，还出于对地球资源的珍惜。须知地球上的资源是有限的，“但存方寸地，留与子孙耕”。保住地球资源再生的能力，保住地球不可能再生的资源，是人类至关重要的大事。这的确是“根深固柢，长生久视之道”。

三、“以贱为本”“以下为基”

在人生态度上，《老子》提出“贵以贱为本，高以下为基”，崇“贱”崇“下”这一观点集中体现在三十九章：

> 昔之得一者：天得一以清，地得一以宁，神得一以灵，谷得一以盈，万物得一以生，侯王得一以为天下正。其至也，谓：天毋已清将恐裂，地毋已宁将恐废，神毋已灵将恐歇，谷毋已盈将恐竭，万物毋以生将恐灭，侯王毋以正将恐蹶。
>
> 故必贵而以贱为本，必高矣而以下为基。夫是以侯王自谓孤、寡、不穀。此其贱之本与，非也？故致数与无与。是故不欲禄禄如玉，珞珞如石。①

在《老子》看来，道是一。一有三义：整一，第一，始一。整一是全体，第一是最好，始一则为最贱、最下。然而，始一最为重要，正是从始一开始，才有位列最高的第一，囊括全部的整一。《老子》说“贵以贱为本，高

---

① 汤漳平、王朝华译注：《老子》，第145—146页。

以下为基”,正是从这个意义上看重体现始一的“贱”和“下”。

《老子》认为重要的,一是胸怀,即能不能做到像江海一样宽阔,“江海之所以能为百谷王者,以其善下之,故能为百谷王”①(第六十六章);二是眼界,即能不能着眼于未来,“道常无名,朴虽小,天下莫能臣也。侯王若能守之,万物将自宾”②(第三十二章);三是意志,“弱之胜强,柔之胜刚,天下莫不知,莫能行”③(第七十八章),行为比识见更重要;四是本质,老子认为,外在的形象哪怕是难看的,都不重要,重要的是内在,是本质,他说“圣人被褐怀玉”④(第七十章)。

《老子》关于在生活中善处贱、处下的论述是深刻的。它的重要意义,是让人们考虑问题,着眼于未来,着眼于整体。

《老子》关于人们生活的三原则:“见素抱朴”,“少私寡欲”,“以贱为本”“以下为基”,其重大意义是让人们正确处理好个人与天地、个人与社会、当下与未来的关系,目的是让天地更美好、人类更美好。用《老子》的话来说,就是天清、地宁、神灵、谷盈、物生和侯王为天下正。

第四节　老子的环境理想

关于人类理想的生活环境与人类理想的生活,《老子》也有一些富有启发性的论述:

一、“安平泰”

> 第三十五章:执大象,天下往。往而不害,安平太。乐与饵,过客止,道之出口,淡乎其无味,视之不足见,听之不足闻,用之不足既。⑤

---

① 汤漳平、王朝华译注:《老子》,第259页。
② 汤漳平、王朝华译注:《老子》,第122页。
③ 汤漳平、王朝华译注:《老子》,第294页。
④ 汤漳平、王朝华译注:《老子》,第271页。
⑤ 汤漳平、王朝华译注:《老子》,第132页。

《老子》这一章，提出理想社会的三个标准：安、平、泰。

"安"，安全。对于生命来说，安全第一。人类社会存在着诸多的不安全。不安全，既来自天灾，也来自人祸。不同的历史时期，影响人类安全的主要因素是不一样的。史前，威胁人类安全的主要是来自大自然的危险因子，包括天灾、动植物的伤害。进入文明时代后，人类抗击自然伤害因素的力量增强了，社会上的伤害因素如战争成为造成人类不安全的主要因素。《老子》时代，诸侯之间的战争已经趋向激烈，人民死伤无数，正是基于此，《老子》对于战争发出愤激的批判："夫兵者，不祥之器"[①]（第三十一章），抗言"若民恒且不畏死，奈何以杀惧之也"[②]（第七十四章）。《老子》主张和平解决纷争，说："善为士者不武，善战者不怒。"[③]（六十八章）虽然时间已经过去了 2 000 多年，但《老子》对于社会安全问题的高度重视，包括对于战争的批判，仍然有着巨大的现实意义。

影响安全的诸因素中，有一种来自生态。应该说自有人类以来，除局部地区、短暂时间外，地球上的生态平衡一直是比较好的，因此，现存古籍中，谈及生态安全是不多的。《老子》没有直接论及生态安全，但是它说"天地不仁，以万物为刍狗"，常使人想到它的反面。人过多地干扰自然物以致造成生态平衡的局部破坏，应该是《老子》提出此理论的现实依据之一。《老子》提出的退让哲学、守柔守静哲学，固然具有策略上的考虑，如学者们说的以退为进，但也是基于对自然的保护，其"无为"理论中的"生而弗有""为而弗恃""功成弗居"，含有对自然的友好与尊重的意味。

"平"，公平。《老子》认为自然界有一个重要功能："损不足以奉有余"[④]，这就是公平。《老子》说的"有无相生，难易相成，长短相形，高下相

① 汤漳平、王朝华译注：《老子》，第 119 页。
② 汤漳平、王朝华译注：《老子》，第 283 页。
③ 汤漳平、王朝华译注：《老子》，第 266 页。
④《老子・第七十七章》，汤漳平、王朝华译注：《老子》，第 292 页。

倾，音声相和，前后相随”[①]（第二章），反映出自然界趋平的规律。生态平衡是自然界趋平现象的一种体现，有自然生态平衡，也有社会生态平衡。《老子》基于人的贪婪与争强好胜的劣根性，提出“知其雄，守其雌”[②]的理论，具有维护社会生态平衡的意义。社会生态平衡，是理想社会的重要因素之一。

“太”，通“泰”。《周易》中有泰卦，说明当时社会已经对于泰有很好的认识了。按《周易》理论，泰卦具有诸多积极意义：一、交通。《泰卦·彖辞》云“天地交而万物通也”[③]，交而通体现出天地的有机整体性，它是天地得以维持、得以平衡、得以和谐的根本原因。人作为自然中生命体之一，其生存与发展的根本保障，就个体来说，是身心诸多因素顺利交通；就群体来说，是各色人等的身体上、精神上、事业上的相互交通。二、志同。《泰卦·彖辞》云“上下交而其志同也”[④]，志同则和，和则强，强则能力克困难，如《泰卦·象传》所说“拔茅征吉”[⑤]。三、财成。《泰卦·象传》云：“天地交，泰。后以财成天地之道，辅相天地之宜，以左右民。”[⑥]虽然此句中的“财”可以训为“裁”，但它也有财富之意。《泰卦·九三爻辞》亦云：“于食有福。”[⑦]说明泰卦所说的吉祥，有发财的意思。四、中行。《泰卦·象传》云：“‘包荒，得尚于中行’，以光大也。”[⑧]包荒，即包容荒秽，意味着团结一切人等。之所以能做到这样，是因为持守的是“中行”这样的道德规范。中行即中道，中道的中为公平、正确、恰当、适宜、友爱。光大这样的道，社会就会变得美好。中道与自然之道是相通的，《老子》倡导的自然之道，就是中道。虽然《老子》未必吸取了泰卦的智

---

① 汤漳平、王朝华译注：《老子》，第 8 页。
② 《老子·第二十八章》，汤漳平、王朝华译注：《老子》，第 108 页。
③ 杨天才、张善文译注：《周易》，第 116 页。
④ 杨天才、张善文译注：《周易》，第 116 页。
⑤ 杨天才、张善文译注：《周易》，第 118 页。
⑥ 杨天才、张善文译注：《周易》，第 116 页。
⑦ 杨天才、张善文译注：《周易》，第 120 页。
⑧ 杨天才、张善文译注：《周易》，第 119 页。

慧，但《老子》的“太”应该包含了泰卦的积极意义，它将这一切积极意义归于自然。

安、平、太，是相通的，但有内容侧重之不同，也有层次高下之不同。安是基础，侧重个体生命之生存；平，侧重社会法则之合理；太，兼顾人与自然的关系、个体与社会的关系，侧重和谐：身心的和谐、生态的和谐、个体与社会的谐、人与自然的谐。

二、“以天下观天下”

> 第五十四章：善建者不拔，善抱者不脱，子孙以祭祀不辍。修之于身，其德乃真；修之于家，其德乃余；修之于乡，其德乃长；修之于邦，其德乃丰；修之于天下，其德乃普。以身观身，以家观家，以乡观乡，以邦观邦，以天下观天下。吾何以知天下之然哉？以此。①

这一章讲的是修身与修天下的关系，它涉及主体建设与环境建设的关系。《老子》提出“善建者”概念，何谓善建者？在它看来，为“不拔”。不拔，拔不出，拔不掉，或者压根儿就不想拔或不能拔。拔什么？根。根在这里指的是道，道为自然。也就是说，善建者牢牢地保持自己的自然之根。善抱者与善建者是同一个意思。只是一个立意在扎根，一个立意在抱心。根为自然，心也为自然。用以自然为本的理念修身、修家、修乡、修邦、修天下，其“德”（训为“得”）都非常好，分别为“乃真”“乃余”“乃长”“乃丰”“乃普”。由此，《老子》提出“以身观身，以家观家，以乡观乡，以邦观邦，以天下观天下”。这一命题，有四个重点：

第一，“观”是中国古代哲学的重要概念，它不是指观看，而是指一种特殊的生存方式。用“观”表述生存方式，说明此种生存方式具有类似赏心悦目的意味。“观”是审美的，又不只是审美的。观身、观家、观乡、观邦、观天下，是指身、家、乡、邦、天下的生存方式。《老子》强调以自然为

---

① 汤漳平、王朝华译注：《老子》，第217页。

本的生存方式，所以，观身、观家、观乡、观邦、观天下均建立在自然为本的基础上。用观，而不用建、修，说明这种建、修具有审美的意味，它是赏心悦目的，是让人愉快的。

第二，观为返观。“以身观身”即以己身为对象而观，这是返观。观家、观乡、观邦、观天下均为返观。返观，是一种体验，如人饮水，冷暖自知，所以，返观是最真实的，也是最恰当的。

第三，返观相异又相通。天地万事万物，各有自身的属性，它们的返观均有自身的特殊性，因此，各种返观是相异的。但是天地万物又是相通的，因此，各种返观又是相通的。因相异，构成大千世界；因相通，又构成整一世界。

第四，老子说：“吾何以知天下然哉？以此。”每个人都只能从他自身的体验出发，去推想别的对象，天下情况如何，也是推想出来的。

理想的世界如何建立？老子在这里实际上提出一条途径，那就是各自从自身做起，返观自身到推想他物他人，当身、家、乡、邦、天下都以合道的方式生存的时候，美好的世界就建立起来了。

三、“小国寡民”

关于理想社会，老子想象出一个小国家：

> 第八十章：小国寡民。使有什伯之器而不用；使民重死而不远徙；虽有舟舆，无所乘之；虽有甲兵，无所陈之；使民复结绳而用之。
>
> 甘其食，美其服，安其居，乐其俗。邻国相望，鸡犬之声相闻，民至老死，不相往来。①

这个理想国，既富有诗意，又富有哲理，但有四点疑问：第一，为什么有先进的工具不用？这说明什么？不用先进工具，说明这里的生活资源伸手可得，环境非常好。既如此，又何必做“什伯之器”呢？显然，制作

① 汤漳平、王朝华译注：《老子》，第299页。

“什伯之器”别有原因。也许是担心有朝一日，资源不够丰富了，环境恶劣了，需要“什伯之器”，这“什伯之器”是备用的。如果是这样，说明老子内心深处是有一份隐忧的。第二，有优良的甲兵，但用不上。同样的问题，制作它做什么呢？同样的猜测，是备用。谁能料到哪一天有人将战火烧到家门口呢？按照老子的“民不畏死”[①]的观点，这个理想国中的人民并不胆小，他们有铮铮铁骨，时刻准备迎击外敌的入侵。第三，为什么将理想国设置在没有文字的史前？难道文字有碍于人类理想的实现？老子对于文字是有担忧的，在书中，他多次批评“多言”，而主“不言之教”。在他看来，有文字，就多言，多言则意味着有深入的思考，有机心。机心促使人们私欲膨胀，这样就会产生争夺，必然导致人类的残杀，也导致人与自然关系的破坏。当人类已经无爱心了，就会有仁义之教出现，但仁义之教不能从根本上解决人类相争的问题。解决人类的问题，根本的方法是让人类回归自然，本色生存。本色生存则无所谓爱与不爱。如此说来，老子将理想国设置在没有文字的史前，可谓用心良苦。第四，为什么让理想国的人们“至老死不相往来”？原来，老子将人类的交往分成两类：一类是本色生存即自然生存的交往，如家庭中人员的交往，有血缘关系的部落的交往，婚姻关系的交往。这些均属于本色生存。第二类交往，是与无血缘关系和非婚姻关系部族的交往，老子认为，这种交往是没有太大必要的。也许老子并不否认这种交往可能具有正面意义，如团结合作、互通有无，但他更担忧这种交往可能带来的负面影响，如争夺、抢掠、战争。

老子的理想国，突出的优点是和谐，但这种和谐是自然性的和谐，而不是社会性的和谐。老子认可的人与人之间的关系是自然性的关系，这种关系，尽管也存在冲突，争吵，但它是本真的、本色的，因而都值得肯定，都可以说是和谐。

自有人脱离动物以来，人就与自然分离，主客对立产生了，这才有环

① 《老子·第七十四章》，汤漳平、王朝华译注：《老子》，第283页。

境这一概念的产生。也就从这一时刻起，人思索着如何返回自然，实现人与自然的统一。关于这一问题的种种回答，建构起哲学的大千世界。

人类的实践与哲学既同步又不同步，事实是，人们在实践中做得更多的是从自然索取，而不是向自然回归。随着科学技术的发展，人类对自然奥秘的认识越来越多，改造自然的规模也越来越大。自然界本有的生态平衡逐渐被打破，自然与人的关系趋于恶化。自然对人类的报复日趋频繁，生态危机已经出现。在这种背景下，思考老子所描绘的理想国的深层含义，探索老子的忧虑与苦心，也许于当代生态文明建设有重要意义。

值得我们注意的是，老子描绘的理想国，虽然摈弃文明，不用先进的生产工具、不用优良的甲兵、不用文字，然而，生活在这个小国中的人民不仅不贫困，反而很富裕，不仅不忧伤，反而很快乐。老子用诗一般的文字写道："甘其食，美其服，安其居，乐其俗。"这四句话耐人寻味。

"甘其食，美其服"说的是生活。只说"食"与"服"，其实不只是说食与服，说的是全部的生活。生活，首要的是活着，这是生存基础，然后才说得上活着的质量。这里，老子越过了活着这一生存基础，直接说生活质量。生活的质量，用了一个"甘"字，一个"美"字。"甘"，在这里实际上也是美。读过《老子》的人都知道，在《老子》一书中，"美"基本上是遭到批判的，如"信言不美，美言不信"①（第八十一章），"美言可以市，尊行可以加人"②（第六十二章）。然而在理想国，美，得到老子的充分肯定。这说明老子其实并不否定美，他否定的只是与自然相对立的美，对与自然相一致的美，他不仅不否定，还高度赞扬。另外，众所周知，老子是主张俭朴生活的，但是，他的理想国中的人民，过的是美食美服的生活，显然不俭朴。这让我们思考老子提倡的俭朴真的是简陋吗？不是！俭朴与简陋完全无关，老子说的俭朴是"自然"（"道"）的代名词，他希望人们自

---

① 汤漳平、王朝华译注：《老子》，第 301 页。
② 汤漳平、王朝华译注：《老子》，第 247 页。

然生存。自然生存,不仅不意味着生活简陋,反过来,自然生存还会让人们过上高质量、高品位的生活。高质量、高品位的标志就是“甘其食,美其服”,概言之,就是美。

“安其居”,同样指生活,突出“安居”的意义。居,在人类的生存与发展中具有重要意义。人类本是直接生活在自然界的,如猴子一样。筑屋居住下来,是人类走出动物群体的重要标志。人类最初的居,是无定所的,这是游牧生活所决定的;其后变为定居,这是农业生活所必需的。居,让人类有了家的感觉,有了家,才谈得上建立稳定的邦国。居,涉及诸多问题,最大的问题是安全。无安全,就无生存之可能,更无发展之可能。中华民族环境意识的觉醒就从“安居”问题的提出开始。先秦诸多典籍如《周易》《论语》《礼记》都谈到“安居”,这不是偶然的,说明距今4 000年左右,中华民族自史前进入文明时代,环境意识建构就开始了。

“乐其俗”。“俗”,民俗,一般指族群的生活方式,较之食、服、居,俗更加宏观。某种意义上,俗与社会为同一层次的概念,也许可以说,社会为俗的硬件,俗为社会的软件。荀子就很看重俗,他在《乐论》中论及乐的作用时说:“乐行而志清,礼修而行成,耳目聪明,血气和平,移风易俗,天下皆宁,美善相乐。”①将俗对于人民的意义称为“乐”。显然,俗更具文化性,食、服、居主要为物质性的生存,俗则主要为精神性的生存。

值得一说的是,俗是族群共同认可的生活方式,其中不仅有个体的生活形式,也有群体的生活形式。《老子》的“民至老死,不相往来”与俗是否存有矛盾?也许不应有。因为在同一俗中生活的人,应是同一族群,同一族群是可以往来而且必须往来的。

从“甘其食,美其服,安其居,乐其俗”来看,老子的理想国有三个特点:第一,具文化性,这种生活已经超越自然性生存,而升华到文化性生存了。第二,重精神性。文化有物质文化与精神文化,从老子将俗置于更高的地位来看,他应是更重精神文化的。第三,重审美性。审美只是

---

①《荀子·乐论》,方勇、李波译注:《荀子》,第329页。

精神文化中的一维。老子论述理想国生活的四个方面时，三处用到了美学概念：甘、美、乐，这说明审美在老子的理想生活中占据主导的地位。

老子的理想国成为中华民族理想社会范式，甚至可以说成为一种传统。后代有不少学者深绎老子的理想国，其中最有名也最有影响的莫过于陶渊明的《桃花源记》了。桃花源遂成为老子“小国寡民”的具象，成为中华民族理想环境的一面鲜亮的旗帜。

第二章　庄子的环境美学思想

《庄子》是先秦道家最重要的著作之一，全书以“寓言”“重言”“卮言”为主要的表现形式，想象丰富，纵笔自如，议论纵横，既是文学史上的瑰宝，又是哲学史上的经典，堪为世界文化史上一大奇书。

《庄子》的作者一般认为是庄子。庄子（约前 369—前 286 年），名周，字子休，其先祖系楚国贵族，因楚国内乱迁至宋国，庄子出生于宋之蒙地。庄子仅做过漆园吏这样的小吏，几乎一生隐居，楚王慕名，拟聘他为相，他因崇尚自由而不予答应。庄子是中国古代自由主义旗帜的代表人物，是道家学派的重要创始人之一，后成为中国本土宗教道教中的祖师，称南华真人，其著作《庄子》也被称为《南华经》。

司马迁说庄子“著书十万余言”，而现存的《庄子》一书仅 33 篇，65 000多字。现存《庄子》分内篇、外篇、杂篇三辑，内 7 篇，外 15 篇，杂 11 篇。宋代前均认为《庄子》一书系庄子本人所著，宋代始有人提出内篇为庄子本人所著，而外篇和杂篇为后人托名。前学术界一般接受这种观点，但是《庄子》一书的观点、文风均是统一的，只是内篇、外篇思想更为严谨，文风更见恣肆，而杂篇及外篇中的少数几篇则比较粗糙，很可能这些文章是未经加工的草稿。

《庄子》的学术思想上承《老子》，但两者存有一些差异。在著作的主旨上,《老子》为哲学治国与养生兼具,《庄子》则弱化了前者而强化了后者,为了某种需要有时还将两者对立起来。在人生态度上,《老子》思想进取性与退避性兼具,然《庄子》似是弱化了前者而强化了后者,但这并不能说明《庄子》思想消极。在天人关系上,庄子是最为彻底的以人合天派。也许,正是在这个问题上最能见出庄子哲学的消极性,也最能见出他的积极性。

《庄子》于儒家的仁义观有着强烈的批判,但不证明庄子反对仁义,只是他认为,无论在养生还是治国上,仁义均不如他所标举的回归自然,而且仁义在实践中往往成为统治者欺骗人民的手段。

《庄子》哲学对环境美学的意义主要在其对于"天地"的论述。"天地"在《庄子》一书中兼具实体与精神两个方面的意义,就实体意义言,它与自然同义,就精神意义言,它为道或者说"天道""天地之道"。

第一节　天地大美论:"天地有大美而不言"

《庄子》谈天地,从来不与人分割开来,天地总是人的天地,而人也总是天地(《庄子》也称之"天下")中的人。实际上天地相当于今天所说的环境。关于天地,《庄子》有过许多赞语,其中最具概括性,也可以说最高的赞语是"大美"。《知北游》中有这样一段话:

> 天地有大美而不言,四时有明法而不议,万物有成理而不说。圣人者,原天地之美而达万物之理。是故至人无为,大圣不作,观于天地之谓也。(《知北游》)①

这段话中,"天地""四时""万物"从语句形式来看是并列的,而从意义来看,它们不是并列的。"天地"是总概念,而"四时""万物"是分概念,它们分别从时间与空间两个维度来说明"天地"。而大美作为对于天地的赞语,不只是指形式的美,还应包括内容的美。那么,在《庄子》中,我

① 方勇译注:《庄子》,第 362 页。

们究竟能看出天地的哪些美呢？

一、天地形象之美

《庄子》用了诸多瑰丽奇伟的语句来描绘种种天地形象的美。如：

> 至阴肃肃，至阳赫赫。肃肃出乎天，赫赫发乎地。两者交通成和而物生焉，或为之纪而莫见其形。消息满虚，一晦一明，日改月化，日有所为而莫见其功。（《田子方》）①

> 小知不及大知，小年不及大年。奚以知其然也？朝菌不知晦朔，蟪蛄不知春秋，此小年也。楚之南有冥灵者，以五百岁为春，五百岁为秋；上古有大椿者，以八千岁为春，八千岁为秋。（《逍遥游》）②

> 穷发之北，有冥海者，天池也。有鱼焉，其广数千里，未有知其修者，其名为鲲。有鸟焉，其名为鹏，背若泰山，翼若垂天之云，抟扶摇羊角而上者九万里，绝云气，负青天，然后图南，且适南冥也。（《逍遥游》）③

> 藐姑射之山，有神人居焉。肌肤若冰雪，淖约若处子；不食五谷，吸风饮露；乘云气，御飞龙，而游乎四海之外；其神凝，使物不疵疠而年谷熟。（《逍遥游》）④

> 任公子为大钩巨缁，五十犗以为饵，蹲乎会稽，投竿东海，旦旦而钓，期年不得鱼。已而大鱼食之，牵巨钩，錎没而下，骛扬而奋鬐，白波如山，海水震荡，声侔鬼神，惮赫千里。（《外物》）⑤

> 天德而出宁，日月照而四时行，若昼夜之有经，云行而雨施矣。

① 方勇译注：《庄子》，第343—344页。
② 方勇译注：《庄子》，第3页。
③ 方勇译注：《庄子》，第3页。
④ 方勇译注：《庄子》，第10页。
⑤ 方勇译注：《庄子》，第458页。

(《天道》)①

秋水时至，百川灌河。泾流之大，两涘渚崖之间，不辨牛马。于是焉河伯欣然自喜，以天下之美为尽在己。顺流而东行，至于北海，东面而视，不见水端。于是焉河伯始旋其面目，望洋向若而叹曰："野语有之曰：'闻道百以为莫己若者。'我之谓也。"(《秋水》)②

……

这些描写一是视角多变，或是抽象式的，如《田子方》中关于天地运行方式"至阴肃肃，至阳赫赫"的描写；或是比较具象式的，如《秋水》中的"百川灌河"，对于河伯顺流东行的描写；或侧重于时间，如《逍遥游》中关于"朝菌""蟪蛄""冥灵""大椿"寿命的描写；或侧重于空间，如《外物》中任公子"投竿东海""白波震荡"的描写；或侧重于真实场景，如《天道》中关于"日月照而四时行"的描写；或侧重于神话境界，如《逍遥游》中关于"藐姑射之山"的描写……

更重要的是，这些描写虽然语言生动，形象鲜明，似是文学手法，但实是传达一种哲学信息。《庄子》的用意很清楚，它试图用绚丽的色彩、宏阔的境界、诡谲的形象告诉人们，天地的确存在着一种通常人们根本看不到的奇美或虽在现实中似看到一些端倪却完全不能领略其奥妙的异美。从本质上看，天地之美属于精神，属于思想，属于理性，它是一种精神的美，思想的美，理性的美。

二、天地生物之美

《庄子》认为天地之德主要为生物，这生物，不是独生人，而是生万物。《庄子》以极大的热忱赞颂着天地生物之美。

夫春气发而百草生，正得秋而万宝成。夫春与秋，岂无得而然

① 方勇译注:《庄子》，第 215 页。

② 方勇译注:《庄子》，第 259 页。

哉？天道已行矣。(《庚桑楚》)①

春雨日时，草木怒生。(《外物》)②

这两段引文都是对于自然界生物生长现象的描述，值得我们注意的是，《庄子》言及天地生物时，很多情况下，说的不是作为物的天地生物，而是作为道的天地生物。这道的生物又往往与道的死物相联系，也就是说，有所生，就有所死，死生是循环的。死生循环将死拉了进来，似是否定了生，殊不知，这种否定恰好肯定了生：正因有死，才有生。这个过程中常见出虚实、有无的转化，如《庚桑楚》中所说的：

出无本，入无窍。有实而无乎处，有长而无乎本剽。有所出而无窍者有实。有实而无乎处者，宇也。有长而无本剽者，宙也。

有乎生，有乎死，有乎出，有乎入，入出而无见其形，是谓天门。天门者，无有也，万物出乎无有。有不能以有为有，必出乎无有，而无有一无有。圣人藏乎是。③

第一段话的意思是：出生没有根柢，消逝又不见消失的形迹(窍)。有实在而没有处所，有成长而没有始终(本剽)。有所产生但没有形迹，然而事实存在。事实存在却无处所的，那便是宇。有生长却没有始终(本剽)的，那便是宙了。《庄子》在这里所谈的“出”与“入”包括生与死，生是出，入是死。这个过程，既是“出”又是“入”。如果将出定为实，将入定为虚，那么它既为实又为虚。正是因为它既为出又为入，所以说它有生长而无始终(有长而无乎本剽)。从空间的维度看天地，它是虚与实的统一，为“宇”；以时间的维度看天地，它是始与终的统一，为“宙”。

第二段话的意思是：有生就有死，有出就有入。这生死出入不见形迹，可称之为“天门”。天门就是“无有”。万物就是从这“无有”中产生的。有不能从“有”中产生，必然出自“无有”。“无有”是“一”(可以理解

① 方勇译注：《庄子》，第381页。
② 方勇译注：《庄子》，第466页。
③ 方勇译注：《庄子》，第392—393页。

为天道),圣人就游心于这里。这段话将万物的生死统归于“天门”,天门不是“有”,而是“无有”。这“无有”,《庄子》也表述为“无”。无为“一”,一为“道”——天道。

与以上引文相对应的是《田子方》中一段关于老聃与孔子的对话:

> 孔子见老聃,老聃新沐,方将被发而干,蛰然似非人。孔子便而待之。少焉见,曰:“丘也眩与?其信然与?向者先生形体掘若槁木,似遗物离人而立于独也。”老聃曰:“吾游心于物之初。”孔子曰:“何谓邪?”曰:“心困焉而不能知,口辟焉而不能言。尝为汝议乎其将……生有所乎萌,死有所乎归,始终相反乎无端,而莫知乎其所穷。非是也,且孰为之宗!”孔子曰:“请问游是。”老聃曰:“夫得是至美至乐也。得至美而游乎至乐,谓之至人。”(《田子方》)①

老聃说“吾游心于物之初”,这“物之初”就是“天门”,即圣人“藏于是”的“是”。《庄子》借老聃的口,明确地说,这个地方是“至美”之所在,而能游心于这至美的所在,那就会得“至乐”。

将生与死联系起来谈,不专谈生,也不专谈死,认为生与死是相互转化的,这是《庄子》极其重要的哲学思想。在《知北游》中,这一思想的表述更为简洁明了:“生也死之徒,死也生之始。”②值得指出的是,《庄子》提出生命之本是“气”。他说:“人之生,气之聚也;聚则为生,散则为死。若死生为徒,吾又何患?”③也许正是因为这死生相互转换的观念,庄子的哲学洋溢着乐观明朗的气息。他谈生很美,谈死也很美。

三、天地运行之美

《庄子》不把天地看成死物,而是看成活物。天地不仅是物质的,有形象,而且也是精神的,有灵魂。它的灵魂就是道。天地在道的统治下

---

① 方勇译注:《庄子》,第343—344页。
② 方勇译注:《庄子》,第359页。
③ 方勇译注:《庄子》,第359页。

不断地运行着，在运行中创造着世界：万物方生方死，方出方入，充满活力。这个过程还创造着美：五彩缤纷，光怪陆离，气势磅礴……这是宇宙间最为伟大的美，最为神奇的美，既是人类社会美的本源，又是人类社会美的范本。

（一）美在自性

从本质上来说，天地之美是一种纯粹的自然之美，其所生，根于自性，其所功，全为自用。它完全是一种以“自”字打头的自性之美，自适之美。

人用自身的审美标准来看这种美，往往得出错误的结论。在《骈拇》中，庄子说：“凫胫虽短，续之则忧，鹤胫虽长，断之则悲。”①

自然之美完全不依赖人，人对于自然美的评价与自然美无关。

不要说自然美不依赖人，就是自然物之间也不存在高低美丑的评价。在《秋水》中，庄子说了这样一个故事：

> 夔怜蚿，蚿怜蛇，蛇怜风，风怜目，目怜心。
>
> 夔谓蚿曰：“吾以一足趻踔而不行，予无如矣。今子之使万足，独奈何？”
>
> 蚿曰：“不然。子不见夫唾者乎？喷则大者如珠，小者如雾，杂而下者不可胜数也。今予动吾天机，而不知其所以然。”
>
> 蚿谓蛇曰：“吾以众足行，而不及子之无足，何也？”
>
> 蛇曰：“夫天机之所动，何可易邪？吾安用足哉！”
>
> 蛇谓风曰：“予动吾脊胁而行，则有似也。今子蓬蓬然起于北海，蓬蓬然入于南海，而似无有，何也？”
>
> 风曰：“然，予蓬蓬然起于北海，而入于南海也，然而指我则胜我，鳍我亦胜我。虽然，夫折大木，蜚大屋者，唯我能也。故以众小不胜为大胜也。为大胜者，唯圣人能之。”②

① 方勇译注：《庄子》，第135—136页。
② 方勇译注：《庄子》，第272页。

故事中的夔、蚿、蛇、风均各有自己的本领，实际上也就是各具有自己的美。夔用一只足走路，蚿用一万只足走路，蛇根本不用足走路，似是一个比一个厉害，然而风，“蓬蓬然起于北海，蓬蓬然入于南海，而似无有”，不是更神吗？可是，风说，虽然我蓬蓬然起于北海入于南海，然而人们用一根指头就可胜我，用脚踢我也能胜我。只是吹折大树，掀翻大屋这样的事，唯有我能。这样说来，风也不是本领最大的。可以说在自然界没有谁本领最大，谁都有自己的强项，也有自己的弱项。大未必能胜小，小未必不可胜大。所有这些均是由其“性”决定的，性为自性即自然性。各自然物，其强在性，其弱亦在性。与之相应，天下万物其美在性，其丑亦在性，各美其美，亦各丑其丑，美美与共，也丑丑与共。

（二）美在常然

在《天道》中，有一段老聃的话：

> 天地固有常矣，日月固有明矣，星辰固有列矣，禽兽固有群矣，树木固有立矣。①

另，《知北游》云：“阴阳四时运行，各得其序。”②《骈拇》云：“天下有常然。常然者，曲者不以钩，直者不以绳，圆者不以规，方者不以矩，附离不以胶漆，约束不以纆索。”③“常然”就是常规，常规必然体现为有序。

“常然”“有序”是天地运行本质性的特征。正是这种本质性的特征，才让天地有可能成为人的环境，让人的生存、生活成为可能。从科学的角度认识，天地的“常然”“有序”是真；从美学的角度认识，天地的“常然”“有序”是美。

（三）美在理性

天地的有序、常然中存在着一种道理，既然是道理，就有因果逻辑存在，既然有因果关系存在，这世界就是可知的。《庄子》肯定自然理性的

---

① 方勇译注：《庄子》，第 216 页。
② 方勇译注：《庄子》，第 362 页。
③ 方勇译注：《庄子》，第 136 页。

存在，将之名为“道”。对于道具体是什么，《庄子》虽然没有作过全面的阐述，但是，至少它提出有一种相生相克的关系存在。根据这种关系，我们可以解释天地事物的生灭。人也可以依据这种道理，恰当地处理自己在世界上的行动。《则阳》中有这样一段文字：

> 少知曰：“四方之内，六合之里，万物之所生恶起?”大公调曰：“阴阳相照，相盖相治，四时相代，相生相杀。欲恶去就，于是桥起。雌雄片合，于是庸有。安危相易，祸福相生，缓急相摩，聚散以成。此名实之可纪，精微之可志也。随序之相理，桥运之相使，穷则反，终则始，此物之所有。言之所尽，知之所至，极物而已……”①

从这段文字可以明显看出，《庄子》受到《老子》的影响，全面地接受了《老子》的自然辩证法思想，而且有所拓展。虽然这“相生相杀”全面地体现在自然界之中，但人的感性认识总是有限的，人只能看到一桩桩的相生相杀的事实。比如《庄子》说过的“螳螂捕蝉黄雀在后”的故事，这种具体的事实诚然具有一定的魅力，能够让人感受到美，但是，当感性的认识上升到理性的高度，在理性的世界中，展开全场景的、无边际的万物“相生相杀”的画面，那所获得的审美快乐又如何呢?那可以说是无比美妙的。只有天地才拥有这种无比美妙的美，因为只有天地才是无限的。

(四) 美在无言

《庄子》将人的认识区分为物与道两个层面，物是感性的、具体的、有限的，可概括为“实”；道是理性的、抽象的、无限的，可概括为“虚”。“实”是可以用言语来说的，而“虚”则是言语无法表达的。《则阳》中谈到人们对天地的认识时说：“鸡鸣狗吠，是人之所知，虽有大知，不能以言读其所化，又不能以意测其所将为。”②意思是，像鸡鸣狗吠这样的事实，人们凭感性就可以得知，也可以用言语表达出来，但是鸡为什么会鸣，狗为什么

① 方勇译注：《庄子》，第 450 页。

② 方勇译注：《庄子》，第 450 页。

吠？这背后的“自化”即它的奥妙，即使是大智者也不能用语言表达清楚，这鸡狗的心态是什么，它们鸣了吠了后还会有什么动作，也不能预测。这言实在是有限的，它只能达于物，而不能达于理。那么，理又如何得知呢？那只能靠心去悟。

天地之美虽然也美在物，但更美在道，物之美可以用言语去表述，它是有言之美，但道之美不可以用言语去表述，它是一种无言之美。天地之美的伟大之处，不在其物，而在其道，所以“天地有大美而不言”。

关于言与物、言与道的关系，《则阳》还有一句话值得注意：

> 言而足，则终日言而尽道；言而不足，则终日而尽物。道物之极，言默不足以载；非言非默，议有所极。①

这话耐人寻味。它的意思是，如果这言能够将道说清楚的话，那就整天言道好了；如果这言不足以说清楚道，那就整天去说物好了。话说到这里，它似是对言的作用有所保留，没有否定。不过，它最后说，道也好，物也好，它们的极处，即使是沉默也不足以表达，何况是言？既不言说，也不沉默，这才是议论的极致。这既不言说也不沉默，是什么呢？庄子在这里没有明说，但意思是清楚的，那就是心。只有心才能把握道，把握天地之美。

（五）美在无限

天地之美是无限的，原因是天地是无限的。《逍遥游》中，“汤问棘曰：‘上下四方有极乎？’棘曰：‘无极之外，复无极也。’”②既然天地是无限的，天地之美当然也是无限的。《秋水》中有段文字：

> 秋水时至，百川灌河。泾流之大，两涘渚崖之间，不辨牛马。于

① 方勇译注：《庄子》，第450—451页。

② 据唐僧神清的《北山录》以及宋僧慧宝注《北山录》的言辞推断，《逍遥游》中此段原文应为：“小知不及大知，小年不及大年。奚以知其然也？朝菌不知晦朔，蟪蛄不知春秋，此小年也。楚之南有冥灵者，以五百岁为春，五百岁为秋；上古有大椿者，以八千岁为春，八千岁为秋。此大年也。而彭祖乃今以久特闻，众人匹之，不亦悲乎？汤问棘曰：‘上下四方有极乎？’棘曰：‘无极之外，复无极也。’”中华书局2010年版方勇译注的《庄子》中被删除。

> 是焉河伯欣然自喜，以天下之美为尽在已。顺流而东行，至于北海，东面而视，不见水端。于是焉河伯始旋其面目，望洋向若而叹曰："野语有之曰：'闻道百以为莫已若者。'我之谓也。"[①]

河伯是很可爱的，他原以为"天下之美为尽在已"，但当他顺流东下到达北海，发现这北海无边无际、风光万千时，立马意识到自己错了。

四、天地之美，是"美"而"大"

在先秦，"美"与"大"是两个概念。《孟子》中有"充实之谓美，充实而有光辉之谓大"语，在这里，美与大是有区别的，而且大高于美。《庄子》中也一样。

《天道》云：

> 昔者舜问于尧曰："天王之用心何如？"尧曰："吾不敖无告不废穷民，苦死者，嘉孺子而哀妇人，此吾所以用心已。"舜曰："美则美矣，而未大也。"尧曰："然则何如？"舜曰："天德而土宁，日月照而四时行，若昼夜之有经，云行而雨施矣！"尧曰："胶胶扰扰乎！子，天之合也；我，人之合也。"夫天地者，古之所大也，而黄帝、尧、舜之所共美也。故古之王天下者奚为哉？天地而已矣！[②]

这段话是舜与尧的对话。舜对于尧施仁政于民，给予"美"这一评价，但他认为，尧还未达到最高的境界，最高的境界是什么？是大。而大属于天地。尧听了舜的话，自感惭愧，认为自己的治国只是做到了"人之合"，而舜做得比他好，因为舜达到了"天之合"。当然，这段话是庄子造出来说事的，庄子的论点很清楚：大属于天地，大比美高，大是美的升华。天地有大美，虽然也可以将这句话理解成天地有最大的美，但最准确的理解应是：天地不仅是美的，而且是大的。

---

① 方勇译注：《庄子》，第 259 页。
② 方勇译注：《庄子》，第 215 页。

第二节　天地无私论:“道者为之公”

《庄子》对于自然界的万物表现出难能可贵的生态公正意识,这种生态公正意识,是用《庄子》特有的语言表现出来的。

第一,人是平等的。

《庄子》认为在人类社会,大家是平等的。君王与百姓同为生命,君王没有理由占据更多的生活资料。《徐无鬼》云:

> 徐无鬼曰:“天地之养也一,登高不可以为长,居下不可以为短。君独为万乘之主,以苦一国之民,以养耳目鼻口,夫神者不自许也。夫神者,好和而恶奸。夫奸,病也,故劳之。唯君所病之何也?”①

此段文字指出魏国的国君魏武侯以己为“万乘之主”而“苦一国之民,以养耳目鼻口”。这样一种奢靡的生活“神者不自许”。而神(心神)之所以不“自许”,是因为神者“好和而恶奸”。和即公,奸即私。神,在这里可以理解成人性。按庄子的看法,人性中有“好和而恶奸”即好公恶私的品德。之所以人性具有这样的品德,原因是人来自自然,人性潜在地具有“好和而恶奸”的本质。从养生的角度言之,魏武侯过度地消费生活资料,造成身心不宁,于健康是不利的。徐无鬼从关心魏武侯出发,劝他有所节制地生活,为的是让魏武侯易于接受,实际上,他谈的不是养生的问题,而是一个社会公平的问题。按社会公平论,“天地之养也一”。所谓“天地之养也一”,是说天地养人是公平的。既然如此,每个人从自然界获取生活资料的权利就是平等的。

第二,人与物是平等的。

不仅在人类社会中,人与人是平等的,而且在宇宙中,人与其他生物也是平等的。《庄子》认为人应该尊重其他生物的生存权利和生存方式。为此,《庄子》对几种具有人类中心主义色彩的理论进行了批判:

---

① 方勇译注:《庄子》,第405页。

其一，批判人为天地之“正”论。

在《齐物论》中，庄子说：

> 且吾尝试问乎女：民湿寝则腰疾偏死，鳅然乎哉？木处则惴栗恂惧，猨猴然乎哉？三者孰知正处？民食刍豢，麋鹿食荐，蝍蛆甘带，鸱鸦耆鼠，四者孰知正味？猨猵狙以为雌，麋与鹿交，鳅与鱼游。毛嫱丽姬，人之所美也；鱼见之深入，鸟见之高飞，麋鹿见之决骤，四者孰知天下之正色哉？①

这段话译成白话是：我现在试着问问你，人睡在潮湿的地方，就会腰疼乃至半身不遂，泥鳅也会这样吗？人爬上高树就会惊恐不安，猿猴也会这样吗？这三种处身方式，何者为“正处”？人吃肉，麋鹿吃草，蜈蚣吃小虫，猫头鹰吃老鼠，这四种动物的口味哪种才是“正味”呢？猵狙与雌猿配对，麋与鹿交合，鳅与鱼同游。毛嫱、丽姬，这是人类的美女，然而鱼看见了吓得躲进深水里藏起来，鸟看见了惊慌地高飞，麋鹿看见了急速奔跑。这四者中，哪种是天下的“正色”呢？既然谁都不能称为天下之正，人的爱好，还有什么资格称为天下之标准？既然人的爱好不能称为天下之标准，人的权利也就大打折扣。在宇宙自然界，人与动植物的生存权是平等的。

其二，批判人为天地之“贵”论。

人为天地之贵，这是人类中心主义打出的一面旗帜，然而人真的为天地之贵吗？《庄子》提出一种视角——“道”的视角，按这种视角，天地万物不存在贵贱之分。《秋水》云：

> 河伯曰：“若物之外，若物之内，恶至而倪贵贱？恶至而倪小大？”北海若曰：“以道观之物无贵贱；以物观之，自贵而相贱；以俗观之，贵贱不在己……”②

① 方勇译注：《庄子》，第35页。

② 方勇译注：《庄子》，第260页。

河伯提出凭什么来定贵贱、小大的问题，北海若回答是要看持何种观点。以道的观点来看万物，万物是没有贵贱之分的；以物自身的立场来看贵贱，没有一种物不自视为贵而视他物为贱的；至于按流俗的观点看贵贱，贵贱则与自己没有关系，是贵是贱完全是由某种外在的事物所决定的。这话说得非常好。与动植物相比，人自视为贵。为了享受，为了财富，人杀戮动物、砍伐树木的行为从来没有受到遣责。而在《庄子》看来，人与动植物无所谓贵贱，这就意味着人不得因己为贵而随便砍伐树木、杀戮动物了。

第三，物各有其能。

《庄子》认为，宇宙诸多生物均有自己特殊的生存技能，它将这种技能称为"殊技""殊器"，技、器不在大小，而在其殊，因其殊，各种生物均有在这个世界上存活的理由。《秋水》云：

> 梁丽可以冲城，而不可以窒穴，言殊器也；骐骥骅骝，一日而驰千里，捕鼠不如狸狌，言殊技也；鸱夜撮蚤，察毫末，昼出瞋目而不见丘山，言殊性也。故曰：盖师是而无非，师治而无乱乎？是未明天地之理，万物之情也……①

既然各物均有自己的殊技、殊器，它们在这个世界上就占有一个位置。虽然，物的体积有大有小，生命有长有短，但威力没有强弱之分。要说强大，这个世界上最强大的生物莫过于人了，然而，众所周知，人的生命被眼睛都看不见的细菌所操纵。

《庄子》的"殊技"说实际上也是对人类中心主义的否定。

第四，物之间存在着相生相克的关系。

在《齐物论》中庄子讲了一个故事：

> 罔两问景曰："曩子行，今子止；曩子坐，今子起。何其无特操与？"景曰："吾有待而然者邪？吾所待又有待而然者邪？吾待蛇蚹

① 方勇译注：《庄子》，第261页。

蜩翼邪？恶识所以然？恶识所以不然？”①

这个故事从根本上说明，世界上的事物均是相联系的，用《庄子》的话来说，都是“有待”的。只要是人，太阳下必有影子，这是不以人的主观意志为转移的。生态联系只是物与物之间联系的一种体现罢了。

《庄子》认为，宇宙中的诸生物间存在着一种相生相克的关系，没有绝对的强，也没有绝对的弱。《山木》讲了一个故事：

> 庄周游于雕陵之樊，睹一异鹊自南方来者。翼广七尺，目大运寸，感周之颡而集于栗林。庄周曰：“此何鸟哉！翼殷不逝，目大不睹。”蹇裳躩步，执弹而留之。睹一蝉，方得美荫而忘其身；螳螂执翳而搏之，见得而忘形；异鹊从而利之，见利而忘其真。庄周怵然曰：“噫！物固相累，二类相召也。”捐弹而反走，虞人逐而谇之。②

这就是著名典故“螳螂捕蝉，黄雀在后”的来源。从表面上看，它的意义在于提醒人们，要提防来自背后的危险因素，然从深处看，它的主旨是在“物固相累，二类相召”八个字。“物固相累”是从全局上看，说明物与物之间存在着一种内在的关系，这种关系影响着、决定着物的生灭，提醒人们要用相关的观点看物，注重物的联系。在生命的意义上，这种物与物的联系即为生态链的关系。“二类相召”是从具体的视角看，全局上的物与物的联系总是会落实到二物的联系，因此，虽然“物固相累”是我们的视野，但是我们着眼点应是“二类相召”。“相召”之召既是召害，又是召生，在中国古代的五行理论，为相生相克。当相生相克哲学体现在生物圈中，它就具有生态链的意义。

第五，《庄子》对待死亡的态度，具有一定的生态公正的意义。

《至乐》载，庄子妻死，惠子来吊，看见庄子“箕踞鼓盆而歌”。惠子认为庄子太薄情，庄子说：

---

① 方勇译注：《庄子》，第 42 页。

② 方勇译注：《庄子》，第 333 页。

不然。是其始死也，我独何能无概！然察其始，而本无生；非徒无生也，而本无形；非徒无形也，而本无气。杂乎芒芴之间，变而有气，气变而有形，形变而有生。今又变而之死。是相与为春秋冬夏四时行也。人且偃然寝于巨室，而我嗷嗷然随而哭之，自以为不通乎命，故止也。①

这是什么意思呢？意思是，他也是有感情的，妻子刚死那会，他也非常难过。但是他想通了，其实人就来自自然，是自然之气，变而有形才成为人的。现在她死了，是回归大自然，参与到春秋冬夏四时的循环中去。既然如此，我又何必过于难过呢？执着于生，而不通达于死，不是太不通乎命吗？这种思想就是移到现在，不也是很科学、合乎物质循环理论的吗？从生态学的观点来看待死，确实是不必过于痛苦的。

《列御寇》中说到死后葬埋的事：

庄子将死，弟子欲厚葬之。庄子曰："吾以天地为棺椁，以日月为连璧，星辰为珠玑，万物为赍送。吾葬具岂不备邪？何以加此！"弟子曰："吾恐乌鸢之食夫子也。"庄子曰："在上为乌鸢食，在下为蝼蚁食，夺彼与此，何其偏也。"以不平平，其平也不平；以不征征，其征也不征。明者唯为之使，神者征之。夫明之不胜神也久矣，而愚者恃其所见入于人，其功外也，不亦悲乎！②

庄子是主天葬的，天葬，虽然在现代社会不普遍，也未必合适，但其精神倒是合乎生态的。庄子曾以他的"气""形"理论解释过人之生死，达观地对待妻子的死亡，现在面临着如何对待他自己的死亡的问题了。不需多加分析，他的这种"以天地为棺椁，以日月为连璧，星辰为珠玑，万物为赍送"的情怀，是值得充分肯定的，这不只是一种达观的人生态度，也是一种可贵的生态意识，尽管这种意识未达到科学的高度。

① 方勇译注：《庄子》，第 285 页。
② 方勇译注：《庄子》，第 564 页。

第六,《庄子》认为,人与动植物友好相处,不仅最合天道,而且也最合人性。

> 夫至德之世,其行填填,其视颠颠。当是时也,山无蹊隧,泽无舟梁;万物群生,连属其乡;禽兽成群,草木遂长。是故禽兽可系羁而游,乌鹊之巢可攀援而窥。夫至德之世,同与禽兽居,族与万物并。恶乎知君子小人哉!同乎无知,其德不离;同乎无欲,是谓素朴。素朴而民性得矣。(《马蹄》)[①]

这段话的意思是:盛德的时代,人民的行为比较谨慎,看东西比较上心。那个时代,山上没有路径通道,水面上没有船只桥梁。万物群生,比邻而居。禽兽成群,草木茂密。禽兽与人的关系友善,人们可以牵引着它们游玩,也可以攀援上树偷看乌鹊的巢穴。人们与禽兽生活在一起,与万物并聚。哪里有什么君子小人之区别啊,大家单纯无知,都保有一颗善良的心。大家都没有贪欲,都素朴天真。正是因为这样的素朴,人性才得到了保全啊!

虽然庄子这里说的人与动物友好相处的情景带有很大的猜测性,即使在远古的原始社会,也是不可能做到的,但是,在高科技武装下的生态文明时代,是可以实现的理想。

《则阳》中有一段少知与大公调的对话,对话的前一部分讨论所谓“丘里之言”,丘里之言就是社会公论,社会公论是不偏私的。丘里之言集中大家的意见,“合异而为同”。对话接着讨论“主”“中”“正”三个概念与公的关系:“是以自外入者,有主而不执;由中出者,有正而不距。”“主”“中”“正”均是道的品质,因此,真正的公或者说最大的公来自道。这种公体现在天气上,则“四时殊气,天不赐,故岁成”(四时气候不同,天不偏私,因此才有好收成);体现在治国上,则“五官殊职,君不私,故国治”(各种不同的官职各执其责,君王无私,不分官位高低,就看是否尽职,国家

---

① 方勇译注:《庄子》,第143页。

就治理好了）。在这个基础上，《庄子》推论出生态公正的思想：

> 大公调曰："……万物殊理，道不私，故无名。无名故无为，无为而无不为。时有终始，世有变化，祸福淳淳，至有所拂者而有所宜，自殉殊面；有所正者有所差，比于大泽，百材皆度；观于大山，木石同坛。此之谓丘里之言。"少知曰："然则谓之道足乎？"大公调曰："不然，今计物之数，不止于万，而期曰万物者，以数之多者号而读之也。是故天地者，形之大者也；阴阳者，气之大者也；道者为之公。"①

"万物殊理，道不私，故无名。无名故无为，无为而无不为。"这话的意思是：万物各有不同的道理，道对于它们不偏私，不给这些事物命名。既然命名都没有，更谈不上干预了。这种无为，倒是成就了它们，因此，也可以说是无所不为。这话明显地蕴含生态公正的意味。它让人领悟到，原来，在道那里，天地间所存在的万物包括人在内，地位是完全平等的。为什么会是这样呢？

"时有终始，世有变化，祸福淳淳，至有所拂者而有所宜，自殉殊面；有所正者有所差，比于大泽，百材皆度；观于大山，木石同坛。此之谓丘里之言。"这段文字的意思是：时序有终始，世事有变化，祸福也是变化的，有所乖逆就有所适宜，万物都在追求自己的方方面面（自殉殊面），当然，有端正也会有偏差。比如大泽，各种树木搭配着生长。再看大山，那是森林与岩石的结盟。用今天的话来说，这大泽，这大山都是生态良好的。大泽大山中的所有生物，不管是高大的树木还是微不足道的小草均是平等的，是它们共同构筑了生态大厦。《庄子》说，"此之谓丘里之言"——这就是公论。

那么，是不是可以将这些具体的事物称为道呢？

少知就这样问大公调。大公调的回答是不行。因为天地间的物太多了，道不是具体的事物，就其形体存在来说，它是天地，就其内在精神

---

① 方勇译注：《庄子》，第 449—450 页。

来说，它是阴阳两种气的运动。两者都很大，只有道配得上称“大”，也只有道配得上称“公”。

《庄子》的生态公正意识集中体现为“道者为之公”。虽然这一思想的立足点不是生态，但是，它认为在宇宙中人与其他生物拥有同等的生存权利，它们均有自己价值，而人应该对它们给予尊重，因此具有生态公正的意义。

与“道者为之公”命题具有同样意义的，还有“至仁无亲”这一命题。《天运》中有一段这样的话：

> 商大宰荡问仁于庄子。庄子曰：“虎狼，仁也。”曰：“何谓也？”庄子曰：“父子相亲，何为不仁！”
>
> 曰：“请问至仁。”庄子曰：“至仁无亲。”大宰曰：“荡闻之，无亲则不爱，不爱则不孝。谓至仁不孝，可乎？”庄子曰：“不然，夫至仁尚矣，孝固不足以言之。此非过孝之言也，不及孝之言也。夫南行者至于郢，北面而不见冥山，是何也？则去之远也。故曰：以敬孝易，以爱孝难；以爱孝易，而忘亲难；忘亲易，使亲忘我难；使亲忘我易，兼忘天下难；兼忘天下易，使天下兼忘我难。夫德遗尧舜而不为也，利泽施于万世，天下莫知也，岂直大息而言仁孝乎哉！夫孝悌仁义，忠信贞廉，此皆自勉以役其德者也，不足多也。故曰：至贵，国爵并焉；至富，国财并焉；至愿，名誉并焉。是以道不渝。”①

这段话的主旨是批评仁义的，认为仁限于人伦关系，未达到爱天下的程度，不足为训，但这段话中包含了一个重要的生态思想：“至仁无亲”。所谓仁，不外乎讲爱，儒家讲的爱，突出“父子相亲”。庄子认为，如果将父子相亲看作仁的标准，那么，虎狼也有仁，因为虎狼也有父子相亲。庄子提倡“至仁”，至仁取对天下一视同仁的态度，这种无偏私无偏亲的态度看似不讲爱、不讲孝，却是最高的爱、最大的爱。这种最高的爱

① 方勇译注：《庄子》，第 226—227 页。

的表现形式不一般，让人感到它似是不爱，这种不爱，要达到“忘”的程度才算极致。忘有两种，一种是我忘了对方，另一种是对方忘了我。前者易，后者难。在上段文字中，庄子慨叹道：“忘亲易，使亲忘我难；使亲忘我易，兼忘天下难；兼忘天下易，使天下兼忘我难。”试想想，人对自然界的态度如果达到了这种境界，生态公正的问题甚至都不需要提了。

“公而不当，易而无私。”“泛爱万物，天地一体也。”（《天下》）[1]这是《庄子》的基本立场。这一立场对于当今的生态文明建设具有十分宝贵的思想启迪价值。

第三节　天地相分论：“一而不党，命曰天放”

《庄子》中的天人关系，在一定意义上相当于环境与人的关系。说是一定意义上，那是因为天人关系在庄子哲学中具有更高的意义——本体论的意义，关乎人之所以为人的根本道理，也关乎社会之所以为社会的根本道理，更重要的是，它是安身立命的指南，也是治国安邦的指南。在中国古代，诸多现代意义的概念包括环境并未出现，然而并不是说古代就不具有这些方面的意识。现代人所具有的诸多意识在古代也有，只是不以现代的概念来表述。环境与人的关系问题即其一。在《庄子》中，环境与人的关系是隐含在天人关系之中的。

对于天人关系，人们一般只注意《庄子》关于天人相合的言论，殊不知天人相分的言论也很重要。其实，在《庄子》中，理论上是首先承认天人相分，然后才有天人相合，相分是相合的前提。《在宥》云：“何谓道？有天道，有人道。无为而尊者天道也，有为而累者人道也。主者，天道也；臣者，人道也。天道之与人道也，相去远矣，不可不察也。”[2]

强调天道与人道相去甚远，是庄子理论的出发点。那么，何谓天道，何谓人道呢？

---

① 方勇译注：《庄子》，第579、585页。
② 方勇译注：《庄子》，第175页。

《秋水》云：

> 河伯曰："然则何贵于道邪？"北海若曰："知道者必达于理，达于理者必明于权，明于权者不以物害己。至德者，火弗能热，水弗能溺，寒暑弗能害，禽兽弗能贼。非谓其薄之也，言察乎安危，宁于祸福，谨于去就，莫之能害也。故曰：'天在内，人在外，德在乎天。'知天人之行，本乎天，位乎得，蹢躅而屈伸，反要而语极。"曰："何谓天？何谓人？"北海若曰："牛马四足，是谓天；落马首，穿牛鼻，是谓人。故曰：'无以人灭天，无以故灭命，无以得殉名。谨守而勿失，是谓反其真。'"①

这段文字的大意是，河伯问："那么道有什么可贵的呢？"北海若说："明了道的人必能达于理，而达于理的人必能懂得权衡，懂得权衡的人不会因为物而害了自己。至德的人，火不能烧他，水不能溺他，寒暑不能害他，禽兽不能伤他。这并不是因为它们（火、水、寒暑、禽兽）对他不在意，而是因为这至德的人能察觉自己的安危，安宁于他的祸福，谨慎于他的去就，这样，就没有什么东西能够害他。所以说：'天在心中，人在外面，德在于天。'知道天人的行动，以天为体，处于自德之地，进则伸，屈则退。回归关键并说到极至。"河伯再问："什么是天，什么是人？"北海若说："像牛马有四条腿，这就叫天；给马套上辔头，给牛鼻拴上绳索，这就叫人。所以说：'不要以人为灭掉天性，不要以某种缘故灭掉命运，不要以某种所得去殉名。谨慎地守住，不要有所损失，这就叫返回到真。'"

"天"，在这里理解为物性；"人"，理解成伤害物性的人为。物性，是客观的、自然的，它决定了物之为物，正如马性决定了马之为马，牛性决定了牛之为牛。按马性，马不会喜欢辔头，牛不会喜欢绳索，给马、牛加上这些，实质是伤害了马、牛之性，而伤害马、牛之性，实质是破坏了天。这破坏物性的行为，是人做出的，这行动叫作人。按《庄子》此处对"人"

① 方勇译注：《庄子》，第262页。

的用法，这“人”仅指破坏物性即破坏天的行为。

“人”对“天”的破坏，伤害了天，也伤害了人。因为天会给人以报复。如果人能知天，就会达理，达理就会明权，做什么事就有个主心骨，这样，水、火、寒暑、禽兽均不能伤害他，而且他还会获得吉祥幸福。

天人相分道理的重要性说得再透彻不过了，然而在实际中，以人灭天，或以人伤天的事屡屡发生。原因在哪里呢？《庄子》认为主要是人的心态有问题，主要这样几种不好的心态：

第一，自智之心。

人总是自视为高明，对于天地万物总是采取不得当的行为。比如，治马。有一名叫“伯乐”的人，号称治马的高手，然而他的治马成功，是以马的大量死亡换来的。《马蹄》对这种行为进行了尖锐的批判：

> 马，蹄可以践霜雪，毛可以御风寒。龁草饮水，翘足而陆，此马之真性也。虽有义台路寝无所用之。及至伯乐，曰：“我善治马。”烧之，剔之，刻之，雒之。连之以羁絷，编之以皂栈，马之死者十二三矣！饥之、渴之，驰之、骤之，整之、齐之，前有橛饰之患，而后有鞭策之威，而马之死者已过半矣！①

这段话前面说马性。马性自身全足，蹄足可以践霜雪，毛足可以御风寒，马不需要高台大殿，它就喜欢在草原之中。马需要的一切自然界已全部提供，按马性，实在不需要给它加上诸多的约束和优待。然而，所谓“善治马”的伯乐则采取诸如“烧之”“剔之”等种种约束行为，又加上诸如“橛饰”这样的优待行为。如此这般的治，实际上完全是对马性的不尊重，这是对马的残酷伤害。事实是，这样的治，才开始不久，马就死了十分之二三，而到治理结束，马已死过半了。

这种以死过半的代价换来的所谓的治，在《庄子》看来，是一种残暴的治马行为，不仅反映出人对动物的不尊重，而且反映出人对天道的不

① 方勇译注：《庄子》，第142—143页。

尊重。

从文本上看,《庄子》没有从根本上反对治马,也没有反对人以马为工具,《庄子》反对的只是伯乐这种治马的方式。方式问题在这里为何如此重要?因为它涉及人的生存之本——天道。在《庄子》看来,人若违背天道,惨遭灭顶之灾的只能是人类。

以人灭天的行为,在人类社会比比皆是。《庄子》在谈了伯乐治马之后,还谈了陶者之治埴和匠者之治木:

> 陶者曰:"我善治埴。圆者中规,方者中矩。"
> 匠人曰:"我善治木。曲者中钩,直者应绳。"
> 夫埴木之性,岂欲中规矩钩绳哉!①

这话问得好!是的,按埴和木的本性,它们是不需要中规、中矩、中钩、应绳的。当然,庄子提出问题的立场是维护天,也许,对待有生命之物与制陶用的黏土这样的无生命之物还应有所区别;有生命之物中,动物与植物是不是也要有所区别,这也可以提出来讨论,更重要的是,人出于生存的需要,也有对自然物进行一定改造的权利,人的智慧也应得到一定的尊重。但必须明白的是,《庄子》提出的"无以人灭天",着眼点不是具体的事物,具体的事物只不过是举例,是为了说明问题。它的着眼点,是人类对自然的行为,包括改造自然的行为,需不需要尊重自然,特别是尊重有生命的自然物的生存权利。

第二,自范之心。

人考虑自然的问题,往往将自然想象成人,从人的角度去考虑,这样,于艺术、于审美也许没有问题,于科学则大成问题。《庄子》一书多处谈到"以鸟养鸟"的故事,其中《至乐》说得最完整,文曰:

> 昔者海鸟止于鲁郊,鲁侯御而觞之于庙,奏九韶以为乐,具太牢以为膳。鸟乃眩视忧悲,不敢食一脔,不敢饮一杯,三日而死。此以

① 方勇译注:《庄子》,第142—143页。

己养养鸟也，非以鸟养养鸟也。夫以鸟养养鸟者，宜栖之深林，游之坛陆，浮之江湖，食之鳅鲦，随行列而止，逶迤而处。彼唯人言之恶闻，奚以夫譊譊为乎！咸池九韶之乐，张之洞庭之野，鸟闻之而飞，兽闻之而走，鱼闻之而下入，人卒闻之，相与还而观之。鱼处水而生，人处水而死。彼必相与异，其好恶故异也。(《至乐》)①

养鸟有两种养法：一种是以人养鸟，按人的喜好来养鸟。鲁侯给鸟奏人最喜欢的音乐——九韶，喂鸟吃人最喜欢吃的牛肉，就是以人养鸟，其结果是鸟被吓死了，这种养法类似童话。另一种是以鸟养鸟，让鸟回归自然，在树林栖息，沙滩上漫步，江湖上浮游，吃自已喜欢吃的食物。这种养法的结果是鸟自由自在地生活。表面上看谈论的似是养鸟的方法恰当与否，其实质则是如何对待物性的问题。凡物则有性，有性就有命，万物的生存方式之所以千差万别，就在于性命之不同。

《庄子》讲这个故事假孔子之口，孔子在说这个故事前，已经道明："'褚小者不可以怀大，绠短者不可以汲深。'夫若是者，以为命有所成而形有所适也，夫不可损益。"②意思是：俗语说，口袋小了装不了大东西，绳子短不可以汲深水。万物各有其性命，因而也有各有其形体，这是不可以改变的啊！在《庄子》看来，"命"(性的另一说法)是事物的本质。认识自然时，切忌将物之命等同于人之命去理解，万物是不同的。否则，在处理自然物的事情上会导致严重后果。"以人养鸟"将鸟养死了，还不算大事；但如果将人养死了，那就问题大了。

以人养鸟，显然是以人为范，这是一种儿童心理。儿童往往将自然物看成人，特别是小动物。儿童心理是人成长过程中必经的一种心理，它在儿童阶段存在是可以理解的，然而如果过了这一阶段，仍然如此看待小动物，那就是心理上出现问题了。

第三，自恋之心。

---

① 方勇译注：《庄子》，第289页。

② 方勇译注：《庄子》，第289页。

人类的自范之心往往出自恋之心，极端的自恋之心非常可怕。《应帝王》中讲了一个故事：

> 南海之帝为儵，北海之帝为忽，中央之帝为浑沌。儵与忽时相与遇于浑沌之地，浑沌待之甚善。儵与忽谋报浑沌之德，曰："人皆有七窍以视听食息，此独无有，尝试凿之。"日凿一窍，七日而浑沌死。①

故事是说，南海之帝儵、北海之帝忽经常去中央之帝浑沌的领地游玩，均得到过浑沌的善待。儵与忽想报恩。他们想到人皆有七窍用来视物、听音、饮食、呼吸，而浑沌则没有，浑沌的形象就是浑然一体，这多不好！于是，他们就按着人的样子（自然，南海之帝与北海之帝的样子均为人）给浑沌加加工，每天给它凿孔窍，一天凿一窍。七日到了，七窍凿成了，然而，浑沌死了。这种结果当然是儵与忽不愿意看到的，他们本意是为浑沌好，然而结果是要了浑沌的命。出现这种结果，是自恋之心所致。

人类按照自己的模样来打扮自然界，这样的蠢事并不少见，如果是艺术，那不妨事，但如果当真，则后果很糟糕。不过，最可怕的还不是按照人的模样来打扮自然界，而是按人的心性来改造自然界，它的后果则不是糟糕，而是非常可怕的了。

《庄子》集中批判了人类对待自然界所持的三种心理，它提出要将自然与人区分开来，用它的术语，就是天人相分，天是天，人是人。天，从广义来说，是整个宇宙，从狭义来说，是与人相对立的具体的物。物是天的组成部分，它们是各有其性的，人对待天的方式实际上就体现在对待具体的物。对待具体的物，在思想上人类要克服自智之心、自范之心和自恋之心。具体来说，要以正确的方式对待物：

第一，要守住物之性。

性，是物之为物的根本，每物各有性，故每物各有其生活方式。"羊

① 方勇译注：《庄子》，第 132 页。

肉不慕蚁，蚁慕羊肉。”(《徐无鬼》)[①]物之性又称为“根”，“万物云云，各归其根”(《在宥》)。人对待天下万物，最好不要去“治”，而是去“宥”，治与宥的区别在于，治是以己之性去干预他物，而宥是让万物按其自身之性生活。《在宥》云：

> 闻在宥天下，不闻治天下也。在之也者，恐天下之淫其性也；宥之也者，恐天下之迁其德也。天下不淫其性，不迁其德，有治天下者哉。昔尧之治天下也，使天下欣欣焉人乐其性，是不恬也；桀之治天下也，使天下瘁瘁焉人苦其性，是不愉也。夫不恬不愉，非德也。非德也而可长久者，天下无之。[②]

这段文章非常重要，《庄子》认为，桀那样治天下，使百姓苦其性，固然是不妥的；但像尧那样治天下，让百姓乐其性，就是好的吗？也不行。这让我们联想到种庄稼，不施肥料，庄稼长不好；施多了肥料，庄稼疯长，结果经不起风雨，倒了苗。前者是苦其性，后者是乐其性。按《庄子》的看法，还是既不苦其性又不乐其性为好。这既不苦其性又不乐其性，即为“德”。天下之所以是美好的，是因为有德，如果失德，这天下就乱了。

这种对待物之性的态度，《庄子》称之为“守”。《徐无鬼》中提出“物之守物也审”的观念。“物之守物”就是守物之本性，这种守贵在“审”，即恰当。[③]

第二，要“应物”而用物。

有些人认为，《庄子》反对人利用自然万物，希望人像动物那样全然依赖自然资源而生活，其实《庄子》的真实思想不是这样的。《庄子》只是不主张纯任人的主观意图去用物，而是希望人能够根据物的本性恰当地用物。《天运》云：

> 夫水行莫如用舟，而陆行莫如用车。以舟之可行于水也，而求

---

① 方勇译注：《庄子》，第146页。

② 方勇译注：《庄子》，第158—159页。

③ 关于“物之守物也审”，陈鼓应的《庄子今注今译》理解成“物守住了他物就融合不离”。

推之于陆，则没世不行寻常。古今非水陆与？周鲁非舟车与？今蕲行周于鲁，是犹推舟于陆也！劳而无功，身必有殃。彼未知夫无方之传，应物而不穷者也。①

水行用舟，陆行用车，这是物之性决定的，这种做法，《庄子》称之为“应物”。只有善于应物，才能在自然界生活，而如果真能这样做，人在这个世界就不至于穷蹇了。

第三，要灵活地用物。

用物有则，则是一般规律，在具体操作时，要根据实际情况灵活运用。《天运》云：

且子独不见夫桔槔者乎？引之则俯，舍之则仰。彼，人之所引，非引人者也。故俯仰而不得罪于人。故夫三皇五帝之礼义法度，不矜于同而矜于治。故譬三皇五帝之礼义法度，其犹柤梨橘柚邪！其味相反而皆可于口。故礼义法度者，应时而变者也。今取猨狙而衣以周公之服，彼必龁啮挽裂，尽去而后慊。观古今之异，犹猨狙之异乎周公也。故西施病心而矉其里，其里之丑人见之而美之，归亦捧心而矉其里。其里之富人见之，坚闭门而不出；贫人见之，挈妻子而去之走。彼知矉美而不知矉之所以美。惜乎，而夫子其穷哉！②

这里说了用物要注意三点：一是重视目的，不可因手段耽误了目的。“桔槔”是引水的工具，引水才是目的。这“桔槔”如何用，全看怎样才能最好地达到引水的目的。三皇五帝的礼义法度也是手段，目的是治天下，手段不贵于相同，而贵于能让天下太平。二是重视当今。古今有同，也有异，不可死板地搬用古法，而要重视当今。三是重视实质，切忌只作形式上的模仿。西施的邻居因为西施美而一味模仿西施的行为，连西施的病态也模仿，其结果只能是吓跑了村里的人。《庄子》说“彼知矉美而

① 方勇译注：《庄子》，第233页。
② 方勇译注：《庄子》，第233页。

不知矉之所以美”，这话耐人寻味。

第四，要巧妙地用物。

用物，是讲究巧妙的。《庄子》中讲了许多巧妙用物的故事，其中《达生》中“佝偻者承蜩”可作为范例：

> 仲尼适楚，出于林中，见佝偻者承蜩，犹掇之也。仲尼曰：“子巧乎，有道邪？”曰：“我有道也。五六月累丸二而不坠，则失者锱铢；累三而不坠，则失者十一；累五而不坠，犹掇之也。吾处身也，若蹶株拘；吾执臂也，若槁木之枝。虽天地之大，万物之多，而唯蜩翼之知。吾不反不侧，不以万物易蜩之翼，何为而不得！”孔子顾谓弟子曰：“用志不分，乃凝于神。其佝偻丈人之谓乎！”①

这故事大致是这样的：孔子去楚国途中遇见一个驼背的老人在粘蝉，非常灵活，好像在地上拾取一样。孔子问：“你有什么技巧吗？还是有道？”老子说：“我有道的。五六个月的训练，在竿头上累叠两个小丸子不掉下来，这样，失手的几率就比较小；累叠三个小丸子不掉下来，失手的几率降到十分之一；累叠五个小丸子不掉下来，那就像在地上拾取蝉一样了。我止住身体，静如木桩；我手臂执物，稳定得如同枯木。虽然天地很大，万物众多，但我一心只用在粘取蝉翼。我心无二念，即使以万物来换蝉翼，我也不干。这样用心，有什么事做不成呢？”孔子听了后感慨地对弟子说：“心无二念，聚精会神，说的不就是这位老者吗？”

通过这个故事，《庄子》试图告诉我们：第一，改造自然，是需要用巧的。《庄子》多处讲无为而无不为，这无不为的无为，实是巧为。第二，巧不只是一种技能，它上升到了道的高度，实为道。第三，巧是经过长期艰苦训练达到的。

《庄子》的人天有分论有一个灵魂思想，就是“天放”。《马蹄》云：“彼民有常性，织而衣，耕而食，是谓同德。一而不党，命曰天放。”②“天放”的

---

① 方勇译注：《庄子》，第 299 页。

② 方勇译注：《庄子》，第 143 页。

意思就是让天下万物均充分地释放自己的本性，充分地展示自己的本性。在这里，万物有“常性”是根本。万物有常性，不能理解为一个物种一个性，而是一个物就有一个性，所以“一而不党”。一，指统一于种之性进而到道，而不党则开放到每一个物。人只有尊重“天放”，自己也才能“放”。

第四节　天地相合论(上)：“人与天一也”

在人与环境关系的问题上，《庄子》以确定人与环境之间存在区别为前提，然后探索如何建构人与环境的良性关系。人与环境的良性关系，在《庄子》的观点中，是以人与环境统一为最高境界的，这集中体现在其人与天合的理论上。

人与天(天地)合，是庄子哲学的核心。在形而上的层面上，它体现为人的思想与天地精神相往来，人道与天道合一；在形而下的层面上，它一方面体现为人在具体的自然环境和社会环境中更好地生存，另一方面体现为人如何开发利用各种自然资源以达到更好的生活。

一、天的本质：“通于一而万事毕”

《庄子》的环境美学思想源于它的“天地”观念。天地，在《庄子》中是具有内在规律性的物质世界。道是其魂，物是其体。作为魂的道是整一的，作为体的物是众多的。《天地》中说：

> 天地虽大，其化均也；万物虽多，其治一也。
>
> 万物一府，死生同状。①

“化均”“治一”“一府”“同状”说的均是道的性质。天地这一根本性质决定了人在处理与天地的关系中的基本立场。

《在宥》中这样说：

---

① 方勇译注：《庄子》，第177—178页。

> 大人之教，若形之于影，声之于响，有问而应之，尽其所怀，为天下配。处乎无响。行乎无方。挈汝适复之挠挠以游无端，出入无旁，与日无始。颂论形躯，合乎大同。大同而无己。无己，恶乎得有有。睹有者，昔之君子；睹无者，天地之友。①

“形”与“影”，“声”与“响”，“问”与“应”是什么关系？——“配”。“配”的实质是“同”，“同”的实质是内在的不可分割的联系，《庄子》称这种同为“大同”。

在这段话中，《庄子》用了“有”与“无”的概念。有为物，无为道。物众多，道唯一。天地是“有”与“无”的统一。只看到有，眼中只有物；看到无，眼（实际是心）中就有道，而只有看到了道，才配做“天地之友”。“天地之友”即为圣人、真人。

二、环境与生存：“藏金于山，藏珠于渊”

人生活在天地之中，如何处理与天地的关系？《庄子》提出的观点是“人与天一”。《山木》云：

> （颜回问）“何谓人与天一邪？”仲尼曰：“有人，天也；有天，亦天也。人之不能有天，性也。圣人晏然体逝而终矣！”②

“人与天一”是孔子（当然，实是庄子）提出来的，颜回不明白，让孔子作进一步的说明。孔子的回答有些耐人寻味，为什么“有人，天也；有天，亦天也”呢？这不是人天不分了吗？不是的，因为下一句话是“人之不能有天，性也”。原来，人之所以不能与天合一，是因为有“性”。这就是说，人性中有与天分离的因素，正是这因素，使得人走出了自然，成为与天相对立的力量。事实也正是这样，人本属于自然，是自然一分子，但人在认识与改造自然的过程中，发展了自我意识，终于取得了一定的与自然分

① 方勇译注：《庄子》，第 172 页。
② 方勇译注：《庄子》，第 331 页。

庭抗礼的地位。人的自我意识具有两重性，一方面，它成功地利用了自然规律（天），从而促进了人类的进步；另一方面，它也可能错误地违背了自然规律，从而给人类带来种种灾难，严重的可导致人类的毁灭。而从人来自天、本属于天这层意义说，“人”也是“天”，因此“有人，天也；有天，亦天也”。虽然如此，人毕竟已从自然走出来了，现在要走回去不容易，只有“圣人”可以做到，他们可以安然地顺应自然变化（晏然体逝而终）。

虽然只有圣人才能做到与天合一，但庄子希望大家都能做到，他喋喋不休地说理，就为了这个。那么，普通人如何也能做到与天合一呢？《庄子》中《天地》云：

> 夫子曰：“夫道，覆载万物者也，洋洋乎大哉！君子不可以不刳心焉。无为为之之谓天，无为言之之谓德，爱人利物之谓仁，不同同之之谓大，行不崖异之谓宽，有万不同之谓富。故执德之谓纪，德成之谓立，循于道之谓备，不以物挫志之谓完。君子明于此十者，则韬乎其事心之大也，沛乎其为万物逝也。若然者，藏金于山，藏珠于渊；不利货财，不近贵富；不乐寿，不哀夭；不荣通，不愧穷。不拘一世之利以为己私分，不以王天下为己处显。显则明。万物一府，死生同状。”①

“道”是大的，要认识道不容易，但不是做不到。《庄子》提出几道程序：（一）“刳心”，将心袒露出来，真诚地接受道；（二）明“十”：“无为为之之谓天，无为言之之谓德，爱人利物之谓仁，不同同之之谓大，行不崖异之谓宽，有万不同之谓富。故执德之谓纪，德成之谓立，循于道之谓备，不以物挫志之谓完。”（三）两“藏”：“藏金于山，藏珠于渊”，不彰不显；（四）八“不”：“不利货财，不近贵富；不乐寿，不哀夭；不荣通，不愧穷。不拘一世之利以为己私分，不以王天下为己处显。”如是，则可以“心”大而“韬乎其事”，“为”“沛”而“万物逝”，实现与道同一、与天同一，即“万物一

① 方勇译注：《庄子》，第178页。

府，死生同状”，超越物我之分，超越生死之际。

这段话中，“藏金于山，藏珠于渊”值得注意。金、珠指什么，是道吗？不是，而是人——君子。山、渊，借指最适合于人生活的环境。由于得了道，体察了天地之奥妙，于是将自己置于一个非常合适的地方。这句话生动地比喻了人与环境的统一。

三、环境与居住：“相忘于江湖”

环境问题首先是居住问题，选择一个怎样的环境生活，对任何生物都是至关重要的。《庄子》多处谈到鱼选择居住环境的事：

> 泉涸，鱼相与处于陆，相呴以湿，相濡以沫，不如相忘于江湖。与其誉尧而非桀也，不如两忘而化其道。（《大宗师》）①
>
> 子贡曰：“然则夫子何方之依？”孔子曰：“丘，天之戮民也。虽然，吾与汝共之。”子贡曰：“敢问其方？”孔子曰：“鱼相造乎水，人相造乎道。相造乎水者，穿池而养给；相造乎道者，无事而生定。故曰：鱼相忘乎江湖，人相忘乎道术。”（《大宗师》）②

哪里是鱼的最佳居住地？无疑是江湖。儒家倡导仁爱，简直将它看成如天地一般地神圣。庄子不以为然。涸辙中的两条鱼，奄奄一息，“相呴以湿，相濡以沫”，仁爱吗？仁爱。但值得歌颂吗？要看歌颂的实质是什么，如果歌颂的目的是倡导这种“相呴以湿，相濡以沫”的行为，那就要考虑，这种仁爱能从根本解决问题吗？显然不能。其实，与其歌颂这种仁爱行为，还不如不要这种仁爱，而是将它们丢进水里去。在水中，不仅这种“相呴以湿，相濡以沫”的仁爱没有了，而且彼此之间陌生极了，好像从不认识似的，它们“相忘”了。是“相呴以湿，相濡以沫”式的仁爱好，还是“相忘于江湖”的不仁爱好？答案是明显的。《庄子》讲这样的故事，为的是批判儒家的仁爱学说，倡导他的“相忘”学说，但我们可以从中发现

---

① 方勇译注：《庄子》，第 100 页。
② 方勇译注：《庄子》，第 112 页。

《庄子》的环境美学思想。《庄子》认为，最美的居住环境是最切合人性的环境。鱼在水中丢失的是“相呴以湿，相濡以沫”的爱，而得到的是最可贵的自由。从生命保全的层面来说，这自由是生命最好的保全，从生命境界来说，这自由是生命的极致。

鱼如此，鸟也如此：

> 鷦鷯巢于深林，不过一枝；偃鼠饮河，不过满腹。归休乎君，予无所用天下为！庖人虽不治庖，尸祝不越樽俎而代之矣。(《逍遥游》)①
>
> 鸟莫知于鷾鸸，目之所不宜处，不给视，虽落其实，弃之而走。其畏人也，而袭诸人间。社稷存焉尔！(《山木》)②

鷦鷯以深林为其最佳的居住环境，鷾鸸选择少人或不为人所知的地方筑巢，是因为它们“畏人”，所有这些全是从其“性”出发。性是根本。

《则阳》云：

> 冬则戳鳖于江，夏则休乎山樊。有过而问者，曰：“此予宅也。”
>
> 乐物之通而保己焉。故或不言而饮人以和，与人并立而使人化父子之宜。③

这里，它用了一个命题，说明人与环境的最佳关系：“乐物之通而保己”。所谓“乐物之通”，是指物与人的双向肯定，双向肯定的效应必然是“乐”。这种双向肯定式的“通”物，既是“保己”又是得道。《则阳》说，“此予宅也”——这就是我的家啊！多么深刻！

人也是据性而居的，只是人的性不同于其他物之性，因此，人对于自己的居住环境有其特殊的要求，《庄子》很少谈这些具体的要求，但也谈过，如《外物》中有句：

---

① 方勇译注：《庄子》，第 8 页。
② 方勇译注：《庄子》，第 331 页。
③ 方勇译注：《庄子》，第 433—434 页。

大林丘山之善于人也，亦神者不胜。①

此句说大林丘山对于人的居住与生存是有利的。为何有利？它只说“神者不胜”，意思是心神舒畅。其实，大林丘山对于人的居住之有利远不只是“神者不胜”，这些《庄子》不再说明，因为它是自明的。

《庄子》为人之居提出一个基本原则：“与天为徒”。《大宗师》云：

其一也一，其不一也一。其一与天为徒，其不一与人为徒。天与人不相胜，是之谓真人。②

所谓“徒”，在这里有相同或相似的意思，还有向天学习、求取天助的意思。在庄子看来，这天与人的关系，不管你同意还是不同意，它就是与人一体的。如果你认识到天与人是合一的，就会自觉地认定“与天为徒”，如果你不认定天与人是合一的，你就会选择“与人为徒”。不过，真人不把天与人对立起来的，他求取人与天的一致。

要实现“与天为徒”有一个前提：既知天，又知人。《大宗师》说：“知天之所为，知人之所为者，至矣。”③就选择环境来说，要知道环境是什么样的，知道人需要什么，然后看环境满足人的需要的情况如何，由此决定此环境是否可以定居。知均是已然的，而居是面向未来的，因此，必须以“已知”去猜测未来，用庄子的话，就是“以其知之所知，以养其知之所不知”④。当然，猜度会有不当，如庄子所说：“虽然，有患，夫知有所恃而后当，其所恃者特未定也。庸讵知吾所谓天之非人乎？所谓人之非天乎？”⑤总之，既要努力去知天，又要不断地调整自己的行为以合天。

因为环境的变化，人必然会迁徙，寻找合适的生活居所。《庄子》中写了诸多游的故事，有鹏之游、鲲之游、知之游、河伯之游、云将之游、鸿

---

① 方勇译注：《庄子》，第466页。
② 方勇译注：《庄子》，第96页。
③ 方勇译注：《庄子》，第94页。
④ 方勇译注：《庄子》，第94—95页。
⑤ 方勇译注：《庄子》，第95页。

蒙之游等。虽然这些游都是庄子用来说明人应如何体道的，但游本身就表示在迁徙，而迁徙总是意味着居住场所的变更。《庄子》用这么多的游来谈悟道，也在一定程度上反映出远古时代人的居所频繁迁移的状况。

不管是定下来居住，还是选择迁徙，都是结合了天与人两个方面的情况，实现了“与天为徒”。

四、生活方式与环境:“非梧桐不止”

不同世界观的人有着不同的生活理想，这不同的生活理想决定了不同的生活方式。生活是人与环境共同作用的产物，因此，生活方式具有两种品位:人的品位和环境的品位。我们既可以将生活方式将看作活动着的人，也可以看作活动着的环境。

生活方式与人的关系具有两重性。人具有选择生活方式的主动性与主体性。《秋水》云:

> 惠子相梁，庄子往见之。或谓惠子曰:“庄子来，欲代子相。”于是惠子恐，搜于国中三日三夜。
>
> 庄子往见之，曰:“南方有鸟，其名为鹓鶵，子知之乎？夫鹓鶵发于南海而飞于北海，非梧桐不止，非练实不食，非醴泉不饮。于是鸱得腐鼠，鹓鶵过之，仰而视之曰:‘吓!’今子欲以子之梁国而吓我邪?”①

这段话意思是:惠子在魏国梁惠王那里做宰相，庄子去看他。有人对惠子说:“庄子来，是想代替你做宰相呢。”惠子一听感到恐慌，在国中搜寻了三天三夜。庄子去见他，对他说:“南方有一只鸟，其名为鹓鶵，它从南海飞到北海，不是梧桐树它不栖息，不是竹子结的果实它不吃，不是甜泉它不饮。有一只猫头鹰得到一只死老鼠，鹓鶵刚好飞过，猫头鹰仰头看见它，吓它一声。现在你想用你的梁国吓我吗?”故事本义是想说庄

① 方勇译注:《庄子》，第279页。

子压根儿对做官之类的事不感兴趣，不过，在这里，它还包含有另外一层意思：人对生存方式的选择。

生活方式的选择实质是对生活环境的选择。在庄子面前，有两种生活环境供他选择：一是山林，一是庙堂。生活在山林这种环境，生活方式就是做隐士，生活在庙堂这种环境，生活方式就是为官。庄子是毫不犹豫地选择前者的，关于此，《秋水》还有更具体的描述：

> 庄子钓于濮水。楚王使大夫二人往先焉，曰："愿以境内累矣！"庄子持竿不顾，曰："吾闻楚有神龟，死已三千岁矣。王巾笥而藏之庙堂之上。此龟者，宁其死为留骨而贵乎？宁其生而曳尾于涂中乎？"二大夫曰："宁生而曳尾涂中。"庄子曰："往矣！吾将曳尾于涂中。"①

庄子以神龟为例，列出两种生活环境：一种是在庙堂上，享受着种种尊贵的礼遇，但它必须先死去；二是在烂泥中爬曳，但是活的。让任何龟来选择，都不会有龟选择前者。由这个例子，庄子明确地表示了自己的选择："吾将曳尾于涂中"。②

《让王》中载有善卷对自己生活方式的选择：

> 舜以天下让善卷，善卷曰："余立于宇宙之中，冬日衣皮毛，夏日衣葛絺；春耕种，形足以劳动；秋收敛，身足以休食；日出而作，日入而息，逍遥于天地之间而心意自得。吾何以天下为哉！悲夫，子之不知余也！"遂不受。于是去而入深山，莫知其处。③

舜想让善卷做部落联盟的首领，善卷不愿意。这同样是在两种生活环境之间作选择。善卷没有像庄子那样更多地描述做首领的生活环境是如何伤生害性，而是尽情地描述自己的生活环境是如何利生利性。

---

① 方勇译注：《庄子》，第278页。
② 同类的记载见《列御寇》。或聘于庄子，庄子应其使曰："子见夫牺牛乎？衣以文绣，食以刍叔。及其牵而入于大庙，虽欲为孤犊，其可得乎！"
③ 方勇译注：《庄子》，第483页。

五、环境可以改造人:“万物皆出于机”

人与环境是相互作用的,虽然环境在一定程度上是人选择的,但是人一旦选择这种环境后,就必然受到环境的作用。人很难克服环境,而环境往往克服人,说透一点,就是环境会将生活于其中的人塑造成与它相应的人。试想如果庄子进入官场,就只有两条道路:一条道路是官场将庄子塑造成真正的官,庄子也就不是庄子了,另一条道路是庄子不适应官场,最终被官场赶了出来。被官场赶出来的庄子不可能是未进官场的庄子,因为他事实上受到了官场的影响,不管这种影响于他是正面的还是负面的。

关于环境对于物种的影响,《至乐》说了这样一种现象:

> 种有几,得水则为继,得水土之际则为鼃蠙之衣,生于陵屯则为陵舄,陵舄得郁栖则为乌足,乌足之根为蛴螬,其叶为蝴蝶。蝴蝶胥也化而为虫,生于灶下,其状若脱,其名为鸲掇。鸲掇千日为鸟,其名为干余骨。干余骨之沫为斯弥,斯弥为食醯。颐辂生乎食醯,黄軦生乎九猷,瞀芮生乎腐蠸,羊奚比乎不箰,久竹生青宁,青宁生程,程生马,马生人,人又反入于机。万物皆出于机,皆入于机。①

这段文字很艰涩,它是以“几”这种生物为例,说明环境是可以改造生物的。具体到“几”这种生物来说,它就变了许多次:先是得到水,在水的环境中它变成继;在既有水又有土的环境中,它变成青苔(鼃蠙之衣);如果生在高地(陵屯),它则变成车前子(陵舄);车前子得到粪土(郁栖)后变成乌足草;乌足草的根变成金龟子的幼虫,叶变成蝴蝶。蝴蝶须臾间变为虫,生在火灶下,好像是蜕化而成的,这种动物名为鸲掇,鸲掇千日后化为鸟,其名为干余骨。干余骨的唾沫变成斯弥,斯弥变成食醯,食醯生出颐辂。九猷生出黄軦,腐蠸生出瞀芮,羊奚与不箰结合生出青宁,

① 方勇译注:《庄子》,第291页。

青宁生出豹(程),豹生出马,马生出人,人反入于造化(机),万物皆出于造化(机),都入于造化(机)。

这段文字讲物的变化,前面部分以"几"为例,说环境造成物的变化;后面部分以鸲掇为例,说物自身的变化,没有强调环境。所有这些变化都是自然的天机,也就是自然的造化,因此最后归入造化。

物的自变是可能的,但不会没有环境的参与,只是内在力量更为突出,物受环境的影响而变也不会没有内在因素起作用,只是外在力量更为突出。《庄子》讲的虽然是动物的变化,但我们可以联系到人。其实,《庄子》说动物,为的是说人。环境可以造成"几"如此多的变异,意味着环境也可以造成人的诸多变异。环境的作用方向总是企图实现人与它的统一。

六、环境与人的统一:"和以天倪"

人与环境的统一,在《庄子》中是以人与天合的形式表述的。

关于人与环境的统一,《庄子》提出了许多具体的主张,其中主要的有两点。

(一)平居观:"平为福"

庄子认为人的本性中有一种对于利益的贪求之心,他说:"声色滋味权势之于人,心不待学而乐之,体不待象而安之,夫欲恶避就,固不待师,此人之性也。"(《盗跖》)在这种情况下,人要自觉地克服贪婪之心。《庄子》多处指出,声色、滋味、权势是伤人害性的,虽然这些东西在人看来也算是美,但应"不以美害生"(《盗跖》)。人做什么事,都要"不违其度,是以足而不争"(《盗跖》)。在此基础上,《庄子》提出"平居"观:

> 平为福,有余为害者,物莫不然,而财其甚者也。今富人,耳营于钟鼓管籥之声,口嗛于刍豢醪醴之味,以感其意,遗忘其业,可谓乱矣;侅溺于冯气,若负重行而上坂也,可谓苦矣;贪财而取慰,贪权而取竭,静居则溺,体泽进则冯,可谓疾矣;为欲富就利,故满若堵耳

而不知避，且冯而不舍，可谓辱矣；财积而无用，服膺而不舍，满心戚醮，求益而不止，可谓忧矣；内则疑劫请之贼，外则畏寇盗之害，内周楼疏，外不敢独行，可谓畏矣。此六者，天下之至害也……①

这段文字中，庄子提出有六种贪婪的情况，这六种贪婪，给人带来的是“乱”“苦”“疾”“辱”“忧”“畏”，堪为“天下之至害”。克服六种贪婪之心，树立“平为福”的幸福观，就能实现人与天的统一。

（二）安居观：“四海之内共利之之谓悦，共给之之谓安”

《天地》有一段文字：

谆芒将东之大壑，适遇苑风于东海之滨。苑风曰：“子将奚之？”曰：“将之大壑。”曰：“奚为焉？”曰：“夫大壑之为物也，注焉而不满，酌焉而不竭。吾将游焉！”苑风曰：“夫子无意于横目之民乎？愿闻圣治。”谆芒曰：“圣治乎？官施而不失其宜，拔举而不失其能，毕见其情事，而行其所为，行言自为而天下化。手挠顾指，四方之民莫不俱至，此之谓圣治。”“愿闻德人。”曰：“德人者，居无思，行无虑，不藏是非美恶。四海之内共利之之谓悦，共给之之谓安。怊乎若婴儿之失其母也，傥乎若行而失其道也。财用有余，而不知其所自来；饮食取足，而不知其所从，此谓德人之容。”“愿闻神人。”曰：“上神乘光，与形灭亡，是谓照旷。致命尽情，天地乐而万事销亡，万物复情，此之谓混溟。”②

这段文字可分为四个层次：第一层次为谆芒与苑风论大壑之德，谆芒认为大壑之德在于“注焉而不满，酌焉而不竭”，正是因为这样，大壑才成就其大。第二层次论圣治。谆芒认为，圣治就是官家措施合乎时宜，选拔人才不失其能，办事合情合理，如此等等，老百姓很拥护。第三层次讲德人之德。德人之德，一是“居无思，行无虑”，这可概括为“静”。二是

① 方勇译注：《庄子》，第523页。
② 方勇译注：《庄子》，第196页。

“不藏是非美恶。四海之内共利之之谓悦，共给之之谓安”，这可概括为“公”。公，体现在：对待是非美恶，主公开透明；对待四海利益，主共同得利；对待共享之事，主大家心安。三是“财用有余，而不知其所自来；饮食取足，而不知其所从”，这可概括为“足”，整个生活比较富足。第四层次论神人之德。神人之德就是“致命尽情，天地乐而万事销亡，万物复情”，这概括为“道”，让万物完全地回到自己本性（情）上。如是，没有任何烦恼的事，天地共乐。四层意思中，重要的是第三层次，这是讲社会理想。庄子追求的理想社会，如他所描述的，是一个办事公正、社会和谐、生活富足、百姓满意的社会，概括起来，就是安居。

“安”是一种极为重要的心态。心安，则身安；身安，则人安；人安，则家安，家安，则国安。故《列御寇》云：“圣人安其所安，不安其所不安；众人安其所不安，不安其所安。”[①]各人有各人的事，各人安，则人人安。人人安，则天下安。

安居作为理想的社会环境，是《庄子》真正的现实追求，也是其学说中最为重要的价值所在。

第五节　天地相合论（下）：“与天和者，谓之天乐”

整个《庄子》的逻辑是这样的：天与人本是一体的，即天与人一，但是，由于人在天地中脱颖而出，破坏了人天这种整一性，如何克服人与天的分割是庄子全部哲学的内容。从理论上说，要让人回归到天，但是，这种回归不是简单地回归，而是在肯定人的文明创造成就的基础上回归于天，也就是说，不是让人变回到动物，而是让人超越动物而回归到天。这样，问题就显得复杂而艰难。《庄子》理论上的推进仍然立足于人性与天性的同一性，它将这种同一性不断地升华，由真到善到美，从而积极地推动人类自觉实现这一伟大的变革——人性的改造与人性的回归。

---

① 方勇译注：《庄子》，第552—553页。

一、论“天乐”

《庄子》将天人相合推到“乐”的高度，称之为“天乐”。那么，这“天乐”是怎样的一种乐？

《天道》给出具体的回答：

> 庄子曰：“吾师乎，吾师乎！齑万物而不为义；泽及万世而不为仁；长于上古而不为寿；覆载天地刻雕众形而不为巧。”此之谓天乐。①

按这段文字，天乐就是自然本身。这自然有两大功能：泽及生命，是宇宙生命之本；调和万物，是宇宙秩序之纲。这自然有三大特点：一是时空无限，二是创作天地之技能奇巧无比，三是其行为完全与仁义无关。

作为自然的天，是无知无觉的，它无所谓悲，也无所谓乐。将自然现象称为天乐是庄子的看法，为的是让人效法它。在上段引文中，庄子直呼天乐为“吾师”，明确地表示他就是按这种方式生活的，并且郑重地将它推荐给天下人民。他说：

> 故曰：“知天乐者，其生也天行，其死也物化。静而与阴同德，动而与阳同波。”故知天乐者，无天怨，无人非，无物累，无鬼责。故曰：其动也天，其静也地，一心定而王天下；其鬼不祟，其魂不疲，一心定而万物服。言以虚静推于天地，通于万物，此之谓天乐。②

“其生也天行，其死也物化。静而与阴同德，动而与阳同波”这四句话，对于合乎天乐的生活方式作了高度的概括。关于这种生活方式的状态，《庄子》有诸多不同的表述，此处文字中，还有“通于万物”一语，这是对于天乐之乐的本质最为精确的揭示。通不仅有达的意思，还有“一”的意思。通于万物，即与万物统一。怎么能与万物统一？万物在形态上是

---

① 方勇译注：《庄子》，第 207 页。
② 方勇译注：《庄子》，第 207 页。

不能统一的，既为万物，形态就必然万，但它们的精神是可以统一的，统一在哪里？统一在道。

“一”可以理解成“和”。《天道》云：“夫明白于天地之德者，此之谓大本大宗，与天和者也；所以均调天下，与人和者也。与人和者，谓之人乐；与天和者，谓之天乐。”[①]《庄子》认为有两种和，一种是与天和，一种是与人和。与人和，体现为“均调天下”，这是古代圣人尧舜所做的。那个时候，天下贫富分化不是很严重，百姓与部落首长过的生活差不多，那种原始共产主义的生活建立在低下的生产力水平之上，然而它一直为儒家视为理想的社会。《庄子》对于这种社会倒是较少置否定之词，它否定的是儒家在推崇这种理想社会时连带推出的治国纲领——仁义。《庄子》只是在有限的领域内有利于百姓，它曾用“泉涸，鱼相与处于陆，相呴以湿，相濡以沫，不如相忘于江湖”（《大宗师》）[②]批评过儒家仁义。它认为“与其誉尧而非桀也，不如两忘而化其道”，这“道”就是天道。“化其道”意思让人们认同天道。认同天道就是“与天和”，而“与天和”就是“天乐”。

二、论天乐之“和”

那么，天乐之“和”到底是怎样的和？庄子提出诸多命题，这些命题从不同的侧面说明天乐之和。

（一）“抱一”说

如《庚桑楚》所云：“老子曰：‘卫生之经，能抱一乎？’”[③]“一”即道，抱一即抱道。相似的表述有《缮性》中的“至一”，还有《知北游》中的“与物化者一”，这里的“一”是统一的意思，至一指与道达于统一，与物化者一即“与物化者”实现统一。

又《齐物论》中云：“天地与我并生，万物与我为一。”[④]“并生”说明人

① 方勇译注：《庄子》，第 207 页。
② 方勇译注：《庄子》，第 239 页。
③ 方勇译注：《庄子》，第 382 页。
④ 方勇译注：《庄子》，第 31 页。

与天地本为一体，但是，人出于自身的原因，在某种意义上脱离了天地，“抱一”说强调“抱”，主张人应该积极地主动地回归天地的怀抱。

(二)“常自然”说

《缮性》云：

> 阴阳和静，鬼神不扰，四时得节，万物不伤，群生不夭，人虽有知，无所用之，此之谓至一。当是时也，莫之为而常自然。①

世界是“和静”的，万物是“得节”的，人是“无所用之”的，这种状态，《庄子》概括为“常自然”。

(三)“同帝”说

《刻意》说：

> 水之性，不杂则清，莫动则平；郁闭而不流，亦不能清；天德之象也。故曰：纯粹而不杂，静一而不变，淡而无为，动而以天行，此养神之道也。
>
> 夫有干越之剑者，柙而藏之，不敢用也，宝之至也。精神四达并流，无所不极，上际于天，下蟠于地，化育万物，不可为象，其名为同帝。②

“同帝”中的“帝”，为主宰，指道，与帝同即是与道同。同的状态像水一样清纯，像干越之剑那样珍贵。实际上，“同帝”是一种精神，此精神“四达并流，无所不极”。虽然四达，其功能却是集中在化育万物上。

这样说来，天乐的实质还是一种精神。现实生活中过得如何并不重要，重要的是精神能否做到“四达并流”，能否将精力集中在“化育万物”上。当生活超越物质进入精神，它就是一种境界了。天乐实质是一种人生境界。

(四)“儿子”说

《庚桑楚》云：

---

① 方勇译注：《庄子》，第253页。
② 方勇译注：《庄子》，第247页。

老子曰:“卫生之经,能抱一乎?能勿失乎?能无卜筮而知吉凶乎?能止乎?能已乎?能舍诸人而求诸己乎?能翛然乎?能侗然乎?能儿子乎?儿子终日嗥而嗌不嗄,和之至也;终日握而手不掜,共其德也;终日视而目不瞚,偏不在外也。”①

《庚桑楚》在说明老子的养身之经为抱一后,又具体地分析如何做到抱一,最后说到“能儿子乎”。意思是能不能做到像婴儿那样?像婴儿哪样?庄子提出三点:“终日嗥而嗌不嗄,和之至也;终日握而手不掜,共其德也;终日视而目不瞚,偏不在外也。”婴儿整天哭而嗓子不哑,为什么?生命力强,身体各功能和谐达到极致啊;婴儿手总是握得紧紧的,为什么?因为他可以抟住全身的力量啊!婴儿整天瞪着一双大眼睛观察世界,连眨都不眨,为什么?因为他内心对这个世界感兴趣啊!

(五)顺性说

凡物皆有性,物与物之不同,全在于性。虽然性不同,但人与物仍然可以相处、可以共存。这里的关键是知物之性,并且在实际生活中,能顺物之性。《人间世》中说了一个故事:

汝不知夫养虎者乎?不敢以生物与之,为其杀之之怒也;不敢以全物与之,为其决之之怒也。时其饥饱,达其怒心。虎之与人异类,而媚养己者,顺也;故其杀者,逆也。②

这个故事说,养老虎的人是需要知道老虎的性子的,不能给它活的动物吃,因为这样会激起它杀生的天性;也不敢拿整只的动物给它吃,因为这样会激怒它去撕裂那只动物。豢养老虎,要知道它的饥饱状况、它什么情况下会发怒。虎虽然与人异类,但是它可以顺从饲养它的人,这是因为饲养它的人懂得顺着它的性子。至于它有时会伤人,那是因为人违逆了它的性子。

① 方勇译注:《庄子》,第382—383页。
② 方勇译注:《庄子》,第65页。

养虎的故事给我们的启发是，要想实现与环境的和谐，必须对环境的构成物的性质有足够的认识，并且知道如何去实现这种和谐。

（六）慎守说

《庄子》认为，实现人与天地自然的和谐，有时并不需要人去做什么事，只要人善于守住自己的本性就够了。《在宥》中，有黄帝问道于广成子的故事。广成子说："至道之精，窈窈冥冥；至道之极，昏昏默默。无视无听，抱神以静，形将自正。"这"抱神以静"，是不需要做什么事的。接着他以自己为例：

> 天地有官，阴阳有藏。慎守女身，物将自壮。我守其一以处其和。故我修身千二百岁矣，吾形未常衰。①

这里，广成子强调的是一个"守"字，而且是"慎守"。能守就能"处其和"。为什么处理与天地的关系，不需要积极的作为，反而是需要看似消极的"慎守"？广成子说，这是因为"彼其物无穷，而人皆以为有终；彼其物无测，而人皆以为有极"，既然如此，与其不明规律地乱为，还不如什么也不做地"慎守"。慎守其实也是一种游——心游。在心游中，可以实现与天地的统一。广成子说他自己"入无穷之门，以游无极之野。吾与日月参光，吾与天地为常"。

（七）"处物不伤物"说

《知北游》云：

> 圣人处物不伤物。不伤物者，物亦不能伤也。唯无所伤者，为能与人相将迎。山林与，皋壤与，使我欣欣然而乐与！乐未毕也，哀又继之。哀乐之来，吾不能御，其去弗能止。悲夫，世人直为物逆旅耳！②

"处物不伤物"，只有视物如我才能做到。这段文字中说山林、丘壤

① 方勇译注：《庄子》，第 166 页。
② 方勇译注：《庄子》，第 378 页。

常常“使我欣欣然而乐”,“乐未毕,哀又继之”,这就有些伤人了。按庄子的看法,人的情感虽然有悲有喜,难免不波动,但以不伤身为宜。怎样才能让情感不波动?就要做到“处物不伤物”,而“不伤物者,物亦不能伤也”。在这里,庄子批评了一种人的一种处物方式,这种方式将物看成是人的旅店,这与我们通常说的旅游有些相似。人们将美好的风景看成是旅店,住过即观赏过,就离开了、丢弃了。庄子认为,人与物的关系不应该是这样的,物不是人的逆旅,人也不是物的逆旅。他们之间的关系不能分割,双方永远不离不弃。那么,怎样才能做到?那就是要舍弃“逆旅”观念,将物即天地自然看成是人的家。人之处物,就是居家。物是人之家,人怎么会去伤物,而物又如何会伤人呢?

《庚桑楚》将这种物与人两不相伤的生活表述为:“相与交食乎地而交乐乎天,不以人物利害相撄。”“交食”——必然同生,“交乐”——必然共荣。这里的前提是克服人与物利害上的“相撄”,这就涉及生态公正了。在生态平衡的意义上,人与物的利益实现了统一。

从根本上来说,天乐指的是家居的生活方式。家居之乐即为天乐。环境美学最高概念是乐居,乐居在《庄子》这里即为天乐。

概括来说,天乐是一种生活方式,这种生活的实质是人与环境的和谐统一。这种和谐统一是生活的常态,切合自然规律,同时也是生活的极致,切合人性的本质。这种和谐统一是物质的,体现为日常生活琐事,更是精神的,升华为一种人生境界。这种境界的本质是:天地是我的家,环境是我的家。

三、从“天乐”到“乐居”天地

建构这样一种家,是需要人作出种种努力的。《庄子》提出诸多的建议,希望人能够做到,其中最为重要的是人应该过一种虚静、朴素、恬淡、无为的生活。《天道》云:“虚静、恬淡、寂漠、无为者,天地之平而道德之至。”①

---

① 方勇译注:《庄子》,第206页。

（一）“虚静”

虚静中，虚更为根本。虚本来是道的性质，说道是虚的，实质上是说道是“无”。按生存论，这个世界的本根不可能为有，若为有，有之前还存在一个有，这“有”就不能穷尽。如果要认定宇宙有一个源头的话，它就只能为“无”。“无”是宇宙之源的逻辑设定。《天道》云：“虚则实，实则伦矣。虚则静，静则动，动则得矣。静则无为，无为也则任事者责矣。”①虚不仅生出实，而且还生出静。静，是恒常、统一、稳定的意思。天地的外在形态，或者说它的现象是繁多而动荡的，然而它的本质是恒常、统一、稳定的。《天道》以水为喻，说“水静则明烛须眉，平中准，大匠取法焉”。大匠取法于静，这静即为道。静既然为道，所以“静而圣”(《天道》)，又“静而动”(《天道》)，这动，是循道而动，是“无为”之为。这样的“动”，可以称王天下，故“动而王”(《天道》)。

能够充分体悟天地虚静之德，并以虚静之德律己，在天地间的基本定位就清楚了。

《人间世》云：“虚室生白，吉祥止止。”②“室”在这里指心，庄子认为，人的心如果能效法道做到澄明空明，那吉祥就来到了。

（二）“朴素”

朴素即本色，它是天地的基本性质。天地之德、天地之美均在朴素。《天道》云：“朴素而天下莫能与之争美。”③人效法天地，首先是要像天地那样朴素地生活。朴素地生活即据自己的本性生活。万物皆有性，凡据性的生活均是朴素的、合乎天道的，凡伤性的生活均是非朴素的、违背天道的。

人作为万物之灵，有一种远超其他生物的贪婪性，对于功名利禄、声色犬马有一种特别的兴趣和追求。如果这种兴趣和追求能够控制在合于人性的范围内，也不是不可以，但实际上往往超出了人性，这就不是朴

① 方勇译注：《庄子》，第206—207页。

② 方勇译注：《庄子》，第52页。

③ 方勇译注：《庄子》，第207页。

素的生活而是奢华的生活了。对于这种伤生伤性的奢华生活,《庄子》是坚决反对的。

（三）“恬淡”

恬淡与朴素同义,只是它突出平易的生活、减省的生活。

朴素不易,恬淡更难,而恬淡较之朴素,境界更高。《刻意》云:“夫恬淡寂漠、虚无无为,此天地之平而道德之质也。故曰:圣人休焉则平易矣,平易则恬淡矣。平易恬淡,则忧患不能入,邪气不能袭,故其德全而神不亏。”①

恬淡作为人生观,在《庄子》哲学中具有精神超越的意义。《刻意》云:“悲乐者,德之邪;喜怒者,道之过;好恶者,心之失。故心不忧乐,德之至也;一而不变,静之至也;无所于忤,虚之至也;不与物交,淡之至也;无所于逆,粹之至也。”②达到这种程度,人就升华成真人、至人了。

就现实意义而言,恬淡的精神超越意义远不及它对平易减省生活方式的提倡。这种生活方式,不仅能够养生,让“忧患不能入,邪气不能袭”,而且能够有效地保护自然界,保护自然生态平衡,保护环境。

（四）“无为”

无为是《庄子》中讲得比较多的概念。它所说的无为,不是无所作为的意思,而是无刻意的作为。庄子认为天地最伟大的品格就是以无为成就有为。自然的伟大功能、伟大的美均是这种无为造就的。自然的无为是其道之所为,在自然,无为的合规律性是不需特意提及的。对于人要不要为、如何为,《庄子》在不同的地方有侧重点不同的表述。总的来说,《庄子》主张的“有为”,是切合天道的有为。这种“有为”,《庄子》名之为“无为”。因为这种无为之为是切合天道的,所以,它能“无不为”。人真能做到“无为”,就不仅能创造出善,而且还能创造出美来,正如庖丁解牛那样,其解牛的劳动成为美好的艺术:“合于《桑

① 方勇译注:《庄子》,第 247 页。
② 方勇译注:《庄子》,第 247 页。

林》之舞，乃中《经首》之会。”[①]在有些地方，《庄子》将这种“无为”的艺术称为“巧”。

无为，本是天地自身的作为。天地的律动，包括其生态平衡的运行，均是无为。天地的无为为人类提供了榜样，人以天为师，从根本来说，就是效法天的无为。这无为，就是不妄为、不乱为，并且“循天之理”（《庚桑楚》）去作为。

无为，不仅有助于人类更好地从天地自然中获取生活资料，而且有助于保护作为人类生存基础与生活环境的天地自然。

天地本来无所谓乐与不乐，乐是人从天地自然的和谐之中体悟出来的。人从天地自然的和谐中体悟出乐，很自然地，就以天地本身的和谐为效法的对象，试图创造出这种乐来。人对乐的创造，是分为人乐与天乐两个层次的，不管哪种乐，其实质均是“和”。虽然人乐从境界上来说低于天乐，但人乐的创造，也必须取法于天乐。不管哪种乐，都是人“法天贵真”（《渔父》）的产物。

天乐，可以将其看作精神境界，也可以看作一种生活方式。作为一种生活方式，它虽然具有理想性，但也存在现实性；它虽然已经升华为人的一种精神境界，但仍然具有一定的物质基础。这种生活方式，从环境美学的意义来理解，就是“乐居”。

---

① 方勇译注：《庄子》，第45页。

第三章　列子的环境美学思想

列子，又名列御寇，他的事迹，《庄子》一书中多有提及，其中多为出于宣扬道家哲学需要而编制的荒诞之语。也因为此，一些学者认为列子未必是历史上实有的人物。但据《庄子·让王》云："子列子穷……客言之于郑子阳……郑子阳即令官遗之粟。子列子见使者，再拜而辞……其卒，民果作难而杀子阳。"①子阳实有其人，为郑国相，他的事迹，《史记》《吕览》《淮南子》均有记载，因此，不少学者认为列子实有其人。柳宗元著《列子辨》，肯定列子的真实存在，说是"郑穆公时人"。钱穆经过详尽的考证，也证明"列御寇实有其人"②。

《列子》这部书，传为列子所写，《汉书·艺文志》著录为"八篇"，为先秦道家学派著作，晋人张湛为之注。然此八篇早已亡佚，今本《列子》内容"掺杂有大量魏晋思想；从语言使用看，出现许多先秦所不能有的词汇，其出于魏晋间人的伪托是无疑的"③，据此，也有不少学者认为此书是魏晋时的伪作，然而更多的学者认为并不能因此简单地断定此书为魏晋时的伪作。它保存了不少先秦佚书的片断，虽然它未必能成为先秦著作

① 方勇译注：《庄子》，第 489—490 页。

② 钱穆：《先秦诸子系年》，石家庄：河北教育出版社 2002 年版，第 208 页。

③ 严北溟、严捷译注：《列子译注》，上海：上海古籍出版社 1986 年版，第 1 页。

的代表，但大体上属于先秦著作应是可以肯定的。钱穆说此书“后人多辨其伪，然时亦有先秦遗言，要在择慎而取耳”①。

《列子》中的环境美学思想是比较丰富的，它一方面承继老子、《易经》的一些观点，另外，也有着一些新的看法。

第一节　天地的性质

与《易经》等先秦古籍一样，《列子》也以“天地”作为宇宙的本体、作为与人相对的环境。

那么，在列子看来，天地是什么呢?

第一，天地为物。

《天瑞篇》云：

> 天，积气耳，亡处亡气……日月星辰，亦积气中之有光耀者……地积块耳，充塞四虚，亡处亡块……虹蜺也，云雾也，风雨也，四时也，此积气之成乎天者也。山岳也，河海也，金石也，火木也，此积形之成乎地者也……夫天地，空中之一细物，有中之最巨者。②

这段话有三个要点：其一，天地是物质的，天空有日月星辰、风雨云雾，地上有山岳河海、金石火木。这就是我们的环境——自然环境。其二，天上、地上的各种物，分别是积气与积块而成的。气与块均是物质，相当于构成天地的原料。气为一，以一气造就天上多物；同样，块为一，以一块造就地上多物。中国古代关于天地的构成，多持一元说，认为天与地均由气构成，列子则主二元说，认为气与块分别是构成天与地的原料。其三，天地只是“空中一细物”。天地在这里指人生活的环境，当时人还不知道地球是宇宙中的一颗星球，列子这一说法非常接近现代的认识，难能可贵。

---

① 钱穆：《先秦诸子系年》，第208页。

② 叶蓓卿译注：《列子》，北京：中华书局2011年版，第20—21页。

第二，天地生成。

这由气与地构成的天地，它的生成过程是怎样的呢？列子说：

> 昔者圣人因阴阳以统天地。夫有形者生于无形，则天地安从生？故曰：有太易，有太初，有太始，有太素。太易者，未见气也；太初者，气之始也；太始者，形之始也；太素者，质之始也。气形质具而未相离，故曰浑沦。浑沦者，言万物相浑沦而未相离也。（《天瑞篇》）①

列子承《易经》的观点，说"因阴阳以统天地"。按《易经》的看法，阴阳既是宇宙的两种基本构成元素，也是构成天地的两种由冲突而实现统一的合力。列子在天地生成问题上，其新的贡献是四"太"说。四"太"即"太易""太初""太始""太素"，它们为天地生成前的四个阶段。这里最重要的是太易。太易，"未见气也"，这未见气的世界是怎样的呢？是有还是无？列子没有作出明确的说明，这是有意的，显示出列子对于老子的天地生于无的怀疑。太易之后的太初才是气的开始，有气就有形，应该说太始才是天地真正的开始。列子的精审在于他不将形与物等同起来，形是物质，但不是物体，物质只是物体的原料。好像泥土，它是一种物质，可以成为诸多的物体：它可以用来种地，成为庄稼的营养供应源；它可以用来盖房，成为院墙的支撑体；它也可以用来做雕塑，做成各种不同的艺术造型。这物体的开始，列子将它命名为太素。列子说"气形质具"，这三者具，标志着天地中各种物体生成，天地间各种物体生成，天地也就生成了。

第三，天地无全功。

天地是一个整体，这一整体之所以具有活力，是因为构成这一整体的各种物体各有其功能。所有这些功能互相配合，于是，天地运行有序，正是因为有序，故而有功。用今天的话来说，这是一个精妙无比的生态

---

① 叶蓓卿译注：《列子》，第4页。

系统。

> 子列子曰："天地无全功，圣人无全能，万物无全用。故天职生覆，地职形载，圣职教化，物职所宜。然则天有所短，地有所长，圣有所否，物有所通。何则？生覆者不能形载，形载者不能教化，教化者不能违所宜，宜定者不出所位。故天地之道，非阴则阳；圣人之教，非仁则义；万物之宜，非柔则刚；此皆随所宜而不能出所位者也。"(《天瑞篇》)①

"天地无全功"的提法是一个重要的创造。《易经》《老子》《庄子》中充斥着对天地的至高无上的赞美：天地全能，天地全功。而列子精审地区分天地不同的功能，杜绝不着边际的赞美，显示出难能可贵的理性态度。这段文字提出万物"随所宜而不能出所位"的重要观点，其要点有二：一是"宜"，一是"位"，均是对物性质、功能的科学概括。"宜"侧重于物之性，"随所宜"，意谓随顺自然。所谓随顺自然，就自然中的个体来说，是随其物性，就全体自然而言，是随其生态性。"位"侧重于人的态度。物有其性，应有其位，但受自然和社会的因素影响，不能得其位；不得其位，就不能充分显现其性，也就不能很好地发展，完成自己的物性使命。人遇到必须处理的自然物，应该"随所宜而不能出所位"。这样做，于农作物与家畜，可以获得好收成；于其他的自然物，可以让自然循其序而得到健康的发展，维持自然的本然状态。

《列子》将天地之道归结为阴阳之道，这阴阳之道落实到事物上，则不是刚就是柔。于是，这天地之道的运行，充满着具有辩证意义的两两相对的矛盾运动：

> 能阴能阳，能柔能刚，能短能长，能员能方，能生能死，能暑能凉，能浮能沉，能宫能商，能出能没，能玄能黄，能甘能苦，能羶能香。

① 叶蓓卿译注：《列子》，第6页。

> 无知也，无能也，而无不知也，而无不能也。(《天瑞篇》)①

《列子》将两两相对事物的运动用“能”来概括，这“能”既体现出对立事物作用的规律性，又体现出这作用的可然性、灵动性。因为出自本性，这种作用似是“无知”“无能”，然而也正是因为出自本性，这种作用也“无不知”“无不能”。

在论述这个问题时，列子特别提到如何处理使者与被使者的关系。他说：

> 故有生者，有生生者；有形者，有形形者；有声者，有声声者；有色者，有色色者；有味者，有味味者。生之所生者死矣，而生生者未尝终；形之所形者实矣，而形形者未尝有；声之所声者闻矣，而声声者未尝发；色之所色者彰矣，而色色者未尝显；味之所味者尝矣，而味味者未尝呈：皆无为之职也。(《天瑞篇》)②

生者是被使者，生生者是使者。是生生者产生了生者。同样的关系体现于形者与形形者、声者与声声者、色者与色色者，味者与味味者等。

值得我们注意的是，被使者也许只有一个，而使者可能不止一个。拿生者与生生者的关系来说，在某一个以某物为中心或者说为基点的生态系统内，“生生者”是一个复杂、庞大、精密的体系，这个体系不仅指向体系中的被生者，而且通向体系之外，与别的体系发生关系，从而构成一个更为复杂、庞大、精密的体系。列子强调这个体系中的各种事物全是任“无为之职”即自然之职，尽无为之功。无为之功不是没有功，而是物在尽自己的本性，完成自己该做、应做、必须做的事情，全然没有另外的目的。

第四，天地的“坏”与“不坏”。

杞国有人担心天地崩坠伤及人的生命。列子先是托言长庐子，继是

① 叶蓓卿译注：《列子》，第 6 页。
② 叶蓓卿译注：《列子》，第 6 页。

自己出马，对此问题作出回答。

> 长庐子闻而笑之曰："……忧其坏者，诚为大远；言其不坏者，亦为未是。天地不得不坏，则会归于坏。遇其坏时，奚为不忧哉？"子列子闻而笑曰："言天地坏者亦谬，言天地不坏者亦谬。坏与不坏，吾所不能知也。"（《天瑞篇》）①

长庐子说："担心天地会坏，实在是忧虑得太远了；而说它一定不坏，也未必是。如果天地不得不坏，那它肯定会坏，既如此，忧有什么用呢？"列子也闻而笑之曰："说天地会坏，不妥；说天地不会坏也不妥。坏与不坏，我不知道。"对于天地坏与不坏的问题，作出这样的回答，不是不负责，而是真负责，因为天地"难终终穷，此固然矣；难测难识，此固然矣"②。

第五，天地终始问题。

天地终始问题，同天地坏与不坏的问题不是一回事。坏与不坏是对人而言的，而终始是天地存在与不存在的问题。列子说：

> 形，必终者也；天地终乎？与我偕终。终进乎？不知也。道终乎本无始，进乎本不久。有生则复于不生，有形则复于无形。不生者，非本不生者也；无形者，非本无形者也。生者，理之必终者也。终者不得不终，亦如生者之不得不生。而欲恒其生，画其终，惑于数也。（《天瑞篇》）③

这段文章其实说了三个问题：一是天地的终与尽的问题，二是道的终与尽的问题，三是生与不生、形与无形的相互重复问题。

列子说"天地终乎？与我偕终"，似是说人终天地终，其实不是，因为后面还有一句话："终进乎？不知也。""进"，张湛注曰"进当为尽"④。列子对于天地是否会有尽，取"不知"的态度。至于"道"，列子没有把它等

---

① 叶蓓卿译注：《列子》，第 21 页。
② 叶蓓卿译注：《列子》，第 21 页。
③ 叶蓓卿译注：《列子》，第 11 页。
④ 杨伯峻：《列子集释》，北京：中华书局 1979 年版，第 18 页。

同于天地，因为“道终乎本无始，进乎本不久”，意思是道无始故无终，无尽故无有。“久”，王叔岷注曰“久当为有”①。然而对于生与不生、有形与无形，他则认为是存在着“复”，即“有生则复于不生，有形则复于无形”。

第二节　天地的功能

天最基本的功能是生，这生指包括生人在内的生万物。在先秦，天地生物是一个比较能被普遍接受的观点。《列子》在这个基本点上没有创造，但也有一些比较引人注目的独特观点。

《列子》一书第一篇为《天瑞篇》。开篇写列子将要去卫国，列子的弟子希望列子能留下一些教诲。弟子们显然是有备而来，不等列子开口，就提到壶丘子林的言论。于是讨论就从壶丘子林的话展开。在这个讨论中，关于天地生物，列子提出一系列重要思想。

第一，生与化的可能性与现实性。

《列子·天瑞篇》云：

> 子列子笑曰：“壶子何言哉？虽然，夫子尝语伯昏瞀人。吾侧闻之，试以告女。其言曰：有生不生，有化不化。不生者能生生，不化者能化化。”②

生与化是事物变化的两种形态，生指生育，化指变化。在这里，列子没有关注这两者的区别，他关注的是，天地间的物存在着两种形态，一种为“有生者”“有化者”，另一种为“不生者”“不化者”。列子提出一个奇怪的观点：“有生不生，有化不化。不生者能生生，不化者能化化。”

关于“有生不生”“有化不化”，张湛的理解是：“生物而不自生者也”“化物而不自化者也”。③ 张湛实际上将生与化各作了两种解释：生与自

---

① 杨伯峻：《列子集释》，第19页。
② 叶蓓卿译注：《列子》，第2页。
③ 杨伯峻：《列子集释》，第2页。

生，化与自化。这种解释恐怕不妥。

按笔者的看法，“有生者”是说具有生的可能性，但不能生；同样，“有化者”是说具有化的可能性，但不能化。可能性并不等于现实性，将可能变成现实，需要条件。

列子指出另一种情况：“不生者能生生，不化者能化化。”关于“不生者”，张湛的解释是“不生者，固生物之宗”，关于“不化者”，张湛的解释是“不化者，固化物之主”。这种解释也同样存在问题。何以不生者是“生物之宗”，不化者是“化物之主”？没有说明。道理很清楚：不能生物，有何资格做“生物之宗”？同样，不能化物，怎能做“化物之主”？

按笔者的理解：“不生者”，不具备生的条件，无生的可能性；不化者，不具备化的条件，无化的可能性。这种状况虽然是现实的，但不是不可以改变的，只要出现新的情况，它们就会发生变化，由不生到生生，由不化到化化。

一切在条件！无条件，生与化的可能性不能变成生与化的现实；有条件，生与化的不可能性可以变成生与化的现实。

什么是实现生与化的条件？——阴阳相生。列子说：“昔者圣人因阴阳以统天地，夫有形者生于无形。”①列子明确提出反“独”的观点，他说“不生者疑独”②。“独”就是独阴或独阳。

第二，生与化的必然性、常态性与自因性。

接着上段引《列子·天瑞篇》：

> 生者不能不生，化者不能不化，故常生常化。常生常化者，无时不生，无时不化……自生自化，自形自色，自智自力，自消自息。③

生者为何不能不生，化者为何不能不化？这是因为当事物具备阴阳两种力量时，这两种力量必然要相互作用，作用的结果必生、必化。

---

① 叶蓓卿译注：《列子》，第 4 页。
② 叶蓓卿译注：《列子》，第 2 页。
③ 叶蓓卿译注：《列子》，第 2 页。

为何常生常化，无时不生，无时不化？这是因为世界上总是存在阴阳的，有阴必有阳，有阳必有阴，所以，常生常化，无时不生，无时不化。

为何又是自生自化？这是因为阴阳是内在于事物的，既然是内生的，它的生与化就是自生自化。

列子强调生化的必然性、常态性与自因性，是深刻的。

第三，列子还提出生化的过程中的“影响性”问题。

《列子》引《黄帝书》曰：“形动不生形而生影，声动不生声而生响，无动不生无而生有。”[①]形生必影随，声动必生响。这是自然规律，光学、声学要研究它。但它又不只是自然规律，它还是人生规律、社会规律，哲学以及一些社会科学要研究它。环境对于人的作用有诸多方面，除了生人以及为人提供必要的生活条件与发展条件，环境的影响也值得高度重视。环境运动所造成的影响是不可忽视的，小而言之，它影响到人们的生活，大而言之，它影响到人的生存与发展。

第四，天地生人。

天地既生物，也生人。关于天地生人，列子用了一个特别的词——“委”。

《列子·天瑞篇》云：

> 舜问烝曰：“道可得而有乎？”舜曰：“吾身非吾有，孰有之哉？”曰：“是天地之委形也。生非汝有，是天地之委和也。性命非汝有，是天地之委顺也。孙子非汝有，是天地之委蜕也。故行不知所往，处不知所持，食不知所以。天地强阳，气也；又胡可得而有邪？”[②]

列子设计舜向烝询问人是如何产生的，烝的回答用了四个“委”，因四个“委”相应的有了人的身体、人的生命、人的生活与发展、人的后代：

因“天地之委形”，人有了身体；

因“天地之委和”，人有了生（生命）；

---

① 叶蓓卿译注：《列子》，第 11 页。

② 叶蓓卿译注：《列子》，第 23 页。

因“天地之委顺”，人有了性命（生活与发展）；

因“天地之委蜕”，人有了后代。

将天地与人的血缘关系用“委”这一概念来表述，是列子的重要创造。“委”，比“赋”、比“予”、比“给”要有情感得多，温和得多，其中不仅含有天地对于人的厚爱，也还含有天地对于人的特殊重视。

的确，人是天地最为重要的创造。《列子·天瑞篇》说：

> 一者，形变之始也。清轻者上为天，浊重者下为地，冲和气者为人；故天地含精，万物化生。①

“一”作为“形变之始”，指天地中的某些元素，这些元素已开始进行创造性的工作。清轻的元素上升成为天，浊重的元素下降成为地，冲和气的元素则成为人。所谓“冲和气者”，即阴阳两种元素均具备且实现了最好的化合，阴阳化合最高也是最好的产物为人。

第三节　天地万物与人并生

天地生物与天地生人，在《列子》看来不是两件并行且不相干的事，相反，它是将这两件事看成一件事的。《列子》有一个基本观点：“天地万物与我并生”。

关于这个基本观点，《列子》从三个维度予以阐述：

第一，人从天地万物中获取生活资料以获得生存与发展。

《列子·说符篇》云：

> 齐田氏祖于庭，食客千人。中坐有献鱼雁者，田氏视之，乃叹曰：“天之于民厚矣！殖五谷，生鱼鸟，以为之用。”众客和之如响。鲍氏之子年十二，预于次，进曰：“不如君言。天地万物与我并生，类也。类无贵贱，徒以小大智力而相制，迭相食；非相为而生之。人取

① 叶蓓卿译注：《列子》，第4页。

> 可食者而食之，岂天本为人生之？且蚊蚋替肤，虎狼食肉，非天本为蚊蚋生人、虎狼生肉者哉？”①

这个故事说的是食鱼雁的事，对于食鱼雁，有两种解释。一种解释认为，这是上天厚待于人，换句话说，鱼雁等动物，就是生出来给人用的。此句的含义很明显，人是天下的主人，人类中心主义的痕迹明显。另一种解释是，天地万物与人并生。人与万物同类，既是同类，就没有贵贱之分。这里体现出难能可贵的生态公正、生态平等的思想。此种解释认为，虽然人与他物各有其用，但并非为其用而生。其用只是一种客观存在，体现出自然无为的性质，从生态角度言之，可以说是生态无目的。然而如果将它解释成为其用而生，那就有目的了，就暗藏着自然或生态神性论。列子显然是赞同后一种解释，表现出一种原始的生态意识。

第二，人与动物在本性上有相通的地方。

《列子·黄帝篇》云：

> 且一言我养虎之法。凡顺之则喜，逆之则怒，此有血气者之性也。然喜怒岂妄发哉？皆逆之所犯也。夫食虎者，不敢以生物与之，为其杀之之怒也。不敢以全物与之，为其碎之之怒也。虎之与人异类，而媚养己者，顺也。故其杀之，逆也。然则吾岂敢逆之使怒哉？亦不顺之使喜也？夫喜之复也必怒，怒之复也常喜，皆不中也。今吾心无逆顺者也，则鸟兽之视吾，犹其侪也。②

《列子》讲了一个故事，周宣王时有一个善养动物的人名叫梁鸯，能养野禽兽。他将动物养在园子里，虎狼雕鹗之类，无不柔顺。动物也是一家家的，成群结队。异类动物杂居，也不互相搏噬。宣王感到很惊奇，让梁鸯传授养动物的心得。上述引文就是梁鸯说的话。梁鸯的经验归结到一点就是尽量地顺着动物的性，而不要逆动物的性。血气旺的动物

① 叶蓓卿译注：《列子》，第 239 页。

② 叶蓓卿译注：《列子》，第 43 页。

均有杀性，不能将它的杀性激发起来，你将活物丢给它或者将全物丢给它，必然激起它的杀性。梁鸯还说，养虎的人，一定要对老虎好，这样老虎就会“媚养己者”。不过，凡事不必过头，即使是顺，也不要不断地重复，因为不断地重复，老虎也会发怒的。顺逆喜怒也以“中”为上。

最后，说到人，梁鸯认为，动物其实与人在本性上是相通的，人性也有一个顺逆的问题。顺着人性，人就喜；逆着人性，人就怒。这顺喜逆怒，是生物之共性。同样，对人性也有一个适中的问题，不宜一味顺，当然，也不能一味逆。

《列子》借梁鸯发表的这一番议论是很深刻的。人与动物均属于生物，生物有共性。在处理人与动物关系的问题上，生态伦理学就非常重视与尊重动植物的生存权利。这种尊重不是为了让动植物更好地为人所用，而是让地球上的生态趋向平衡。

第三，动物具有一定的与人相同的情感、思想、智慧。

《列子·黄帝篇》云：“禽兽之智有自然与人童者，其齐欲摄生，亦不假智于人也。牝牡相偶，母子相亲；避平依险，违寒就温；居则有群，行则有列；小者居内，壮者居外；饮者相携，食则鸣群。”[①]生存所需要的基本的能力与智慧，动物也是具备的，这里，列子还特别提到了动物群居中的关系，如“牝牡相偶，母子相亲”“饮者相携，食则鸣群”，这些关系既具有生物的种族保存意义，又具有类人类的思想与情感意义。人与动物之所以有这样的相同，原因就是人与动物本都为自然生物。由于人类的进步，人逐渐地将自己与动物隔离开来，也对立起来。列子难能可贵地描述了这个过程：“太古之时，则与人同处，与人并行。帝王之时，始惊骇散乱矣。逮于末世，隐伏逃窜，以避患害。”这个过程既是人类进步的过程，也是自然生态重新洗牌的过程。列子说：

> 今东方介氏之国，其国人数数解六畜之语者，盖偏知之所得。太古神圣之人，备知万物情态，悉解异类音声。会而聚之，训而受

① 叶蓓卿译注：《列子》，第62页。

之，同于人民。故先会鬼神魑魅，次达八方人民，末聚禽兽虫蛾。言血气之类，心智不殊远也。神圣知其如此，故其所教训者无所遗逸焉。(《黄帝篇》)①

东方介氏之国“其国人数数解六畜之语”未必真实，太古神圣之人“备知万物情态”也未必可信，但是，这种人与动物能够交流的理想确实是人所向往的。懂“六畜之语”“异类音声”，虽然对于某些人来说，也许是为了更多地从动物中获益，但对于具有远见卓识的人特别是圣人来说，则为的是构建人与动物和平共处的世界。列子所描绘的理想世界正是现在生态文明时代正在实现的。

在肯定“天地万物与我并生”理论的基础上，《列子》提出物生物、物生人的重要观点。

《列子》记载，列子在去卫国的途中，对弟子说过一段话：

若蛙为鹑，得水为㡭，得水土之际，则为蛙蠙之衣。生于陵屯，则为陵舄。陵舄得郁栖，则为乌足。乌足之根为蛴螬，其叶为胡蝶。胡蝶胥也化而为虫……(《天瑞篇》)②

列子认为，物生物是可能的，但需要条件。像㡭(蛙)生成鹑，必须有水才行。鹑处于水土之际，变成了“蛙蠙之衣”——一种今名为泽泻的植物；如果不是处水土之际，而是处于陵屯，这鹑就变成一种名为陵舄的植物；这陵舄如得到郁栖(粪土)，则成为名为乌足的植物。乌足的根变成了蛴螬，叶变成了胡蝶，胡蝶很快变化成虫。

物不仅生物，还可以生人。《列子》说：

青宁生程，程生马，马生人。(《天瑞篇》)③

“青宁”，一种虫。“程”，《释文》注曰：“尸子云：中国谓之豹，越人谓

① 叶蓓卿译注:《列子》，第 63 页。
② 叶蓓卿译注:《列子》，第 7—8 页。
③ 叶蓓卿译注:《列子》，第 8 页。

之貘。"①青宁生豹，豹生马，马生人。非常神奇，不可理解。尤其是马生人，更不太好理解。但《搜神记》中有记载，说"秦孝公时，有马生成人，刘向以为马祸"②。

以上描述的具体事物的生成与变化当然不一定科学，其实，列子也不是在作生物学的讲演。他不是在传授知识，而是在说一种哲学观点：万物皆变。变化需要条件，条件齐备构成一种合力，这种合力《列子》名之为"机"。《列子》说：

> 人久入于机。万物皆出于机，皆入于机。(《天瑞篇》)③

"机"的内涵很丰富，其中主要有三项：一是事物生成的充分条件，二是事物生成的必然条件，三是事物生成的关键条件。充分条件在可能性，必然条件在必然性，关键条件在偶然性。三者合，则为"机"。"人久入于机"的"久"，应为"又"。"人又入于机"，意思是人也是条件(机)的产物。

第四节　公天下的生态意识

《列子》环境观中的生态意识还突出体现在公天下的思想。

> 杨朱曰："人肖天地之类，怀五常之性，有生之最灵者也。人者，爪牙不足以供守卫，肌肤不足以自捍御，趋走不足以从利逃害，无毛羽以御寒暑，必将资物以为养，任智而不恃力。故智之所贵，存我为贵；力之所贱，侵物为贱。然身非我有也，既生，不得不全之；物非我有也，既有，不得而去之。身固生之主，物亦养之主。虽全生，不可有其身；虽不去物，不可有其物。有其物，有其身，是横私天下之身，横私天下之物。不横私天下之身，不横私天下物者，其唯圣人乎！

① 杨伯峻：《列子集释》，第17页。
② 杨伯峻：《列子集释》，第17页。
③ 叶蓓卿译注：《列子》，第8页。

公天下之身，公天下之物，其唯至人矣！此之谓至人者也。”（《杨朱篇》）①

这段文章托名杨朱，其实表达的是列子的思想。从环境观来看，它包含有四个重要思想：

一、人类凭智在天地间生存，这是人高于动物的地方，故而人为“生之最灵者”。这一说法是正确的，体现出《列子》人为天下至尊的本体观念。

二、人“不得不全”身，因为人与其他生物一样，也需要活着，为活着不得不“侵物”。这一说法充分体现出人的本位立场。

三、人可“全生”，但不可“有身”。全生为保全生命，有身为挥霍生命。全生而侵物，合天理；有身而侵物，非天理。《列子》肯定全生，反对有身。

四、有身而侵物，实质是将天下之物看成一己私有，这是“横私天下之物”。横私天下之物非天理，《列子》是坚决反对的。

列子主张“公天下之身”“公天下之物”。“公天下之身”，是将人的身体需要与天地万物的生存发展作为一个整体来思考、来处理。“公天下之物”，是将天下看成万物的天理体，而不是人的私有物，当然，也不是别的生物的私有物。

以上的观点，体现出以人为本、生态公正、生态无私等意识。首先，人为万物之灵的概念，许多人认为是西方文艺复兴提出，然而，早在距今2 000多年的先秦战国年代，《列子》就提出来人为“有生之最灵者”的观点，并且说“故智之所贵，存我为贵”，实际上肯定了“以人为本”的观念。以人为本，即使在生态文明时代，也是需要坚持的。正是为了让人更好地生存，人类才需要建设生态文明。其次，生态文明建设的核心问题是生态公正。生态公正涉及利益。人的利益要得保障，人“既生，不得不全之”。但是，人的利益要受到限制，不能让“全生”演变为“有身”。“全生”

---

① 叶蓓卿译注：《列子》，第201页。

是合理的,合乎生态公正的原则,“有身”则会肆意侵物,严重损害他物的利益,因此,它是违背生态公正原则的。再次,“公天下之物”的观点实质是生态无私。《列子》的“公天下之身,公天下之物”不是一般人能做到的,它是至人所为,而且这种为,即使在至人的全部行为中,也属于“至至者”。这一观点具有强烈的超前性。

在列子的时代,生产力是低下的,也许人的“横私天下”的行为即使破坏了生态公正,也尚不足以破坏整个地球的生态平衡。列子当然不可能看到这一点,但是,他看到了这“横私天下之物”反过来伤害人自身的恶果。出于对于人的爱护,他猛批人的“无厌之性”。他说:“无厌之性,阴阳之蠹也。”①他主张“物我兼利”②。

列子主张人按自己的本性生活,顺应自然:“不逆命,何羡寿?不矜贵,何羡名?不要势,何羡位?不贪富,何羡货?”③

以简单的方式生活,在列子看来,也有一种美。《列子》说了一个故事:“昔者宋国有田夫,常衣缊黂,仅以过冬。暨春东作,自曝于日,不知天下之有广厦隩室,绵纩狐貉。顾谓其妻曰:‘负日之暄,人莫知者;以献吾君,将有重赏。’”(《杨朱篇》)④

故事可能好笑,但背后则有深刻的意义,让人久久地品味。

第五节　遵循自然而为

道家对待自然,提倡“无为”态度,无为实质为尊重自然,在行为上则体现为遵循自然而为。这种态度,名为无为,实为有为,而且是大有成效之为,因此,老子说它是“无为而无不为”。

这一观点在列子这里发展为“盗天”说。《列子·天瑞篇》说了一个

---

① 叶蓓卿译注:《列子》,第204页。
② 叶蓓卿译注:《列子》,第204页。
③ 叶蓓卿译注:《列子》,第202页。
④ 叶蓓卿译注:《列子》,第202页。

故事，大意是，齐国的国氏大富，宋国的向氏大贫。向氏跑到齐国去请教国氏致富之术。国氏说，“吾善为盗”，因为善于做强盗，一年自给，二年自足，三年大丰收，以后还可以接济乡邻。向氏错误地理解了国氏的话，“逾垣凿室”做了盗贼，结果以赃获罪。向氏以为国氏骗了他，埋怨国氏。国氏说，你错误地理解了我的意思，我说的盗是这样的：

> 嘻！若失为盗之道至此乎？今将告若矣。吾闻天有时，地有利。吾盗天地之时利，云雨之滂润，山泽之产育，以生吾禾，殖吾稼，筑吾垣，建吾舍。陆盗禽兽，水盗鱼鳖，亡非盗也。夫禾稼、土木、禽兽、鱼鳖，皆天之所生，岂吾之所有？然吾盗天而亡殃。夫金玉珍宝，谷帛财货，人之所聚，岂天之所与？若盗之而获罪，孰怨哉？（《天瑞篇》）①

原来国氏说的盗是“盗天地之时利”。鉴于中国以农业为本，《列子》说的“盗天地之时利”，主要用于“生吾禾，殖吾稼”“陆盗禽兽，水盗鱼鳖”；再就是建造家园，“筑吾垣，建吾舍”。一句话，盗的是“天之所与”即自然所与，而不是盗“人之所聚”即别人聚集的财富。

有意思的是，对于国氏这番理论，向氏仍然感到迷惑，于是，他又找东郭先生请教。东郭先生的一番话更深刻了：

> 若一身庸非盗乎？盗阴阳之和以成若生，载若形；况外物而非盗哉？诚然，天地万物不相离也；仞而有之，皆惑也。国氏之盗，公道也，故亡殃；若之盗，私心也，故得罪。有公私者，亦盗也；亡公私者，亦盗也。公公私私，天地之德。知天地之德者，孰为盗邪？孰为不盗邪？（《天瑞篇》）②

按东郭先生的看法，岂止财富是“盗天地之时利”所得，就是人的身体、生命，也都是盗天地之时利而成就的。没有天地之赐予，哪有人的身

---

① 叶蓓卿译注：《列子》，第24页。
② 叶蓓卿译注：《列子》，第24—25页。

体、生命？东郭先生从形而上的层面，将“天地之时利”概括成“阴阳之和”。这样，尊重自然，就抽象为遵循自然规律。自然规律可以分成诸多层次，最高层次为基本规律、管一切的规律，那就是“阴阳之和”。

《列子》的“盗天地之时利”不仅适用于农业文明、工业文明建设，也适用于生态文明建设，具有重要的现实意义。

“盗天地之时利”突出体现了《列子》对客观规律的重视，《列子》哲学较之《庄子》哲学，明显地更重客观性。但“愚公移山”的故事又让我们产生了疑惑。这个故事中，有两个问题值得我们深思：第一，愚公率儿孙移山的行为，是不是不切实际的主观主义？按河曲智叟的说法是：“甚矣汝之不惠！以残年余力，曾不能毁山之一毛，其如土石何？”的确如此，但按愚公的说法，移山不是一代人的事业：“虽我之死，有子存焉；子又生孙，孙又生子；子又有子，子又有孙；子子孙孙，无穷匮也；而山不加增，何苦而不平？”①移山的行为并没有进行多久，因为愚公的决心感动了天帝，天帝让夸娥氏二子将王屋、太行两座大山搬走了。第二，《列子》突出愚公移山的精神到底是赞扬愚公还是批评愚公？按当下诸多的人的看法是赞美愚公，而笔者认为《列子》其实是在批评愚公。愚公移山，在理论上说得通，的确世世代代进行下去，是会将山移掉的，但是，在实际上行不通。这有个如何算经济账的问题：到底是移山划算还是搬家划算。显然，搬家合算，既如此，为什么不搬家呢？能不能因为精神可贵，就不顾及实际上是否行得通、是否划算呢？当然不能。紧接着愚公移山的故事，是夸父逐日的故事，故事开头，《列子》说“夸父不量力”②，显然，《列子》对夸父逐日的行为也是不赞成的。夸父没有愚公的运气，他没有得到天帝的感动，最后，“道渴而死”③。

《列子》虽然也有不少地方赞美人的精神，但主流倾向是肯定人按自然规律办事。自然比人伟大，哪怕是圣人，也不能尽知天地。也就在《汤

① 《列子·汤问》，叶蓓卿译注：《列子》，第123页。
② 《列子·汤问》，叶蓓卿译注：《列子》，第125页。
③ 《列子·汤问》，叶蓓卿译注：《列子》，第125页。

问篇》，列子先是说："六合之内，四海之内，照之以日月，经之以星辰，纪之以四时，要之以太岁。神灵所生，其物异形；或夭或寿，唯圣人能通其道。"①紧接着说："然则亦有不待神灵而生，不待阴阳而形，不待日月而明，不待五谷而食，不待缯纩而衣，不待舟车而行，其道自然，非圣人之所通也。"②这话说得太好了！自然之道，人所知有限，因此，尊重自然、探索自然、遵循自然规律办事的道路不可能穷尽，这是一条漫漫长路，人类所有的文明都走在这条道路上。

第六节　列子的环境理想：美丽中国

《列子》有一些关于中国的描述，有些属于神话，有些属于写实，不管哪一种，都折射出它心目中的美丽中国。

一、中国与黄帝

黄帝是中华民族的人文始祖，是中国历史传说中的"五帝"第一帝。中国人称炎黄子孙，这黄就是指黄帝。《列子》中有《周穆王篇》。周穆王是周朝第五代天子，关于他的传说比较多，最重要的是西游至昆仑山，见过西王母。《穆天子传》对周穆王的西游有较为详尽的描述。《列子》对此亦有介绍：

……命驾八骏之乘，右服骅骝而左绿耳，右骖赤骥而左白仪……至于巨蒐氏之国。巨蒐氏乃献白鹄之血以饮王，具牛马之湩以洗王之足，及二乘之人。已饮而行，遂宿于昆仑之阿，赤水之阳。别日升于昆仑之丘，以观黄帝之宫，而封之以治后世。遂宾于西王母，觞于瑶池之上。西王母为王谣，王和之，其辞哀焉。迺观日之所

① 叶蓓卿译注：《列子》，第126页。
② 叶蓓卿译注：《列子》，第126页。

入，一日行万里。(《周穆王篇》)①

这段文字的重要意义是将周天子与黄帝拉在一起了。周穆王此行到达昆仑，《山海经》载昆仑为“帝之下都”，这“帝”为黄帝。周穆王来昆仑，是谒祖来了，朝圣来了。周穆王“宿于昆仑之阿，赤水之阳。别日升于昆仑之丘，以观黄帝之宫，而封之以治后世”。穆王宿于昆仑山麓，赤水北岸。据《山海经》，“昆仑山有五色水”。水为何有颜色？那是因为水底有彩色的宝石、玉石。事实也是如此，昆仑是产玉的地方。穆王第二天登上昆仑山去谒黄帝宫，原来这黄帝宫建在昆仑山顶。黄帝为何要将他的宫殿建于山顶？为的是登天方便，昆仑本就是登天之梯。黄帝应该有许多宫殿，各种不同的宫殿有不同的用途，建于昆仑山顶的宫殿大概不是用于亲民的，而是用于亲神的。穆王来此谒黄帝宫，“封之以治后世”，封之就是祭祀。祭祀的目的不只是崇敬先祖，而且是想从先祖那里获得启迪治理好中国。

二、中国自身的地理状况与社会状况以及周边的国家

《列子》诸多地方写到中国的地理、社会状况及周边的国家，如：

西极之南隅有国焉，不知境界之所接，名古莽之国。阴阳之气所不交，故寒暑亡辨；日月之光所不照，故昼夜亡辨。其民不食不衣而多眠。五旬一觉，以梦中所为者实，觉之所见者妄。四海之齐谓中央之国，跨河南北，越岱东西，万有余里。其阴阳之审度，故一寒一暑；昏明之分察，故一昼一夜。其民有智有愚。万物滋殖，才艺多方。有君臣相临，礼法相持，其所云为不可称计。一觉一寐，以为觉之所为者实，梦之所见者妄。东极之北隅有国，曰阜落之国。其土气常燠，日月余光之照，其土不生嘉苗，其民食草根木实，不知火食，性刚悍，强弱相藉，贵胜而不尚义；多驰步，小休息，常觉而不眠。

① 叶蓓卿译注：《列子》，第72页。

(《周穆王篇》)①

从介绍看,中国周边的国家环境均很差。西极之南隅的古莽之国,“阴阳之气所不交,故寒暑亡辨;日月之光所不照,故昼夜亡辨”。这里的人将梦中所见到的看作是真实的,醒来后所看到的看作是虚妄的,真是真假颠倒,是非不分。东极之北隅的阜落之国也很糟糕,只能享受太阳月亮的余光,庄稼长不好,人民吃生食,不会火食,性格强悍,不懂礼仪。

与西东这两个国家相对,位于“四海之齐”的中国就完全不一样了,首先是地域辽阔,“跨河南北,越岱东西”,国土面积“万有余里”。其次,气候条件好,“阴阳之审度,故一寒一暑;昏明之分察,故一昼一夜”。再次,这里的人民“有智有愚”。因为地理条件好,“万物滋殖”;人民又“才艺多方”,兼之国家治理有方,君臣“礼法相持”,所以整个国家富裕而又幸福。

《列子》这里说的“中央之国”是指华夏族部落及部落联盟居住的地方,从文中“跨河南北,越岱东西”的用语来看,主要为今黄河南北,泰山东西的地方。它不是国家版图,而是部落版图的概念。国,只是意味着有政权,实质还是部落或部落联盟。

下文中,关于中国的介绍有些不一样:

> 南国之人祝发而裸,北国之人鞨巾而裘,中国之人冠冕而裳。九土所资,或农或商,或田或渔;如冬裘夏葛,水舟陆车,默而得之,性而成之。
>
> 越之东有辄沐之国,其长子生,则鲜而食之,谓之宜弟。其大父死,负其大母而弃之,曰:鬼妻不可以同居处。
>
> 楚之南有炎人之国,其亲戚死,㱙其肉而弃之,然后埋其骨,乃成为孝子。
>
> 秦之西有仪渠之国者,其亲戚死,聚柴积而焚之。燻则烟上,谓之登遐,然后成为孝子。

① 叶蓓卿译注:《列子》,第79—80页。

此上以为政，下以为俗，而未足为异也。（《汤问篇》）①

此段文中说的国家应该是进入文明时期的国家了，中国自夏朝进入文明时期，中央政权先是夏朝，后为商朝，再后为周朝。《列子》说的“中国”应指周王朝。说“中国之人冠冕而裳”，不只是说中国人懂得穿衣服，显示出物质文明的进步，而且因为衣服的制作与穿着关系到礼仪，从而显示出制度文明的进步。说中国“九土所资，或农或商，或田或渔”，意思是中国的社会分工已经达到农商分工的程度了，意味着社会经济繁荣。“冬裘夏葛”，显示人民的生活水平比较高；而“水舟陆车”，不仅显示出交通的便利，而且也说明人民的生活质量比较高。这就是当时的中国，进入文明时期不久的中国，一个远比周边国家进步的中国。上面引文中的“越”“楚”“秦”均在中国版图之内，只是它们周边的“辄沐之国”“炎人之国”“仪渠之国”就不属于当时的中国了，这些地方均是野蛮的国度。

三、《列子》托言的理想国度

《列子》也借助大禹的故事托言一个他心中的理想国度：

禹之治水土也，迷而失涂，谬之一国。滨北海之北，不知距齐州几千万里，其国名曰终北，不知际畔之所齐限。无风雨霜露，不生鸟兽、虫鱼、草木之类。四方悉平，周以乔陟。当国之中有山，山名壶领，状若甔甀。顶有口，状若员环，名曰滋穴。有水涌出，名曰神瀵，臭过兰椒，味过醪醴。一源分为四埒，注于山下。经营一国，亡不悉遍。

土气和，亡札厉。人性婉而从物，不竞不争；柔心而弱骨，不骄不忌；长幼侪居，不君不臣；男女杂游，不媒不聘；缘水而居，不耕不稼；土气温适，不织不衣；百年而死，不夭不病。其民孳阜亡数，有喜乐，亡衰老哀苦。其俗好声，相携而迭谣，终日不辍音。饥惓则饮神瀵，力志和平。过则醉，经旬乃醒。沐浴神瀵，肤色脂泽，香气经旬

① 叶蓓卿译注：《列子》，第130页。

乃歇。(《汤问篇》)①

从引文的描写来看，大禹误入的这个国家名“终北”，其自然状况为：国中有一山，山名“壶领”，周围均为平原；山中有一泉，名“神瀵”，此泉一源而分成四条支流，泽惠一国；这个地区无风雨霜露，也无动植物。从这来看，这个国家的自然条件未见得很好，但是，它的社会状况极好，主要好在：人的品性好——“不竞不争；柔心而弱骨”；人的相貌好——“沐浴神瀵，肤色脂泽，香气经旬乃歇”；社会风气好——“长幼侪居，不君不臣；男女杂游，不媒不聘”；生活资源好——“缘水而居，不耕不稼；土气温适，不织不衣”；生活品质好——“其俗好声，相携而迭谣，终日不辍音”；更重要的是“百年而死，不夭不病”。真是个仙国！

为了论证此国存在，《列子》还说“周穆王北游过其国，三年忘归。既反周室，慕其国，儆然自失。不进酒肉，不召嫔御者，数月乃复”②。有意思的是，著名的齐贤相管仲力劝齐桓公借巡游辽口之便一起去这个国家看看，桓公被打动了，几乎要成行，却被齐国的另一名臣隰朋劝阻，劝阻的理由竟然是齐国并不比那个终北之国差。隰朋说：

君舍齐国之广，人民之众，山川之观，殖物之阜，礼义之盛，章服之美，妖靡盈庭，忠良满朝。肆咤则徒卒百万，视扮则诸侯从命，亦奚羡于彼而弃齐国之社稷，从戎夷之国乎？(《汤问篇》)③

在隰朋看来，齐国地域广阔，人民众多，山川壮丽，物产丰富，礼义隆盛，美女众多，忠良满朝；一声叱咤，则聚雄兵百万，使个眼色，则大小诸侯听从命令。这些足以将终北之国比下去了。这又是一种国家之美，是现实的强国之美。更加有意思的是，当齐桓公将隰朋的这个观点告诉管仲时，管仲说：“此固非朋之所及也。臣恐彼国之不可知之也。齐国之富

① 叶蓓卿译注：《列子》，第 127 页。

②《列子·汤问》，叶蓓卿译注：《列子》，第 127 页。

③ 叶蓓卿译注：《列子》，第 127 页。

奚恋？隰朋之言奚顾？”①意思是：这本来就是隰朋不能理解的，我还担心我们对于那个国家了解得太少了。言下之意是，终北之国还有很多深层次的美。管仲说，如果我们真能去成，齐国的富裕有什么值得留恋的呢？隰朋的话有什么值得顾及的呢？

神话中的终北之国，现实中的齐国，到底哪个国家更美？《列子》没有给出明确的结论，也许在他看来，这两者的统一才是理想的中国。

---

①《列子·汤问》，叶蓓卿译注：《列子》，第127页。

第四章　管子的环境美学思想

《管子》在中国思想史上具有重要地位，较之儒道等学派，管子以及他所创立的学派更注重国家与社会的治理。民富国强可以说是《管子》思想的主题。它的环境观，包括环境审美观，是民富国强思想的重要组成部分。鉴于在春秋时期农耕已经成为中国主要的生产方式，我们发现，《管子》环境观具有浓厚的农业文明色彩。《管子》从农业生产的需要出发，强调人必须尊重自然、善待自然、用好自然，与自然建构起一种友善的关系，让自然为人类奉献出更多的财富。《管子》基本上不去谈环境独立的审美意义，其环境审美观建立在环境功利观的基础上，认为是环境功利创造了环境审美。《管子》提出"民富以亲"的观念，让百姓在富起来的基础上懂礼义，然后构建和谐社会。

第一节　天地的性质

《管子》中有"天地"这一概念。天地作为一个整体概念，为宇宙之总称。

> 天地，万物之橐也，宙合有橐天地。天地苴万物，故曰：万物之橐。宙合之意，上通于天之上，下泉于地之下，外出于四海之外，合

络天地以为一裹。散之至于无间，不可名而山。是大之无外，小之无内，故曰：有橐天地。①

这话最重要的观点是“宙合”这一概念，这一概念的提出是建立在“天地，万物之橐”的基础上的，奠定了天地作为环境的性质。

第一，宙合，强调天地是万物之橐。

“天地，万物之橐”这一说法与《老子》有类似之处。《老子》说：“天地之间，其犹橐籥乎？虚而不屈，动而愈出。”②但老子强调的不是橐的意义，而是天地虚与动的性质。

天地为万物之橐，说明它是物质的，这将万物囊括在内的特质同环境的第一义——“环人之境”是切合的。天地不只是将人囊括在内，也将万物囊括在内，这万物中除了人有生命，动物植物也有生命。因此，天地不仅是人之橐，也是动物和植物之橐，一言以蔽之，它是生命之橐。

第二，宙合，强调天地是无限的。

上面的引文中，《管子》将天地推至无限，说它“大之无外，小之无内”，实际上提出了宇宙的无限性问题。

环境有没有无限的意义呢？这就要看人们的视界了。环境是可以按视界大小分成无数个层次的。按联系的观点，天地间诸事物都是有联系的，只是有些为直接联系，有些为间接联系，有些联系重要，有些不重要。

就人与环境的联系的重要性来说，自然环境与社会环境又是有所区别的。大体上，就社会环境对人的影响而言，受影响的“人”一般限于个体，或相对有限的群体。而就自然环境对人的影响而言，受影响的“人”就不限于个体了，小而言之，它是某一个地区的人，大而言之，是人类。

《管子》认为天地“大之无外，小之无内”，这说明它的环境观更多地

---

①《管子·宙合第十一》，〔清〕黎翔凤撰，梁运华整理：《管子校注》，北京：中华书局2004年版，第235—236页。

②《老子·第五章》，陈鼓应：《老子注释及评介》，北京：中华书局1984年版，第443页。

趋向于自然环境观。这种环境观于全球化的今天尤其有参考价值。

第三，宙合，强调在天地中生存的人处事有“当”与“不当”的区别。《管子》说：

> 多内则富，时出则当。而圣人之道，贵富以当。奚谓当？本乎无妄之治，运乎无方之事，应变不失之谓当。变无不至，无有应，当本错，不敢忿，故言而名之曰宙合。①

宙合理论的要义是什么呢？《管子》提出“当”。《管子》拎出一个“富”字与“当”相配。当不是富的反义词，但富未必得当。富而不出，这富就不当了。《管子》认为“圣人之道”，贵在“富以当”，既富又当。《管子》已经意识到，天地之所以生生不息，充满活力，就是因为它有进有出。于此，《管子》提出“当”的定义：“本乎无妄之治，运乎无方之事，应变不失之谓当。”这一定义提出三个重要概念：“本”“运”“应变”。“本”的是“无妄”，“无妄”——真实，可以理解为真理。“运”的是“无方”，“无方”——没有定准，可以理解为新情况，将真理用到新情况，是“运”。整个过程是“应变”，应要做到不失，才能称作“当”。

对这三个概念，《管子》有一个基本的认识：“天不一时，地不一利，人不一事。”②“不一时”，说明它是有“时”的。有时即有规律，但规律不是死板的，它的表现形式总是不同的，这就叫“不一时”。正是因为这样，人们就要“不一事”，即善于根据规律的不同表现形式而从事相应的活动。《管子·宙合》中的结论是：“……夫天地一险一易，若鼓之有桴，擿挡则击。言苟有唱之，必有和之，和之不差，因此尽天地之道。”③

《管子》提出“和”这一重要概念。这里说的和，原是音乐之和，用在处理人与自然关系，强调人与天和。这人与天和，就是“尽天地之道”。只有尽天地之道，才能达到在天地间成功地生存与发展的目的。

---

①《管子·宙合第十一》，〔清〕黎翔凤撰，梁运华整理：《管子校注》，第 236 页。
②《管子·宙合第十一》，〔清〕黎翔凤撰，梁运华整理：《管子校注》，第 234 页。
③《管子·宙合第十一》，〔清〕黎翔凤撰，梁运华整理：《管子校注》，第 235 页。

“本”“运”“应变”这三个概念概括了人在环境中生存发展的基本法则，具有极其重要的意义，就是用在今日，也是可贵的。

第二节　环境资源与尊时务时

《管子》中环境与资源这两个既有联系又有所区别的概念是叠合在一起的。它们于人的意义在于，它们是人的生存之本。《管子》从时间与空间两个维度来看环境。从时间维度看环境，《管子》重在强调“时令”于农业生产的意义。

《管子》首篇为《牧民》，“牧民”之要，“务在四时”。《管子》说：“不务天时则财不生。”①这里包含有两层重要的意义：第一，不是消极地待时、守时，而是积极地“务时”，即用时。第二，强调时为“天时”。“天”，一方面说明“时”是指节气，另一方面强调“时”的客观性、神圣性。这是上天的意旨，是不可违背的。

在先秦哲学中，不独《管子》重视“时”，《周易》也是这样。《周易》云：“与时偕行”“与时偕极”②“君子藏器于身，待时而动，何不利之有？”③显然，《周易》重视“时”，主要取哲学维度，“时”指条件。《管子》谈“时”，主要不是谈条件，而是谈时令，它将“务时”提升到富民强国的高度：

> 凡有地牧民者，务在四时，守在仓廪。国多财则远者来，地辟举则民留处。仓廪实则知礼节，衣食足则知荣辱。④

这里，它特别强调“仓廪实则知礼节”，将经济认定为意识形态的基础，富民为先，礼民为后。这个观点也许理论上不够完备，但是抓住了问题关键，具有振聋发聩的意义。

既然“时”有这样重大的意义，那么如何务时？《管子》提出几点：

---

①《管子·牧民第一》，〔清〕黎翔凤撰，梁运华整理：《管子校注》，第 3 页。

②《周易·乾卦文言》，杨天才、张善文译注：《周易》，第 19 页。

③《周易·系辞下传》，杨天才、张善文译注：《周易》，第 620 页。

④《管子·牧民第一》，〔清〕黎翔凤撰，梁运华整理：《管子校注》，第 2 页。

首先，要“知时”。知在务之先，知是务的前提。《管子》曰：“道曰：均地分力，使民知时也。民乃知时日之蚤晏，日月之不足，饥寒之至于身也。是故夜寝早起，父子兄弟不忘其功，为而不倦，民不惮劳苦。”①像“夜寝早起”这样的生活规律，也是知时的产物。

知时，特别要明白“时”的不可停滞性。“时”是一维的，线性的，不可重复的。《管子》说：“时之处事精矣，不可藏而舍也。故曰：‘今日不为，明日忘货。’昔之日已往而不来矣。”②这里说“时之处事精”，精在哪里？精在不滞，藏不了，也止不住。今日该做之事如果不做，明日来做就不是一回事了。

特别要注意的是，《管子》谈“时”的一维性，是立足于“货”，即时间创造财富的立场。它不是在谈“时”的形而上学，而是在谈“时”的形而下学。

其次，要“合时”。知时的目的是用时，用时的关键是合时，如果不合时，其用必败。《管子·幼官》于这方面有非常充分的论述。试摘一段：

> 春行冬政肃，行秋政雷，行夏政阉。十二地气发，戒春事。十二小卯，出耕。十二天气下，赐与。十二义气至，修门闾。十二清明，发禁。十二始卯，合男女……八举时节，君服青色，味酸味，听角声，治燥气，用八数，饮于青后之井，以羽兽之火爨。藏不忍，行欧养，坦气修通。③

这段话的中心思想是要按照时令做事。春夏秋冬时令不同，各有其政，一点也不能乱。如果春天不是行春令而是行冬令，则万物肃杀；行秋令，则大地现霜；行夏令，则炎热难耐。这季节就乱了。《管子》详细地说明在不同的时令要做不同的事。它说，从初春开始，第一个十二天后，为“地气发”，要准备春天的事了；第二个十二天后为“小卯”，要出耕了；第

---

①《管子·乘马第五》，〔清〕黎翔凤撰，梁运华整理：《管子校注》，第91—92页。

②《管子·乘马第五》，〔清〕黎翔凤撰，梁运华整理：《管子校注》，第103页。

③《管子·幼官第八》，〔清〕黎翔凤撰，梁运华整理：《管子校注》，第146—151页。

三个十二天后为“天气下”，适宜赏赐了；第四个十二天后为“义气至”，要修门闾了；第五个十二天后为“清明”，要开放禁令了；第六个十二天后为“始卯”，男女可以结婚了……

时令的不同显示出自然界的状况不同，自然界的状况不同影响着人的生活，人只有与时令取同一步调，才能身体健康。《管子》这里特别说到春天即“八举时节”的养身问题。按五行说，八为木气，木气为春天之气。“八举”，即木气扬举，说明春天到了。《管子》说春天时节，君王要穿青色，吃酸味，听角声，治燥气。另外，喝的水、烧饭用的柴均有一定的讲究。还要注意养心，乐善好施，让心境平和通达……

《管子》说：“凡物开静，形生理。”①“物开静”的意思是物按自己的本质存在着，“形生理”是说形按照理而形成。一切都是自然规律在作用、在决定，物只是规律的现实显现罢了。

《管子》进一步将“合时”提升到哲学的高度，并将这种哲学用于做国家大事。它说：

> 春采生，秋采蓏，夏处阴，冬处阳，大贤之德长。明乃哲，哲乃明，奋乃苓，明哲乃大行。②

《管子》概括春秋夏冬四时对于生命的不同意义，强调贤德之人务必要遵时、务时。这种遵时、务时，它说就是“明”，也是“哲”。只有“明哲”才能有“大行”。《管子》的“大行”，就是有关国计民生的大事。这里明显地体现出天人合一的哲学精神。天人合一是中国哲学的基本精神，各家各派均从不同的角度阐述自己的天人合一观。儒家的天人合一观更多地侧重于人的精神修养层面，而《管子》的天人合一观则更多地侧重于人的各种实践，特别是在农业实践层面，将其提升到国计民生的高度。

---

①《管子·幼官第八》，〔清〕黎翔凤撰，梁运华整理：《管子校注》，第151页。

②《管子·宙合第十一》，〔清〕黎翔凤撰，梁运华整理：《管子校注》，第206页。

第三节　土地的意义

从空间维度看环境,《管子》认为环境的价值主要体现在土地上。

重视地,是中国古代环境思想的突出特色。《周易》可以说是这种特色的发端。《周易》六十四卦,开头两卦一为乾、二为坤,乾为天、坤为地。乾虽然位于坤之先,但乾更多地具有宇宙总体规律的意义,而坤则更多地指称实实在在的大地。《周易》对于地的赞颂,核心意义是“地势坤,君子以厚德载物”①,显然强调的是地的哲学价值特别是道德价值。

《管子》也非常重视地的价值,但它对于地的价值的重视,并不着在于地的哲理性,而在于地的现实功能性,认为其基础功能是农业之本。

据地下考古,中国农业的历史大约有 12 000 年了。距今约 7 000 年的河姆渡文化遗址第四期发现有大量的稻谷、稻秆、稻叶的遗存。这处遗址还发现有农具耒,陶器上有猪纹饰,充分说明此时农业已相当发达了。周代以国家名义确定下来的大祭中,就有名为“社”的土地神祭祀和名为“稷”的谷神祭祀,“社稷”后来成为国家的代称。

《管子》对地的认识,其深刻处不仅在于它认识到地为民之本,也是国之本,而且在于它认识到种地的法则也可以移用到治国。《管子》提出一个重要观点:“地可以正政”。《管子》说:

> 地者,政之本也,是故地可以正政也。地不平均和调,则政不可正也。政不正,则事不可理也。
>
> 春秋冬夏,阴阳之推移也。时之短长,阴阳之利用也。日夜之易,阴阳之化也。然则阴阳正矣,虽不正,有余不可损,不足不可益也。天地莫之能损益也。然则可以正政者,地也,故不可不正也。

---

①《周易·坤卦象传》,杨天才、张善文译注:《周易》,第 29 页。

> 正地者,其实必正。①

“正政”即端正政治,谁可以端正政治?“地可以正政”。此是主观点,下分为两个小观点:第一,土地分配不合理,管理不良善,国家的政治就不可能端正。第二,天象变化是阴阳推移之结果,阴阳变化一般是正常的,即使有时不正常,多余的也无法减少,不足的亦无法增加。人对于天象的变化是无能为力的,然而对于可以用来整治国政的土地,人不能不去加以整治,它必须正。而且,人也能在一定程度上调整它。

对于“地”如何“正”,《管子》有两个重要观点:第一,因地制宜。《管子》说:“因天材,就地利,故城郭不必中规矩,道路不必中准绳。”②这句话是说筑城修路的,《管子》认为筑城不必中规中矩,修路也不必强调要修得平直,一切要凭依“天材”即自然条件,要将就“地利”即地理状况。这“因天材,就地利”不独用在筑城修路上,还可以用在人的一切与自然相关的活动中。

第二,以道待物。《管子》说:

> 天淯阳,无计量;地化生,无法崖。所谓是而无非,非而无是,是非有,必交来。苟信是,以有不可先规之,必有不可识虑之。然将卒而不戒,故圣人博闻多见,畜道以待物,物至而对,形曲均存矣。③

天培育生命,无法计量;地化育生命,没有穷尽。是不能说成非,非也不能说成是。是非不能分离,有是必有非,有非必有是,是非相交而来。如果相信这一点,就会明白这世界的变化必定有超出常规的地方,有人们没有考虑到的地方,人们不能没有戒备。

怎么戒备呢?《管子》提出两点:一是“博闻多见”,用知识和经验处置那些新的事物;二是“畜道”。道是天地的根本规律,是智慧。畜道,就是培植、畜养、提升智慧。这样,新事物来到,知识用不上,经验也用不

---

①《管子·乘马第五》,〔清〕黎翔凤撰,梁运华整理:《管子校注》,第84—85页。

②《管子·乘马第五》,〔清〕黎翔凤撰,梁运华整理:《管子校注》,第83页。

③《管子·宙合第十一》,〔清〕黎翔凤撰,梁运华整理:《管子校注》,第213—214页。

上，就用智慧好了，智慧可以处置新事物。

虽然《管子》重视地对于农业生产的重要作用，侧重于地的实用功能，但《管子》也没有忽视地对于人的思想启迪的功能，它说："理国之道，地德为首。"①这样，它与《周易》对地的歌颂实现了合流。但是，《周易》所歌颂的主要是地的道德启迪功能，而《管子》所歌颂的主要是地的"理国"启迪功能。

第四节　管子的天人自然观

与儒家一味强调自然亲人观不同，《管子》强调自然是客观的。所谓客观，主要在于它有自身的规律性，这种规律性，《管子》名之曰"常"：

> 山高而不崩，则祈羊至矣。渊深而不涸，则沉玉极矣。天不变其常，地不易其则，春秋冬夏不更其节，古今一也。蛟龙得水而神可立也，虎豹讬幽而威可载也，风雨无乡而怨怒不及也，贵有以行令，贱有以忘卑，寿夭贫富无徒归也。②

这段话的核心是天有常，地有则。常、则均是规律义。规律是客观的，不以人的意志为转移的。与这一核心观点相关的还有三个观点：

其一，"蛟龙得水而神可立也，虎豹讬幽而威可载也"。蛟龙的神，是不能离开水的，无水哪里有蛟龙之神？虎豹的威是不能离开丛林的，无丛林，虎豹的威将何以显现？这里虽然举的是个例，说明的却是一个普遍性的规律，即任何事物都是在关系中得以成立的，离开关系，事物就无法成立。

其二，"山高而不崩，则祈羊至矣。渊深而不涸，则沉玉极矣"。这是说人的自然崇拜的由来。人之所以崇拜山，烹羊以祭，是因为山高而不崩；之所以崇拜渊，献玉而祭，是因为渊深而不涸。而人自愧诸多方面不

---

①《管子·问第二十四》，〔清〕黎翔凤撰，梁运华整理：《管子校注》，第 498 页。

②《管子·形势第二》，〔清〕黎翔凤撰，梁运华整理：《管子校注》，第 21 页。

及自然，因而怀有谦卑之心，能敬畏自然。

其三，“贵有以行令，贱有以忘卑，寿夭贫富无徒归也”。这说的是人，人应该明白自己在宇宙中的地位与意义，做自己该做的事。像君，虽贵，但不能一味贪图享受，而应负起责来，推行政令；像百姓，虽贱，但不能一味卑躬屈节，而应忘却卑辱，奋发有为。总结起来，“寿夭贫富无徒归也”。人要想改变自己的寿夭贫富状况，是可以在客观条件允许的前提下作出诸多努力的。

在肯定大自然具有自身规律性的基础上，《管子》强调按自然规律办事，要彻底地奉行天道：

> 天道之极，远者自亲；人事之起，近亲造怨。万物之于人也，无私近也，无私远也。巧者有余，而拙者不足。其功顺天者天助之，其功逆天者天围之。天之所助，虽小必大；天之所围，虽成必败。顺天者有其功，违天者怀其凶，不可复振也。①

这段话最为精粹地阐明了《管子》的天人观：

第一，天与人本是相分的。《管子》说：“万物之于人也，无私近也，无私远也。巧者有余，而拙者不足。”《管子》认为，天地万物于人是没有什么情感的，既不会因爱而特别亲近，也不会因恨而特别疏远。万物不是因人而生存，而是因自己的本性而生存。如果将万物归于天，那这天与人是相分的。

第二，天与人是可以相合的。虽然天与人是相分的，而且天不需要去合人，但是人需要去合天。如何合？顺天。人为什么要顺天？因为顺天则天助之，而逆天则天违之。《管子》在论及天与人关系的问题上，所持的是唯物主义立场，它坚定认为天——自然是第一性的，人是第二性的，不是天要合人，而是人要合天。这一观点是进步的，在当今的生态文明建设中仍然具有重要的意义。

---

①《管子·形势第二》，〔清〕黎翔凤撰，梁运华整理：《管子校注》，第43—44页。

第五节　以天下为天下的环境意识

关于人在天地中的活动，《管子》有诸多论述，除了“顺天”以外，它还提出“以天下为天下”的重要观点：

> 以家为乡，乡不可为也。以乡为国，国不可为也。以国为天下，天下不可为也。以家为家，以乡为乡，以国为国，以天下为天下。毋曰不同生(姓)，远者不听。毋曰不同乡，远者不行。毋曰不同国，远者不从。如地如天，何私何亲？如月如日，唯君之节。①

为什么“以国为天下，天下不可为也”?《管子》是将“国”与“天下”严格地区别开来的。国是国，天下是天下，这正如家是家，不是乡；乡是乡，不是国。以治家的办法治乡，以治乡的办法治国，肯定不行；同样，以治国的办法治天下也肯定不行。《管子》这一说，显然与儒家的观点不一样。儒家认为，治家与治国在道理上是相通的，所以，治好家就能治好国，而治好国也必须治好家。

《管子》与儒家思想的这种对立涉及世界观。世界上存在着诸多事物，事物与事物之间的关系，大体上可以按两种维度来认识：一种维度是认识到它们之间是相通的，由相通可以进一步认识到，它们也可能存在着某种相同之处，故而可以将对待某物的办法移到与它相类似的另一物上去。儒家是站在这种维度。另一种维度是认识到它们之间是相分的，各自具有自身的独立性，不能以对待此物的办法对待彼物。《管子》是站在这种维度。客观地说，两种看待事物的维度都有其深刻性，但也都有其片面性。

《老子》中有一段话与《管子》相似。《老子・第五十四章》云：“故以身观身，以家观家，以乡观乡，以邦观邦，以天下观天下，吾何以知天下然

① 《管子・牧民第一》，〔清〕黎翔凤撰，梁运华整理：《管子校注》，第16—17页。

哉？以此。”[1]仔细比较，我们可以发现，《管子》的“以家为家，以乡为乡，以国为国，以天下为天下”与之完全不同。

其一，《老子》讲的是“观”，属于认识；《管子》讲的是“为”，属于实践。认识与实践不是一回事。老子说的“以家观家”，是认识，这种推理之所以得以成立，是因为事物具有类同性。《管子》说的“以家为家”，是实践，之所以不能“以家为乡”，是因为家与乡是不同的，不同的对象只能按不同的方法来处理。

其二，《老子》的“以家观家”立足点是事物的普遍性，强调从同的角度看事物；《管子》的“以家为家”立足点是事物的差异性，强调从异的角度看事物。

结合到治国，《管子》强调公正无私，“毋曰不同生（姓），远者不听。毋曰不同乡，远者不行。毋曰不同国，远者不从”。这听与不听、行与不行、从与不从，不是看对象与自己是不是同姓、同乡、同国，而是看他说的是不是有理，是不是可行。

“如地如天，何私何亲？如月如日，唯君之节。”从天地无私推到治国无亲，《管子》的治国理念明显地近于法家而偏离儒家。

第六节　尊重万物与改造环境

《管子》非常看重“正”这个概念，前面我们谈到过，在处理政与地的关系时，它强调“地是政之本”，地可以“正政”。其实，不只是处理政与地的关系要正，处理一切事务都要正。其中特别值得我们注意的是“正定万物之命”的命题：

> 政者，正也。正也者，所以正定万物之命也。是故圣人精德立中以生正，明正以治国。故正者所以止过而逮不及也。过与不及也，皆非正也。非正，则伤国一也。故勇而不义，伤兵；仁而不法，伤

① 陈鼓应：《老子注释及评介》，第273页。

> 正。故军之败也，生于不义；法之侵也，生于不正。故言有辨而非务者，行有难而非善者。故言必中务，不苟为辩；行必思善，不苟为难。规矩者，方圜之正也。虽有巧目利手，不如拙规矩以正方圜也。故巧者能生规矩，不能废规矩而正方圜。虽圣人能生法，不能废法而治国。故虽有明智高行，倍法而治，是废规矩而正方圜。①

“正”在《管子》中是一个核心概念，它的本质是“正定万物之命”。何谓“万物之命”？“命”在这里是本性义，物均有自己的本性，这本性是物得以在这个世界存在的根据。作为万物之灵的人，有一定的能力破坏、干扰他物之性。但是，从维持全球的生态平衡的角度来说，人必须尊重他物之性，切忌为了人的眼前利益而破坏整个地球的生态平衡。

“正定万物之命”中的“正”，其理论前提是尊重万物生命，尊重生态平衡，尊重宇宙规律。在这个前提下，人的行为方式是多种多样的，可以秉持积极的态度，主动参与自然界的生态平衡，实现生态与文明的共生；也可以秉持消极的态度，将人改造自然的规模缩小，让自然有足够的喘息空间，凭自我之力，恢复生态平衡。

《管子》在“正”之后，加上“定”字，“正”且“定”，这是有深意的。它强调对于万物之命的尊重不能只是权宜之计，而应该是长期的、坚定的，具有战略的意义。

由于当时的自然生态并没有遭遇现今这样严重的问题，因此《管子》的“正定万物之命”并没有朝着维护自然生态平衡的方向发展，而是朝着维护人生生态平衡和政治生态平衡的方向发展。就维护人生生态平衡来说，它提出“精德立中以生正”；就政治生态平衡来说，它提出“明正以治国”，并且朝着立法的方向发展。最后《管子》归结到“规矩”，而规矩为“方圜之正”。

关于“规矩”与“巧”的关系，《管子》有两个重要观点：第一，“虽有巧目利手，不如拙规矩以正方圜也”。规矩的作用是决定性的，人工的作用

① 《管子·法法第十六》，〔清〕黎翔凤撰，梁运华整理：《管子校注》，第307—308页。

不能与规矩比。第二，虽然人工之巧不能与规矩比，但是，“巧者能生规矩”。《管子》所讲的规矩还不能视为规律本身。规律，人是不能立（生）的，但是规矩，人可以立。值得注意的是，规矩虽然是人立的，但不能按照人的意旨立，而只能是按照自然规律立。不是任何人都能立规矩的，只有人之中的“巧者”才能立规矩。“巧”在哪里？巧在正确地认识规律并且善于利用规律。

《管子》这一系列的理论，对于认识人与自然的关系具有重要意义。在决定人类命运的问题上，虽然人的智慧也能起到一定的作用，但人的作用不能与自然的作用比。就此而言，“虽有巧目利手，不如拙规矩以正方圜也”。但是，人也不是消极地接受自然裁决的，而是可以凭借自己的智慧（巧）正确地认识自然规律，并很好地利用自然规律，在这个基础上，为自己的行为建立起规矩，从而将命运掌握在自己手里，以争取美好的未来。

第七节　生态平衡与社会发展

“地大国富，人众兵强”是《管子》的社会理想，也是它的环境美学的集中表达。值得注意的是，这种富强的大国不是没有顾忌的，顾忌在于富强的大国仍然存在危亡的可能性。《管子》说：

> 地大国富，人众兵强，此霸王之本也。然而与危亡为邻矣。天道之数，人心之变。天道之数，至则反，盛则衰。人心之变，有余则骄，骄则缓怠。夫骄者骄诸侯，骄诸侯者，诸侯失于外。缓怠者，民乱于内。诸侯失于外，民乱于内，天道也。此危亡之时也。若夫地虽大而不并兼，不攘夺；人虽众，不缓怠，不傲下；国虽富，不侈泰，不纵欲；兵虽强，不轻侮诸侯，动众用兵。必为天下政理，此正天下之本，而霸王之主也。①

---

①《管子·重令第十五》，〔清〕黎翔凤撰，梁运华整理：《管子校注》，第289页。

为什么“地大国富，人众兵强”与“危亡为邻”呢？《管子》认为根据有二：一是天道之数，二是人心之变。天道之数即自然规律，这规律中的重要一条就是“盛则衰”。这种物极必反的规律，《周易》论过，《老子》论过，《管子》又加以论之。人心之变主要讲“有余则骄，骄则缓怠”，这就有可能出事了。《管子》提出“四戒”“四不”：戒贪，戒骄，戒怠，戒奢；地大而不并兼，人众而不缓怠，国富而不侈泰，兵强而不欺弱。

这样一种观念在当今生态文明建设事业中具有重大意义，它启示人类：要力戒贪欲，对自然的掠夺要控制在一定的限度内，地球上的资源是有限的，掠夺所导致的生态失衡将反过来祸害人类；要力戒骄傲，人并非万物之灵长、天之骄子，人与万物在生态平衡意义上是平等的；要力戒缓怠，要居安思危，人类靠掠夺自然所获得的文明成果并不稳固，人类要继续努力以实现人与自然的和平相处。这其实也可以看作“正天下之本，而霸王之主也”，“本”为生态平衡，“霸”指人在这项事业中的主导作用。

第八节　管子的环境理想

《管子》的主旨是讲如何治国，而治国的主题是如何让社会和谐、百姓安定、生活富裕，概括起来，就是建立一个美好的环境。《管子》用“定居”作为环境审美的概括。关于“定居”，《管子・小匡》作了详尽的论述，择其要者，大致有：

第一，各得其所：人民各有其最能实现自身价值的社会环境。《管子》说：“士农工商，四民者，国之石民也，不可使杂处。杂处则其言哤，其事乱。”①意思是，知识分子、农民、工人、商人是国家的柱石，不能让他们杂处在一起。杂处在一起，他们就会胡乱地说话，胡乱地做事。那么，该怎样安排这四种人民呢？《管子》说：“圣王之处士必于闲燕（据郭沫若考证，“闲燕”为“闾黄”之误，闾黄为学校），处农必就田野，处工必就官府，

① 《管子・小匡第二十》，〔清〕黎翔凤撰，梁运华整理：《管子校注》，第400页。

处商必就市井。”①这就是说，知识分子应在学校里教书，农民应在田野劳作，工匠应在官府里干活，商人应在市场交易。这一说法概括起来就是人民各得其所。

第二，安心工作：人民各自从事自己的职业，积久而心安。《管子》分别论述士农工商四民的职业。士人从事教育工作：“旦昔从事于此，以教其子弟。少而习焉，其心安焉，不见异物而迁焉。”②农民从事农业劳动：“沾体涂足，暴其发肤，尽其四支之力，以疾从事于田野。少而习焉，其心安焉，不见异物而迁焉。”③工匠从事制器工作：“相良材，审其四时，辨其功苦，权节其用，论比计制，断器尚完利。相语以事，相示以功，相陈以巧……旦昔从事于此，以教其子弟。少而习焉，其心安焉，不见异物而迁焉。”④商贾从事商贸工作：“旦昔从事于此，以教其子弟。相语以利，相示以时，相陈以知贾。少而习焉，其心安焉，不见异物而迁焉。”⑤

第三，社会和谐。《管子》说，虽然各色人等均有自己的工作，也均有自己的职场，但在生活中还有诸多交集，在这交集中，人与人之间要做到和谐相处。它的具体描述是：

> 人与人相保，家与家相爱，少相居，长相游，祭祀相福，死丧相恤，祸福相忧，居处相乐，行作相和。哭泣相哀。⑥

这种生活状况称得上和居了。由定居到安居，再到和居，管子清晰地表达了其社会思想。在他看来，能让百姓定居、安居、和居的环境就是美好的社会。这里还提出“居处相乐”，实际上已经有“乐居”理念了。乐居是一个美学概念，它的含意很鲜明：人在环境中幸福地生活着。

《管子》的环境美学思想是中国古代环境美学的典型代表，与儒家、

---

①《管子・小匡第二十》，〔清〕黎翔凤撰，梁运华整理：《管子校注》，第 400 页。
②《管子・小匡第二十》，〔清〕黎翔凤撰，梁运华整理：《管子校注》，第 400 页。
③《管子・小匡第二十》，〔清〕黎翔凤撰，梁运华整理：《管子校注》，第 401 页。
④《管子・小匡第二十》，〔清〕黎翔凤撰，梁运华整理：《管子校注》，第 401—402 页。
⑤《管子・小匡第二十》，〔清〕黎翔凤撰，梁运华整理：《管子校注》，第 402 页。
⑥《管子・小匡第二十》，〔清〕黎翔凤撰，梁运华整理：《管子校注》，第 413 页。

道家并立。这三家的环境美学思想都建立在农业文明的基础上，都以天人合一为指导思想，均不同程度地体现出环境与资源的统一、功利与审美的统一、自然与生态的统一的特色。但它们有着重要的区别：第一，对于自然价值的认识，儒家看重的是自然的道德作为精神寄托的价值，道家看重的是自然作为宇宙精神本体——道的象征的价值，《管子》则更看重自然的生产资源与生活资源意义。第二，关于与环境相对的主体——人的认识，儒家的认识侧重于社会，道家的认识侧重于个体，《管子》的认识则侧重于国家。较之儒、道，《管子》更重视强国，它的强国与富民是密切联系在一起的，而富民则建立在正确地处理好人与自然的关系的基础上，从而让自然资源更多地转化为财富。《管子》的环境美学思想体现出浓重的家国情怀。

第五章 孔子的环境美学思想

孔子(前551—前479年),姓孔名丘,字仲尼,鲁国陬邑人,是中国春秋后期的思想家和教育家,为儒家之祖,亦是中国平民知识分子第一人①。德国哲学家雅斯贝尔斯将孔子、释迦牟尼、苏格拉底、耶稣四位并称为"思想范式的创造者"②,认为他们"通过他们的现存在和人类存在的本质来确定历史的,没有任何其他人能像他们一样……没有谁能有跟他们相同的历史影响力,也没有谁有像他们那样的高度"③。孔子在思想史上无疑是具有发端意义的。但孔子如同苏格拉底一样,都"述而不作",今天我们要研究孔子的思想,只能通过孔子的弟子门人对其言行记录、整理而成的文献来分析。

《论语》是先秦儒家最重要的著作之一。全书除记录了孔子的言行外,还记载了不少孔子弟子如有子、曾子、子夏等人的言行。在汉代后,因"独尊儒术",《论语》的地位日益上升,东汉赵岐在《孟子题辞》中说:"《论语》者,五经之輨辖,六艺之喉衿。"将《论语》视为五经六艺的关键和

---

① 蔡仁厚:《中国哲学史》,台北:台湾学生书局2009年版,第51页。

② [德]卡尔·雅斯贝尔斯:《大哲学家》,李雪涛主译,北京:社会科学文献出版社2005年版,第19页。

③ [德]卡尔·雅斯贝尔斯:《大哲学家》,李雪涛主译,第18页。

统领。宋儒将《论语》列为四书之首。此后,《论语》地位有升无降。时至今日,《论语》几乎与孔子乃至儒家的思想划上了等号。我们今天研究孔子的思想,也主要从《论语》入手。

尽管孔子是 2 000 多年前的人,但其思想是历久弥新的。倡导个人主义、有科学主义倾向的工业文明,是现代社会的基础。这种文明虽然发展迅猛,产生了巨大的财富,但财富背后是不可胜计的自然资源的消耗与破坏。工业文明创造财富的速度越快,人类社会走向终结的速度也就越快。当下的空气污染、淡水危机、物种濒亡等,都是工业文明引致的生态危机的表现。如何走出这些困境,是迫在眉睫的问题。而在 1998 年,当历届诺贝尔奖得主中的三分之二在世者于巴黎聚会时,会议宣言明确指出:"人类若生存于 21 世纪,必须回首 2 500 年去孔子那里寻找智慧。"[①]《论语》作为孔子思想的主要载体,包含着"节用而爱人""知者乐水,仁者乐山"等具有生态智慧的思想。下面,本章主要结合《论语》原文,来梳理和阐释孔子的环境美学思想。

第一节　天地观:唯天为大,则法自然

在环境美学的意义上,孔子哲学的主要贡献是提出了"仁"的概念,以及作为"仁"的形上学基础的"天"。在《论语》中,"天"一词出现的频率比较高。据杨伯峻先生的统计,《论语》中单独的"天"出现了 19 次,"天下"出现了 23 次,此外还有"天子""天命""天禄""天道",这些词出现的次数都较少,在 3 次以下。[②]

值得注意的是,在《论语》中,"天""地"尚未合称。而且"地"在《论语》中出现的频率很低,据杨伯峻先生的统计,"地"总共出现了 2 次,分别是"未坠于地"和"其次辟地"。[③] "地"的意思也很清楚,前一个是地面,

---

① 汤恩佳、朱仁夫:《孔子读本》,广州:南方日报出版社 2007 年版,序言。

② 杨伯峻译注:《论语译注》附录《论语词典》,北京:中华书局 1980 年版,第 223 页。

③ 杨伯峻译注:《论语译注》附录《论语词典》,第 235 页。

后一个是地方。而在《孔子家语》中,“天”“地”合用的情况则较多了,共有 68 处,其蕴含的哲理非常丰富,可以对《论语》中未尽之意进行补充。

“天”是孔子哲学中非常重要的概念。孔子在称颂尧的伟大时,说:“大哉尧之为君也!巍巍乎!唯天为大,唯尧则之。荡荡乎,民无能名焉。巍巍乎其有成功也,焕乎其有文章!”①在这段话中,孔子明确地提出“唯天为大”,意思是说,只有天是最伟大的。而且这种伟大的背后隐藏着一些规律、法则、启示,人应该以天为自己效法的对象,以天运行的规则作为自己行动的指南。因此孔子又说“唯尧则之”,意思是说,只有尧能够效法天。也正是因为他以天为则,所以产生了良好的效果:他的恩德浩浩荡荡,老百姓无法用言语来称赞他了,他的丰功伟业令人景仰,他的典章制度无比辉煌。

孔子所说的“天”究竟是什么意思呢?冯友兰先生认为,天有五种内涵:物质之天、主宰或意志之天、命运之天、自然之天、义理或道德之天。②笔者认为,冯友兰先生的分类是全面的、合理的,但略有支离之嫌。我们可以尝试着把这些不同意义的“天”用一个词统摄起来,那就是“生态之天”。

之所以如此,是因为:第一,从人与天最本源的意义来看,人是由自然意义的天进化而来的,且依存于物质意义的天,这两种天实际上就是人类的最根本的环境,是极具生态特色的。离开了这样的天,就不可能有人的存在,更谈不上有人类文明。这种生态之天,偏重于自然资源的意义。

第二,从人与天的关系来看,孔子并不主张“天人相分”,而认为天人之间存在千丝万缕的联系。这种联系就表现为冯友兰先生所说的主宰、命运、义理。这三种意义是不相同的,但并不是真正分立的,而是交织在一起,共同发挥作用,对人的行为起到威慑、约束和激励的作用。从这一

① 《论语·泰伯》,杨伯峻译注:《论语译注》,第 83 页。

② 冯友兰:《中国哲学史新编》上册,北京:人民出版社 2004 年版,第 103 页。

点来看，它虽然不具备明显的生态意义，但是通过规范人的行为，既可以产生有利于生态意义的效果，也可以给人营造一个物质世界之外的精神家园。因此，这种生态之天，偏重于精神资源的意义。

作为自然资源意义的天，究竟有什么具体表现呢？又有什么样的法则隐藏于背后呢？

一、天具有创化、生发、化育万物的功能

> 子曰："予欲无言。"子贡曰："子如不言，则小子何述焉？"子曰："天何言哉？四时行焉，百物生焉，天何言哉？"①

这段话中，主要表明了四点内涵：

第一，天人相隔，但天生百物，百物中有人，而且人也需依赖百物而生存发展。人与天的这种关系就具有环境的意味。环境在人之外，可以说是天人相隔，但环境生人、育人，可以说环境在人之中。因此，孔子以"天"为效法的对象、为自己行动的准则，即孔子"无言"的根据在于"天"是无言的。如果将这一点推演开来，也就是，人类的活动，是建立在认识环境和尊重环境的基础之上的。人要随顺自然，尊重自然的生态性，而不应该盲目地与自然界进行物质交换，任意妄为。不尊重自然自身的规律，必将适得其反。

第二，天是无言的，但不是无为的。四时的运行、万物的生长，看上去是自然而然的，但孔子认为，"天"其实是这些现象背后的原因，也就是说是天通过四时的运行，让万物生长。就此意义而言，天是一种自然之天，具有孕育、创化万物的生态功能。

第三，天是默运的，而不是强行干预的。万物的生长虽然离不开天，但天并非直接干预万物生长的诸环节。天只是给予万物生长的条件，让万物在生长过程中自我摸索、发现和遵循自身的法则。天的这种做法，

---

①《论语·阳货》，杨伯峻译注：《论语译注》，第187—188页。

我们可以从孔子心中的理想政治来倒推。他说:“为政以德,譬如北辰,居其所而众星共之。”①政治并非事无巨细地一一过问,关键在于统治者端正自己的德行。他还说:“无为而治者其舜也与!夫何为哉?恭己正南面而已矣。”②舜实现了“无为而治”,而他的做法就是让自己的态度端庄恭敬。

由这些话语可以得知:一方面,天是“有为”的,即需要从自己出发,不断创化进取,正如君子要进德修业一样;另一方面,天是“无为”的,即不任意妄为,不直接干预,正如君子以其德行感召他人一样。对于天的这种品德,孔子在《礼记·哀公问》中说得更加明确:“贵其不已。如日月东西相从而不已也,是天道也;不闭能久,是天道也;无为而物成,是天道也。已成明之,是天道也。”③也就是说,天道的特点主要就是“不已”和“无为”。

如果将之引入环境美学的视角,那么孔子想要告诉我们的是,自然环境自身是一个和谐完善的生态系统,它具有运行、造化、修复的功能,且这种功能是以顺应万物自身的发展为基础的。人类要妥善地处理与环境之间的关系,不能过多地、人为地、刻意地把自己对自然事物的喜好强加于环境之上,而是要从生态本身出发。譬如植物在不同地区的生长状况是不同的。一种植物之所以在一个地区能够非常顺利地生长,并成为这个地区主要的植物,是因为植物和地区之间相互适应。如果人为地去改变植物的生长状况,刻意地引入外来物种,很有可能破坏原有的生态平衡。又譬如20世纪50年代,我国将麻雀列为“四害”之一,在大肆捕杀麻雀之后,没想到麻雀的消失,却让许多城市行道树上的害虫有机可乘,一时间害虫泛滥成灾,树叶几乎全被啃光。到了1960年4月,人们不得不停止对麻雀的围剿。

第四,天是谦逊的,不自矜的。万物欣欣向荣离不开天的功绩,但是

① 《论语·为政》,杨伯峻译注:《论语译注》,第11页。
② 《论语·卫灵公》,杨伯峻译注:《论语译注》,第162页。
③ 王文锦译解:《礼记译解》下,第739页。

天从未因此而沾沾自喜，自居其功，无论人们知道还是不知道天的伟大，天都继续运转不息。所谓“天何言哉”实际是在感叹，天作出了如此伟大的功绩，乃至世上万物的生成都离不开它，天却没有因此自以为是，而我孔丘又有何德何能，可以拿出来称道宣扬呢？作为根本环境的天，常常让人感到一种崇高的美感。这种崇高，一方面来自在创化自然上，天具有一种人类无法企及的伟力；另一方面来自在道德上，天的这种谦卑，正好反衬出人类在作出一点成就便自鸣得意的渺小。

二、要求人们珍惜资源，爱惜资源，以朴素为美

> 虽疏食菜羹，瓜祭，必齐如也。①
>
> 有盛馔，必变色而作。②

这两句话，谈的是一种经过人的实践活动转化以后的自然资源，也就是饮食。第一句说，即使吃的是粗饭与菜汤，也一定要祭拜，并且态度一定要恭敬而虔诚。第二句说，做客时，有特别丰盛的菜肴，一定要端正神色，站起来向主人致意。从这两句话，我们可以看到，孔子非常尊重自然资源。虽然是微薄的饭菜，但也不要忘记其来之不易。饮食一方面来自天地的赐予，另一方面也离不开人的辛勤劳动，因此，在心态上，孔子提示我们不能用外在交换价值评判资源本身的贵贱，而要回到自然资源本身，对其加以尊重和珍惜。对于丰盛的饭菜，我们要意识到，耗费大量的精力和资源已经超出了正常的生活需要，不能视为理所当然，要端正神色，向主人表示尊敬。这一方面是出于礼貌，另一方面也有提醒自己及主人理应节约资源的意味。这既是对自然资源的尊重，也是告诫我们要慎重地使用自然资源。

实际上，在《论语》中，我们可以多次看到，孔子比较反感生活的豪奢，而主张一种朴素、节制的生活态度。

---

①《论语·乡党》，杨伯峻译注：《论语译注》，第104页。

②《论语·乡党》，杨伯峻译注：《论语译注》，第107页。

林放问礼之本。子曰:“大哉问!礼,与其奢也,宁俭。”①

孔子认为,践行礼仪,与其铺张奢华,不如节俭朴素。

子曰:“管仲之器小哉!”或曰:“管仲俭乎?”曰:“管氏有三归,官事不摄,焉得俭?”“然则管仲知礼乎?”曰:“邦君树塞门,管氏亦树塞门;邦君为两君之好有反坫,管氏亦有反坫。管氏而知礼,孰不知礼?”②

虽然孔子曾经赞扬过管仲有仁德,如“桓公九合诸侯,不以兵车,管仲之力也!如其仁!如其仁!”③,但在物质资源的用度上,孔子非常不客气地批评管仲,说他器量狭小,不节俭,比如收取了百姓的大量市租;手下的人员从不兼差,滥用人力;国君宫殿门前有塞门,他家也有塞门,国君堂上有放置酒杯的摆设,他家也有类似的设备。

对处于消费社会的我们来说,管仲的行为似乎不但不是“器小”,而是阔绰、大气,但在孔子看来,这种大量消耗物质资源的行为不值得提倡,排场越大,生活越豪奢,这个人的器量就显得越狭小。真正的君子风度、大丈夫人格,不在于滥用物质,反而体现在一种有节制的朴素生活。比如颜回,孔子称赞道:“贤哉,回也!一箪食,一瓢饮,在陋巷。人不堪其忧,回也不改其乐。贤哉,回也!”④颜回的物质生活非常贫乏,一竹筐饭,一瓜瓢水,住在破旧的巷子里。这种生活的忧愁,别人都受不了,颜回却仍然乐在其中。对于颜回的这种极为朴素的生活,孔子在一段话里连续赞叹了两次“贤哉”,足以表现孔子的态度:内在品德的修为,而不是外在物质的炫耀,才是值得人们赞许的根本。

这种以节俭朴素为上、内在修为为本的态度,孔子在教导学生时,有

①《论语·八佾》,杨伯峻译注:《论语译注》,第24页。
②《论语·八佾》,杨伯峻译注:《论语译注》,第31页。
③《论语·宪问》,杨伯峻译注:《论语译注》,第151页。
④《论语·雍也》,杨伯峻译注:《论语译注》,第59页。

多次表明。如子曰:“士志于道,而耻恶衣恶食者,未足与议也。”①意思很清楚,读书人要立志追求道,如果以简陋的衣服与粗糙的食物为可耻,那就不值得与他谈论什么道理了。“恶衣恶食”是一般人所厌弃的,但孔子认为,这并没有什么可耻之处。因此当他看到子路穿着“恶衣”,一件破旧的棉袍时,禁不住称赞了子路:“衣敝缊袍,与衣狐貉者立,而不耻者,其由也与?‘不忮不求,何用不臧?’”②意思是说,子路虽然穿着破旧的棉袍,但与穿着狐貉皮裘的人站在一起的时候,一点也不自惭形秽,《诗经》说:“不嫉妒,不贪求,怎么会不好?”言下之意就是,一般人看到别人着装华贵就心生惭愧,这实际上是以外在的物质度量自我和他者,而子路却能够超越世俗的眼光,看淡外在的物质,而把价值内化为心性,由内而外地充满自我力量。所谓“不忮不求,何用不臧”,也就是不再执着于对外在物质财富的求索,转而专注于内在的心性修炼。孔子还说:“骥不称其力,称其德也。”③千里马之所以称千里马,不是因为它的力气,而是因为它的德性,这实际上是重申一样的道理:一个君子的美,不在于能够占据和耗费多少物质资源。如果把君子的美分为形式和内容的话,那么在形式上,孔子推崇一种朴素节俭的美,而在内容上,孔子欣赏的是良好的内在品德。

反观我们今天提倡的绿色生活方式以及生态文明的审美活动,实际上与孔子的观念是既有一致之处,也有一些差异的。其相同之处在于,两者都主张一种节约、朴素、简单的生活方式。而差异也很明显:

首先,两者的出发点不同。

作为生态文明的审美活动,实际上是一种带有功利色彩的审美活动,它要求最大程度地尊重生态平衡、节约资源、保护环境、减少污染。这些目的是功利的,也是在工业文明带来的生态危机的大背景之下的必然选择。而孔子的时代并不存在环境恶化、生态危机的问题,相反,他处

---

①《论语·里仁》,杨伯峻译注:《论语译注》,第37页。

②《论语·子罕》,杨伯峻译注:《论语译注》,第95页。

③《论语·宪问》,杨伯峻译注:《论语译注》,第156页。

在农业文明为主，兼有渔猎文明的时代，对于自然有一定的主体性，能够掌握一定的自然规律，但远远没有达到宰制自然的地步。因此，孔子的朴素节俭不是外在压力所致，而是一种自我的主动选择。

其次，两者的要求也不同。

作为生态文明的审美活动，它更多是对技术层面、操作层面的要求，更关注推行之后的效果，强调一种生态意义上的善和外在形式的美好；而孔子的朴素节俭，则更多是对内在心性的要求，侧重于自我的心灵觉悟，强调一种道德意义的善和由内而外的人格美。

当然了，在今天，这两者既可以互补，也应该互补。绿色生活方式不妨从技术层面上升到道的境界，毕竟“担水劈柴，无非妙道”；孔子的节俭朴素不妨引入现代科学技术，君子虽然可以安于贫困简陋的生活，但不必为了简陋而简陋。重新认识孔子，可以为现代的绿色生活方式注入更多的内在动力。

第二节　山水观：乐山乐水，育德启思

尽管生态之天被称作“精神资源意义”，但实际上它与自然资源意义是不可分的。自然资源意义是精神资源意义的基础和源泉，精神资源意义是通过观察和反思自然资源意义派生出来的。自然资源意义是显性的，比较直接，重在物质，强调实际效用；而精神资源意义是隐性的，比较间接，重在精神，强调超越现实。具体而言，作为精神资源意义上的生态之天，通过具体的物质资源，透露出如下意义。

一、“知者乐水，仁者乐山”：自然美和社会美交融的生态之天

> 知者乐水，仁者乐山。知者动，仁者静。知者乐，仁者寿。①

生态之天，最直接的表现就是山水，时至今日，人们一想到天地自

①《论语·雍也》，杨伯峻译注：《论语译注》，第62页。

然，山水就是首先浮现的意象。山水是典型的自然环境，也是典型的自然美的表现。在孔子看来，知者和仁者看到山水，是心情愉悦、乐在其中的。为什么有一种审美的愉悦呢？不是因为山水是一种可供人类使用的物质资源，蕴藏着大量的财富，而是因为山水和人之间有一种在情感上的关联，或者说，人可以移情于山水，可以在山水之中找到自我情感的确证。当然，这种移情不排斥功利，它本身就是建立在山水是可游可观的基础之上的。洪水滔天，山崩地裂，虽然也是自然环境的自然变化，但很难能带来美感。因此，山水成为人们的审美对象，实际上是预设了环境美学的基本条件之一：安居。在环境之中，安全是基础，它涉及人的生命的保全。①

知者的特点是“动”，也就是与物迁移，应物变化，懂得进退之道，这当然需要智慧。孟子称孔子为“圣之时者”，这个“时”，就是通权达变，灵活机动，即知者的“动”。孔子把道的追寻分为四个境界：“可与共学，未可与适道；可与适道，未可与立；可与立，未可与权。”②即共学、适道、与立、与权，最高的境界就是权。这个权也就是懂得权变，适时而动。

孔子认为，知者的这个特点，水不但具备，而且更为周全。因此，孔子对水有一种特别的情感。《论语》中有记载孔子观水，如：“子在川上，曰：‘逝者如斯夫！不舍昼夜。’”③这同样是从水的特点中看到人生和世界。《孔子家语》也记载了孔子观东流之水，甚至子贡对老师见大水必观的做法，已经在情绪上有些失控，显得有点不耐烦，他说：“君子所见大水必观焉，何也？”孔子回答说：“以其不息，且遍与诸生而不为也，夫水似乎德；其流也，则卑下，倨拘必循其理，此似义；浩浩乎无屈尽之期，此似道；流行赴百仞之嵠而不惧，此似勇；至量必平之，此似法；盛而不求概，此似正；绰约微达，此似察；发源必东，此似志；以出以入，万物就以化絜，此似

① 陈望衡：《再论环境美学的当代使命》，《学术月刊》2015年第11期，第122页。

②《论语·子罕》，杨伯峻译注：《论语译注》，第95页。

③《论语·子罕》，杨伯峻译注：《论语译注》，第92页。

善化也。水之德有若此，是故君子见，必观焉。”[①]意思是说，水不停地奔流，滋润万物却不自居其功，这就像德；水在高下弯曲的地方流动，必定遵循地理，这就像义；水浩浩荡荡，流淌起来，没有穷尽，这就像道；水流向深谷，而无所畏惧，这就像勇；用水来测量，必定是平的，这就像法；水盈满时，不必来刮平，这就像正直端正；水虽然柔弱，但细微之处都可到达，这就像明察；水从发源地出来后，必向东流，这就像志；经水洗过的东西，都干干净净，这就像善于教化。

上面这段话表明，孔子观赏水，不是简单看水的表面，而是将水在不同情况下表现出来的特点，比附于人世间的美德，即“比德”。换句话说，孔子观水，一方面是欣赏作为自然资源的水，感受自然美；另一方面产生了审美联想和审美理解，对水的感受由自然美上升到了社会美，把水作为一种理想化的道德表征。孔子之所以每次见大水必观，表面上是在看自然美，实际上是以水作为自己道德修为的参照，反省对比，亦即“见贤思齐”，从中获取道德力量。

汉代刘向的《说苑》对“仁者乐山”也作出了解释。“夫仁者何以乐山也?”曰：“夫山巃嵸嶵嵬，万民之所观仰。草木生焉，众物立焉，飞禽萃焉，走兽休焉，宝藏殖焉，奇夫息焉，育群物而不倦焉，四方并取而不限焉。出云风，通气于天地之间，国家以成。是仁者所以乐山也。诗曰：‘太山岩岩，鲁侯是瞻。’乐山之谓矣。”[②]意思是说，高山险峻连绵，万民观赏仰慕。在山上，草木生长，众多生物立足，飞鸟聚集，走兽栖息，宝藏生成，隐士休憩。高山养育万物而不知疲倦，四方的人各取所需从不受限。高山生出风云，使天地大气相通，国家得以构成。

这段话说山和上段说水很类似，不过更偏重于山的生态意义，更强调山是维系生命存在的重要资源，然后把山的这种滋生万物而不取、博爱众生而不恃的特点跟人的道德联系在一起，言下之意就是君子在修身

①《孔子家语・三恕》，王国轩、王秀梅译注：《孔子家语》，北京：中华书局2011年版，第92页。

②《说苑・杂言》，〔汉〕刘向撰，向宗鲁校证：《说苑校证》，北京：中华书局1987年版，第435—436页。

立德，尤其在仁德上，应该效法高山。严格说，山水与仁智并不类似，因为一为物理现象，一为心理现象，可谓风马牛不相及。实际上，这只是一种比喻，或者说，是主体心理的一种寄托。由孔子开启的这一自然审美方式，成为中国自然审美的重要理论——比德说的源头。

类似的这种比德，还有“岁寒，然后知松柏之后雕也”①。这句话表面上看是陈述一个事实，但仔细品味，大有深意。“后雕”，首先说明松柏耐寒，具有其他草木没有的抗击力。其次，引申到人，人之中，有些人意志坚强，或体魄强健，面对困难、打击，经受得起、扛得住，进而能克服困难，战胜困难，取得成功。孔子的目的是肯定、歌颂这样的人。他也曾直白地表达过对这种品格的赞赏，说：“仁者不忧，勇者不惧。”②“三军可夺帅也，匹夫不可夺志也。”③“可以托六尺之孤，可以寄百里之命，临大节而不可夺也——君子人与？君子人也。”④“士不可以不弘毅，任重而道远。”⑤但是，在这里，他不直言之，而是借说松柏来歌颂能扛住各种困难的仁人、君子。这样做，说明了什么呢？说明他是在借自然美比附社会美。松柏是仁人君子的象征。孔子欣赏松柏，这是中国古代最具代表性的自然美欣赏范例。

因此，在这个意义上，天地自然之物成为一种精神资源。当然，我们也要注意，不要过于放大这种“比德”，不要过于把人类的价值施加于自然事物之上，正如罗尔斯顿所言：“在一个价值仅仅显现为人的需要的世界，我们很难发现这个世界本身的意义；当我们完全以一种彻头彻尾的工具主义态度看待人工产品或自然资源时，我们也很难把意义赋予这个世界。”⑥

---

①《论语·子罕》，杨伯峻译注：《论语译注》，第 95 页。
②《论语·子罕》，杨伯峻译注：《论语译注》，第 95 页。
③《论语·子罕》，杨伯峻译注：《论语译注》，第 95 页。
④《论语·泰伯》，杨伯峻译注：《论语译注》，第 80 页。
⑤《论语·泰伯》，杨伯峻译注：《论语译注》，第 80 页。
⑥［美］霍尔姆斯·罗尔斯顿：《环境伦理学》，杨通进译，北京：中国社会科学出版社 2000 年版，序言第 3 页。

二、“获罪于天，无所祷也”：宗教意味的生态之天

生态之天，除了有外在的、感性的、自然的形态，诸如山川河流、花草树木等带给人们美感，还有内在的、理性的形态，它在更深层处不但给予人们在行动上以道德的力量和约束，而且开阔人们的胸次眼界，使人可以暂时超脱现实世界的苦恼和束缚。在此意义上，生态之天是人的精神家园，是家园感的重要源泉。

在殷商时代，人们就已经有了关于上、帝、天、天帝的看法。比较清楚的表现就是人们卜求天启，意图通过占卜的方式与天进行沟通，并认为卜辞就是天的旨意，是不可违抗的。比如盘庚在迁都时，有人对迁都一举怀疑抵制，他的回应就是“非敢违卜”，不可违逆占卜的结果，否则“自上其罚汝”①，老天爷就会降下罪来。这说明，在殷商时代，人们认为天是有意志的，并能够根据人们的行为进行赏罚；而对于“天”，人们要用各种祭祀的手段来崇奉，尽可能取悦天，以求得风调雨顺，国泰民安。

作为殷人的后裔，孔子处在春秋后期，他对殷商文化中关于天的宗教性的部分是有所继承的。在《论语》中，孔子曾多次谈到天是有意志的、有情感的，需要通过一定的仪式来祈祷和沟通。如王孙贾问曰：“与其媚于奥，宁媚于灶。何谓也?”子曰：“不然，获罪于天，无所祷也。”②关于这话中的奥与灶，有许多不同的理解。按杨伯峻先生的看法，“与其媚于奥，不如媚如灶”疑为当时的俗语。奥与灶都是神，一在房屋之奥处，一依附在灶上。两神中谁更重要？卫国的大臣王孙贾说是灶。王孙贾此话的含义是什么，现在不得而知了。这也不重要，重要的是孔子说的“获罪于天，无所祷也”。意思是，得罪哪尊神不重要，得罪了天，可不得了，向哪尊神祈祷都没有用。这里所说的“祷”，意味着孔子把天当作至上的神明和主宰而加以崇拜，具有明显的宗教意味。又如“子见南子，子

---

①《尚书·盘庚中》，王世舜、王翠叶译注：《尚书》，北京：中华书局2012年版，第115页。

②《论语·八佾》，杨伯峻译注：《论语译注》，第27页。

路不说。夫子矢之曰：'予所否者，天厌之！天厌之！'"[①]这里的"天厌之"，很明确地说明孔子认为天是具有情感的，而且这种情感与人世间的道德行为相关。

虽然宗教性的天是有情感、有意志的，但天的善与恶，与常人眼中的善与恶并不相同。我们以为的恶，也许在更大格局的天地自然看来，恰好是一种善。譬如，一般人看到动物生病，就忍不住去救。但美国伦理学家罗尔斯顿说，美国黄石公园的大角羊因患结膜炎而眼瞎，其中有一半死去。如果出于同情救活这些瞎羊，让它们繁殖后代，那就会造成这个物种的衰退。[②] 所以，人与天在是非善恶的观念上势必存在抵牾。以人心揣度天意，必然时而相应，时而相悖。

这种似有似无、若存若亡的天人交会，既会带给人们一种亲切感与满足感，又会让人们产生一种紧张感和恐惧感。由此，我们不难理解孔子对于天的复杂情感。尤其是在束手无策之时，孔子会感叹天的无情和疏离，惋惜世事变迁无常。如《论语》载："伯牛有疾，子问之，自牖执其手，曰：'亡之，命矣夫！斯人也而有斯疾也！斯人也而有斯疾也！'"[③]在伯牛染上重病，将要离开人世之际，孔子无可奈何，只好感叹伯牛的离去是命中注定，天意使然。

又如《论语》载："公伯寮愬子路于季孙。子服景伯以告，曰：'夫子固有惑志于公伯寮，吾力犹能肆诸市朝。'子曰：'道之将行也与，命也；道之将废也与，命也。公伯寮其如命何！'"[④]在这段话里，孔子认为，政治理想的实现，是天命使然；政治理想的幻灭，也是天命使然。至于公伯寮，他又如何能够左右天命呢？也就是说，天命的力量远非个人之力所能及，看起来是公伯寮从中作梗，左右他人的命运，实际上只是天命假借公伯寮之手罢了。

---

①《论语·雍也》，杨伯峻译注：《论语译注》，第 64 页。

② 陈望衡：《环境伦理与环境美学》，《郑州大学学报》(哲学社会科学版)2006 年第 6 期，第 117 页。

③《论语·雍也》，杨伯峻译注：《论语译注》，第 58 页。

④《论语·宪问》，杨伯峻译注：《论语译注》，第 157 页。

又如“迅雷风烈必变”①，遇到狂风急雷这种异常的气候，孔子的态度是改变容色，确切地说，如果当时是轻松愉悦的，则马上变得庄重肃穆，以示对天的尊重。当然这种尊重，一方面是对物质层面的自然之力的敬畏，孔子说：“山川之神足以纲纪天下。”②韦昭曰：“足以纲纪天下，谓名山大川能兴云致雨以利天下也。”③这种神力实际上是云行雨施的自然之力；另一方面则是对精神层面的宗教性的天的敬畏。

孔子承认天的残酷和无情，他自己有时也感叹命运多舛，他说：“美哉水，洋洋夫！丘之不济此，命也夫！”④因此，对于这种偏于宗教性，且在人力可控之外的天，孔子感叹道：“君子有三畏：畏天命，畏大人，畏圣人之言。”⑤身为君子，首先是要对天命心存敬畏的。时至今日，虽然我们已经在自然科学上有了很大的进步，甚至在一定程度上“戡天役物”，但实际上更应该对自然环境心存敬畏，因为科学的巨大进步，既意味着我们知识的范围越来越大，同样也意味着我们不可知的领域越来越广；既意味着我们改造自然的能力越来越强，同样也意味着我们破坏自然、自酿苦果的风险越来越大。尤其近代科学的风潮将自然“祛魅”，固然是让人们以更开放的心态去探索自然的奥秘，但是“可以毫不夸张地说，现代人越来越摆脱了自然的烙印，变得越来越不自然。然而，从本质上看，忘却了对自然的敬畏极大地伤害了自然，也为文明的发展留下了巨大的隐患”，反之，“只有坚持敬畏自然，人们才能在面对自然时，更加谨慎地做出选择，有所为有所不为，从而真正在维持地球生命支持系统的稳定发展的基础上，实现人和整个生态系统共同的可持续发展”。⑥

---

①《论语·乡党》，杨伯峻译注：《论语译注》，第107页。

②《史记·孔子世家》，韩兆琦译注：《史记》(五)，第3743页。

③〔汉〕司马迁撰，〔南朝宋〕裴骃集解，〔唐〕司马贞索隐，〔唐〕张守节正义：《史记》(三)，上海：上海古籍出版社2011年版，第1499页。

④《史记·孔子世家》，韩兆琦译注：《史记》(五)，第3784页。

⑤《论语·季氏》，杨伯峻译注：《论语译注》，第177页。

⑥程倩春：《敬畏自然——论生态文明的自然观基础》，《自然辩证法研究》2014年第3期，第85、87页。

三、“知我者其天乎”:道德意义的生态之天

在殷商走向没落之后,继起的周王朝意识到,祭祀崇拜并非一个王朝能否得到上天庇佑的充要条件,天与人之间的关联在于“德”。如周公告诫夏殷各族的首领时,认为夏、商的灭亡在于背弃天命,犯下罪过。“诰告尔多方,非天庸释有夏,非天庸释有殷。乃惟尔辟以尔多方,大淫图天之命,屑有辞……天惟降时丧。”①反之,周人之所以能够取而代之,是因为顺从民意、能用民德、善待神天,“惟我周王灵承于旅,克堪用德,惟典神天。天惟式教我用休,简畀殷命,尹尔多方”②。又如周人在解释自己为何受天眷顾时,说:“惟乃丕显考文王,克明德慎罚……惟时怙冒闻于上帝,帝休。天乃大命文王殪戎殷,诞受厥命越厥邦厥民。”③意思是说,上帝之所以青睐文王,乃至让他去灭掉殷人,在于文王能够“明德慎罚”。周人对天人之间的关系,还作了非常明确的总结,如“皇天无亲,惟德是辅”④,在天眼中,德行是得到庇佑的前提;又如“天视自我民视,天听自我民听”⑤,天的视听来自广大民众的视听,天的意图不难揣摩,引领民众走上康庄大道,就是对上天最好的交代。

孔子对于天的观点,基本延续了周人的这种看法。商人特别重视祭祀,但孔子在祭祀的礼仪和内心的向善之间,更看重后者。如子曰:“礼云礼云,玉帛云乎哉?乐云乐云,钟鼓云乎哉?”⑥周人注重以德配天,孔子是非常认同的,他称赞舜治理天下时,说:“无为而治者其舜也与!夫何为哉?恭己正南面而已矣。”⑦舜的伟大,在于自己的端庄恭敬,也就是

---

①《尚书·多方》,王世舜、王翠叶译注:《尚书》,第281页。
②《尚书·多方》,王世舜、王翠叶译注:《尚书》,第282页。
③《尚书·康诰》,王世舜、王翠叶译注:《尚书》,第180—181页。
④《尚书·蔡仲之命》,王世舜、王翠叶译注:《尚书》,第462页。
⑤《尚书·泰誓中》,王世舜、王翠叶译注:《尚书》,第436页。
⑥《论语·阳货》,杨伯峻译注:《论语译注》,第185页。
⑦《论语·卫灵公》,杨伯峻译注:《论语译注》,第162页。

美德。孔子还明确地指出:“为政以德,譬如北辰,居其所而众星共之。”①德行是治理国家的根本,德治是孔子心目中的理想政治。而对于个人而言,德行既是安身立命之本,也是通达天道的必由之路。他说:“君子之于天下也,无适也,无莫也,义之与比。”②意思是说,君子于天下立身处世,要完全与道义并肩而行。遵循道义,就是遵循天。

有了这种对道义之天的坚信,孔子的精神家园就有了强有力的保障。这种由上天带来的家园感、安定感,尤其明显地表现在孔子颠沛流离之时。在《论语》中,孔子有两次遭遇危险,一次是匡人误以为孔子是阳虎,而将孔子及其弟子重重包围。面对如此危情,孔子却很达观:“文王既没,文不在兹乎?天之将丧斯文也,后死者不得与于斯文也;天之未丧斯文也,匡人其如予何?”③意思是说,上天如果不打算废弃文化,那么匡人又能对我怎么样呢?言下之意是,孔子坚信,自己身上肩负着上天给予的文化传承的使命,自己在没有完成这一使命之前,绝不会有性命之忧。

另一次则是在宋国时,司马桓魋欲加害于孔子。弟子们跟孔子说:我们要加快步伐离开宋国。而孔子回答道:“天生德于予,桓魋其如予何?”④意思是说,上天赋予我这样的品德,那桓魋又能对我怎么样呢?即便桓魋杀掉了孔子,那也只不过是夺取了他的性命,其承天之德却无所损伤。在此,孔子同样坚信上天会眷顾自己,自己不会有祸患。天赐予孔子无穷的勇气与力量。

而后困于陈蔡之间时,子路非常不高兴,问道:君子也有走投无路的时候吗?孔子说:“君子固穷,小人穷斯滥矣。”⑤君子的确会遭遇困窘之境,但“穷”并非对君子的否定,只要继续自己的坚持和操守,君子仍然是

---

①《论语·为政》,杨伯峻译注:《论语译注》,第11页。

②《论语·里仁》,杨伯峻译注:《论语译注》,第37页。

③《论语·子罕》,杨伯峻译注:《论语译注》,第88页。

④《论语·述而》,杨伯峻译注:《论语译注》,第72页。

⑤《论语·卫灵公》,杨伯峻译注:《论语译注》,第161页。

君子;小人则是因“穷”惴惴不安,不惜胡作非为,蝇营狗苟,为了摆脱“穷”,无所不用其极。君子小人之别,就在于内心的那份执着和坚持。君子之所以如此坚定不移,仍然是因为孔子相信,世俗遭遇的困窘潦倒和上天赋予的神圣价值是不可同日而语的。在世俗之中,无法推行自己的主张,无法一展宏图,但只要所作所为符合天道,那么就可以在天的怀抱里获取安慰。虽然周游列国,“累累若丧家之狗”,仿佛流离失所,无家可归,但孔子心里清楚,天懂得他的情怀,“不怨天,不尤人,下学而上达。知我者其天乎!”[①]天是他真正的家园和归宿。实际上,何止是孔子呢?每一个在世上郁郁不得志的人,都需要天作为自己的精神家园,来超越世俗功利的价值,提撕生命,开解人生,消解那无家可归的乡愁。

四、“吾与点也”:情感愉悦的生态之天

作为精神资源意义的天,除了给人以道德的启示、宗教的威慑、家园的关怀,还带给人们情感的愉悦,这是天的环境美学的意味最突出的地方,同样也是孔子哲学里最令人向往之处。

> 子路、曾皙、冉有、公西华侍坐。
>
> 子曰:“以吾一日长乎尔,毋吾以也。居则曰:‘不吾知也!’如或知尔,则何以哉?”
>
> 子路率尔而对曰:“千乘之国,摄乎大国之间,加之以师旅,因之以饥馑;由也为之,比及三年,可使有勇,且知方也。”夫子哂之。
>
> “求!尔何如?”对曰:“方六七十,如五六十,求也为之,比及三年,可使足民。如其礼乐,以俟君子。”
>
> “赤!尔何如?”对曰:“非曰能之,愿学焉。宗庙之事,如会同,端章甫,愿为小相焉。”
>
> “点!尔何如?”鼓瑟希,铿尔,舍瑟而作。对曰:“异乎三子者之

---

①《论语·宪问》,杨伯峻译注:《论语译注》,第156页。

撰。”子曰：“何伤乎？亦各言其志也。”曰：“莫春者，春服既成。冠者五六人，童子六七人，浴乎沂，风乎舞雩，咏而归。”夫子喟然叹曰：“吾与点也！”①

孔子让学生们畅所欲言，各言其志。首先是子路站出来，毫不谦让，说的是能够治理在夹缝中生存的大国，虽然有强敌压境、饥荒困扰，但三年之内，可以教民习战，使其不但勇于杀敌，而且知书达理。冉有接着说，自己只配治理小国，三年之内，让百姓丰衣足食，礼乐之事要另请高明。然后公西赤更谦虚，他只想把礼乐学好，将来做个地位较低的司仪。最后，弹瑟的曾点停止了演奏，说道：暮春三月时，春天的衣服早就穿上了，我陪同五六个成年人、六七个小孩子，到沂水边洗洗澡，在舞雩台上吹吹风，然后一路唱着歌回家。

四个学生谈完了志向，孔子对子路是“哂之”，微微一笑，实际上并不太认可子路，觉得子路不够谦虚。而对于冉有，孔子还比较认可。至于公西赤，孔子则认为，未免太过于谦虚。对于曾点，孔子则直接说，我欣赏曾点的志向！比较起来，曾点与前面三位大不相同。因为前面三位的志向分别是军事家、政治家和外交家，而曾点的志向则是云淡风轻、游山玩水、自由自在、超乎功利，体现了环境美学的乐趣，是“一种可以在具体生活中呈现超越的本性的圣贤风范”②。其实，曾点说的这些话，也不是什么志向。事实上，曾点是一个很有抱负的人，孔子这里的“哂之”“喟然叹曰”都与志向没有关系。孔子要表达的意思就是喜欢大自然，喜欢自然美。而且喜欢自然美，也未必都要联系到人事，都要比附道德，都要作哲学思考。说到底，孔子也不是一天到晚板起面孔、正襟危坐的道学先生，他也是性情中人，和普通人一样，也会暂时抛开现实的烦忧，在自然和人文交融亲和之中，追求一种比较纯粹的审美愉悦。

当然，这段话还隐藏着一些信息：

---

①《论语·先进》，杨伯峻译注：《论语译注》，第118—119页。

② 杨儒宾：《从〈五经〉到〈新五经〉》，台北：台湾大学出版中心2013年版，第116页。

第一，曾点的快乐，是建立在安居的基础之上的。而要实现安居，离不开子路、冉有、公西华追求的事业。子路的层次较低，讲的是民众的基本安全，老百姓不处于战争的威胁之中，即“不挨打”；冉有的层次略高，讲的是老百姓的物质需求，要做到丰衣足食，老百姓不处于饥寒交迫之中，即“不挨饿”；公西赤的层次更高一点，讲的是一国的礼仪文化、社会的基本文明规范，要做到有条不紊、秩序井然，不处于礼崩乐坏、伦常颠倒之中，即“不挨骂”。“和平是靠子路之志，富裕是靠冉有之志，文明是靠公西华之志。没有和平、富裕和文明，曾皙就逍遥不起来。”①孔子欣赏曾点的志向，并不意味着要否定前三者的志向，相反需要前三者的保障。曾点之所以被赞赏，更多在于他的志向是儒家主张的仁爱落到根本处的实现，换句话说，治国的雄图伟略，最终要落实在民众的日常幸福之中。这也告诉我们，环境美学的实现，离不开政治、经济、文化等现实的因素。追求乐居，首先是安居。

第二，曾点的快乐，体现在一些具体的事件中：到沂水边洗洗澡，在舞雩台上吹吹风，然后一路唱着歌回家。这些快乐同良好的自然环境直接相关。我们很难相信，在污水四溢的河水里洗澡是快乐的；在雾霾漫天的亭台上吹风是惬意的；在泥泞颠簸的回家路上唱歌是喜悦的。这些具体的快乐，如果在自然之天被肆意破坏的情况之下，肯定是难以实现的。换言之，要追求精神愉悦，就不可忽视生态环境的保护，尽管精神愉悦主要依赖个人的修养程度，但客体也发挥着制约作用。

第三节　居住观：君子居之，里仁为美

人们会出行旅游，欣赏自然风光，这是环境与人的审美关系非常突出和明显的表现。但对于大多数人而言，旅行是偶尔为之的事情，并不会占据生命的大部分时光，居住则是更现实、更日常的活动，也是最切己

① 李零：《丧家狗——我读〈论语〉》，太原：山西人民出版社 2007 年版，第 219—220 页。

的环境体验。那么居在哪里？如何居？居的意义有什么？透过《论语》中孔子关于“居”的段落，我们可以略窥一二。

一、注重安居

尽管孔子欣赏自然界，留恋山水，但他并不认为人应该居住在自然山水之中。远离尘嚣，在林泉丘壑之中过一种隐士的生活，并不是孔子的追求。当然，在世道败坏、心情烦乱的时候，孔子也明确地表示想要逃避世俗生活。他说：“道不行，乘桴浮于海。从我者，其由与？”①心中的道，行不通了。想要乘着木筏，逍遥四海。能够跟随我的，就只有子路吧。不过，孔子也就是借此抒怀，并没有真正离开。也有人看到孔子周游列国，却不被所用，劝他说：“滔滔者天下皆是也，而谁以易之？且而与其从辟人之士也，岂若从辟世之士哉？”②普天之下都是如此，谁能改变？与其跟随逃避坏人的人，不如跟随逃避社会的人啊。孔子也不是不知道靠自己的力量无法改变这个社会，但他的回答是：“鸟兽不可与同群，吾非斯人之徒与而谁与？”③鸟兽跟我毕竟不是同类，我们不可能在一起生活，如果不跟人群相处，我又跟谁相处呢？孔子的态度很清楚，不能因为社会昏乱不堪就逃避社会、隐居山野，居首先是在社会之中、人群之中居。

但在社会之中居，并不是盲目的。安居是居的首要条件。何为安居的条件？第一，政治稳定。孔子说：“危邦不入，乱邦不居。天下有道则见，无道则隐。”④这里的“危”“乱”都是指一国的政治状况不稳定，甚至处于激烈的政治斗争之中。包咸说：“乱谓臣弑君，子弑父。危者，将乱之兆。”⑤孔子不主张贸然进入一个国家或地区，而应事先该做好调查工作。

①《论语·公冶长》，杨伯峻译注：《论语译注》，第43—44页。
②《论语·微子》，杨伯峻译注：《论语译注》，第194页。
③《论语·微子》，杨伯峻译注：《论语译注》，第194页。
④《论语·泰伯》，杨伯峻译注：《论语译注》，第82页。
⑤〔清〕刘宝楠撰，高流水点校：《论语正义》上，北京：中华书局1990年版，第303页。

那种盲目地以身犯险的行为，是儒家坚决反对的。孟子曾说："可以死，可以无死，死伤勇。"①盲目地牺牲，是在损害勇敢。孟子还说："是故知命者不立乎岩墙之下。"②都是强调贸然危害自身的人身安全的行为是一种不明智的表现。而孔子在周游列国，居住他乡时，一旦感觉到自己的主张得不到认可，政治上又有乱象之征兆，可能会危及自身安全，就立刻撤出，另寻明主。这就是懂得安居之道。

第二，道义优先。有些地方开出优厚的待遇，在此可以施展才华，听起来很诱人，但也不一定能在此安居。孔子在鲁国郁郁不得志，有一次，佛肸召请孔子，孔子便想要前往。子路就忍不住了，站出来说："昔者由也闻诸夫子曰：'亲于其身为不善者，君子不入也。'佛肸以中牟畔，子之往也，如之何？"子曰："然，有是言也。不曰坚乎，磨而不磷；不曰白乎，涅而不缁。吾岂匏瓜也哉？焉能系而不食？"③子路的言辞很激烈，他说，老师你不是说过，那种亲身做了不善之事的人，君子是不入其国的吗？如今佛肸占据中牟叛乱，老师要去他那里，这说得通吗？在子路的质问之下，孔子也承认自己说过这样的话，只好说自己异于常人，经得起考验，不会背弃原则。然后，他又对自己的不受重用慨叹不已，也没有去追随佛肸。这其中的考量，一方面是机遇，另一方面是道义，很明显，在孔子心中，道义是天平上更重的砝码。

第三，礼仪规范。想要在一个地方居住下来，这个地方不仅要有比较稳定的政治环境，又名正言顺，而且还不能违背礼仪规范。安居不意味着可以为所欲为。季氏在他家庙的庭中使用了周天子八八六十四人的舞蹈行列。孔子说："是可忍也，孰不可忍也！"④孔子之所以如此大动肝火，怒斥权贵，就是因为季氏僭越了礼制，以大夫的身份而行天子的礼仪，破坏了既定的礼仪规范。

---

①《孟子·离娄下》，杨伯峻译注：《孟子译注》，第 194 页。

②《孟子·尽心上》，杨伯峻译注：《孟子译注》，第 301 页。

③《论语·阳货》，杨伯峻译注：《论语译注》，第 183 页。

④《论语·八佾》，杨伯峻译注：《论语译注》，第 23 页。

类似的还有孔子对管仲的批评。尽管孔子对管仲多有肯定,认为他“相桓公,霸诸侯,一匡天下,民到于今受其赐。微管仲,吾其被发左衽矣”①,但在管仲的居住问题上,孔子说:“管仲之器小哉!”有人问:“管仲俭乎?”孔子说:“管氏有三归,官事不摄,焉得俭?”有人又问:“然则管仲知礼乎?”孔子则说:“邦君树塞门,管氏亦树塞门;邦君为两君之好,有反坫,管氏亦有反坫:管氏而知礼,孰不知礼?”②从这段话里,我们可以看到孔子批评管仲器量狭小的真正原因。其一,不节俭。杨伯峻先生认为,“三归之为市租”③,也就是对民众的征税过重。钱穆先生认为“三归谓其有三处府第可归,连下文官事不摄,最为可从”④,也就是居住的地方有三处,过多了。“官事不摄”指手下人员一人一职,从不兼差,浪费人力资源,人浮于事。其二,僭越礼制。国君的大门外有屏,管仲家的大门外也有屏。国君宴会,堂上有摆放酒杯的案儿,管仲宴客也有那样的案儿。管仲身为大夫,僭越国君之礼,当然是明知故犯了。有趣的是,广置房产、奢华豪阔、追求高标准的享受,这种被很多现代人视为“高大上”的“土豪”行为,孔子却谓之“器小”,可见“器小”之小不是财力之小、房产之小、职位之小、名气之小,而在于境界之小。

孔子十分看重礼仪规范,他说如果有朝一日可以大展宏图,首先要做的就是:“必也正名乎!”之所以如此,是因为“名不正,则言不顺;言不顺,则事不成;事不成,则礼乐不兴;礼乐不兴,则刑罚不中;刑罚不中,则民无所错手足。故君子名之必可言也,言之必可行也。君子于其言,无所苟而已矣。”⑤如果不讲究礼仪规范,社会的各个阶层都随便僭越礼制却无法得到匡正,那么这种缺少或难以实施惩戒机制的礼仪规范,实际上就是鼓励作恶。如此一来,百姓也难以知道是非善恶,只能惶惶然不

①《论语・宪问》,杨伯峻译注:《论语译注》,第151页。
②《论语・八佾》,杨伯峻译注:《论语译注》,第31页。
③ 杨伯峻译注:《论语译注》,第32页。
④ 钱穆:《论语新解》,北京:九州出版社2011年版,第70页。
⑤《论语・子路》,杨伯峻译注:《论语译注》,第133—134页。

知所措了。到了这个地步，必定是政局动荡、社会昏乱，想要安居乐业，恐怕是缘木求鱼了。

第四，共同富裕，社会团结。在一个国家里安居，追求物质财富是无可厚非的，因为财富可以改善居住环境，提高舒适度，等等。但是孔子不主张过分地追求财富，或者说把经济看得过于重要。有一次，孔子前往卫国，冉有为他驾车。孔子就谈到了治国的三个步骤："庶之""富之""教之"。[①] 其中让百姓富裕只是一个中间阶段，孔子更看重的是让百姓接受教育，从而能够自我提升和提高觉悟，成为人格完善的君子。

孔子还说："放于利而行，多怨。"[②]如果做事情都从利益出发，一切以金钱来衡量，那么就会招致怨恨。为什么会怨恨？一个社会如果利字当先，那么必定会出现损人利己之事，也必定会令穷者愈穷、富者愈富，让人群之间的鸿沟越来越大。因此，孔子还说："丘也闻有国有家者，不患寡而患不均，不患贫而患不安。盖均无贫，和无寡，安无倾。夫如是，故远人不服，则修文德以来之。既来之，则安之。今由与求也，相夫子，远人不服，而不能来也；邦分崩离析，而不能守也；而谋动干戈于邦内。"[③]这段话中的"不患寡而患不均，不患贫而患不安"，杨伯峻先生认为应该是"不患贫而患不均，不患寡而患不安"[④]。因为"贫"和"均"是从财富着眼，"寡"和"安"是从人民着眼，这样才能与后面的"均无贫，和无寡，安无倾"对应起来。[⑤] 杨先生说得很对。"贫"是相对的，大家都处于水平差不多的财富状况之中，就无所谓贫穷。"大富则骄，大贫则忧。忧则为盗，骄则为暴，此众人之情也。"[⑥]差距过大，才显得有的人贫，有的人富，才会让社会变得浮躁不安，充满戾气。其实所谓的浮躁和戾气，从根本上看就是由财富的鸿沟导致的一种心理上的落差，而对于填平这种落差的无能

---

①《论语・子路》，杨伯峻译注：《论语译注》，第 136—137 页。

②《论语・里仁》，杨伯峻译注：《论语译注》，第 38 页。

③《论语・季氏》，杨伯峻译注：《论语译注》，第 172 页。

④ 杨伯峻译注：《论语译注》，第 174 页。

⑤ 杨伯峻译注：《论语译注》，第 174 页。

⑥〔清〕刘宝楠撰，高流水点校：《论语正义》下，第 649 页。

为力,又转变为情绪上的发泄。因此,追求财富不能陷入两极分化,消除贫穷、共同富裕,才能真正地走上康庄大道。《周易》中反复出现的“富以其邻”跟孔子的主张是同一个道理。

至于国家的人口,孔子认为这也是一个安居的条件。但是人口多少不是关键问题,社会和谐团结才是真正重要的。其一,社会和谐了,大家相处得其乐融融,人口少一点,也不会有特别异样的感觉。因为这种幸福感已经超过了人口稀少的不安感。其二,人口是流动的。社会和谐安定,自然就会有外来人口主动归附,这样就可以解决人口稀少的问题。但如果社会动乱,原本稀少的人口会更加缺乏安全感,还会向外流出。因此,社会和谐更具有本质性的意味。

此外,孔子还谈到了外来人口的问题,对于今天我们的城市问题很有启示。孔子说:“远人不服,则修文德以来之。既来之,则安之。”其一,城市建设要注重“修文德”,也就是要修“文治之德”,注重仁义礼乐之政。这种观点有别于当时各国诸侯对于攻战的热衷。对于我们今天来说,城市建设不能只是建设钢筋水泥的高楼大厦,更要建设人文关怀的高楼大厦。没有人与人之间的温情,只有冷冰冰的建筑,这样的城市实际上是不宜居的。

其二,对于外来人口,要“安之”,也就是“施以养教之术,使之各遂其生也”①。要解决住房的问题,更要处理好外来人口之后的长期谋生和心灵安顿的问题。外来人口在城市里穿梭,找不到正当的谋生渠道,肯定会成为城市的安全隐患;有了一份糊口的工作,但精神上没有寄托,心灵上没有抚慰,那么不管在城市工作多长时间,始终都会觉得自己是外来人口,没有归属感,没有家园感。对于外来人口来说,这样的城市是不宜居的;而对于本地人来说,一个城市始终有一群无法融入的外来人口,同样会感觉到隔膜,甚至会猜忌,乃至恐惧,原本安居的环境也会不复存在。

---

① 〔清〕刘宝楠撰,高流水点校:《论语正义》下,第650页。

二、"里仁为美"

安居是居住的前提条件。达到这一点之后，人们对居住还有更高的要求——利居、和居和乐居。利居侧重于生活的便利，有利于事业的发展；和居强调人际的和谐，注重居住环境的社会关系的融洽；乐居在意生活的品位，是一种综合性需求的满足。《论语》中，对于居住，谈到过利居，如"百工居肆以成其事"[①]，各类工匠居住在市场附近，相互观摩比较，事业容易成功，但谈得不多。孔子比较侧重的，还是和居和乐居。

对于和居，孔子提出了一个非常重要的命题："里仁为美"。《论语》中是这样记载的："里仁为美，择不处仁，焉得知！"[②]杨伯峻先生的解释是，里是居住的意思。[③] 而对于这里的"仁"，则有两种解释。第一种认为，仁就是仁德，仁道。这样一来，这句话就是讲个人的修身立德，意思是人居于仁道，这是最美的，若择身所处时不择于仁，那怎么能算作有智慧呢？第二种认为，仁是指仁地、仁民，也就是民风淳厚、道德良善的地方。这一点与荀子的观点很类似："故君子居必择乡，游必就士，所以防邪僻而近中正也。"[④]如此一来，这句话的意思就是，居住在民风淳厚的地方是最美好的，一个人选择住处，而错过了民风淳厚的地方，怎么算得上明智呢？

如果按照第一种理解，"里仁为美"的环境美学意味并不强；而如果按照第二种理解，"里仁为美"的"和居"意味就十分浓厚。一个社会环境的美，不是取决于物质资源的充盈，也不是取决于环境的装饰，而在于民风淳厚，人际和谐。具体而言，其一，民众的性情淳良、质朴、仁厚。和这样的人生活在一起，没有压力，轻松自在，能够得到一种心境的平和。其二，整体氛围安定融洽，人与人之间友爱谦让，没有钩心斗角，没有投机

①《论语·子张》，杨伯峻译注：《论语译注》，第200页。
②《论语·里仁》，杨伯峻译注：《论语译注》，第35页。
③ 杨伯峻译注：《论语译注》，第35页。
④《荀子·劝学》，方勇、李波译注：《荀子》，第3页。

钻营,没有名利纠缠。生活在这样的环境之中,人们思想单纯,处事简单,虽然生活平淡无奇,但贵在从容自然。孔子把“里仁”视为“美”,一方面是对“春秋无义战”“争于气力”“上下交征利”的残酷社会现实进行批判,另一方面是对安定和谐的简单生活的无限向往,希望如今复杂纷乱的人性复归到淳朴良善的状态。

选择“里仁”,是有“知”的表现。而实现“里仁”,则更需要“知”。“仁”是仁地、仁民,但归根结底,仁民还是一个个独立的个体,不是一个抽象的、虚幻的东西。因此,要实现“里仁”,需要两方面的配合:一是个人的修为,二是个人的联合体——社会的配合。个人的修为主要是仁德,而社会的配合主要是礼仪。两者互为表里,不可分割,其中最核心的是仁。孔子十分推崇仁德。他说:“当仁,不让于师。”①对于仁德,要积极争取。有挺立仁德的机会,就是老师,也不要同他谦让。孔子所说的“仁”,在环境美学的视角下,有这样的内涵:

其一,仁者爱人。一个有仁德之心的人,要懂得关爱别人。“爱人”在《论语》中出现三次,一次是樊迟问仁,孔子回答说爱人②,一次是“君子学道则爱人”③,还有一次是“道千乘之国:敬事而信,节用而爱人,使民以时”④。樊迟是孔子弟子中资质并不高的弟子,孔子曾明确说过:“小人哉,樊须也!”⑤孔子对樊迟问仁的回答也是因材施教,因此,爱人是仁德比较基本的要求。而比较三次“爱人”出现的上下文,其内容都侧重于爱惜民力,不滥用,尽可能不侵扰民众的生活。这要求主政者少私寡欲,节约用度。

当然,爱护民众,在儒家看来,是一个“推恩”和“推己及人”的过程。所谓“推恩”,就是爱人,首先是爱和自己有血缘关系的父母子女,然后再

①《论语·卫灵公》,杨伯峻译注:《论语译注》,第170页。
②《论语·颜渊》,杨伯峻译注:《论语译注》,第131页。
③《论语·阳货》,杨伯峻译注:《论语译注》,第181页。
④《论语·学而》,杨伯峻译注:《论语译注》,第4页。
⑤《论语·子路》,杨伯峻译注:《论语译注》,第135页。

将这种爱以亲疏远近为序推及其他人。《中庸》讲："仁者，人也，亲亲为大；义者，宜也，尊贤为大。亲亲之杀，尊贤之等，礼所生也。"[1]孔子明确指出，做有仁德的人，就是要去做个好人，以亲爱自己的亲人为最重要。他还认为能够把家庭环境处理得和睦融洽，无异于参与政治。他说："《书》云：'孝乎惟孝，友于兄弟，施于有政。'是亦为政，奚其为为政？"[2]因此，爱自己的家人是爱人的起点。

仁首先意味着对家人真诚的爱，这说明仁不是一种外在的道德律令，而是一种出于内心的自然情感。在《论语》中，孔子去指点学生，也很少让学生从理性的角度去体会仁，而是从切己的情感角度。比如，宰我对三年之丧有疑问时，孔子的回答是："食夫稻，衣夫锦，于女安乎？"[3]孔子不是从理性分析的角度去谈三年之丧的重要意义等，而是让宰我去反省不守三年之丧，而像寻常一样吃饭穿衣，自己的内心会不会得到安宁。而当宰我明确表示安宁时，孔子认为，宰我是"不仁"，诘问道："予也有三年之爱于其父母乎？"[4]意思十分清楚，父母对我们有一种发自内心的、天然的爱，而我们至少有三年是在父母温暖的怀抱之中度过，那么我们理所当然对父母也有一种真诚天然的爱。君子去守三年之丧，去孝顺父母，不是出于外在的、功利的目的，而是因为内心充盈的爱，需要用丧礼、孝道表现出来。换句话说，孔子所推崇的礼仪制度和道德行为，实际上是一种内在真诚之爱的对象化。正是在这样的意义上，孔子才说："人而不仁，如礼何？人而不仁，如乐何？"[5]

仁发端于家庭，但不限于家庭。孔子强调"忠恕之道"，《中庸》说"忠恕违道不远"[6]，也就是说，忠恕跟仁德是非常接近的。孔子还明确指出，"忠"是仁德的表现。子贡曰："如有博施于民而能济众，何如？可谓仁

①《中庸·第二十章》，陈晓芬、徐儒宗译注：《论语·大学·中庸》，第324页。
②《论语·为政》，杨伯峻译注：《论语译注》，第20—21页。
③《论语·阳货》，杨伯峻译注：《论语译注》，第188页。
④《论语·阳货》，杨伯峻译注：《论语译注》，第188页。
⑤《论语·八佾》，杨伯峻译注：《论语译注》，第24页。
⑥《中庸·第十三章》，陈晓芬、徐儒宗译注：《论语·大学·中庸》，第307页。

乎?”子曰:“何事于仁,必也圣乎!尧舜其犹病诸!夫仁者,己欲立而立人,己欲达而达人。能近取譬,可谓仁之方也已。”[①]这里的“博施于民”就意味着不再停留在家庭范围之内,而“己欲立而立人,己欲达而达人”就是孔子所说的“忠”。在这句话里,孔子认为,仁者要具备忠的特质。而“能近取譬”,也就是从自己的情况设想如何与他人相处,即推己及人,是“仁之方”,是行仁的方法,或者说找到行仁的方向。如此,仁既有个体情感的意味,也有社会本体的意味,并且还通过外在的形式——礼仪转化出来。这样的仁就具有了类似审美情感的性质,并使社会环境美成为可能。

其二,仁者克己。爱人是对他者,克己是对自身。克己,是孔子对颜渊问仁的回答。他说:“克己复礼为仁。一日克己复礼,天下归仁焉。为仁由己,而由人乎哉?”[②]那么克己是什么意思呢? 主要有两种解释。

第一,把“克”理解为能够。比如“克勤克俭”“克明俊德”,这里的“克”都是作“能够”理解。这样的话,“克己”也就是能够自己,或者说是自觉自愿,是从本真的自我主动地行仁。这种解释可以与后文“为仁由己”相互照应。傅佩荣认为,克己复礼是“孔子认为一个人若能够自己做主去实践礼的要求,这就是人生征途……一个人应该自觉而自愿,自主而主动地去实践礼的要求;若是人人如此,则个人与群体之间的紧张关系便能化解于无形”[③]。按照这种说法,通过“克己”,人人觉悟向善之心,民风淳厚不难实现,也符合“里仁为美”的宗旨。

第二,把“克”理解为约束、抑制。这是较为常见的解释。“克己复礼”就是约束、抑制自己的欲求,使言语行动都合于礼。简而言之,就是用外在的礼仪来抑制自我过多的欲望。这一点在后文中也能找到相互照应的文字。当颜渊说“请问其目”,也就是希望孔子指点一些具体的做

---

①《论语・雍也》,杨伯峻译注:《论语译注》,第65页。

②《论语・颜渊》,杨伯峻译注:《论语译注》,第123页。

③ 傅佩荣主编:《孔子辞典》,北京:东方出版社2013年版,第267页。

法时，孔子的回答是“非礼勿视，非礼勿听，非礼勿言，非礼勿动”①。很明显是让颜渊将举手投足限制在礼仪的框架之内。需要注意的是，尽管礼仪是一种外在的约束，一种他律，但礼不是无源之水、无本之木。钱穆先生对这一段有很精彩的发挥：“盖礼有其内心焉，礼之内心即仁……克己正所以成己，复礼亦正所以复己。于约束抑制中得见己心之自由广大，于恭敬辞让中得见己心之恻怛高明，循此以往，将见己心充塞于天地，流行于万类。天下之大，凡所接触，全与己心痛痒相关，血脉相通，而‘天下归仁’之境界，即于此而达。”②一个人的仁心不是随意流淌的，只有礼仪的约束才能让仁心有恰当的表现，从而才能让一个抽象的仁心在实际生活中得到反复磨炼，使人达到充分认知自我和扩展仁心的目的。在此基础之上，才能实现天地万物一体之仁，亦即实现仁的情感在天地万物之间的交感，类似于“相看两不厌，唯有敬亭山”“我见青山多妩媚，料青山、见我应如是”的审美体验。

在居住问题上，孔子也多次谈到了“克己”，不要放任自己的欲望。

第一，他反对过于安逸。他说：“君子食无求饱，居无求安。”③这里的“安”，不是安全的意思，而是指安逸、安适。孔子的意思是居住不要贪图安逸，不要让自己太舒服。表面上舒适让人感觉到安心和温暖，但时间一长，则容易消磨斗志，使人迷失方向。孔子还说：“士而怀居，不足以为士矣。”④怀居，就是留恋居住在安逸的环境之中。一个士人，如果贪图安逸，就没有资格做个士人。士人应该有更远大的目标，绝不是停留在安逸的环境里自得其乐。

第二，他主张适可而止，知足常乐。

子谓卫公子荆“善居室。始有，曰：‘苟合矣。’少有，曰：‘苟完矣。’富

---

①《论语·颜渊》，杨伯峻译注：《论语译注》，第123页。

② 钱穆：《论语新解》，第283页。

③《论语·学而》，杨伯峻译注：《论语译注》，第9页。

④《论语·宪问》，杨伯峻译注：《论语译注》，第145页。

有，曰：'苟美矣。'"①

这一则非常明确地表达了孔子对于居住的态度。孔子称赞卫国的公子荆，称他"善居室"，懂得居住、居家。因为卫公子荆很知足，不奢求，刚有一点，他就认为差不多了。再加了一点，他就觉得很完备了。等到更多时，他就认为很美了。卫公子荆是卫献公的儿子，以他的身份、地位和财富，完全能够修建一座富丽堂皇的房子，但他十分克制，懂得适可而止的道理。钱穆先生说："不以欲速尽美累其心，亦不以富贵肆志，故孔子称之。"②反观今日，有些人装修房间时，极尽豪奢之能，追求一种极度的富丽堂皇，恨不得向天下人彰显自己的富贵。这实际上只会让人觉得头晕目眩，狂躁不安，根本不适合长期居住，更谈不上修养身心。

孔子也直言批评过一个过度装修房间的人。子曰："臧文仲居蔡，山节藻棁，何如其知也？"③"蔡"是一种大龟的名字，臧文仲为大龟修了一间房子。这个房子有雕刻得像山一样的斗拱，有画着藻草的梁上短柱，这种装饰程度，快赶上天子奉祖宗的庙了。孔子诘问道，这样的做法，算得上明智吗？一个真正有智慧的人，绝对不会如此铺张。

虽然臧文仲是鲁国大夫，有经济实力去为一只乌龟购置和装修房间。但是，有没有能力去做，和该不该去做，是两件不同的事情。身为鲁国的大夫，他理应去体恤鲁国的百姓，如今却为一只乌龟布置豪华的房间。虽然这是臧文仲个人的自由，但对于普通民众来说，尤其处于颠沛流离之中、朝不保夕的民众来说，这种豪奢的行为，是在更深处撕开鲁国已有的创伤，只会让民众寒心。孔子特别在意上位者的举动，他说："君子之德风，小人之德草。草上之风，必偃。"④孟子也有类似的观点："不仁而在高位，是播其恶于众也。"⑤这些诸侯、大夫的举动不是简单的个人行

①《论语·子路》，杨伯峻译注：《论语译注》，第136页。
② 钱穆：《论语新解》，第312页。
③《论语·公冶长》，杨伯峻译注：《论语译注》，第48页。
④《论语·颜渊》，杨伯峻译注：《论语译注》，第129页。
⑤《孟子·离娄上》，杨伯峻译注：《孟子译注》，第194页。

为，而是会带来诸多社会影响。民风要淳朴，不仅是民众自身的问题，更重要是上位者要约束自己的欲求。如果上位者不遵守礼制，恣意妄为，那么对于普通民众来说，这无疑是在怂恿民众不要遵守规则，向民众传播作恶，甚至鼓励民众作恶。无独有偶，孔子对季康子的批评，同样反映了这一点。季康子因为盗贼太多而烦恼，向孔子求教。孔子并没有给出捉拿盗贼的办法，而是反过来批评季康子："苟子之不欲，虽赏之不窃。"①如果你季康子没有太多的欲求，不贪求财货，那么就算是奖励老百姓，他们也不会去偷窃啊。这仍然是要求上位者懂得"克己"，懂得用礼仪制度来约束自己的行为。

三、孔颜乐处

居住的最高层次是乐居。在《论语》中，孔子多次谈到过快乐，但与居住相关的快乐，并不多。其中最为后人津津乐道的就是下面这两段话，甚有美学意味：

> 子曰："贤哉，回也！一箪食，一瓢饮，在陋巷。人不堪其忧，回也不改其乐。贤哉，回也！"②
>
> 子曰："饭疏食饮水，曲肱而枕之，乐亦在其中矣。不义而富且贵，于我如浮云。"③

这两段话，都谈到了快乐，并且采用一种非常优美、富有节奏感的语言。反复品读，一种文字之美、人性之美、境界之美跃然纸上。钱穆先生也说："本章风情高邈，可当一首散文诗读。学者惟当心领神会，不烦多生理解。"④这样的快乐，是孔子十分推崇，甚至有些自鸣得意的。但从客观的物质条件来看，这样的生活是极为简陋，甚至贫瘠窘迫的。第一段，

---

①《论语·颜渊》，杨伯峻译注：《论语译注》，第 129 页。

②《论语·雍也》，杨伯峻译注：《论语译注》，第 59 页。

③《论语·述而》，杨伯峻译注：《论语译注》，第 70—71 页。

④ 钱穆：《论语新解》，第 166 页。

孔子首先讲到了颜回的生存状况：一竹筐饭，一瓜瓢水，居住在破旧的巷子里。在这种环境下，无论是卫生，还是景观，都不可能好。因此，大家看到颜回的处境，是“不堪其忧”，都受不了这种窘迫的处境，恨不得赶紧脱离，但奇怪的是，颜回与众人不同，他乐在其中。而且孔子用了一个“改”字，意思是说，颜回不改变他的快乐，言下之意是，这种快乐已经在颜回身上出现很久了。对于颜回的这种快乐，孔子的态度是在首尾都感叹道“贤哉”，这种赞叹之意，已经是溢于言表了。

第二段，孔子同样先谈到了物质条件。吃着粗饭，喝着白水，枕头也没有一个，只好弯着胳膊作枕头。这样的物质生活极为简单，甚至可以说有些匮乏。但孔子说，乐也在这其中。对于众人孜孜以求的富贵，孔子不是刻意地回避，而是区分情况，如果是不义之财，那就没有什么好羡慕的。

这两段话有一些共同之处：都谈到了快乐，都不具备良好的居住环境，都缺乏丰富充盈的物质资源。当然，这并不意味着，要获得这种快乐，就必须舍弃良好的物质条件。孔子告诉我们的是，要获得这种快乐，起决定作用的不是外在的物质条件，而是内在的修养和境界。

首先，内在的修养和境界首先是仁德的自我认知和证成。孔子说：“不仁者不可以久处约，不可以长处乐。”①颜回是“不改其乐”，换言之，他已经长久地居于快乐之中。之所以如此，是因为颜回能够长久地体会和践行自我内心的“仁德”。孔子说：“回也，其心三月不违仁，其余则日月至焉而已矣。”②“三月”并不是实际时间，只是代指时间很长。正是因为颜回可以做到长时间不背离仁德，才能异于一般人，才能更仔细地体会仁德的内在美好，从而能够感受常人得不到的快乐。孔子还谈到了颜回的一个过人之处：“语之而不惰者，其回也与！”③孔子门生众多，虽然他不吝赐教，但能够对孔子的话不懈怠的学生，只有颜回一个。大多数人只

①《论语・里仁》，杨伯峻译注：《论语译注》，第 35 页。
②《论语・雍也》，杨伯峻译注：《论语译注》，第 57 页。
③《论语・子罕》，杨伯峻译注：《论语译注》，第 93 页。

是浅尝辄止、权且听之,或叶公好龙,颜回却长期保持一颗真正的向学之心。这说明,颜回对孔子所说的仁、道,并不是停留在一种知识层面上的理解,而是上升为一种情感层面的认同、接纳和喜悦。正是这种内心的近似美感的情感,让颜回能够长久地坚持学习,也成就了颜回的快乐。

其次,内在的修养和境界可以帮助人们超越物质条件的限制。有一次,孔子想要到化外之地九夷居住。有人就说:“那个地方太简陋,文化闭塞,怎能住下呢?”孔子的回答是:“君子居之,何陋之有?”①有君子去住,就不简陋了。一个君子到了九夷,是会带去很多金银财宝,然后把九夷的居住环境变得富丽堂皇,从而不“陋”吗?孔子所说的,明显不是这个意思。这里的“君子”,有孔子自居的意味。这里的“陋”,当然有物质条件贫乏之义,但更重在精神上的荒芜。物质财富是可以被人夺取的、被人摧毁的,但精神的财富是任何人都抢不走、毁不掉的,可以随身相伴的。人居于环境之中,要享受快乐,外在的物质环境固然重要,但真正重要的是人内心的环境。富丽堂皇的宫殿,璀璨耀眼的珠玉,掩不住深宫的幽怨孤寂;破窗断垣的住所,家徒四壁的清寒,同样掩不住内心的安适快乐。

最后,内在的修养可以令人通达天地境界。乐居之乐,在孔子看来,最高层次是居于仁,乐于天地。孟子更是非常明确地点出,儒者的真正宅院,不在泥瓦之中,而在于仁。“仁,人之安宅也。”②仁,是人最安稳的住宅。有仁相伴,心才能真正地安。苏轼也有言:“此心安处是吾乡。”真正的故乡,不是地理位置上的故乡,而是心所安处。以仁为宅院,反复践行,反复体察,久而久之,可以通达天地。因为“能尽人之性,则能尽物之性;能尽物之性,则可以赞天地之化育;可以赞天地之化育,则可以与天地参矣”③。仁就是人之所以为人的根本,能够充分实现仁德,才能充分实现万物本性的要求。能够充分实现万物本性的要求的人,才有可能助

---

①《论语·子罕》,杨伯峻译注:《论语译注》,第91页。

②《孟子·离娄上》,杨伯峻译注:《孟子译注》,第172页。

③《中庸·第二十二章》,陈晓芬、徐儒宗译注:《论语·大学·中庸》,第335页。

成天地的造化及养育之功。可以助成天地的造化及养育之功,就可以与天地并列为三了。

达到天地境界,意味着人所获得的快乐是无比充盈而美好的,早已胜却人世间其他凡俗的快乐。这种快乐,不再停留在理性,也不再停留在道德层次,而是进入了宗教的、美学的层次,是一种妙不可言、冷暖自知的神秘体验。李泽厚先生说:“中国传统所追求的道德最高境界或道德人格的完成形态,乃是‘自由意志’的道德力量不再有对感性情欲的束缚性、控扼性、强制性、主宰性的突出显现,而是让它(道德力量、自由意志)沉浸在非欲非理、无我无他、身心俱忘的某种‘天人合一’,即理性与情欲合一的心理状态中,似乎‘与天地万物合为一体’,从而自自然然地或安贫乐道或见义勇为,或视死如归或从容就义……‘以美储善’,合规律性与合目的性统而为一,真是‘万物皆自得,心灭境无侵’,由道德而超道德。”①孔颜乐处正是一种化境,化掉了道德律令和自我欲求之间的冲突,化掉了人我之间的界限,化掉了物质和精神之间的隔阂,化掉了肉体对精神的束缚,让一个“小我”在静谧之中浑然与天地同体,提升为“大我”,从而荡漾在宇宙的广大怀抱,沉浸于天地的生生大德中。这种看不见、听不到、摸不着的环境,是参赞天地的环境,是礼仪仁德的环境,是自我生命觉醒和提撕的环境,更是“从心所欲不逾矩”的自由之境。处于这样的环境,获得如此的至乐,对于众人孜孜以求的富贵,自然视若浮云;对于众人避之不及的穷厄,理应处之泰然。因为从天地之大道,从生命之大我看来,贵贱高低只是处于低层次觉悟时的执着迷惘,只是在功利境界之中的权且之道、方便法门,而真正的快乐是内心仁德的自然流荡,是天地万物的浑然一体!孔子“乐居”之意也呼之欲出:源乎物质之环境,进而求索、改善物质之环境,终而借由择善固执、自我仁德之坚持、精神家园之守卫,超越物质之环境,通达宇宙创化不已之秘境、天地生生大德之神境!

---

① 李泽厚:《回应桑德尔及其他》,北京:生活·读书·新知三联书店2014年版,第138页。

第六章　孟子的环境美学思想

孟子是战国时期儒家哲学的捍卫者和继承者。在孔子过世后，儒家一分为八，逐渐失去往日光辉。孟子感叹道："由孔子而来至于今，百有余岁，去圣人之世，若此其未远也；近圣人之居，若此其甚也，然而无有乎尔，则亦无有乎尔。"①可见儒家传承岌岌可危。如果此时孟子不挺身而出，为儒家哲学辩说论解，"天下之言，不归杨则归墨"②可能就要成为定局，而儒家思想就要走向销声匿迹。但孟子的辩说并不只是重复孔子之言，而是有自己的创见。正是在此意义上，劳思光先生称孟子为"儒学体系之建立者"③。至于孔孟之间的关系，劳先生更认为："孔子代表儒家哲学之创始阶段，孟子则代表儒家理论之初步完成。就儒学之方向讲，孔子思想对儒学，有定向之作用；就理论体系讲，则孟子方是建立较完整之儒学体系之哲人。"④可见，孟子虽然被称为"亚圣"，但对儒家思想的贡献绝对不亚于孔子。而对孟子思想的研究，较之孔子，还有很大的差距。

至于对孟子美学的研究，则多关注人格美、共同美、"以意逆志"和

①《孟子·尽心下》，杨伯峻译注：《孟子译注》，第 344 页。

②《孟子·滕文公下》，杨伯峻译注：《孟子译注》，第 155 页。

③ 劳思光：《新编中国哲学史》(一卷)，桂林：广西师范大学出版社 2005 年版，第 118 页。

④ 劳思光：《新编中国哲学史》(一卷)，第 117 页。

“知人论世”等问题。而20世纪以来环境状况的不断恶化和生态危机的愈演愈烈，迫使人们不得不停止对经济的狂热迷信，转而思考生态环境的问题。在20世纪60年代，环境美学作为一门新兴学科在欧美崛起。从此，美学不再局限在艺术的领域里，环境成为美学不可忽视的领域。而时至今日，“环境美学与艺术美学处于平等的地位”①，“美学研究的重心从艺术转移到自然……美学正在走向日常生活，并应用于实践……环境美学将成为美学研究的显学”②。美学可谓正经历革命性的转变。继续用经典美学的视角来审视孟子固然无可厚非，但若能以环境美学的新视域来透视孟子，则既可进一步挖掘《孟子》蕴藏的宝贵资源，又有助于厘清孟子思想的脉络，以达到深化理解经典美学的目的。

《孟子》一书中有“环”，如“三里之城，七里之郭，环而攻之而不胜”③，也有“境”，“臣始至于境，问国之大禁，然后敢入”④，但全书无“环境”一词。“环境”一词最早见于《元史·余阙传》：“环境筑堡寨，选精甲外捍而耕稼于中。”⑤这里所说的环境为两个词，环指环绕，境为区域，与《孟子》中的意义相近，而两个字合起来跟今人所说的“环境”的意义也基本一致。虽然《孟子》没有提到环境，但不妨碍我们在其中找到与环境相关的概念。当然，环境一词有非常丰富的内容。在日常生活中，我们会说经济环境、教育环境、政治环境等，这种语境下的环境主要是指具体的生活状况和条件。此外，从不同学科的角度，还可以对环境进行细分。这些环境跟环境美学所说的环境，在内涵上固然有交叉重叠之处，但不能将之完全等同。环境美学中的环境主要是指人化的自然界，它具有哲学、科学、实践和审美层面的意义⑥，凸显的是家的温馨感，侧重的是感性的

① 陈望衡：《环境美学》，武汉：武汉大学出版社2007年版，第1页。
② 陈望衡：《环境美学》，第10页。
③《孟子·公孙丑下》，杨伯峻译注：《孟子译注》，第86页。
④《孟子·梁惠王下》，杨伯峻译注：《孟子译注》，第29页。
⑤ 转引自陈望衡《环境美学》，第11页。
⑥ 参看陈望衡《环境美学》，第14—16页。

维度,包括感性观赏和情性的融合①。而这些内容在《孟子》中是可以找到相关资源的。

第一节　自然之美

自然是环境的基础,也是人类赖以存在的根本条件。但人与自然之间的关系首先并不是审美关系,而是人对自然充满了敬畏。在解决了基本的生存需求之后,人与自然之间才有可能产生审美关系。在《孟子》中,我们可以看到,人与自然之间既存在冲突的一面,也存在和谐的一面。

> 当尧之时,水逆行,泛滥于中国,蛇龙居之,民无所定,下者为巢,上者为营窟。《书》曰:"洚水警余。"洚水者,洪水也。使禹治之。禹掘地而注之海,驱蛇龙而放之菹,水由地中行,江、淮、河、汉是也。险阻既远,鸟兽之害人者消,然后人得平土而居之。②

从这段引文可以看出,当人们的生产力水平较为低下,无法实现自然的人化时,自然对于人们而言,并不能成为审美对象。无论是江河湖海,还是鸟兽虫鱼,只要它们威胁到人类的生存,无论其在形式上多么具有审美价值,都难以让人们对之产生美感。此时的自然与人类之间的关系是对立的,自然是一种"害",需要人类的杰出者,如大禹一样的人物去与自然界作斗争,使之符合人类的需求。在这个层次上,自然主要是人类改造和征服的对象。

反之,自然界对人的威胁解除之后,人与自然之间的关系则可摆脱单纯的征服对抗,而显露出温情的审美的一面。

> 孟子曰:"舜之居深山之中,与木石居,与鹿豕游,其所以异于深

① 参看陈望衡《环境美学》,第25—26页。

②《孟子·滕文公下》,杨伯峻译注:《孟子译注》,第154页。

山之野人者几希。”①

孟子见梁惠王，王立于沼上，顾鸿雁麋鹿，曰：“贤者亦乐此乎？”孟子对曰：“贤者而后乐此，不贤者虽有此，不乐也。《诗》云：‘经始灵台，经之营之，庶民攻之，不日成之，经始勿亟，庶民子来，王在灵囿，麀鹿攸伏，麀鹿濯濯，白鸟鹤鹤，王在灵沼，於牣鱼跃。’文王以民力为台为沼，而民欢乐之，谓其台曰灵台，谓其沼曰灵沼。乐其有麋鹿鱼鳖。古之人与民偕乐，故能乐也。”②

第一条引文告诉我们，舜在深山之时，与鹿、猪之间的关系是“游”，而不是“禽兽逼人”③。“游”具有非常强烈的审美意味，既意味着态度上的从容自在，又包含着游戏玩耍的快乐。如果人与动物之间处于“游”的状态，当然是十分亲密惬意，其乐融融。这种美的感受是不言而喻的。第二条则更明确地告诉我们，古人已经不满足于仅仅在野外与动物亲密邂逅，因此不辞辛劳专门筑造园囿，让动物栖息其间，从而可以非常便利地欣赏动物的可人姿态，以及与动物保持一种亲和相悦的关系。从所引《诗经》的文句可以看到，麋鹿生活得十分安宁和健康，白鸟的羽毛非常光洁，满池鱼儿还在跳跃。这都是动物生机盎然的景象。而人们以欣赏这种生命力的迸发为乐，实际上已经蕴含了生态之美的观念。而在这种情况下，人们对动物的态度显然不是将之当作食物、当作“害”，并从纯粹功利性的角度对其加以考量，而是“欢乐之”，主动地去欣赏动物、亲近动物，追求一种审美的愉悦。

第二节　宫室之美

孟子还谈到了对居住环境的欣赏。如齐宣王见孟子于雪宫，王曰：

---

①《孟子·尽心上》，杨伯峻译注：《孟子译注》，第307页。

②《孟子·梁惠王上》，杨伯峻译注：《孟子译注》，第3页。

③《孟子·滕文公上》，杨伯峻译注：《孟子译注》，第124页。

“贤者亦有此乐乎？”孟子对曰：“有。”[①]雪宫是齐宣王的离宫，相当于今天的别墅。从引文可以推测，齐宣王的雪宫应该是非常奢华别致的，于是他才会带着炫耀的口吻去追问孟子：“你们这些贤能的人也有这种快乐吗？”而孟子对于这种居住环境所带来的快乐是不否认的，他承认贤者也以此为乐。孟子还说：“说大人，则藐之，勿视其巍巍然。堂高数仞，榱题数尺，我得志，弗为也。”[②]可见，当时的达官贵人一旦得志，便汲汲以求宫室之美，把宫室装潢得富丽堂皇。此外，孟子还明确地提到了宫室之美的重要性。他说：“乡为身死而不受，今为宫室之美为之；乡为身死而不受，今为妻妾之奉为之；乡为身死而不受，今为所识穷乏者得我而为之，是亦不可以已乎？此之谓失其本心。”[③]从这段引文可以看出几点：第一，孟子认为宫室是人们审美的对象。第二，孟子认为宫室的美具有非常大的魅力。这可以从与宫室之美作交换的对象来推理。孟子说，以前就算是牺牲性命也不接受，而今却为了宫室之美而接受。可见，人的性命和宫室之美可以相提并论。而后文提到的“妻妾之奉”“所识穷乏者得我”，分别代表着女色、名誉，而孟子把宫室之美放在与之相同的地位，可见在孟子的时代，美好的居住环境已经成为人们自觉地加以追求的对象。

此外，孟子还特别强调居住环境对人的气质的影响。《尽心上》记载：孟子自范之齐，望见齐王之子，喟然叹曰：“居移气，养移体，大哉居乎！夫非尽人之子与？”孟子曰：“王子宫室、车马、衣服多与人同，而王子若彼者，其居使之然也。况居天下之广居者乎？鲁君之宋，呼于垤泽之门。守者曰：‘此非吾君也，何其声之似我君也？’此无他，居相似也。”[④]

在这一段里，孟子用了两个例子来说明居住环境的重要性。第一个是齐国的王子。孟子从范来到齐国的都城，一眼就看到了齐国的王子。为什么王子这么醒目？王子和普通人不都是人的儿子吗？孟子说：居所

① 《孟子·梁惠王下》，杨伯峻译注：《孟子译注》，第33页。
② 《孟子·尽心下》，杨伯峻译注：《孟子译注》，第339页。
③ 《孟子·告子上》，杨伯峻译注：《孟子译注》，第266页。
④ 《孟子·尽心上》，杨伯峻译注：《孟子译注》，第317—318页。

改变气度，奉养改变体质，居住环境真是重要啊！第二个是鲁国的国君。当他到了宋国的时候，守门人虽然认出他不是宋国国君，却很诧异，两个人样貌不同，但是说话的声音、气度很相似。原因何在？同样是“居”。两人所处的居住环境是相似的。因此，孟子感叹“大哉居乎”。

营造美好的居住环境，不仅是建筑设计上要精心别致，而且还要注意环境中的人。光有美丽的亭台楼阁、雕梁画栋，而没有品德高尚的人相伴，这种环境也是不可取的。在《滕文公下》，孟子讲了一个非常有名的故事——一傅众咻。楚国的大夫希望自己的儿子学齐国话，应该请齐国人还是楚国人当老师呢？自然是齐国人。但只有一个齐国人在他身边，他上完课之后，面对的都是喧哗吵嚷的楚国人，在这种环境下，他又如何学得好齐国话呢？

孟子认为，真正有效的办法就是，让他去齐国的集市上居住几年。这样一来，他每天睁开眼，吃穿住行，都必须用齐国话与齐国人交流，不然生存下去都会有问题。在这样的环境之中，他想要说楚国话，也不容易。孟子然后借题发挥，表示君王生活在宫室之中，如果要变成一个向善的君王，他所处的环境就必须有很多贤达之士、高尚之辈。“子谓薛居州善士也。使之居于王所。在于王所者，长幼卑尊皆薛居州也，王谁与为不善？”[①]君王身边都是“善士”，君王又能跟谁一起做坏事呢？君王自然就是一个好人了。进一步地说，在这种良好的环境下，君王如果能够做到与人为善，择善固执，那么，君王就居住在“天下之广居”，即内心充满了仁德，这样的君王，就一定是“仁者无敌”，能够“立天下之正位，行天下之大道”[②]。不难看出，孟子理想中的居住环境是具有浓厚的道德意味的。

最后，孟子特别强调美好的居住环境是自己主动求得的，注重人的主观能动性的发挥，认为人要去积极寻找符合自己心意的环境，而不是

---

①《孟子·滕文公下》，杨伯峻译注：《孟子译注》，第151页。
②《孟子·滕文公下》，杨伯峻译注：《孟子译注》，第141页。

被动地适应环境。孟子说："自得之则居之安，居之安则资之深，资之深则取之左右逢其原。"①自己主动求得的环境，才能真正安心地居住；只有安心地居住，才能更深入地挖掘环境的有利因素，从中得到更大的愉悦；只有更深入地挖掘环境的有利因素，才能在运用这些因素的时候得心应手，左右逢源，自由自在。因此，在孟子看来，"自得之"是环境审美非常重要的条件，"居之安""资之深"是提升环境审美的关键。这需要自己反复琢磨，认真玩味，不可急于求成。程子注解这一章句时就说："然必潜心积虑，优游餍饫于其间，然后可以有得。若急迫求之，则是私己而已，终不足以得之也。"②我们今天很多人对自己所居住的环境常有抱怨，其实不妨反思一下，对于所居的环境，自己是不是下了一番功夫认真考量呢？是真的符合自己的心意，还是随波逐流呢？自己又对居住环境投入了多少时间和精力呢？有没有拔苗助长，操之过急呢？

孟子给我们的启示是，对居住环境首先要有一种"一见钟情""爱我所爱"的感觉；其次是在实现了安居之后，要善于琢磨环境的诸多因素，环境的审美元素不全是直接显露出来的，而是有不少处于潜存的状态，需要我们充满热情地挖掘和利用；最后，我们积极改造过的居住环境，已经打上了我们情感的印记，环境与情感已经交融，主体实现了客体化，客体也实现了主体化，荡漾在这种审美情调之中，会升华我们的美感，让我们感受到一种自由，从而达到乐居的层次。

第三节　环境之美

自然的美，宫室的美，如何实现呢？孟子也给了许多可供参考的观点。

正如前文所言，自然首先并不是作为审美的对象出现在人们面前，

① 《孟子·离娄下》，杨伯峻译注：《孟子译注》，第189页。

② 〔明〕王夫子著，船山全书编辑委员会编校：《船山全书》第八册《四书训义下》，长沙：岳麓书院1989年版，第502页。

相反,人与自然往往处在对立之中。自然要呈现出美,“一部分来自形式,另一部分也许还是主要部分则来自它的实际功利价值的转化。这两者是统一的”①。因此,让自然成为审美的对象,主要要靠人类的经营筹划。孟子主张:

第一,要具备改造自然的生产力水平。

孟子说:“后稷教民稼穑,树艺五谷,五谷熟而民人育。”②老百姓要存活下来,除了抵御自然灾害,还要掌握耕种技术,能够生产出五谷。而在生产的过程中,孟子注意到社会分工十分必要,如果人与人之间各自为政,即便是掌握了生产技术,也无法满足自身的需求。他说:“且一人之身,而百工之所为备。如必子为而后用之,是率天下而路也。”③一个人要满足自己的需要,就需要耗费上百种的工艺。如果什么事情都亲力亲为,那么将率领天下人都疲于奔命了。对于改造自然,孟子还认为,人们要尊重自然的客观性,主动地顺应自然,这样就能事半功倍。他说:“禹之行水也,行其所无事也。如智者亦行其所无事,则智亦大矣。天之高也,星辰之远也,苟求其故,千岁之日至,可坐而致也。”④大禹让水运行,是顺其自然,好像没做任何事一样。如果有智慧的人也能顺其自然,那么这种智慧是大智慧。天那么高,星辰那么遥远,如果按自然规律推算,那么就算是一千年以后的冬至,也可以推算出来。自然界的背后是有规律可循的,人们如果充分地认识规律,改造自然的时候就会得心应手。

第二,要尊重和善待自然。

孟子曰:“牛山之木尝美矣,以其郊于大国也,斧斤伐之,可以为美乎?是其日夜之所息,雨露之所润,非无萌蘖之生焉,牛羊又从而牧之,是以若彼濯濯也。人见其濯濯也,以为未尝有材焉,此岂山之性也哉?”⑤

---

① 陈望衡:《环境美学》,第187页。

②《孟子·滕文公上》,杨伯峻译注:《孟子译注》,第125页。

③《孟子·滕文公上》,杨伯峻译注:《孟子译注》,第124页。

④《孟子·离娄下》,杨伯峻译注:《孟子译注》,第196页。

⑤《孟子·告子上》,杨伯峻译注:《孟子译注》,第263页。

孟子认为，牛山上的树木以前是美的，而后来人们对它不断地进行砍伐和放牧，最后导致牛山成为光秃秃的荒山。在这里，孟子对于自然生态之美有一个非常有意义的解读。那就是孟子为什么认为牛山上的树木以前是美的呢？或者说，为什么牛山之木变得不美了？从引文可以看到，美和不美，在于牛山之木的生态状况。牛山之木的原始状态是在晚间生长，雨露滋养，新芽发出，充满了生命力。这种极具生命力的状态，孟子把它看作“美”。由此可见，孟子对自然美的认识是非常深刻的。自然美，美在生态，美在生命。如果人们对牛山之木不过度地砍伐和放牧，那么牛山之木既能够成为可供人们利用的物质财富，又能保持着自身旺盛的生命力。这种状态不仅是美的，而且是善的。孟子还说：“故苟得其养，无物不长，苟失其养，无物不消。”①告诉我们，人不能只向自然界索取，而应该懂得去滋养、养护自然。如果人们懂得了滋养，那么万物都可以生长；如果不懂得滋养，万物都会消亡。自然界在滋养着我们，我们应该回馈自然、滋养自然，这样生命才能流转不息，整个世界才能生机盎然。而这样的世界，无疑是美的。那么，具体而言，我们应该如何处理与自然之间的关系，从而让其具有生命力，呈现出“美”呢？

孟子认为，对于自然界，人不可能不索取。完全不依赖自然，人就无法存在。一个没有人存在的世界，也就失去了理解和评价自然的可能，自然也就无所谓美与不美。这正如王阳明所言：“你未看此花时，此花与汝同归于寂。你来看此花时，则此花一时明白起来，便知此花不在你的心外。”②花的存在和花的明亮并非一回事。花的存在是事实判断，是纯粹的物质世界；花的明亮是价值判断，是主观的意义世界。没有人，花固然可以继续存在，但花的明亮失去了意义。因此，自然美不可脱离人的存在，自然美需要人的存在。当然，人的存在更需要自然。孟子说：“民

①《孟子·告子上》，杨伯峻译注：《孟子译注》，第263页。

②〔明〕王阳明：《传习录下·黄省曾录》，引自陈荣捷《王阳明〈传习录〉详注集评》，上海：华东师范大学出版社2009年版，第198页。

之为道也，有恒产者有恒心，无恒产者无恒心。”①恒产就是一定的产业、收入，这主要来自改造自然。孟子还说：“夫仁政，必自经界始。”②经界就是田界。这说明人要生活下去，要择善固执，就不能不依赖自然。

既然如此，那么如何对自然界索取呢？孟子认为，索取自然资源时，要尊重自然界的生长规律，符合万物的生长周期。“不违农时，谷不可胜食也。数罟不入洿池，鱼鳖不可胜食也。斧斤以时入山林，材木不可胜用也。谷与鱼鳖不可胜食，材木不可胜用，是使民养生丧死无憾也。”③孟子说，不要耽误老百姓耕种收获的时节，不要用细密的渔网捕鱼，砍伐树木要在一定的时节，做到这样，既可以保证生活物质的丰富，又不会让自然界因为人们的索取而走向枯竭。

而对于动物，孟子的看法也值得注意。齐宣王看到牛被拉去衅钟时浑身战栗发抖的样子，生出怜悯之心，于是“以羊易牛”。对于齐宣王的举动，孟子解释道：“君子之于禽兽也，见其生，不忍见其死；闻其声，不忍食其肉。是以君子远庖厨也。”④君子虽然关爱自己的生命，但也关爱动物的生命，不愿意见到动物的无故死亡，也不忍心听到动物的哀嚎。但需要指出的是，“君子远庖厨”不等于“君子废庖厨”。之所以是“远”，而不是“废”，是因为君子有恻隐之心，这种同情心是人性善的基础。如果不对其加以保存和扩充，人就会失去人性，变得无异于禽兽。孟子说：“人之所以异于禽兽者几希，庶民去之，君子存之。”⑤这所存的就是恻隐之心。因此，君子需要远庖厨，需要对动物抱有同情，但孟子并不主张因为同情动物就废除肉食。

孟子之所以如此主张，是因为：第一，肉食在当时并不是常见之物。孟子所处的时代，肉食并不像现代社会这样普及。孟子说：“鸡豚狗彘之

---

①《孟子・滕文公上》，杨伯峻译注：《孟子译注》，第 117 页。
②《孟子・滕文公上》，杨伯峻译注：《孟子译注》，第 118 页。
③《孟子・梁惠王上》，杨伯峻译注：《孟子译注》，第 5 页。
④《孟子・梁惠王上》，杨伯峻译注：《孟子译注》，第 15 页。
⑤《孟子・离娄下》，杨伯峻译注：《孟子译注》，第 191 页。

畜，无失其时，七十者可以食肉矣。”[①]七十岁以上可以吃到肉是社会安定富足的表现。如果处于乱世，那么老百姓就是“老弱转乎沟壑”，年老体弱的便弃尸山沟。因此，能够吃到肉食，是比较稀少的情况。既然如此，自然谈不上忧心动物走向灭绝的情况。

第二，动物不可一概而论。动物可以分为对人有危害的和没有危害的。有危害的，需要驱散；无危害的，可以同情。孟子说：“周公兼夷狄，驱猛兽而百姓宁。”[②]可见猛兽与百姓处在对立状态，只有驱走猛兽，才能让百姓安宁。在这种情况下，谈不上对动物要有同情心。相反，如果能够对抗猛兽，还会被世人大加赞赏。因此，孟子说：“晋人有冯妇者，善博虎……众皆悦之。”[③]晋人冯妇因为擅长与虎搏斗，所以大家都喜欢他。

第三，人的地位高于动物。“人之有道也，饱食暖衣，逸居而无教，则近于禽兽。圣人有忧之，使契为司徒，教以人伦。父子有亲，君臣有义，夫妇有别，长幼有叙，朋友有信。”[④]在孟子看来，人区别于动物的地方就在于能够接受教化，并将四端之心扩而充之，使道德规范内化为自身的主动性需求。如果四端之心不明，孟子则斥之“非人也”。如果不能尊重五伦之义，那么就会跟孟子所批评的杨朱、墨子一样，“无父无君，是禽兽也”[⑤]。

第四，在仁爱的次序上，人具有优先性。孟子在指出齐宣王“见牛不见羊”时，责备他“今恩足以及禽兽，而功不至于百姓者，独何与？然则一羽之不举，为不用力焉；舆薪之不见，为不用明焉；百姓之不见保，为不用恩焉。故王之不王，不为也，非不能也”[⑥]。从引文可以看出，孟子认为在推恩于禽兽和百姓的次序上，百姓具有优先性。如果君王能够关爱禽兽，而说不能关爱百姓，那么这不是能力上做不到，而是不情愿。孟子还

①《孟子·梁惠王上》，杨伯峻译注：《孟子译注》，第5页。
②《孟子·滕文公下》，杨伯峻译注：《孟子译注》，第155页。
③《孟子·尽心下》，杨伯峻译注：《孟子译注》，第332页。
④《孟子·滕文公上》，杨伯峻译注：《孟子译注》，第125页。
⑤《孟子·滕文公下》，杨伯峻译注：《孟子译注》，第155页。
⑥《孟子·梁惠王上》，杨伯峻译注：《孟子译注》，第15页。

说:“庖有肥肉,厩有肥马,民有饥色,野有饿莩,此率兽而食人也。”①如果达官贵人把动物照顾妥善,而让老百姓饿死野外,那么这就是率领野兽吃人。而反过来,如果率领人来吃野兽,孟子并不反对。因此既要对动物有恻隐之心,又要尊重人的生存。正如陈望衡教授所言:“绝对反对杀生,也伤害了人类。除少数人外,绝大部分人类是不能做到不食动物的。绝对地不杀生,不就剥夺了人类生存的权利吗?因此,我们对于动植物个体生存权利的尊重是有限的。”②孟子说“君子之于物也,爱之而弗仁;于民也,仁之而弗亲。亲亲而仁民,仁民而爱物”③,“食而弗爱,豕交之也。爱而不敬,兽畜之也”④。对于动物,需要有爱,但爱需要分为不同的情况来处理。对自然万物的爱,是最低层次,意味着爱惜;对于民众,是中间层次,意味着仁爱;对于亲人,是最高层次,是亲爱。孟子还认为,对动物的爱应该以满足其生存需要为基础,可以进一步对之宠爱,但绝不能上升到人的高度,用对待人的尊严的方式去对待动物。这些都告诉我们,关爱动物要讲究方法、把握尺度。

第四节 真正的快乐

环境美的实现条件,除上述的不过度索取自然、养护自然、对动物应有恻隐之心外,更重要的是人自身的改变。“审美作为一种价值,取决于两个前提:一是客观的前提,事物必须具有一定的审美潜能。二是主观的前提,主体必须有审美需要。”⑤对于环境美的生成,同样也是如此。一方面需要环境美的客体存在,另一方面则需要环境美的主体存在。光有环境的客观条件,而缺乏一个具有审美态度的主体,美也无法产生。因

---

①《孟子·滕文公下》,杨伯峻译注:《孟子译注》,第155页。

② 陈望衡:《环境伦理与环境美学》,《郑州大学学报》(哲学社会科学版)2006年第6期,第118页。

③《孟子·尽心上》,杨伯峻译注:《孟子译注》,第322页。

④《孟子·尽心上》,杨伯峻译注:《孟子译注》,第318页。

⑤ 陈望衡:《当代美学原理》,北京:人民出版社2003年版,第125页。

此，孟子对主体也提出了如下一些要求。

第一，充实之谓美。“可欲之谓善，有诸己之谓信，充实之谓美。”①在孟子看来，美的生成是离不了善的。什么是善呢？追求心中向往的。那么何者为心中极为向往的？孟子说：“口之于味也，有同耆焉；耳之于声也，有同听焉；目之于色也，有同美焉。至于心，独无所同然乎？心之所同然者何也？谓理也、义也。圣人先得我心之所同然耳。故理、义之悦我心，犹刍豢之悦我口。”②人的心跟口、眼一样，是存在共同感的。尽管具体而言，每个人所追寻向往的东西是不尽相同的。但是就人之为人的根本而言，每个人所追寻向往的东西都是一个——理义。有诸己之谓信，自己渴望善，并且能够身体力行地向善，这就是信。充实之谓美，在此不是其他事物的充实，而是心中之善的充实，也就说在“善”“信”的基础上进一步提升。但需要指出的是，“将孟子的话理解为审美比道德之善还要高一个层次，恐怕是误解了孟子的原意”③。相反，这里的“美”是以善为基础的，“就是指人的充满仁义等美好品德的精神生命和相应的天赋容貌和谐统一”④。

第二，真正的快乐。孟子指出，要真正欣赏自然和宫室，君主和贤人需要让政治保持昌明，否则即便眼前繁花似锦，感官上也许触动了美感，但在更高层次上，他们不会因为这种美感而感受到真正的快乐。即便获得了短暂的快乐，其中也蕴藏着巨大的忧患。此外，现实中诸多尚未处理的矛盾冲突很可能会导致人根本无法进入审美状态。对此，可以参考以下段落：

孟子见梁惠王，王立于沼上，顾鸿雁麋鹿，曰：“贤者亦乐此乎？”孟子对曰：“贤者而后乐此，不贤者虽有此，不乐也。”⑤

---

①《孟子·尽心下》，杨伯峻译注：《孟子译注》，第 334 页。
②《孟子·告子上》，杨伯峻译注：《孟子译注》，第 261 页。
③ 杨泽波：《孟子评传》，南京：南京大学出版社 1998 年版，第 357 页。
④ 陈望衡：《中国古典美学史》，长沙：湖南教育出版社 1998 年版，第 136—137 页。
⑤《孟子·梁惠王上》，杨伯峻译注：《孟子译注》，第 3 页。

> 齐宣王见孟子于雪宫。王曰："贤者亦有此乐乎?"孟子对曰："有。人不得,则非其上矣。不得而非其上者,非也。为民上而不与民同乐者,亦非也。乐民之乐者,民亦乐其乐。忧民之忧者,民亦忧其忧。乐以天下,忧以天下,然而不王者,未之有也。"①

第一段明确告诉我们,自然景观即便美丽,真正的贤者也不一定会快乐。原因就在于,这种乐是一种自私自利的乐,是以其他民众的痛苦为代价的,同时也放逐了自己的恻隐之心。孟子认为,"古之人与民偕乐,故能乐也"②。古代的君王与民同乐,因此能够真正地感受到快乐。所谓与民同乐,也就是要懂得推己及人,将自己的仁爱之心推而广之,使民众也能安享幸福。孟子说:"故推恩足以保四海,不推恩无以保妻子。古之人所以大过人者,无他焉,善推其所为而已矣。"③第二段则说得更清楚:"乐民之乐者,民亦乐其乐。忧民之忧者,民亦忧其忧。"君王要以民众的快乐为快乐,民众的忧愁为忧愁,这样民众也会以君王的快乐为快乐,君王的忧愁为忧愁,如此上下同心,便可天下安定。

孟子所生活的时代是战国中期,当时的生产力水平较低,人类对自然界的索取还没有对整个生态环境构成威胁,相反人与人之间的利害之争使得当时出现"争地以战,杀人盈野,争城以战,杀人盈城"④的状况,因此妥善的人伦关系是孟子所关注的焦点,环境美学并非其视域中心。但孟子强调以仁义为悦,扩充四端之心,推己及人,仁民爱物。这种主张已经包含了对自然万物的悉心照顾。在环境急剧恶化的今天,孟子的思想不但可以救治自然,更能匡正人心。

---

①《孟子·梁惠王下》,杨伯峻译注:《孟子译注》,第 33 页。

②《孟子·梁惠王上》,杨伯峻译注:《孟子译注》,第 3 页。

③《孟子·梁惠王上》,杨伯峻译注:《孟子译注》,第 16 页。

④《孟子·离娄上》,杨伯峻译注:《孟子译注》,第 175 页。

第七章　荀子的环境美学思想

荀子(约前313—前238年),名况,时人尊而号为"卿",亦称孙卿,战国后期赵国人。荀子早年求学于儒家子弓,后游学于齐国稷下学宫。后因齐国为燕国所败,稷下学宫一时学者云散。后齐襄王重振稷下学宫,荀子也再次入齐,前265年直至前238年,荀子成为稷下学宫最有威望的老师,并曾经三次以宗师的身份担任学宫的祭酒。前285年,荀子劝谏齐湣王行儒家之道,齐王没有采纳;后入秦,建议秦昭王行礼乐仁政,秦王也不重视;后入楚,春申君黄歇委任他为兰陵令。后春申君被杀,荀子也被罢免,他便在兰陵定居,以教学著述终老。

在后世构造的儒家道统里,荀子常被视为异端,如刘向、韩愈、王安石、程颐等都对他有严苛的批评。现代新儒家牟宗三认为:"自荀子言,礼义法度皆由人为,返而治诸天,气质人欲皆天也。彼所见于天者唯是此,故礼义法度无安顿处,只好归之于人为,此其不见本源也。"①韦政通则评价荀子是"上不在天,下不在田"②。

在儒家正统的脉络里,荀子似乎不能占据一席之地,但不能否认的

① 牟宗三:《名家与荀子》,台北:台湾学生书局1994年版,第214页。

② 韦政通:《荀子与古代哲学》,台北:台湾商务印书馆1992年版,第219页。

是，荀子是儒家思想史上极为重要的人物。他同样继承了孔子的学说，和孟子的不同之处在于，孟子着重于发展孔子关于心性的论说和道德的理想主义，荀子着重于发展孔子关于礼义的论说和道德的现实主义。孟子和荀子虽有差异，但毕竟同属儒家阵营，只是各有偏重，各有创见。简单地把荀子视为异端，实际上无异于把儒家看成一个封闭、刻板，甚至教条化的体系，既不能客观公允地对待荀子的思想，也不能全面准确地把握儒家的学说。

在环境美学思想上，荀子突破了"天人合一"的传统，开启了"天人相分"的传统，从一个客观、冷静的角度来重新审视人与环境之间的关系。角度的差异，不代表思想水准的差异，更不意味着人必然站在环境的对立面。在缔造人与环境的和谐关系这一点上，"天人合一"与"天人相分"实际上是殊途而同归。

此外，荀子把儒家的"善"落实在"礼"的层面，并进而推进到法，而礼义法度并不是先天而生的"良知良能"，而是需要后天的"化性起伪"来实现的。这也将环境美学从传统儒家偏重天道天命、心性修养的形而上的层面，转向了偏重自然资源、利用保护的形而下的层面，换言之，从重在天道走向了重在人道，但也未丢弃对自然的尊重和敬畏。

第一节　绍续孔孟

在孔子思想里，天带有意志、情感的色彩，他说："获罪于天，无所祷也。"①"天生德于予，桓魋其如予何？"②孔子在失意之时，感慨"知我者其天乎！"③他相信，天是唯一理解他的存在。孔子在困窘之际，喟叹"凤鸟不至，河不出图，吾已矣夫！"④他相信，自然物象背后隐藏着天意。天人

①《论语·八佾》，杨伯峻译注：《论语译注》，第 27 页。
②《论语·述而》，杨伯峻译注：《论语译注》，第 72 页。
③《论语·宪问》，杨伯峻译注：《论语译注》，第 156 页。
④《论语·子罕》，杨伯峻译注：《论语译注》，第 89 页。

之间是相互贯通的。

在孟子思想里，天人贯通的倾向更加明显。他说："尽其心者，知其性也。知其性，则知天矣。存其心，养其性，所以事天也。"①了解自己的心性便可以知晓天，存心养性便是敬奉天的方式。"夫君子所过者化，所存者神，上下与天地同流。"②君子以仁德感化民众，心中所存神妙莫测，造化之功与天地一起运转。孟子相信，天是人的道德理性之本源。"有天爵者，有人爵者。仁义忠信，乐善不倦，此天爵也；公卿大夫，此人爵也。"③天人之间是密切相关的，并且可以通过"诚"来沟通。"诚者，天之道也；思诚者，人之道也。"④

荀子在天人关系上，并不是与孔孟决然不同，而是在继承了孔孟观念的基础上有所创新。荀子说："皇天隆物，以示下民，或厚或薄，常不齐均。"⑤上天将智慧赐予民众，有的人所得丰厚，有的人所得微薄，常常是不齐不均的。这里的"皇天"跟"天生德于予"的"天"，非常类似和接近。荀子还说："老老而壮者归焉；不穷穷而通者积焉；行乎冥冥而施乎无报，而贤不肖一焉。人有此三行，虽有大过，天其不遂乎？"⑥人只要尊敬老人、帮助弱势群体、暗地行善而不求回报，那么即便有大的过失，老天也不会毁灭他。这里的"天其不遂乎"中的天与"获罪于天"中的天，很明显都是有道德意志的天。"天下不治，请陈佹诗：天地易位，四时易乡；列星殒坠，旦暮晦盲；幽晦登昭，日月下藏。"⑦这一段认为，人世间如果混乱不堪，那么天地就会颠倒，四时就会错乱，日月星辰等自然物象也会失去原有的秩序。这说明，天地和人世间存在交互感应，并非分为两极，互不相通。

---

①《孟子·尽心上》，杨伯峻译注：《孟子译注》，第301页。
②《孟子·尽心上》，杨伯峻译注：《孟子译注》，第305页。
③《孟子·告子上》，杨伯峻译注：《孟子译注》，第271页。
④《孟子·离娄上》，杨伯峻译注：《孟子译注》，第173页。
⑤《荀子·赋》，方勇、李波译注：《荀子》，第421页。
⑥《荀子·修身》，方勇、李波译注：《荀子》，第22页。
⑦《荀子·赋》，方勇、李波译注：《荀子》，第426页。

荀子同样把“诚”看作天人之间的共通性。他说:“君子养心莫善于诚……天地为大矣,不诚则不能化万物。”[①]君子修养身心的最好途径就是真诚,天地虽然广大,但如果不真诚,就不能化育万物。“天地生君子,君子理天地。君子者,天地之参也。”[②]荀子的这种“君子与天地相参”的观念,与《中庸》也是有相通之处的。因此,荀子的天人关系并非铁板一块,更不是与孔孟的天人观处于一种“非此即彼”的对立状态。

第二节　自然之天

跟孔孟一样,荀子承认天是万物之本源。他说“天地者,生之始也”[③],天地是生命的发端;又说“天地者,生之本也”[④],天地是生存的根本。在他看来,天地先于人类而存在,又是人类赖以生存的根本。他还指出:“天地合而万物生,阴阳接而变化起。”[⑤]他把天地阴阳的交互感应,看作万物流行变化的根本。这些都是与孔孟的共同之处。

荀子比较独特的地方在于:第一,他比较强调天地的物质资源意义。荀子说:“夫天地之生万物也,固有余足以食人矣。”[⑥]天地产生万物,可以满足人们的饮食之需。这里的天地明显是一种自然资源意义上的天地。他还说:“其于天地万物也,不务说其所以然而致善用其材。”[⑦]意思是说,对于天地万物,君子的任务不是解说其形成的原因,而是能够很好地利用其材。在此,天地万物被他视为“材”,即人类生存所需的物资原材料,是人类的改造对象。

第二,他比较强调天的自然客观意义。什么是天?荀子说道:“列星

---

①《荀子·不苟》,方勇、李波译注:《荀子》,第31—32页。
②《荀子·王制》,方勇、李波译注:《荀子》,第126页。
③《荀子·王制》,方勇、李波译注:《荀子》,第126页。
④《荀子·礼论》,方勇、李波译注:《荀子》,第303页。
⑤《荀子·礼论》,方勇、李波译注:《荀子》,第313页。
⑥《荀子·富国》,方勇、李波译注:《荀子》,第147页。
⑦《荀子·君道》,方勇、李波译注:《荀子》,第193页。

随旋，日月递炤，四时代御，阴阳大化，风雨博施。万物各得其和以生，各得其养以成。不见其事而见其功，夫是之谓神。皆知其所以成，莫知其无形，夫是之谓天。”①日月星辰旋转交替，春夏秋冬循环变化，阴阳风雨润泽万物，这不露痕迹却化生万物、无影无踪却生成万物的就是天。天是神妙的自然创化。

这种神妙在于天职。“不为而成，不求而得，夫是之谓天职。如是者，虽深、其人不加虑焉；虽大、不加能焉；虽精、不加察焉，夫是之谓不与天争职。”②“天职”即自然的职能。它的特点是不去作为，便能成功；不去求取，就能得到。“为”和“求”是一种典型的主观意志的体现。天无需“为”和“求”，也就是天没有意志。而对于人来说，因为天是纯任客观的，所以思量、干预和审察这种客观的深意，都只是徒劳，不可能产生现实的效果。在这种意义上，荀子主张人应该恪守自己的本分，不要僭越职责。荀子还说：“天不为人之恶寒也辍冬，地不为人之恶辽远也辍广。”③“恶寒”“恶辽远”都属于人的主观情感，这种情感无论多么强烈，也无法改变天的时节、地的广阔。天地自有运行的法则，无关人间喜恶。

至于被许多人视为吉凶之兆的自然现象，荀子也认为是无稽之谈，只是罕见的自然现象罢了。他说：“星队、木鸣，国人皆恐，曰：是何也？曰：无何也。是天地之变、阴阳之化、物之罕至者也。怪之，可也；而畏之，非也。夫日月之有蚀，风雨之不时，怪星之党见，是无世而不常有之。上明而政平，则是虽并世起，无伤也；上暗而政险，则是虽无一至者，无益也。”④不管这些现象多么离奇，在荀子看来，都只是自然界自身的变化。如果觉得奇怪，无可厚非，但若是恐惧不安，就错了，因为这些异象古往今来都曾发生过。异象本身无所谓吉凶，吉凶只是人的观念的投射；人间的福祸也不由异象所决定，而在于人类社会自身能否保持秩序井然。

---

①《荀子·天论》，方勇、李波译注：《荀子》，第266页。

②《荀子·天论》，方勇、李波译注：《荀子》，第265—266页。

③《荀子·天论》，方勇、李波译注：《荀子》，第269页。

④《荀子·天论》，方勇、李波译注：《荀子》，第271页。

对于宗教祭祀，荀子也说："雩而雨，何也？曰：无何也，犹不雩而雨也。"①老百姓看到举行祭神求雨的仪式，然后就下雨了。这其中的原因是什么呢？荀子回答说：这没有什么原因，如果不举行祭神求雨的仪式，同样会下雨。祭神求雨的仪式和下雨根本就不存在因果关系，是两件完全不相关的事情。只是人们常常看到祭神发生在前，下雨发生在后，才会产生祭神求雨就可以下雨的观念。实际上这两者本身只是相互独立的事件。"故君子以为文，而百姓以为神。以为文则吉，以为神则凶也。"②君子通晓其中的道理，所以只是把宗教祭祀看作一种外在的文饰，并没有实际的功用；而老百姓不明就里，则以为是神灵之功。

荀子这种冷静客观的态度，类似于休谟的"习惯性联想"；荀子这种截断人与天之间的情感的做法，"在天人关系上确实是一次空前的革命"③。罗素谈及18世纪的科学状况时，指出有三大要素，其中之一就跟荀子的观念不谋而合："宇宙自身是自动的永恒体系，那里的一切变动，完全依照自然法则。"而这个要素"就达成了预兆、巫术、魔鬼等观念的没落"。④ 应该指出的是，荀子的这种天人思想较之西方哲人早出一千多年，实为难得。而与孔子对于"凤鸟""河图""麒麟"等事物的看法相比，荀子的观念无疑更偏重于自然的客观性，而淡化甚至否定了孔孟之天的超然价值实体和道德价值的形上学的意味。

这种客观性还表现在荀子比较强调天的规律性。他说："天有常道矣，地有常数矣。"⑤这里所说的常道、常数，就是自然的法则和秩序。而这种法则秩序是天地所固有和遵循的，不会因为人事的变化而存亡。因此，荀子说："天行有常，不为尧存，不为桀亡。应之以治则吉，应之以乱则凶。"⑥天的运行自有规律，人间的治乱不能影响其存亡。但荀子也并

---

①《荀子·天论》，方勇、李波译注：《荀子》，第273页。

②《荀子·天论》，方勇、李波译注：《荀子》，第273页。

③ 廖名春：《〈荀子〉新探》，北京：中国人民大学出版社2014年版，第133页。

④ 转引自廖名春《〈荀子〉新探》，第133页。

⑤《荀子·天论》，方勇、李波译注：《荀子》，第269页。

⑥《荀子·天论》，方勇、李波译注：《荀子》，第265页。

没有因此而消极逃避，否定人的主观能动性，而是指出，人们可以认识天道，并主动地配合天道，这样就可以趋吉避凶。将这种思想放到当下来反思环境恶化问题，可以看到罪过不在天道，而在于很多人为了一己之私或眼前利益，故意忽视甚至违背天道，以破坏环境为代价来换取物质财富。遵循规律，奉行天道，才是人与环境保持和谐美好关系的长久之方！

第三节 天人之分

天地自然是客观存在，人是自然造化中的一物。人生天地间，必依凭天地而生。在荀子看来，这种依凭是一种对象化的活动，即不是把天地与“我”视为一体，而是“天人两分”，即对天地和“我”各自存有并活动的范围划定边界。荀子说：“强本而节用，则天不能贫；养备而动时，则天不能病；循道而不忒，则天不能祸。故水旱不能使之饥，寒暑不能使之疾，袄怪不能使之凶。本荒而用侈，则天不能使之富；养略而动罕，则天不能使之全；倍道而妄行，则天不能使之吉。故水旱未至而饥，寒暑未薄而疾，袄怪未至而凶。受时与治世同，而殃祸与治世异，不可以怨天，其道然也。故明于天人之分，则可谓至人矣。”①

天虽然能够“不为不求”地创生万物，但并不意味着天可以无所不能，任意妄为。较之孔孟对天地的崇拜和敬畏，荀子多了一份对人的自信，少了一份对天的畏惧。比如贫穷、疾病和祸殃是人所畏惧的，常人认为这些无可把控，难以预测，只好归之于神秘的天，称之为“死生有命，富贵在天”②，一旦已成定局，便“知其不可奈何而安之若命”③。这种态度是荀子所不赞同的。他认为，贫穷、疾病和祸殃的存在与否，更多在于人本身的活动。如果加强农业生产，勤俭节约不浪费，天就不会使他贫穷；

①《荀子·天论》，方勇、李波译注：《荀子》，第265页。
②《论语·颜渊》，杨伯峻译注：《论语译注》，第125页。
③《庄子·人间世》，方勇译注：《庄子》，第61页。

储备好衣服食物，活动顺应天时，天就不会使他生病；遵照规律而不违背，天就不会使他遭殃。这三者都不是难于登天的事情，只是在日用人伦之中恪尽做人做事的职守罢了。做到了，天就无从降下灾祸；做不到，灾祸也并非由天而起，而是早在灾祸降临之前，人就已经自掘坟墓，天的作为只不过是压在骆驼背上的最后一根稻草罢了。等到这时候，去抱怨天，荀子称之为“怨天者无志”①，认为是没出息的做法。一个真正的仁人君子，应该明白哪些是天的职分，哪些是人的职分，而不是将两者混为一谈，然后怨天尤人。

天和人各有所长，各司其职。尽管天职伟大，“不为而成，不求而得”，人力所不及，但不代表天是全能。荀子说：“天能生物，不能辨物也；地能载人，不能治人也。”②天能够产生万物，但治理万物的工作，天做不了；地能够承载民众，但治理民众的工作，地做不来。天地有其擅长之处，但其职能限制在自然世界之中，无法主动干预，更无法治理人类社会。天地当然可以去除人类社会，但缺少了人类社会的天地，乃是一个无情感、无价值、无意义的纯粹客观世界。虽然万物生长，物种繁盛，但缺少人类社会，万物也就只是狂野的生命而已，无所谓和谐之道，更无所谓环境之美。因此，荀子对人的价值予以充分肯定，甚至将人与天地并列。他说：“天有其时，地有其财，人有其治，夫是之谓能参。”③三者各有所长，天有时令节气，地有材料资源，人有治理之道，三者并列，相互作用，才能有环境之美。此之谓“天生人成”。

第四节　人最为天下贵

荀子认为，与天地相比，人之所长是善于治理。人具有与天地所创生的万物不同的特点，这使得人成为环境美学的主体，也成为环境伦理

---

①《荀子·荣辱》，方勇、李波译注：《荀子》，第41页。
②《荀子·礼论》，方勇、李波译注：《荀子》，第313页。
③《荀子·天论》，方勇、李波译注：《荀子》，第266页。

的主体。荀子说:“水火有气而无生,草木有生而无知,禽兽有知而无义;人有气、有生、有知,亦且有义,故最为天下贵也。”①只有人兼具四者:气、生命、知觉和道义,所以人享有天下最尊贵的地位。但这一尊贵不在于人可以占据食物链的顶端,可以对草木禽兽操生杀予夺之权柄;也不在于人可以戡天役物,以自然万物的征服者自居,迫使大地不断按照人的要求奉献其资源;而在于“义”。

什么是“义”? 荀子说:“夫义者,所以限禁人之为恶与奸者也。”②义,是用来限制人们为非作歹和施行奸诈的。义是人所制定,且用来规范人的行为的道德法则。荀子又说:“夫义者,内节于人而外节于万物者也,上安于主而下调于民者也。内外上下节者,义之情也。”③义不但可以调节人,还可以调节万物;不但可以让君主安定,还可以使民众协调。调节内外上下的关系,是义的实质。这句话就义的内涵作了一个发挥,让义的作用更加广泛了。但这里所说的调节万物,并不是指义“这种人类行事标准和内在之精神本质”④可以调控万物的生长与凋零,而是指义可以调节人与万物之间的关系。义,归根结底,是一种对人与人、人与万物之间关系的适宜的安排和调节。

这种义,首先是对人的正当物质性需要给予肯定。荀子说:“义与利者,人之所两有也。虽尧、舜不能去民之欲利,然而能使其欲利不克其好义也。虽桀、纣亦不能去民之好义,然而能使其好义不胜其欲利也。”⑤义和利是人所兼有的东西。尧舜在世,也不能去掉民众的好利之心,只是让这种好利不要妨害了好义。反之,桀纣在世,也不能去掉民众的好义,只是会让好义敌不过好利的追求。荀子一方面肯定了人的好义之心,也不否定人有好利之心;另一方面则认为,好义和好利并不是非此即彼的

①《荀子·王制》,方勇、李波译注:《荀子》,第 127 页。
②《荀子·强国》,方勇、李波译注:《荀子》,第 263 页。
③《荀子·强国》,方勇、李波译注:《荀子》,第 263 页。
④ 孔繁:《荀子评传》,南京:南京大学出版社 1997 年版,第 32 页。
⑤《荀子·大略》,方勇、李波译注:《荀子》,第 451 页。

关系，而是可以共存于人心中。圣人如尧舜者，治理天下，也是充分尊重人们正当的好利之心，只是不放任自流，要让其接受义的规范。因此，荀子才说："欲虽不可去，求可节也。"①此外，荀子还认为，好义之民风的养成，主要在于统治者是否好义。"君臣上下，贵贱长少，至于庶人，莫不为义，则天下孰不欲合义矣？"②

其次，义与道是相通的。荀子说："入孝出弟，人之小行也。上顺下笃，人之中行也。从道不从君，从义不从父，人之大行也。"③很明显，这里的"道"和"义"是互训。因此，"义"实际上可以称作"道义"。而"道"当然是儒家之道，荀子补充说："若夫志以礼安，言以类使，则儒道毕矣；虽舜，不能加毫末于是矣。"④志向根据礼义来安排，言论根据法度来措辞，儒道就完备了。王先谦对此解释道："志安于礼，不妄动也；言发以类，不怪说也。"⑤可以看出，荀子心中的儒道带有一种明显的外在的规范意味，重在礼义法度之中，这标志着儒家的道德观念走向了制度化。

再次，义的基础在于辨，即经由人自觉的实践和认识活动，对人与人、人与物之间的关系进行分判区别。"凡可知，人之性也；可以知，物之理也。"⑥人具有认识能力，万物亦可被认知，这使得"辨"成为可能。荀子又说："人之所以为人者，何已也？曰：以其有辨也……夫禽兽有父子而无父子之亲，有牝牡而无男女之别。故人道莫不有辨。"⑦人的独特性在于能够区分。禽兽也有父子，但没有人类的父子之间的亲情；有雌雄之分，但没有男女之间的界限。人同于禽兽之处，是都禀受了自然的造化，有男女，有父子，这是自然关系；人异于禽兽之处，是人在自然造化的基础上，产生了人的信念和价值，这是社会关系。而社会关系的核心在于

①《荀子·正名》，方勇、李波译注：《荀子》，第369页。
②《荀子·强国》，方勇、李波译注：《荀子》，第254页。
③《荀子·子道》，方勇、李波译注：《荀子》，第483页。
④《荀子·子道》，方勇、李波译注：《荀子》，第483页。
⑤〔清〕王先谦撰，沈啸寰、王星贤点校：《荀子集解》，北京：中华书局1988年版，第529页。
⑥《荀子·解蔽》，方勇、李波译注：《荀子》，第352页。
⑦《荀子·非相》，方勇、李波译注：《荀子》，第59页。

区分和统一。混沌的统一是脆弱不堪的统一，只有建立在共同信念基础之上，对人我之间的差别有足够的认知和认同，进而各司其职、各尽所能，才能实现强有力的统一，形成强大的人类社会。

正是在“辩”，即区分的基础上，人类走向了“群”，即统一。荀子说：“力不若牛，走不若马，而牛马为用，何也？曰：人能群，彼不能群也。人何以能群？曰：分。分何以能行？曰：义。”①从个体来看，人类弱于动物。力气比不上牛，奔跑比不上马。牛马却为人所用，因为牛马个体虽然强大，但无法从个体走向群体；人类虽然弱小，但凭借区分能够实现统一的整体。荀子这一观念，与《未来简史》作者尤瓦尔·赫拉利的观念不谋而合：“在自然情况下，黑猩猩族群一般是由 20～50 只黑猩猩组成。而随着黑猩猩成员数量渐增，社会秩序就会动摇，最后造成族群分裂，有些成员就会离开另组家园。只有在极少数情况下，曾有动物学家观察超过 100 只的黑猩猩族群。至于不同的族群之间，不仅很少合作，而且往往还会为了领地和食物打得死去活来。”②“像是如果一对一，甚至十对十的时候，人类还是比不过黑猩猩。我们和黑猩猩的不同，是要在超过了 150 人的门槛之后才开始显现，而等到这个数字到了一千或两千，差异就是天壤之别。如果我们把几千只黑猩猩放到纽约股票交易所、职业棒球赛场、国会山或是联合国总部，绝对会乱得一塌糊涂。但相较之下，我们智人在这些地方常常有数千人的集会。”③

人类在 150 人的范围之内，能够互通消息，运作顺畅。超过 150 人，事情就大有不同。但发展到今天，人类已经跨越了 150 人的限制，能够构建超过 10 亿人口的庞大国家，并维持稳定和发展。这其中的原因就在于，人发生了“认知革命”，人的认识能力和水平有了极大的提高，从而能够传达更大量的关于智人身边环境、社会关系和关于虚构观念诸如部

① 《荀子·王制》，方勇、李波译注：《荀子》，第 127 页。
② [以]尤瓦尔·赫拉利：《人类简史》，林俊宏译，北京：中信出版社 2014 年版，第 27 页。
③ [以]尤瓦尔·赫拉利：《人类简史》，林俊宏译，第 38 页。

落的守护神、国家等的信息。[①] 尤瓦尔·赫拉利认为:“认知革命之后,我们要解释智人的发展,依赖的主要工具就不再是生物学理论,而改用历史叙事。”[②]认知革命让人类进入到一个新的阶段,这使得人类终于走出了自然界,与动物真正实现了区分。“人类和黑猩猩之间真正不同的地方就在于那些虚构的故事,它像胶水一样把千千万万的个人、家庭和群体结合在一起。这种胶水,让我们成为万物的主宰。”[③]这种虚构的故事,在荀子这里,主要就是礼义法度。

最后,义体现在礼义法度之中。因为“人生不能无群”[④],人必须生活在群体之中,荀子说:“百技所成,所以养一人也。而能不能兼技,人不能兼官,离居不相待则穷。”[⑤]一个人所需要的生活资料,需要各行各业的人所制成的产品。一个人不可能做到样样精通,一个人也不可能从事所有的职业。如果有谁非要离群索居,反对相互依靠,那么他必将陷于困窘之中。但群体的生活并不是自然而然就形成稳定的秩序。荀子说:“从人之性,顺人之情,必出于争夺,合于犯分乱理,而归于暴。”[⑥]放任不管,顺从本性,人必将处于混乱之中。因此,必须用礼义法度来规范人的行为。荀子说:“先王恶其乱也,故制礼义以分之,以养人之欲、给人之求,使欲必不穷乎物,物必不屈于欲,两者相持而长。是礼之所起也。”[⑦]为了避免陷入混乱,先王制定了礼义来确定人的名分。需要注意的是,礼义并不是所谓“吃人的礼教”,相反,它是“养人之欲、给人之求”,即正面肯定人的欲求,但不放任欲求,而是要调养人们的欲望、满足人们的需求。它既不是如同宗教中的苦行主义一样过度地压制欲求,也不是像消费主义一样刺激欲求。它是给人们的欲求划定合理的边界,让欲求成为欲

① 参看[以]尤瓦尔·赫拉利《人类简史》,林俊宏译,第37页。
② [以]尤瓦尔·赫拉利:《人类简史》,林俊宏译,第38页。
③ [以]尤瓦尔·赫拉利:《人类简史》,林俊宏译,第38页。
④《荀子·王制》,方勇、李波译注:《荀子》,第127页。
⑤《荀子·富国》,方勇、李波译注:《荀子》,第138页。
⑥《荀子·性恶》,方勇、李波译注:《荀子》,第375页。
⑦《荀子·礼论》,方勇、李波译注:《荀子》,第300页。

求，而不成为淫欲和贪求；让人成为人，而不成为欲求的奴隶；让社会成为社会，而不成为欲求的发动机。正是在这样的意义上，欲求和财富之间实现了均衡，避免了人们无限的欲求和有限的财富之间的矛盾。时至今日，我们所面对的生态恶化、环境危机，从根源上来看，正是因为现代工业模式的崛起和消费主义的流行，前者迫使自然界不断提供物质资源，后者激发人们不断产生新的欲求，从而造成自然界的紧张和人自身的焦灼，社会则陷入诡异的两端：一边是技术进步之下的物质充盈，一边是欲壑难填之下的精神空虚。更诡异的是，人们居然想通过占有更多的物质来填补精神世界的荒芜，全然不知自我生命的安顿在于天人之际、灵肉之间和人我之分的均衡和调适。荀子之礼义法度，以人欲之调养为归旨，对治现代社会之疾病，可谓深远矣！

荀子的礼义法度不仅是用来规范人与人之间的关系，而且还适用于人与自然之间的关系。他说："群道当，则万物皆得其宜，六畜皆得其长，群生皆得其命。"①如果礼义法度运用得当，那么万物都能得到应有的合宜安排，六畜都能到应有的生长，一切生命都能得到应有的寿命。的确，自然万物，无知无义，听凭本能，随顺造化，既无法为自己选择，也不能筹划未来。身为"最为天下贵"的人，可以为善，也可以为恶。自工业革命以来，人类的活动无疑是生态恶化、环境危机的罪魁祸首。但"解铃还须系铃人"，人有情有知有义，还能制定具体的"礼义法度"，理应肩负起恢复生态美好的责任。荀子之言，点明了环境美学的主体责任就在人类身上，且责无旁贷，不容推卸。万物能否各得其所、皆得其宜，不取决于自然，因为"天能生物，不能辨物"，"辨"即治理，此为自然之所短，却是人类之所长。

那人类又该如何去做呢？荀子说："故养长时，则六畜育；杀生时，则草木殖；政令时，则百姓一，贤良服。"②饲养适时，六畜就生育兴旺；砍伐

---

①《荀子·王制》，方勇、李波译注：《荀子》，第127页。
②《荀子·王制》，方勇、李波译注：《荀子》，第127页。

适时,草木就繁殖茂盛;政令适时,老百姓就能统一起来,贤良之士就会归服。对待植物、动物,荀子不主张盲目保护,人本身是自然界的一部分,也是食物链上的一个环节。即便人类对植物、动物不作干预,植物也会开花结果,然后凋零;动物也会繁殖成长,互相残杀;以植物为食的动物,也种类繁多。因此,为了延续人类的存在,对植物、动物善加利用并无不妥,这也是人类的生存本能所驱使的必然结果。霍尔姆斯·罗尔斯顿也指出,捕食给其他生命所带来的痛苦是一种工具性的痛苦,“是一种必要的恶,一种不好的善,一种辩证的价值”①。但荀子反对违背植物、动物的生长规律,任意地对它们进行宰制。因此,他提出“时”的概念,即“适时”,也就是在尊重动物、植物生长规律的前提下,抓好恰当的时机对动物、植物善加利用,从而既满足动植物生命成长的需要,也满足人类的物质欲求。

荀子还说:“圣王之制也;草木荣华滋硕之时,则斧斤不入山林,不夭其生,不绝其长也;鼋鼍、鱼鳖、鳅鳣孕别之时,罔罟、毒药不入泽,不夭其生,不绝其长也。春耕、夏耘、秋收、冬藏,四者不失时,故五谷不绝而百姓有余食也;污池渊沼川泽,谨其时禁,故鱼鳖优多而百姓有余用也;斩伐养长不失其时,故山林不童而百姓有余材也。”②在这一段里,荀子从否定的角度,具体谈到了人类利用动植物时应该禁止的行为。荀子的角度是功利主义的,他反对在草木开花繁盛之际进行砍伐,反对在动物怀孕产卵之时进行捕杀。如此,不失其时地让动植物得到生长,人类就可以有充足的物质资源。

这种观念,虽然从根本上而言,是为了人类长久地获取物质资源,但不可否认的是,确实起到了保护动植物生存权利的作用。较之竭泽而渔的野蛮做法,这无疑是一种进步。尤其是荀子谈到怀孕生产的动物时,主张不要残杀它们,让它们能够在自然界享受生长的过程。虽然这种观

① [美]霍尔姆斯·罗尔斯顿:《环境伦理学》,杨通进译,第81页。
②《荀子·王制》,方勇、李波译注:《荀子》,第128页。

念的目的是更长久地获取资源，但在荀子这里，已经有了一些动物权利保护思想的萌芽。这一点在当代越来越引起人们的重视。在20世纪50年代，“美国心理学家哈利·哈罗曾用猴子的发展做过实验。他在幼猴出生后几小时，就把它们和母猴分开，各自关在独立的笼子里，由两只假母猴来负责哺育。每个笼子有两只假母猴，一只使用铁丝材质，上面有可供幼猴吸吮的奶瓶；另一只使用木材，再铺上布，模仿真实母猴的样貌，但除此之外无法提供幼猴任何实质帮助……幼猴显然比较爱的是布猴，多半时间都紧抱不放……追踪研究发现，这些猴子孤儿虽然得到了必要的营养，长大之后却有严重的情绪失调。它们无法融入猴群的社会，与其他猴子沟通有问题，而且一直高度焦虑、具有高侵略性。结论显而易见：除了物质需求之外，猴子必然还有种种心理需求和欲望，如果未能满足这些需求，就会产生严重的负面影响。在接下来的几十年间，许多研究都证实这项结论不仅适用于猴子，对其他哺乳动物和鸟类也同样适用”①。

哈利·哈罗的实验揭示了一个事实：动物在幼儿期对母亲有强烈的情感需要，而幼儿期情感的缺失是对动物残酷的伤害。荀子主张不侵扰怀孕生产的动物，不捕杀动物的幼崽，让动物有一段相对自由的时间生活在自然之中，这无疑是更加亲和的生态保护，是更加细腻的情感关怀，也是儒家“恩至禽兽”思想的体现。反观当代工业化农业的做法，以奶牛为例，经营者在小母牛一出生时，就将其与母亲隔离，放在一个狭小的隔间喂养，提供必要的物质，防止其生病，让其发育成熟，之后便令其受精，使其怀孕产乳。然后其生下的幼崽，又重复着它的生活。而为了产生更多的牛奶，经营者会不停地让这头母牛怀孕，且不停地拿走它渴望哺育的幼崽，周而复始，循环反复。尽管现代工业化农业在技术上解决了母牛的物质需求问题，且让其尽可能在身体上保持健康，却完全漠视了母牛的情感需求。这种技术的完备，一方面是延长母牛的肉体寿命，另一

① [以]尤瓦尔·赫拉利：《人类简史》，林俊宏译，第324—325页。

方面无疑是延长母牛的精神痛苦。在经营者看来,动物只不过是生产流水线上的准产品罢了。

可怕的是,随着人类数量的增加、物质消耗的增大,经受这种厄运的动物也不可避免地增加。处于这种悲惨命运中的动物是可悲的,为了口腹之欲和积累金钱而制造这一悲剧的人类也是可悲的,他们已经背弃了"最为天下贵"的人的核心——义。随着文明的发展,数百年后的人们回首这段工业化农业的岁月,必定会感慨荀子对动物保留的温情,也必定会唾弃物欲横流的人们对动物施予的残忍。正如阿尔贝特・施韦泽曾说:"人们曾经认为,那种把黑人视为人,并要求人道地对待他们的观念是荒谬的。这种曾被认为荒谬绝伦的观念现在已经变成真理。今天人们可能仍会认为,下述主张有些夸大其词:一种合理的伦理,要求人们一以贯之地关怀所有的动物。"①人类过于旺盛的欲求和有限的物质资源之间的矛盾,并没有被现代工业模式和科学技术所解决,它们所做的只是加速了攫取自然界财富的进程,增加了动植物所遭受的痛苦,同时加剧了人与人、国与国之间的财富鸿沟,而摆脱了生物贫困线的人们,又陷入了一种新的痛苦之中:"2014 年,全球身体超重的人数超过 21 亿,而营养不良的人口是 8.5 亿。预计到 2030 年,人类会有半数身体超重。2010 年,饥饿和营养不良合计夺走了约 100 万人的生命,但肥胖却让 300 万人丧命。"②荀子曾谆谆告诫:"纵性情,安恣睢,而违礼义者,为小人。"③恪守礼义法度,才能"使欲必不穷乎物,物必不屈于欲,两者相持而长"④,也才能真正实现人与环境之间的和谐。

---

① [美]罗德里克・弗雷泽・纳什:《大自然的权利》,杨通进译,青岛:青岛出版社 1999 年版,第 242 页。

② [以]尤瓦尔・赫拉利:《未来简史》,林俊宏译,北京:中信出版社 2017 年版,第 5 页。

③《荀子・性恶》,方勇、李波译注:《荀子》,第 376 页。

④《荀子・礼论》,方勇、李波译注:《荀子》,第 300 页。

第五节　认识自然与造福人类

人们常用“人定胜天”来概括荀子的思想，但《荀子》全书并未出现“人定胜天”一词。这一词最早的出处是宋代刘过的诗《龙洲集·襄阳歌》，他写道：“人定兮胜天，半壁久无胡日月。”但这里的“定”，并不是“一定”的意思，而是指人心安定。在《史记·伍子胥列传》里，有一句话接近“人定胜天”：“吾闻之，人众者胜天，天定亦能破人。”这里的意思是说，人数众多就可以胜天，但天也能毁灭人。与今天“人定胜天”的含义最接近的是《东周列国志》中西周尹吉甫所说的：“天定胜人，人定亦胜天。”但不同的是：其一，天定胜人在前，人定胜天在后；其二，天与人交相胜。人与天平分秋色，各有擅长。这一点比较接近荀子的观念。

今天常说的“人定胜天”，主要是指人为的力量，能够克服自然阻碍，改造环境；也指人类一定能够战胜苍天。前者是荀子所认同的，后者则不符合荀子的思想。荀子主张“天人之分”，天、地、人三者各有其职分，各有其擅长，相互之间既不可取代，也无法比较，所以“战胜苍天”“征服自然”是一种很荒谬的说法。不过荀子认为，面对具有巨大创造力的自然界，自惭形秽，转而敬畏天地，乃至崇拜鬼神，也是比较荒谬又无实效的做法。

正在这样的语境下，荀子说：“大天而思之，孰与物畜而制之？从天而颂之，孰与制天命而用之？望时而待之，孰与应时而使之？因物而多之，孰与骋能而化之？思物而物之，孰与理物而勿失之也？愿于物之所以生，孰与有物之所以成？故错人而思天，则失万物之情。”①

在荀子看来，惊叹于天的伟大，而思慕不已，又有什么实际的用处呢？还不如把天看作物质资源积蓄起来，善加利用。顺从于天，而对其称颂不已，同样不如掌握自然规律而善加利用。盼望着时令，等待着天

---

①《荀子·天论》，方勇、李波译注：《荀子》，第274页。

的赐予，哪里比得上化被动为主动，因时制宜，使天为我所用呢？依靠万物的自然增殖，哪里比得上施展人的才华，让万物根据人的需要而变化呢？思慕万物，却把万物视为与人无关的外物，又有何益？不如主动地管理它们，而不失去它们。希望了解万物产生的原因，把精力都放在这种穷尽一生也无从知晓的问题上，还不如去占有那已经生成的万物。人的努力才是根本，放弃了努力，而把希望放在根本不会理会人间事务的天上，无异于缘木求鱼，违背万物的实情。

在这段话里，荀子实际上在对待"天"的问题上，批评了以道家为代表的随顺无为、消极被动的态度。荀子承认天伟大，也赞成要顺从天，更注意到了配合天时；也看到了万物的生成，并惊异于自然的造化之功，但他并没有因此停滞不前：他在看到天地万物的伟大创化的同时，也看到了人亦有伟大之处，即认识和利用天地万物。正是满怀着这种对人类能力的强烈自信，荀子说："老子有见于诎，无见于信。"[①]这里的"诎"同"屈"，即退让屈从；"信"同"伸"，即积极进取。荀子认为老子一味退守，不知进取。对于庄子，他说"庄子蔽于天而不知人"[②]，认为庄子只知道自然的作用，而不知道人的力量；"由天谓之道，尽因矣"，从自然的角度来看待天，就一味地强调因循依顺了。在荀子看来，道家的这种观念，是一种"曲知"，是对天地、自然和道的片面认知。

荀子认为真正的"知天"应该是"清其天君，正其天官，备其天养，顺其天政，养其天情，以全其天功。如是，则知其所为、知其所不为矣，则天地官而万物役矣，其行曲治，其养曲适，其生不伤，夫是之谓知天"[③]。天君即心，天官即感官，这是指把人身心的方面调适妥当；天养是"财非其类，以养其类"，一方面人认识到万物不是同类，而对其管理安排，另一方面用万物来供养人，这是指利用自然万物来养活人；天政是"顺其类者谓之福，逆其类者谓之祸"，顺应自己同类的需要叫作福，违背自己同类的

①《荀子·天论》，方勇、李波译注：《荀子》，第 275 页。
②《荀子·解蔽》，方勇、李波译注：《荀子》，第 341 页。
③《荀子·天论》，方勇、李波译注：《荀子》，第 267 页。

需要叫作祸，这是指顺应社会发展的需要；天情，是人的喜怒哀乐等情感，这里是指满足人的情感需要。身心、万物、社会和情感四个方面都照顾周全，就是完成了天的功绩。如此，就知道哪些是人应该做的，哪些是人不应该做的，天地就能被掌握，万物就可被役使，行动就会有条理，保养就会得安适，生命就能不受伤害，这样就叫作“知天”。

从荀子的这段话来看，“知天”的主要特点是：一、以人的需要得到妥善满足为目的。尽管叫作知天，但“天”本身不是目的。把天地万物作为人类生存的材料，遵照规律对其加以安置和改造，从而满足人类的物质需要和精神需要，才是目的。二、以人的实践活动为“知天”的途径。尽管叫作知天，但“知”即主观认知本身不是手段，荀子强调通过利用和改造自然的物质资料来生产实践，以及协调社会关系来“知天”，这截然不同于道家“致虚极，守静笃”“涤除玄览”“心斋”“坐忘”等诉诸主观神秘体验的方式，也不同于孟子“尽其心者，知其性也。知其性，则知天矣”①这种诉诸道德理性的方式。三、以实际功用为衡量标准。荀子说：“无用之辩，不急之察，弃而不治。”②对于没有用处的辩说、不是急需的明察，应该抛弃而不加研究。荀子并不热衷于玄妙的知识论或形上学问题，甚至对于自然万物的生成这种自然科学的问题，他也没有兴趣。相对于孔孟，荀子一扫儒家“迂阔而远于事情”的弊端，以直接的现实成效为“知天”的标准。因此，他要知的其实并不是“天”，而是“知其所为、知其所不为”，即在明确了客观的天同人的主观情感与意志没有任何关系之后，知道哪些是人可以依凭天去做的，哪些是不能做的。这种过于功利的态度，实际上并不是一种“全其天功”，因此蔡仁厚先生评价荀子“由于不求知经验层的所以然，所以未曾开出科学知识（此非才智问题，而是态度问题）；由于不求知超越层的所以然，乃显出荀子本源不透”③。

明白了这样的知天，我们就能知道荀子“制天命而用之”的意义。首

---

①《孟子·尽心上》，杨伯峻译注：《孟子译注》，第301页。

②《荀子·天论》，方勇、李波译注：《荀子》，第271页。

③ 蔡仁厚：《中国哲学史》，第266页。

先,他的“天命”不同于孔孟。孔孟的“天命”偏于主观,尽管称为“天命”,但具体落实在人身上,是一种人对天意的主观领悟与实践天意的责任。荀子的“天命”偏于客观,尽管称为“天命”,但具体落实在自然万物身上,是一种自然万物生成与变化的规律。荀子并不关心天的意图以及天赋予人的命运或责任,因为揣摩这种虚无缥缈的问题,并不能产生实际的效用。

其次,荀子用了一个“制”字,而不是“知”。“制”和“知”不同,“制”更偏向主观地创造,积极地去尝试;“知”更偏向客观地了解,已经预设对象实有,并被动地接受。换言之,对于“天命”、万物的规律,荀子已经发现其隐藏在世间万象的背后,并非直接向人显现。因此,“天命”不是已经摆在人们面前明显的事实,而是需要人积极主动地去除一层层的遮蔽,以一种“掘井及泉”的方式深入到万物内部,来推断和验证的万物的规律。这体现出荀子具有一种筚路蓝缕的开创精神。今天,人类面对与自然界的复杂关系,尤其是处理人与环境之间已经混乱的状况,需要荀子这种大胆尝试的精神。

最后,对于天命,荀子重在“用”上。所谓用,就是要充分发挥人的善辨、善治、能群等优势,改善民众的生活,增加百姓的福祉,促进社会的和谐。这也是与常言的“人定胜天”最不同的地方。荀子并不认为人能够战胜、征服天。“天有其时,地有其财,人有其治,夫是之谓能参。舍其所以参,而愿其所参,则惑矣!”①天、地、人是三者并立,各有所长。人用来与天地并立的就是“治”,人能够认识天地,并能在一定程度上按照自己的理想改造天地,以此增进人类社会的福祉。如果放弃人的这种特殊能力,而去思慕渴求天地的能力,这是糊涂不堪。

在“用”这一点上,荀子与同样重功利、重实用的墨子大不相同。墨子强调节用,总是担心日用的不足。但这种主观上的担忧于事无补,只是徒增烦恼而已;而客观上的节用,只不过是想方设法地降低生活质量,

① 《荀子·天论》,方勇、李波译注:《荀子》,第266页。

让民众缩手缩脚地过日子，并不能真正地解决问题，只是把已经存在的问题向后推延罢了，结果只是“天下尚俭而弥贫，非斗而日争，劳苦顿萃而愈无功，愀然忧戚非乐而日不和”①。

荀子主张“君子敬其在己者”②，多从自身能做的事情上入手，多发挥自己的主观能动性。荀子认为，墨子是“私忧过计”，实际上通过“制天命”、探究万物的规律、积极主动地改造自然、调整好社会关系，完全可以解决日用不足的问题。荀子说：“今是土之生五谷也，人善治之，则亩数盆，一岁而再获之；然后瓜桃枣李一本数以盆鼓；然后荤菜百疏以泽量；然后六畜禽兽一而剸车；鼋鼍、鱼鳖、鳅鳣以时别，一而成群；然后飞鸟、凫雁若烟海；然后昆虫万物生其间：可以相食养者不可胜数也。”③土地生五谷，只要人们善加利用，一亩就可以收获几盆，一年可以收获两次。不管是水果，还是蔬菜；不论是六畜禽兽，还是鱼鳖飞鸟，甚至昆虫万物，只要善加治理，物质资源就会多得不可胜数。要解决根本问题，不能靠消极地节用，还是应该发挥人的聪明才智，积极认识和改造自然。如此一来，“万物得宜，事变得应，上得天时，下得地利，中得人和，则财货浑浑如泉源，汸汸如河海，暴暴如丘山，不时焚烧，无所臧之，夫天下何患乎不足也”④。

当然，产生了丰富的物质资源，还得注意如何去用。在这一点上，荀子重申要用礼义法度规范人的行为。对于节用，荀子也不反对，只是反对把节用当作解决物质资源不足的主要手段。在做到了“制天命而用之”的前提下，节用是非常有必要的补充和完善，“务本节用财无极”⑤。荀子批评那些目光短浅、穷奢极欲的人，说：“今夫偷生浅知之属，曾此而不知也；粮食太侈，不顾其后，俄则屈安穷矣。是其所以不免于冻饿、燥

---

①《荀子・富国》，方勇、李波译注：《荀子》，第150页。
②《荀子・天论》，方勇、李波译注：《荀子》，第270页。
③《荀子・富国》，方勇、李波译注：《荀子》，第147页。
④《荀子・富国》，方勇、李波译注：《荀子》，第150页。
⑤《荀子・成相》，方勇、李波译注：《荀子》，第415页。

瓢囊为沟壑中瘠者也。”[1]只顾眼前，不看以后，铺张浪费，最后就会拿着讨饭的袋子饿死在山沟之中。荀子主张“节用御欲、收敛蓄藏以继之也，是于己长虑顾后，几不甚善矣哉？”[2]节省费用、抑制欲望、收聚财物、贮藏粮食、长远打算、考虑后续，这样的观念，与我们今天提倡的科学发展观、走可持续发展的道路，几乎是不谋而合了。荀子还说：“足国之道：节用裕民而善臧其余。节用以礼，裕民以政。”[3]一个国家要富足，就要节约费用，使民众富裕，并善于贮藏多余的财物。节省费用依靠礼制，使民众富裕依靠政策。节用不是任意的，礼义法度是保障；富裕也不等于随意分配，政府干预可护航。这对于我们今天建设美丽中国、提倡绿色生活，同样有借鉴意义。

① 《荀子·荣辱》，方勇、李波译注：《荀子》，第49页。
② 《荀子·荣辱》，方勇、李波译注：《荀子》，第49页。
③ 《荀子·富国》，方勇、李波译注：《荀子》，第140页。

第八章　墨子的环境美学思想

墨子(约前468—前376年),名翟,墨家学说重要创始人,春秋末战国初期宋国人,后长期居住在鲁国。他出身平民,自称"北方之鄙人"①(《吕氏春秋·爱类》)。他曾习孔子之术,明于《诗》《书》《春秋》。但他不满儒家礼乐之繁苛,认为这不是治国之道。他崇拜尧舜禹,从有关他们的传说中吸取爱民、尚贤、大同等优秀营养,创立了自己的不同于孔子的学说体系。墨子的学说,以兼爱、非攻为核心,主张节用、节葬、非乐,表现出人道主义、和平主义、自然主义的特色。墨子与孔子一样,广为收徒讲学,形成声势浩大的墨家学派。墨家弟子除学习墨子的学说外,还积极参与社会活动,其中最为著名的事迹是在楚国攻打宋国时,帮助宋国守城。墨子学说在先秦影响很大,与儒家同称显学。

《墨子》一书,为墨子及其门徒所著,《汉书·艺文志》说有71篇,今存53篇。在先秦著作中,独《墨子》提出"巧"这一概念,说明它对于美有足够的认识。墨子的"非乐"观一直为人所诟病,被定性为反审美、反艺术,其实,墨子并不是不懂艺术审美,但基于社会现实,他不能不提倡"非乐"的生活。他也不是不懂得锦衣玉食之美,同样基于社会现实,他不能

① 陆玖译注:《吕氏春秋》,北京:中华书局2011年版,第809页。

不倡导节俭。其实,非乐、节俭、朴素,也未尝不能看成一种审美的生活方式。《墨子》并无系统的环境美学思想,但它在论述别的问题时涉及环境审美,其中有一些说法具有重要的理论价值。

第一节 环境的根本规定——“以天为法”

在《墨子》一书中,“天”是一个重要概念,天,既是自然的天,又是神性的天、自然的天,相当于自然界。神性的天,它是有意志的,这志,墨子称之为“天志”。这两者因为是在不同的语境下说的,所以不相重合。墨子说的自然性的天,具有环境的意义。在《法仪第四》中,有一段重要的话:

> 然则奚以为治法而可?故曰:莫若法天。天之行广而无私,其施厚而不德,其明久而不衰,故圣王法之。既以天为法,动作有为,必度于天。天之所欲则为之,天所不欲则止。然而天何欲何恶者也?天必欲人之相爱相利,而不欲人之相恶相贼也。奚以知天之欲人之相爱相利,而不欲人之相恶相贼也?以其兼而爱之,兼而利之也。奚以知天兼而爱之、兼而利之也?以其兼而有之、兼而食之也。①

这段话出发点是讲法,法,在这里,为法度。《说文解字》云:“灋,刑也。平之如水,从水,廌所以触不直者去之。”②《管子·形势解》云:“法度者,万民之仪表也。”③按墨子的观点,“天下从事者无不可以有法仪”④,下面,他谈到了“百工从事,皆有法所度”⑤,继而说“治天下”“治国”“治家”、做人皆有法。所有的法,以何法最高?他说:“莫若法天。”

---

① 吴毓江撰,孙启治点校:《墨子校注》,北京:中华书局1993年版,第29页。

② 〔汉〕许慎撰,〔宋〕徐铉等点校:《说文解字》,北京:中华书局1963年版,第326页。

③ 〔清〕黎翔凤撰,梁运华整理:《管子校注》,第1181页。

④ 吴毓江撰,孙启治点校:《墨子校注》,第29页。

⑤ 吴毓江撰,孙启治点校:《墨子校注》,第29页。

天，在这里，不具神性的意义，而是指自然的天，这自然的天，是人生活、生存与发展的世界，它具有环境义，也具有资源义。

在墨子看来，天不只是简单地为人提供生活的环境，也不只是为人提供生存与发展的资源，它还具有为人提供生活与工作的法度的意义。

根据上面的引文，墨子以“法天”为主题，谈了三个重要的思想：

第一，天何以能成为人的法度？原因有三：一、“天之行广而无私”。说天“行广”，一是强调天具有充沛的活力，如《周易》所云“天行健”；二是强调天的无限性。最重要的是“无私”。之所以要强调无私，就是要让天与人拉开距离。天是天，人是人，天不会按照人的意愿去“行”，而是按照自己的法则去“行”。天的法度是不亲人的，天道无亲。再者就是要打压人的主体性。共同生活在地球上的不只是人，还有别的生物，它们也有生命，既然是生命，就不仅是需要生存、需要发展，而且也有对外界的感受。它们的许多需要与人是一样的，它们与人存在着复杂的关系，有些事情上相互依存，共同繁荣，利益一致；有些事情上相互冲突，你赢我败，利益相悖。而天，作为人类及其他生物的共同主宰，对于人与其他生物皆一视同仁。如果说，它的行为（天行）利于人，那是人合于天法，而不是天亲于人；如果说，它的行为（天行）不利于人，那是人离于天法，而不是天与人为敌。墨子这样说，是为了让人明白，在天人关系上，天是主导的一方，人是服从的一方；天只能被人利用，而不能为人而改变。然而，这“无私”一说，让今天的我们想到了生态无私、生态平等。生态是天的重要性质之一。生态问题，虽然目前是作为环境与资源的问题来处理的，然而它实际的意义远大于环境与资源，它决定或影响着人类新的文明的性质与进程。二、“其施厚而不德”。“德”在这里可理解为恩惠，整句的意思是天对于任何人和物均无恩惠。这仍然是在说天是无私的，同样具有生态平等的意思。《老子》云：“天地不仁，以万物为刍狗；圣人不仁，以百姓为刍狗。”①这里说的“不仁”即“不德”。《淮南子・诠言训》云：“诛而

① 《老子・第五章》，陈鼓应：《老子注译及评介》，第78页。

无怨，施而不德。放准循绳，身无与事，若天若地，何不覆载?”①《越绝书·吴内传》曰:“天道盈而不溢，盛而不骄者也。地道施而不德，劳而不矜其功者也。”②在中国古代文化中，地道也属于天道。天地有时合为一个概念，即为天;有时分为两个概念，天统属地，因此，地道“不德”也就是天道“不德”。三、“其明久而不衰”。“不衰”是说天地是永恒的。

第二，人应如何法天?墨子说“既以天为法，动作有为，必度于天”。“度”即法度，“度于天”即以天为法度。以天为法度，涵盖面极广，没有穷尽。其实，人的一切作为包括思想方式均需要以天为度。无数事实说明，度天则胜，违天则败。人类社会演化的大千世界就是度天与违天的较量。

第三，“度天”的核心是懂得“天之所欲”与“天之所恶”，而“天之所欲”与“天之所恶”的核心是在“爱”与“恶”、“利”与“贼”的问题上。墨子说“天必欲人之相爱相利，而不欲人之相恶相贼也”。然而，由于人有贪欲，人与人之间往往不能做到相爱相利，而往往是相恶相贼。如何解决这一问题?墨子提出“兼而爱之，兼而利之”的主张。这里的关键是“兼”。爱，能不能兼?利，能不能兼?墨子认为是可以的，原因是“天兼而爱之，兼而利之”。那么，何以见得“天兼而爱之，兼而利之”?墨子认为那是因为天“兼而有之、兼而食之”。他说:“今天下无大小国，皆天之邑也。人无幼长贵贱，皆天之臣也。此以莫不犓牛羊，豢犬猪，洁为酒醴粢盛，以敬事天。此不为兼而有之、兼而食之邪?天苟兼而有食之，夫奚说以不欲人之相爱相利也?”③墨子说天兼而有之，是说天下诸国均为天之城邑，天下人民均为天之臣民。说天兼而食之，是说天下的人吃一样的东西，也用一样的东西敬神。墨子说这样的话，是为了处理国与国之间、人与人之间的矛盾。如果从更广阔的视野来看世界，这世界不只存在着国与国之间、人与人之间的矛盾，还存在着人与自然之间的矛盾。

---

① 陈广忠译注:《淮南子》，北京:中华书局2012年版，第825—826页。

② 〔汉〕袁康、吴平辑录，俞纪东译注:《越绝书全译》，贵阳:贵州人民出版社1996年版，第76页。

③ 吴毓江撰，孙启治点校:《墨子校注》，第29页。

按墨子的天“兼而有之”观，人与存在于地球上的动物、植物、无机物皆为天之臣民，既然均为天之臣民，便都有生存与发展的权利。这就暗合今日所说的生态平等的思想。人为了自己的生存与发展，不能不向自然索取，这种索取，在一定的条件之下，不仅于人是必要的，于自然也是必要的，因为自然也需要更新。我们将人对自然的索取与自然界自身的更新称为“食”，那么，也可以说，人与自然界特别是有机物均被“兼而食之”。人与动植物均要生存，均要取食，相互之间存在着一种“食物链”的关系，这种关系的存在，是维系自然界生态平衡的重要条件。

第二节　环境理想——“顺天之意”

关于天，墨子是从两个方面认识的。一是认为天自为法，它不以人的意志为转移；二是认为天有志，它可以根据人的行为采取或赏或罚的措施。谈天法，取唯物主义立场；谈天志，取唯心主义立场。虽然所取立场不一样，但目的一样，都是让人们“兼相爱，交相利”。

墨子认为，天有志，有它的意愿，这志就是爱民。何以知道天是爱民的？《墨子·天志中》写道：

> 且吾所以知天之爱民之厚者，有矣。曰：以历为日月星辰，以昭道之；制为四时春秋冬夏，以纪纲之；雷降雪霜雨露，以长遂五谷丝麻，使民得而财利之；列为山川溪谷，播赋百事；为王公侯伯，以临司民之善否，使之赏贤而罚暴，贼金木鸟兽，从事乎五谷丝麻，以为民衣食之财。自古及今，未尝不有此也。①

墨子是从自然与人本然的和谐来谈这一问题的，他认为，一、天是有秩序的，具体表现为日月星辰的位置及运行有规律可循，春夏秋冬的演变有纲纪可遵。自然存在的有序性有助于人在天地间生活。二、天是人的财利之源，比如，它的“雷降雪霜雨露”，有利于五谷丝麻的生产，让人

---

① 吴毓江撰，孙启治点校：《墨子校注》，第299页。

获利。三、天是人事的舞台。天分为天空与大地,大地表现为山川溪谷。王公侯伯的治民,百姓们的耕作,全在这大地上。自古及今,人类就在这大地上"播赋百事",书写历史,创造文明。

应该说,除了将天说成有心志的人格神,这段文字对天与人的关系的阐述均很到位。实际上,他要表达就是:自然界是人的生存生活之本,这本,包括生命之源、生活之所两种意义。换句话说,自然界既是人的资源也是人的环境。无资源人不能生存,无环境人不能生活。

天给人以生存资源和生活环境,说明天对于人有爱心,而且爱心很厚。爱,是墨子学说的核心。墨子说的爱,是兼爱,兼爱是全体的爱,没有前提的爱。爱心这种行为,提到理论上,则是一种道德规范,墨子称之为"义"。

墨子充分肯定"义"即爱对于人类社会的重要意义:

> 天下有义则生,无义则死;有义则富,无义则贫;有义则治,无义则乱。①

"天下"指社会。社会需要重义,因为不重义,只有死路一条,但是人有贪婪的本性,不可能自觉地履行义。统治者就更不用说了,因为有权,只会利用权去更多地侵夺他人的生命与财物,以获取更多的利益。因此,让人自己明白义的重要性、自觉地履行义,是不可能的。墨子的做法是,借助天志以晓喻人,让天的威力迫使人去行义。这里,首要的是让人知道天志是什么。天志是什么呢?是义。怎么知道天是尚义的呢?就以天爱民作根据。墨子说:"天欲其生而恶其死,欲其富而恶其贫,欲其治而恶其乱,此我所以知天欲义而恶不义也。"②

虽然天有尚义之德,但天不是无原则地尚义,而是需要人能理解它的这份爱心,做到"兼相爱,交相利"。古代圣王就是这样做的,这样的事可以被称为"兴天下之利,除天下之害"。墨子说:

---

① 吴毓江撰,孙启治点校:《墨子校注》,第288页。
② 吴毓江撰,孙启治点校:《墨子校注》,第288页。

> 古者圣王明知天鬼之所福，而辟天鬼之所憎。以求兴天下之利，而除天下之害。是以天之为寒热也节，四时调，阴阳雨露也时，五谷孰，六畜遂，疾菑戾疫凶饥则不至。①

这是一个非常有趣的循环论证。《墨子》一方面说，天本然地具有一个宜于人生活、生存的环境，以此说明天本然地具有爱民之心、本然地尚义；另一方面又认为，人只要明了天的这份本心，懂得天的爱民之意，自觉地行义，兴利除害，天就可以为人类提供宜人的生活、生存环境：寒热也节，四时分明，阴阳协调，雨露有时，五谷丰登，六畜兴旺，人民健康，生活幸福。

人与自然之间诚然存在相互作用的关系，且自然对人的作用处于决定性的地位，但人对于自然的作用也不可小视。

人作用于自然的活动，都是出于自身的利益，它的客观效果有两种：一种效果是，既有利于人类，也有利于自然。比如，人对于树木的合理采伐，对森林的科学保护，既能为人类带来财富，也有利于森林的更新与整个地球生态环境的保护。另一种效果是，于人在具体事件上有利，于自然却是破坏，从长远看，从根本上看，对人也是不利的。比如，人对于森林的过度采伐，虽然也许会给人带来短期的利益，然其后果的严重性是难以估量的。

墨子所处的年代，为了财富对自然实施过分的掠夺这种事也是有的，但多为局部的，不算严重。但是，战争导致资源与环境遭到严重破坏的这种现象，不仅存在，还很严重。墨子在他的著作中，没有从资源、环境、生态保护维度去认识战争的灾难，而是立足于仁义，对当时"大国则攻小国""大家则乱小家""大都则伐小都"这种现象进行谴责，认为这种行为，于天，"天之所不欲"，于人，不仅"福禄终不得"，而且"祸祟必至"。这种主张，客观上起到了保护资源、保护环境的作用。

墨子的"天志"说，重要的不是"天志"之有无，而是此说的社会意义。

① 吴毓江撰，孙启治点校：《墨子校注》，第 298 页。

它的社会意义有三点值得注意：

第一，天志就是天法。墨子说："我有天志，譬若轮人之有规，匠人之有矩。输匠执其规矩，以度天下之方圆，曰：中者是也，不中者非也。今天下士君子之书不可胜载，言语不可尽计，上说诸侯，下说列士，其于仁义而大相径庭，何以知之？曰：我得天下之明法以度之。"[①]当天志被理解成天法，它就由唯心主义转化为唯物主义了。

第二，天志为人所接受，它的实践则为"尊道利民"[②]。道为何？墨子没有阐述，应该是天道，天道内容很丰富，各家解释不一样，从《墨子》一书整体来看，应是爱民生物。

第三，天志不仅强调爱民，还强调"顺天之意"。天意的含义丰富，究其实质，则是以爱民为本，创建的一个和谐的社会环境。具体来说，则是：

> 上强听治，则国家治矣；下强从事，则财用足矣。若国家治，财用足，则内有以絜为酒醴粢盛，以祭祀天鬼；外有以为环璧珠玉，以聘挠四邻。诸侯之冤不兴矣，边境兵甲不作矣。内有以食饥息劳，持养其万民，则君臣上下惠忠，父子兄弟慈孝。故唯毋明乎顺天之意，奉而光施之天下，则刑政治，万民和，国家富，财用足，百姓皆得煖衣饱食，便宁无忧。是故子墨子曰："今天下之君子，中实将欲遵道利民，本察仁义之本，天之意不可不慎也。"[③]

这里所说与其说是天意，还不如说是墨子的社会理想。这种社会理想，墨子概括为"刑政治，万民和，国家富，财用足"。它包括多种关系的处理：一是家庭关系的处理，"父子兄弟慈孝"；二是国内上下关系的处理，"食饥息劳，持养其万民"，"君臣上下惠忠"；三是人与鬼神关系的处理，"以絜为酒醴粢盛，以祭祀天鬼"，鬼神为人赐福；四是国际关系的处

---

① 吴毓江撰，孙启治点校：《墨子校注》，第 290 页。
② 吴毓江撰，孙启治点校：《墨子校注》，第 298 页。
③ 吴毓江撰，孙启治点校：《墨子校注》，第 298 页。

理,“诸侯之冤不兴矣,边境兵甲不作矣”;五是人与自然关系的处理,“遵道利民”,于是,国家富,财用足,“百姓皆得煖衣饱食,便宁无忧”。

第三节　与环境共处——“俭节则昌”

“节”,是《墨子》中一个重要概念。它的含义有二:一是节俭,二是调节。节俭的节,为简约,它通向道家哲学的“朴”。调节的节,为理序,它通向诸家哲学共同认可的“和”。

墨子讲节有个基本的目的——“民富国治”[①],具体来说表现为三。

一、反对统治者“厚作敛百姓”

统治者自己不劳动,他们的生活资源全是百姓提供的,他们如果追求奢华的生活,必然加重百姓的负担。墨子将今王与古代的圣王作比较,认为古代圣王的生活是简单的,讲究实用,今王的生活则是奢华的,超出实用之外,讲究体面、美观和排场。墨子的批判从生活的诸多方面展开。

第一,“宫室不可不节”。墨子说,古代圣王做宫室,“高足以辟润湿,边足以圉风寒,上足以待雪霜雨露,宫墙之高,足以别男女之礼,谨此则止,凡费财劳力不加利者,不为也”。然而当今的王“以为宫室台榭曲直之望,青黄刻镂之饰”。[②]

第二,“衣服不可不节”。墨子说,“圣人为衣服,适身体和肌肤而足矣,非荣耳目而观愚民也”。而当今之王,“冬则轻煗,夏则轻凊皆已具矣”,还要追求形式的美观,“以为锦绣文采靡曼之衣,铸金以为钩,珠玉以为佩,女工作文采,男工作刻镂,以为身服”。[③]

第三,“食饮不可不节”。墨子说,古圣人“其为食也,足以增气充虚,

---

① 吴毓江撰,孙启治点校:《墨子校注》,第 49 页。
② 吴毓江撰,孙启治点校:《墨子校注》,第 45 页。
③ 吴毓江撰,孙启治点校:《墨子校注》,第 46 页。

强体适腹而已矣”，而今王“以为美食刍豢，蒸炙鱼鳖，大国累百器，小国累小器”，极尽排场。[①]

第四，“舟车不可不节”。墨子说，古圣王“作为舟车，以便民之事。其为舟车也，完固轻利，可以任重致远，其为用财少，而为利多，是以民乐而利之”。当今的王“其为舟车，与此异矣，完固轻利皆已具，必厚作敛于百姓，以饰舟车。饰车以文采，饰舟以刻镂”。[②]

第五，“蓄私不可不节”。私，这里指的是妻妾，墨子说，“虽上世至圣，必蓄私不以伤行，故民怨。宫无拘女，故天下无寡夫。内无拘女，外无寡夫，故天下之民众”。而当今之君“其蓄私也，大国拘女累千，小国累百，是以天下之男多寡无妻，女多拘无夫，男女失时，故民少”。[③]

凡此种种所造成的后果，在墨子看来，均是政治的。对于古圣王，百姓是拥护的，而对于当今之主，百姓是憎恨的。因此“君实欲天下之治而恶其乱”，宫室、衣服、食饮、舟车、蓄私不能不节。

二、反对一切浪费

这就不是针对统治者，而是对全体百姓而言的。墨子具体说了“节用”“节葬”“非乐”三个方面。关于“节用”，墨子提出两点：一是“用财不费”，二是“去无用之务”。一切以适用、够用、能用为止。关于“节葬”，墨子反对厚葬，他语气坚定地说：“此非仁非义，非孝子之事也”，“厚葬久丧实不可以富贫、众寡、定危、治乱”。[④] 关于“非乐”，墨子说：

> 且夫仁者之为天下度也，非为其目之所美，耳之所乐，口之所甘，身体之所安，以此亏夺民衣食之财，仁者弗为也。[⑤]

这里，他没有否定音乐的审美作用，他谈这个问题，有两个很值得我

---

① 吴毓江撰，孙启治点校：《墨子校注》，第 46 页。

② 吴毓江撰，孙启治点校：《墨子校注》，第 46 页。

③ 吴毓江撰，孙启治点校：《墨子校注》，第 47 页。

④ 吴毓江撰，孙启治点校：《墨子校注》，第 258 页。

⑤ 吴毓江撰，孙启治点校：《墨子校注》，第 373 页。

们注意的维度：

第一,“仁者”的维度。“仁者之为天下度”,这度,就是要为天下着想、谋利,也就是说仁者是为公的,而是不寻求个人声色之乐。那种为了自身的快乐而“亏夺民衣食之财”的行为,“仁者弗为也”。

第二,现实的维度。现实是百姓生活艰难、社会动乱、战争频仍,作为统治者应该更多地关注百姓的生存问题、社会的安定问题、国家的存亡问题,而不要将音乐欣赏放在过高的位置上。

> 民有三患:饥者不得食,寒者不得衣,劳者不得息,三者民之巨患也。然即当为之撞巨钟、击鸣鼓、弹琴瑟、吹竽笙而扬干戚,民衣食之财将安可得乎?即我以为未必然也。意舍此。今有大国即攻小国,有大家即伐小家,强劫弱,众暴寡,诈欺愚,贵傲贱,寇乱盗贼并兴,不可禁止也。然即当为之撞巨钟、击鸣鼓、弹琴瑟、吹竽笙而扬干戚,天下之乱也,将安可得而治与?即我以为未必然也。①

墨子也谈到过古代圣王奏乐之事,但他强调四点:一、这是“事成功立”之后的事,也就是说,在做好仁者的事之后去作乐;二、是以礼为乐,乐的品格是高的;三、古圣王之乐,是“自作乐”;四、古圣王作乐,不是频繁的,只是在必要时作乐。

以上,墨子说的节,主题是节俭。用意是政治上的,主要是反对统治者的奢华,维护百姓的利益。它与老子提倡的朴素生活不是一样的。它对于今天的启示,一方面,仍然是在政治上的,它有批判社会腐败的意义。腐败者虽然主要来自统治阶层,但不限于统治者。另一方面,它有保护自然生态、防止资源浪费的重要意义。生态文明建设精神的实质是对自然生态的保护,这一保护以绿色生活为旗帜,而绿色生活的重要内容是资源的节约与对环境的友好。

---

① 吴毓江撰,孙启治点校:《墨子校注》,第 374 页。

三、调节自然

上面提到墨子的节，不仅有节俭义，还有调节义。调节义，包括自然界自身的调节、人与自然关系的调节两重意义。《墨子・辞过》中有一段话：

> 凡回于天地之间，包于四海之内，天壤之情，阴阳之和，莫不有也，虽至圣不能更也。何以知其然？圣人有传：天地也，则曰上下；四时也，则曰阴阳；人情也，则曰男女；禽兽也，则曰牝牡雌雄也。真天壤之情，虽有先王，不能更也。①

阴阳之和，是宇宙总原则，它既表现在自然界，也表现在人伦中。在自然界，天地分上下，四时分阴阳，禽兽分牝牡雌雄；在人伦，则分男女。这种分，说明宇宙有序，有序即和谐。墨子将这种和谐称为“天壤之情”。这种“天壤之情”，就算是先王也不能更改。自然具有调节的功能，它不断地调节自己，让宇宙中万事万物合理地存在，有序地发展。

第四节　环境大和谐——“兴天下之利，除天下之害”

墨子的人生观是：“兴天下之利，除天下之害”。这句话在《墨子》中多处出现。这一思想含有社会环境和谐和人与自然环境和谐两层意思。

从社会和谐来说，这“兴天下之利，除天下之害”的实质就是“兼相爱，交相利”。“兼相爱，交相利”的关键词是“兼”与“交”。兼，不是兼顾，而是视他为己，即“视人之国若视其国，视人之家若视其家，视人之身若视其身”②。概而言之，即“爱人若爱其身”③。“交”是相互的意思。交相利即相互生利，你好我也好，大家都好。这样做，就是爱遍天下，利遍天

① 吴毓江撰，孙启治点校：《墨子校注》，第 47 页。
② 吴毓江撰，孙启治点校：《墨子校注》，第 156 页。
③ 吴毓江撰，孙启治点校：《墨子校注》，第 152 页。

下，美好的社会环境自然就建立起来，天下就太平了。《墨子》深情地描绘这一社会理想：

> 是故诸侯相爱，则不野战；家主相爱，则不相篡；人与人相爱，则不相贼；君臣相爱，则惠忠；父子相爱，则慈孝；兄弟相爱，则和调。天下之人皆相爱，强不执弱，众不劫寡，富不侮贫，贵不傲贱，诈不欺愚。凡天下祸篡怨恨，可使毋起者，以相爱生也。①

从人与自然和谐来说，《墨子》大体上从四个维度来阐明：

第一，提出"天志"说，将"相爱"与"相利"归于"天志"，提出要"顺天之意"。关于这一点，上面有所介绍。

第二，提出"尚同"说。尚同，就是天下有一个共同的行事原则，这共同的原则必须兼顾大家的利益。怎样才能做到同？关键是选出一个好天子。什么样的人才是好天子？必须是"天下之贤可者"，"贤可"即"仁"，因此，"国君者，国之仁人也"。② 天下同于天子，天子又同于什么呢？必同于"天"。墨子说：

> 夫既尚同乎天子，而未上同乎天者，则天菑将犹未止也。故当若天降寒热不节，雪霜雨露不时，五谷不孰，六畜不遂，疾菑戾疫，飘风苦雨，荐臻而至者，此天之降罚也，将以罚下人之不尚同乎天者也。③

这段文字明确地说到"上同乎天"，而所谓"上同乎天"就是遵照天的法度而行事，否则天降灾难，五谷不熟，六畜不长，人民生病。

第三，提出"明鬼"说。墨子论鬼神，这当然是唯心的，也可以说是迷信的，但他的意图是让人守义、相爱、相利。"鬼"实际上代"天"行志。墨子在论鬼神时，言及自然界，他认为自然物也是有鬼神的，其意志与人之向善守义一致。《明鬼下》云：

---

① 吴毓江撰，孙启治点校：《墨子校注》，第 156 页。
② 吴毓江撰，孙启治点校：《墨子校注》，第 156 页。
③ 吴毓江撰，孙启治点校：《墨子校注》，第 116 页。

> 姑尝上观乎《商书》。曰："呜呼！古者有夏，方未有祸之时，百兽贞虫，允及飞鸟，莫不比方。矧佳人面，胡敢异心？山川鬼神，亦莫敢不宁；若能共允，佳天下之合，下土之葆。"察山川、鬼神之所以莫敢不宁者，以佐谋禹也。①

这话什么意思呢？墨子说，他曾看《商书》。《商书》说："哎呀！古代的夏朝，没有灾祸的时候，各种野兽爬虫，以及各种飞鸟，没有哪个不活得好好的，更何况是人类，怎么敢怀有异心？山川、鬼神，也无不安宁，若能恭敬诚信，则天下和合，国土得保。"考察山川、鬼神之所以无不安宁的原因，是为了佐助禹。这段文字包含有这样的观点：自然的意志通于人的意志，人与自然是相通的。人行善事，自然界也帮人。

第四，提出"治天"说。墨子并没有明确地提出"治天"的概念，但是，他对大禹治水的赞许，说明他认为自然界还是可以治理的。在《兼爱中》，他这样说大禹治水：

> 古者禹治天下，西为西河、渔窦，以泄渠、孙、皇之水。北为防、原、泒，注后之邸、嘑池之窦，洒为底柱，凿为龙门，以利燕代胡貉与西河之民。东方漏之陆，防孟诸之泽，洒为九浍，以楗东土之水，以利冀州之民。南为江、汉、淮、汝，东流之，注五湖之处，以利荆楚、干、越与南夷之民。②

从这可知，大自然与人的关系存在着两面性：从本质上来看，大自然是人类的生命之根，它宜于人类生存与发展。但是，并不是所有的自然现象都适合于人的生存发展。人为了自己的生存与发展，对自然实行不伤及生态平衡的改造不仅是可以的，而且是必要的。

放宽来看，"兴天下之利，除天下之害"不仅含有人类社会和谐之意，还含有整个宇宙和谐之意，它是墨子的崇高理想，是他行为的纲领，也是他寄予天子及广大百姓的箴言。

---

① 吴毓江撰，孙启治点校：《墨子校注》，第335页。
② 吴毓江撰，孙启治点校：《墨子校注》，第157页。

第九章　韩非子的环境美学思想

韩非子(约前 280—前 233 年),韩国贵族,他与李斯同为荀子的学生。据《史记》介绍,“喜刑名法术之学,而其归本于黄老”①。韩处世之时,秦用商鞅变法,日益强大,而六国基于自身的利益,不能团结起来共同拒秦,因而一个个遭到秦的打击,不断地为秦吞没。作为韩国的公子,韩非子曾数次上书韩王,请求变法,然不被韩王重视。不得已,他将自己的见解写成文字,据《史记》说是十余万言。秦王嬴政看到这些文章,极为赏识,说:“嗟乎,寡人得见此人与之游,死不恨矣。”韩非曾作为韩国的使者出使秦,嬴政有意将其留下,但是李斯、姚贾等秦之权臣害怕韩非的到来会损害自身的利益,向秦王进谗言,陷害韩非,最后,韩非被迫自杀于秦狱中。

韩非子的著作,后来被整理为《韩子》即《韩非子》,据《汉书·艺文志》有 55 篇,今存《韩非子》也恰好 55 篇,但真伪混杂。《韩非子》一书较少直接论及环境,但其中有些论述可以引发人们对于自然环境问题的思考,这主要体现在他的“道”论、“物”论和有关人与自然关系的言论之中。

---

① 〔汉〕司马迁撰,〔南朝宋〕裴骃集解,〔唐〕司马贞索隐,〔唐〕张守节正义:《史记》,北京:中华书局 1982 年版,第 1706 页。

第一节 适应于“道”的环境资源利用

《韩非子》认为，宇宙中存在着“道”。关于“道”，他下了一个断语：

> 道者，万物之始，是非之纪也。①

“万物之始”，意谓道为万物的母体。万物同一母体，因此，万物存在着血缘关系。这一思想，对于人们认识宇宙的一体性具有重要意义。联系到人与环境的关系，虽然人在某种意义上独立于环境，但人与环境同始于道。基于宇宙一体性，人与环境也存在着血缘关系。

“是非之纪”，“纪”为法纪即规律，“是非”为对错。此句意谓“道”是宇宙的根本规律。宇宙中存在诸多大大小小的规律，这诸多规律规定着万物的生灭。于是，宇宙中的万物构成一个复杂的网状结构。所有这些大大小小的规律，统称为道。

道对于君王的作用，韩非子是这样认为的：

> 明君守始以知万物之源，治纪以知善败之端。②

“守始以知万物之源”，由此可见识“源”非常重要，重要的原因有三。一、源为物之本，本为事物的质所规定的性。清楚地知道事物的质如何，就能明白它现在为什么这样，将来又会怎样。二、源为事之始。始虽然不决定终，但是始在相当程度上影响着甚至规定着事物的终。三、源为万物之同。天下万物同出于道，说明万物有共同的源，这共同的源决定了万物的相关性，万物相关的观念导出全局观念。

虽然《韩非子》论“源”立足于政治，谈的是如何处理君臣关系、国家关系，但我们不是不可以将之联系到人与环境的关系，因为人与环境的关系，同样有一个“源”的问题。探索人之源，必然推到环境，人是环境的

---

①《韩非子·主道》，高华平、王齐洲、张三夕译注：《韩非子》，北京：中华书局2010年版，第34页。

②《韩非子·主道》，高华平、王齐洲、张三夕译注：《韩非子》，第34页。

产物；探索环境之源，必然联系到人，虽然自然早于人存在，但自然之所以称环境，是因为有了人。环境的产生与人的产生是相辅相成的。基于人与环境之一体，我们可以说人与环境相对，基于人是环境的产物，我们可以说人是环境的一部分。因为人有自我意识，故我们将人称为主体，而将环境称为客体。其实，如果换一个维度，未尝不可以将环境称为主体，将人称为客体。人与环境既相对，又相关，还相生。环境育人，人育环境，环境生人，人生环境。人与环境是命运的共同体。

"守始"解决认识问题，"治纪"解决实践问题。韩非一针见血地指出"治纪以知善败之端"。所谓"治纪"即认识事物的规律。按韩非的说法，"治纪"决定着事情的成败。韩非说这话，是在告诫君王，要维持统治并企图统一全国，必须要按规律办事。违反规律必然失败，遵循规律则必然成功。关于治国以及统一全国的规律是什么，各家有各家的说法，韩非认为他所说的是正确的，对此我们不作讨论，我们感到可贵的是韩非对规律的重视。

规律确实关乎事情的成败，不仅政治如此，其他事情也如此。韩非的"治纪"说可以联系到人与环境的关系。人与环境的关系并不是天然贴合的，重要原因之一是环境与资源往往是同一的，当环境成为资源时，它就成为人的掠夺对象。这种掠夺达到一定程度时，环境则遭到破坏，这种破坏如果不中止、不修复，则反过来影响人的发展，危及人的生存。

因此，人处理与环境的关系，也有一个"治纪"的问题，即能不能尊重规律，照规律办事。如果能，人与环境则处于良性的关系中，相互受益；如果不能，则人与环境处于恶性的关系中，相互伤害。

在《韩非子》中，"道"的地位高于"天"。

> 鲁哀公问于仲尼曰："《春秋》之记曰：'冬十二月霣霜不杀菽。'何为记此？"仲尼对曰："此言可以杀而不杀也。夫宜杀而不杀，桃李冬实。天失道，草木犹犯干之，而况于人君乎？"①

---

①《韩非子·内储说上七术》，高华平、王齐洲、张三夕译注：《韩非子》，第328—329页。

虽然自然界的变化大体上有规律可循,但出于种种原因,自然界的变化也有超出基本规律的时候。这段话就说了一个反常的自然现象。冬十二月该冷而不冷。正是因为不冷,本该在冬天冻死的菽,没有被冻死;本不应在冬天结果的桃李意外在冬天结果了。如何看待这一现象呢?韩非子将"天"与"道"分开来,"天"属于现象界,"道"属于本质界。天本应循道,道本应管天,一般情况也是如此,但天也有"失道"的时候。这年冬天的种种现象就是不正常的、失道的。

"天失道"的原因当然在天本身,但诱因可能是人。这要分两种情况:一种情况是,人主观上认定是人自身的原因,其实并不是这样。像上面引文说的"十二月霣霜不杀菽",统治者会联系到自身:是不是自己的失德导致上天愤怒,以此变异对自己进行警告?君王失德是真,但与"十二月霣霜不杀菽"没有因果关系。但如果因此能有所改进,也有利于人民。另一种情况是,不管人的主观认识如何,造成"天失道"的原因有人,比如,现在全球气候变暖,有些动植物物种已经消失或正在消失。如果人不能认识到这一点,这种自然现象的变异会加剧,给人类带来严重的灾难,反过来,如果能认识到这一点,人类采取相应的积极措施,则有可能让"天失道"回归到"天循道"。

第二节　归属于"道"的万物生存发展

《韩非子》论"物"兼顾着论"道",他的一个基本观点就是物是道规定的,道为物之本,由道到物有个中介,中介为"理"。

> 道者,万物之所然也,万理之所稽也。理者,成物之文也;道者,万物之所以成也。故曰"道,理之者也"。物有理,不可以相薄;物有理不可以相薄,故理之为物之制。万物各异理,而道尽稽万物之理,故不得不化;不得不化,故无常操。无常操,是以死生气禀焉,万物斟酌焉,万事废兴焉。天得之以高,地得之以藏,维斗得之以成其威,日月得之以恒其光,五常得之以常其位,列星得之以端其行,四

时得之以御其变气，轩辕得之擅四方，赤松得之与天地统，圣人得之以成文章。①

这段文章三个关键词：道、理、物。道是本，它既是“万物之所然”，也是“万理之所稽”。所谓“万物之所然”，是说它是物之为物的根本；所谓“万理之所稽”，是说它是理之为理的根据。两个意思并列。然而，下句说“理者，成物之文也；道者，万物之之所以成也”，这理与道对于物的作用就有所分别了。“文”，是物的形状，说理能成物之文，那就是说理决定物之形，物种各有其文，那就是说物种各有其理，同一物种中的各物有其文，那就是说各物各有其理。“成”是成就，说“道者，万物之所以成也”，那就是说，道是万物最终成就的根本。这根本：一是管总，包括物之内容与形态；二是主要管内，内是指物的内在本质。本质决定形态。韩非对道与理于物的作用作这样的区分，虽然不尽完善，但很深刻。深刻之处在于，他注重了物的个体性、独特性、边界性，用他的话，则是物“不可以相薄”。

虽然物不可以相薄，万物各有其边界，但它们又是可以变化的，变化也来自理。这样，理于物就具有两种功能：一、决定此物之成立，此物与他物相别，物具有静态性；二、决定物之不成立，不成立就是它会变，物具有动态性。物时时在变，在一定的条件下，它的变可以让人辨识，此为量变；而在另外的条件下，它的变让人难以辨识甚至不能辨识了，此为质变。韩非子认为“万物各异理，而道尽稽万物之理”，原来，道就是理的总体。理的总体并不等于是诸多理的量的聚集，而是诸多理的质的汇成。因此，道既是多，通向量的复杂，又是一，归为质的单纯。

《韩非子》就是这样论述了宇宙的多样性、统一性、和谐性、秩序性。

《韩非子》认为道是宇宙根本规律，根本规律派生出各种不同的理，这理成为天地万物各自的根据。万物各异理，因此成其多，万物又同道，因此归之于一。“一”与“多”的统一即为宇宙。

① 《韩非子·解老》，高华平、王齐洲、张三夕译注：《韩非子》，第208页。

《韩非子》说:“有智而不以虑,使万物知其处。”[①]“处”指生存方式。各物各有其生存方式,如鸟之善飞,鱼之善游,鹿之善跑,等等。万物之所以各有其“处”,是因为它们各有“所因”,“因”于生命之物来说,就是“令”。《韩非子》说:“故虚静以待,令名自命也,令事自定也。”[②]虚静在这里指一种态度——不干预的态度。《韩非子》强调这“命”为“自命”,正因为是自命,事物的“处”也就是“自定”。“自命”“自定”的“自”十分重要,它说明各物各自有属于自己的运命,人要尊重物的命,让物按“自命”来“自定”自己的生存方式。

第三节　顺应于“道”的人与自然关系

自然界的运行是有规律的,规律分为两类:一类是“常规”,一类是“变规”。“常规”因为早已为人所认识、所接受、所利用,所以是能给人带来幸福的。而“变规”就不同了,“变规”为非常态之“规”,说它也是“规”,是因为自然界的任何变化均是有原因可循的。

虽然自然界的非正常形态也是有规律可循的,但《韩非子》的目的显然不在论述自然界的非正常形态是不是有规律存在,它要说的是自然界的常态才是给人类带来好处的,才合道;而自然界的非常态则有可能给人类带来灾难。《韩非子》说:

> 故物有常容,因乘之导之。因随物之容,故静则建乎德,动则顺乎道。[③]

在处理与自然的关系问题上,《韩非子》拎出一个“常”字,提出了“因”“乘”“导”“随”“建”“顺”等许多重要概念。“因”指依据。“因”的是什么?“因”的是道,道有常,“物有常容”说明物是道的正确体现。“乘”

---

①《韩非子·主道》,高华平、王齐洲、张三夕译注:《韩非子》,第35页。
②《韩非子·主道》,高华平、王齐洲、张三夕译注:《韩非子》,第34页。
③《韩非子·喻老》,高华平、王齐洲、张三夕译注:《韩非子》,第235页。

指人如何用道。《韩非子》提出“乘”。乘什么？乘的是物之性，物之性来自物之理，物之理来自道。“导”指运作的方向，“导”涉及目的。这目的是人的目的还是物的目的？按韩非的本意应是两者的统一，但基本的是物的目的，即物的“自命”。只有尊重物之“命”，才能实现人之“命”。“随”指运作的方式，“随物之容”意味着随顺自然。关于“建”，这里说的是“建德”。“德”为“理”，“理”是物存在的依据。建德意味着充分地尊重物之性，只有尊重物之性，才能认识物存在的合理性。关于“顺”，这里说的是“顺道”，这是处理人与自然关系的最高原则，在顺道的过程中，人的利益得以实现。

第四节　人工对天工的尊重与效法

《韩非子》讲了一个故事：

> 宋人有为其君以象为楮叶者，三年而成。丰杀茎柯，毫芒繁泽，乱之楮叶之中而不可别也。此人遂以功食禄于宋邦。列子闻之曰：“使天地三年而成一叶，则物之有叶者寡矣。”故不乘天地之资而载一人之身，不随道理之数而学一人之智，此皆一叶之行也。故冬耕之稼，后稷不能羡也；丰年大禾，臧获不能恶也。以一人力，则后稷不足；随自然，则臧获有余，故曰：“恃万物之自然而不敢为也。”①

将象牙刻琢成叶，作为工艺品，它自有价值。但如果试图以人工代替天工，那就错了。一则象牙做成的树叶不是真叶，二则即使做成，费了三年的时间也不合算。列子说“使天地三年而成一叶，则物之有叶者寡矣”。韩非子这里将天工与人工作了一个对比。“一叶之行”作为人工的代表，靠的是“一人之身”，凭的是“一人之智”，其结果是三年做成一片假叶；至于“天工”，靠的是“天地之资”，凭的是“道理之数”，创造的是无限丰富的自然界。

借上面的故事，韩非子想表达的第一观点是，最伟大者莫过于天工。韩

① 《韩非子·喻老》，高华平、王齐洲、张三夕译注：《韩非子》，第235—236页。

非子这一思想与庄子的“天地有大美”说异曲同工。《韩非子》想说人真正做到“顺道”的一个前提,就是心甘情愿地承认自然比人伟大,对自然具有敬畏之心。

韩非子以这个故事为依托,又说了两件事:在冬天耕种庄稼,即使是农作高手后稷,也无能为力,因为严冬不是种植的季节。而在风调雨顺的丰年,即使是臧获这样的低贱之人,也会有好的收成。

《韩非子》进一步想要表达的观点是:即使人力所得,也是自然的恩赐,如若自然不恩赐,任何人力都无济于事。

那么如何得到自然的恩赐?那就要“恃万物之自然而不敢为也”。“恃自然”之“恃”意味着三点:第一,完全地依仗自然;第二,坚定地尊重自然;第三,彻底地照自然规律办事。

第五节　以“天道”为本的“观”与“用”

《韩非子》将天地之本定为道,将万物各自成立的根据定为理,理均来自道。万物各有其理,然均来自道。

在处理与外界事物的关系之时,既要重视事物的相对独立性以及它的特殊性,关注造成这种独立性以及个别特殊性的理,又要重视事物的相关性以及共同性,关注造成事物相关性和共同性的道。

《韩非子》说:

> 凡理者,方圆、短长、粗靡、坚脆之分也,故理定而后可得道也。故定理有存亡,有死生,有盛衰。夫物之一存一亡,乍死乍生,初盛而后衰者,不可谓常。唯夫与天地之剖判也具生,至天地消散也不死不衰者谓“常”。而常者,无攸易,无定理。无定理,非在于常所,是以不可道也。圣人观其玄虚,用其周行,强字之曰“道”,然而可论。故曰:“道之可道,非常道也。”①

① 《韩非子·解老》,高华平、王齐洲、张三夕译注:《韩非子》,第 211 页。

《韩非子》这段言论显然与《老子》道论相关，但并不是《老子》道论的翻版。《韩非子》这段话的主旨是强调两个区别：理与道的区别，物与天地的区别。理与物相联系，是具体物存在的根据，支配着具体物的生死盛衰。道与天地相联系，是天地存在的根据，不管天地内具体的物如何生灭盛衰，这天地是没有生灭盛衰的。

韩非子认为，虽然物的生灭盛衰是合理的，但不能称之为"常"，"唯夫与天地之剖判也具生，至天地消散也不死不衰者谓'常'"。那么，这个东西是什么呢？是"道"。

这段话从哲学上来说，涉及"天人"关系。儒家的"天人合一"说以《易传》的"四合"说为代表，"四合"为："与天地合其德，与日月合其明，与四时合其序，与鬼神合其吉凶。"①"四合"说的核心是"合"，如何"合"，则不明了。道家的"天合一"说，以《老子》的"四法"说为代表。"四法"为"人法地，地法天，天法道，道法自然"②。"四法"说的核心是"法"。"法"为效法，比"合"清楚多了。

韩非子既没有强调合，也没有强调法，而是强调"观"与"用"。他说："圣人观其玄虚，用其周行。""观其玄虚"，即明白"理"与"道"之区别与联系，从一物之生灭到天地之无生灭，明白变与不变的道理，然后"用其周行"。何谓"周行"？周行指天地运行的循环性、网络性、有机性、生态性。观为的是用，所以，韩非子的"天人合一"说，重在"用"，用天道来行人事，不能简单地合于自然，也不可一味效法自然，只能是凭借自然之理，进行属于自己的创造。

第六节　基于"道"的环境资源分配

《韩非子》中的自然观如同中国古代其他的思想家一样，总是不离开人生观的，实际上，它说的自然是人的环境。只是这环境的意义有上中

① 〔宋〕朱熹注，李剑雄标点：《周易》，上海：上海古籍出版社 1995 年版，第 30 页。
② 《老子·第二十六章》，陈鼓应：《老子注释及评介》，第 452 页。

下三个层面,上层为道之所在,而道是天地万事万物包括人存在的最后根据,也是万事万物包括人行为的法则。中层为理之所存。道是管宇宙总体的,理是管一物一事包括一人一行的。正如道在天地之中一样,理在一物一事一人一行之中。下层为财,即资源。作为物质,它是人的生活资料、生产资料。三个层次,我们可以名之为"形而上""形而中""形而下"。

关于形而下层面的自然界,韩非子对它的论述表现出历史的观点。他说:

> 上古之世,人民少而禽兽众,人民不胜禽兽虫蛇。有圣人作,构木为巢以避群害,而民悦之,使王天下,号曰有巢氏。民食果蓏蚌蛤,腥臊恶臭而伤害腹胃,民多疾病。有圣人作,钻燧取火以化腥臊,而民说之,使王天下,号之曰燧人氏。中古之世,天下大水,而鲧、禹决渎。①

这段文字陈述了一段人与自然环境斗争的历史,分为上古、中古、近古、今等四个历史阶段。上古之世,自然环境恶劣,禽兽伤人,人类构木为巢,避免伤害。这是建筑的开始,也是人类得以以人的方式生存于世界的开始,自此,人与动物区别开来。中古,人类的饮食由生食向熟食转变,实现这一转变的关键是人类懂得钻燧取火。近古,天下大水,这自然环境不适合人生存了,鲧、禹决渎,理清了天下的水系,大的洪水没有了,人类可以生存了。筑巢而居,钻燧取火,决渎理水,均是人类改造自然的伟大成就,均是在创建环境。

按韩非子的这一说法,环境其实并不是完全由自然提供的,而是人改造自然的产物,是人创造了环境。

广义的环境有两义:一是人的居所,二是人的资源。作为居所,自然提供一个基础,人根据需要,对自然进行改造,如构木筑巢以为居所。作

① 《韩非子·五蠹》,高华平、王齐洲、张三夕译注:《韩非子》,第698页。

为资源，自然提供人生存所需要的生活资料、生产资料。这些资料同样只是原料，人从自然界获得它之后，还需要进行再生产，如钻木取火后烹调从自然采集来的各种食物。

作为资源，自然界是极为丰富的，但它也是有限的。而人类在不断地增多，这就导致了人类为争夺资源而斗争。《韩非子》以历史的眼光，深刻地描述了这一个过程：

> 尧之王天下也，茅茨不翦，采椽不斫；粝粢之食，藜藿之羹；冬日麑裘，夏日葛衣；虽监门之服养，不亏于此矣。禹之王天下也，身执耒臿以为民先，股无胈，胫不生毛，虽臣虏之劳，不苦于此矣。以是言之，夫古之让天子者，是去监门之养，而离臣虏之劳也，古传天下而不足多也。今之县令，一日身死，子孙累世絜驾，故人重之。是以人之于让也，轻辞古之天子，难去今之县令者，薄厚之实异也。夫山居而谷汲者，媵腊而相遗以水；泽居苦水者，买庸而决窦。故饥岁之春，幼弟不饷；穰岁之秋，疏客必食。非疏骨肉爱过客也，多少之实异也。是以古之易财，非仁也，财多也；今之争夺，非鄙也，财寡也。①

《韩非子》以资源的变化来解释社会矛盾。他说，尧禹之时，自然资源丰富，大家不争不抢。而现今，资源就不那么丰富了，而且由于人们居住的地方不同，资源的丰缺不同，有些物资紧俏，有些物资就嫌多。像在山里居住的人，将水作为祭神的珍品；而住在水泽的人们，还要请人来决渎，将水放出去。由于资源有限，兼之气候有变，不见得年年风调雨顺，一逢灾年，即使是亲兄弟，也舍不得将自己的食品转让。当然，遇上丰年，食物多，即使对路人，也会慷慨施与。因此，这爱与不爱，并不以血缘亲疏为原则，而是以财物多少为原则。韩非子此说虽然目的是批评儒家的仁爱理论，但确也导出一个事实：人类的意识是建立在物质基础之上

① 《韩非子・五蠹》，高华平、王齐洲、张三夕译注：《韩非子》，第700页。

的，人们的爱恶不能离开物质基础。而于环境问题来说，资源的争夺确是引起全球矛盾的重要原因之一。如果说在韩非子的时代，这种争夺规模尚不大，那么在今天，这种争夺已经是全球性的了，如不加以控制，足以引起世界大战，导致人类的巨大灾难。

第十章 《周易》的环境美学思想

《周易》由《易经》与《易传》两部分组成。《易经》主体是六十四卦，包括卦符、卦辞、爻辞等，是一部占卦的书。关于《周易》的作者及产生年代，据《系辞下传》，《周易》的基础——八卦为包牺氏所作。包牺氏即伏羲氏，是传说中的中华民族的始祖。按《系辞下传》的说法，“包牺氏没，神农氏作”①，“神农氏没，黄帝、尧、舜氏作”②，伏羲氏远早于黄帝。

从后世诸多关于伏羲氏形象及功绩的记录来看，伏羲氏的时代还没有农业，陶器也没有产生，那时主要的生产方式为渔猎，按照学术界公认的以陶器的产生为新石器时代开始的说法，伏羲氏不是新石器时代的人，而是旧石器时代的人。

包牺氏发明八卦，《易经》有了雏形，这八卦代有承传，亦有革新，一直延续到商代。据《史记》，商代末期商纣王（？—前1046年）囚西伯（后来的周文王）于羑里，西伯在羑里“益《易》之八卦为六十四卦”。于此，《易经》构架基本完成。按现今流行的《易经》六十四卦，每卦均有卦辞、爻辞，卦、爻辞何人所作，《史记》未作说明。唐代孔颖达的《周易正义·

① 杨天才、张善文译注：《周易》，第607页。
② 杨天才、张善文译注：《周易》，第610页。

序》则认为卦辞为周文王所作，爻辞为周公所作。

《易传》为阐释《易经》的10篇文章，又称《十翼》，即《彖辞》(分上下)、《象传》(分上下)、《系辞传》(分上下)、《文言传》(仅乾坤二卦有)、《说卦传》、《序卦传》、《杂卦传》。关于《易传》的作者，孔颖达《周易正义·序》云："其《彖》《象》等《十翼》之辞，以为孔子所作，先儒更无异论。"①宋欧阳修撰《易童子问》，第一次对此说提出质疑，以后更多的学者支持欧阳修的质疑。《易传》究竟何人所作，现今没有谁作出回答，其产生的年代亦不详，大多数学者猜测为战国时期。

《易经》《易传》原分别流行，合编本出现于汉代。南宋朱熹在合编本中加入搜寻来的河图、洛书、伏羲八卦次序图、伏羲八卦方位图、伏羲六十四卦次序图、伏羲六十四卦方位图、文王八卦次序图、文王八卦方位图、卦变图和他自作的《筮仪》《卦歌》(《八卦取象歌》《分宫卦象次序歌》《上下经卦名次序歌》《上下经卦变歌》)等。朱熹对《易经》与《易传》作了精要的注释，成书为《周易本义》。此书为诸多《周易》注释本中最具权威性的本子。

《周易》文本的编撰上自远古，下至南宋，时间之长，古今无有其匹。《周易》是对中华民族自远古至《周易》成书之际生活经验、生产经验的高度概括与总结，反映出中华民族对宇宙、人生的深刻思考。此书在汉代被列入儒家经典，为"五经"之首，地位十分显赫。

《周易》原本为占筮之作，但蕴含丰富的哲学思想，被公认为中华民族最为重要的哲学著作之一。此书在论及宇宙构成、人生经验时涉及环境问题，它对环境的哲学思考与审美品评比较具有系统性，可以看作中华民族环境美学的重要源头之一。

---

①《十三经注疏》整理委员会整理，李学勤主编：《十三经注疏·周易正义》，北京：北京大学出版社1999年版，第10页。

第一节 天地崇拜

《周易》没有“环境”这一概念，但有与环境相似、相关的概念，主要是天地。天地概念是在《易传》中提出来的，《易经》中只有天、地。《易传》中“天地”概念用得很多，在不同的语境，有不同的含义。

“天地”在古汉语中最初是分开来用的，出现很早，甲骨文中有天字，画作正面站立的人。人头上有一四边形的圈，表示头顶的空间。已发现的甲骨文中没有地字，金文中有。《说文解字》释天：“颠也，至高无上，从一大。”①释地：“元气初分，轻清阳为天，重浊阴为地，万物所陈列也。从土，也声。”②最早将天与地合成一词，且赋予其深刻哲学含义的是《周易》。《周易》中的《易经》部分，天、地是分用的；其《易传》部分，既有天、地的分用，也有天、地的合用。分用时的天有时相当于天地，合用的天、地则形成一个概念，此概念相当于现今的自然。

在《周易》中，天地是一个重要的概念，它与天、地概念有交叉之处，然而还是不一样。天地指自然总体，它涵盖天、地，但不能简单地等于天与地相加。天地可以是一个实体性的概念，即指自然；也可以是一个非实体性的概念，指天地之道。

一、天地之杂

天地，作为实体性的概念，指自然界。那么，天地是一个什么样子呢？

《文言传》云：

> 夫玄黄者，天地之杂也，天玄而地黄。③

① 〔汉〕许慎撰，〔宋〕徐铉等点校：《说文解字》，第 1 页。
② 〔汉〕许慎撰，〔宋〕徐铉等点校：《说文解字》，第 452 页。
③ 杨天才、张善文译注：《周易》，第 43 页。

这句话的关键词是“杂”。杂，是《周易》对天地性质的第一个重要认识。

杂，在这段文字中首先是指天地颜色不同：天玄而地黄。玄，黑色。《周易》为什么将天之色定为黑色呢？白天不是白色吗？其实，白天也不是白，而是明亮，因为明亮而让人能看到多种颜色。为什么不将天的颜色定为白色呢？也许在《周易》看来，白天的白是太阳造成的，不是天的本色。那么，天的本色是黑色的吗？很可能《周易》就是这样认为的。它这样认为，有两大意义：一是凸显太阳的伟大，是太阳给了大地以明亮，给了各物以色彩。二是突出天的深邃、浩渺、无限。老子论道，说道“玄之又玄，众妙之门”①。玄，本义为黑，引申为深；由视觉上的黑而深，拓展到思想上的深而奥；由奥再导出妙。如此认定天的形象，让人产生对天的敬畏感，包含有丰富的人文内涵。地为黄色，坤卦六五爻云“黄裳元吉”②，将大地比喻成一袭美丽的裙裳。在坤卦中，黄色的价值与意义已得到充分的肯定。事实上，在中华民族长达五千年的历史中，黄被赋予的意义是非常多的。中华民族始祖称黄帝，母亲河称黄河，还有金木水火土五行中，土居中央，对应五色为黄色，如此，黄成为众多的色彩中居于中心位置的颜色。中华民族自认为居天地之中，这块地方，为国，称中国；为州，称中州。中华民族的地域自豪、环境自负，均来自此。

由天地颜色之不同，我们可以联想到天地之物也是杂的。杂的提出，反映了《周易》对人类环境的一个重要观点，即承认人类环境中构成元素的多样性。这种承认凸显出人类自我意识的广度与深度：原来这与人相对的世界是如此地不简单，人与世界的关系，是极为丰富的，人要处理的矛盾远不止一种。可以说，有多少种物就有多少种关系。人类的科学研究就从承认世界的多样性开始。承认多样性，即承认特殊性。人类的认识，总是从特殊到普遍再到特殊，如此反复，在反复中深化，在深化

①《老子·第一章》，汤漳平、王朝华译注：《老子》，第2页。

② 杨天才、张善文译注：《周易》，第35页。

中拓展。人类的科学研究说到底是为了让人类在这个世界上得以更好地生存与发展。

天地之杂中，最重要的是生命之杂。在地球这个人类目前唯一的自然环境中，存在着众多的生命。诸多的生命意味着诸多的关系。人与世界的关系实际是生命关系，诸多的生命造就诸多的生命关系。首先是人的生命与动植物生命之间的关系，其次是人类中诸多生命群体、生命个体之间的关系。除此之外，动植物中存在着诸多的类，类中存在诸多的个体，它们之间也有着诸多的关系，所有这些关系，构成极为复杂的生命网络。这种复杂性可以用“杂”来描述。

杂作为现象是客观的，发现它并不难，重要的是将它作为一个问题提出。《周易》将天地之杂作为一个问题提出，反映出它对世界多样性、生命多样性有着重要的认识。

杂的是世界，并不是思维。杂的世界进入思维，应是清晰的。关于此，《周易》有一句重要的论述：

> 其称名也，杂而不越。(《系辞下传》)①

这句话提出一个重要概念——“名”。名是物的指称。名，既是对物的性质已经形成一定认识的结果，同时也是处理物与物之间关系的基础。而“不越”指不越过、不混淆对事物性质的认识，做到名实相称。名即语词、概念，人对世界的认识包括对环境的认识，是借助语词进行的，语词的准确性在很大程度上保障着思维的严密与清晰。承认天地之杂是重视天地之杂的基础，重视的体现之一是准确地给天地之物命名。中国先秦哲学学派中，名家的兴起应该说与此存在着一定的关系。

关于“杂”，《周易》还有一句重要的言论：

> 物相杂，故曰文。(《系辞下传》)②

---

① 杨天才、张善文译注：《周易》，第 626 页。
② 杨天才、张善文译注：《周易》，第 638 页。

“文”是中华民族传统文化中的重要概念，一直在被使用。《周易》关于“文”的论述是文这一概念的起源。

文是怎样产生的呢？通过“物相杂”。这里强调的不是杂，而是“相”。两件以上的事物才可以称杂，它们如果不相互作用、不发生关系，就没有文，只有它们相互作用、发生关系，才产生文。文，是外在形象，但不是原初的形象，而是物与物相杂产生的形象，因而可以说是创造性的形象。文是象，象是美之体，同时也是理之体。理在象中，即理在美中。《周易》重象，象首先是天地之象，天地之象是杂的，杂的天地之象不断地在创造着、翻新着。这创造，这翻新，在于它“相”。中华民族传统文化重“杂”，亦重杂之“相”。这一对天地变化的认识促成一个重要概念——“和”的产生。

《左传·昭公二十年》记齐侯与晏子论和：

> 公曰：“和与同异乎？”对曰：“异。和如羹焉。水火醯醢盐梅以烹鱼肉，燀之以薪，宰夫和之，齐之以味，济其不及，以泄其过。君子以平其心。君臣亦然。”①

又，《国语·郑语》中亦有一段文字为史伯对郑桓公论和：

> 夫和实生万物，同则不继。以他平他谓之和，故能丰长而物归之；若以同裨同，尽乃弃矣。故先王以土与金木水火杂，以成百物，是以和五味以调口，刚四支以卫体，和六律以聪耳，正七体以役心，平八索以成人，建九纪以立纯德，合十数以成百体。②

以上两段文字，都强调一个观点：相杂成和，和而生。晏子说的羹是多种食材在水火的作用下做成的，相对于杂，它是和；相对于原食物，它是生。同样，史伯说的百物也是土与金木水火等诸多事物相杂而和的产物，它亦为生。

---

① 郭丹、程小青、李彬源译注：《左传》，北京：中华书局2012年版，第1902页。
② 陈桐生译注：《国语》，北京：中华书局2013年版，第573页。

关于文，《周易》还有一段重要文字：

> 参伍以变，错综其数，通其变，遂成天地之文；极其数，遂定天下之象。非天下之至变，其孰能与于此？（《系辞上传》）①

这段文字是对天地的赞歌。天地有文，意味着天地有美，天地之文为"天下之至文"，意味着天地之文是天下之至美。至文因何而来？《系辞上传》用了八个字："参伍以变，错综其数"。正是如此复杂而又灵动的"参伍以变，错综其数"，才产生了这天下之至文。众所周知，自然至美中，生命即为至美之一，真说得上是"参伍以变，错综其数"！多少科学家多少年来一直试图揭开生命的奥妙，可至今仍然是一团迷雾。探索自然奥妙好比翻山，好不容易翻过了一座大山，发现前面还有更高的山，真可谓"一山更比一山高"。对于人类来说，自然的奥妙是永远不可能被彻底揭开的，这就是自然界——天地的伟大之处、神圣之处。尊重天地、崇拜天地、效法天地，是人类的宿命，也是人类的幸运。

二、天地之序

天地是复杂的，这复杂造就天地的神圣性、不可知性，但是，天地还有另一面，即它是有序的、可知的。《周易》在充分说明天地的神圣性、不可知性的同时，又在强调天地的这另一面：有序性、可知性。

豫卦的《彖辞》说：

> 天地以顺动，故日月不过，而四时不忒。②

什么叫"顺动"？顺动即有规律地动，简而言之，顺动即序动。正是因为天地以顺动，所以"日月不过，而四时不忒"。显然，这一观点出自对自然界昼夜往复四季循环的科学观察。它是直观的，也是理性的。这里，特别重要的是对"四时不忒"的认识，它与人类的农业生产关系极大。

---

① 杨天才、张善文译注：《周易》，第 589 页。
② 杨天才、张善文译注：《周易》，第 157 页。

人类对自然环境的认识,首先与人的生活密切相关,比如,人类的生物钟,还有生活习惯,完全与“日月不过”这一自然现象相适应了。日出而作,日落而息,成为人类活动的普遍规律。另一方面,人类对自然界的认识与人类的生产方式也密切相关,正是出于农业生产的需要,人类对于天气的变化非常敏感,顺理成章地发现了春夏秋冬四季变化的规律。工业社会的新阶段——信息社会的出现,淡化了四时的重要性,凸显了信息的重要性。科学家通过研究,把握自然信息传递的某些奥妙,制作了电脑这样新的生产工具。

《周易》对于天地运行规律有序性的认识,在《易经》阶段,只是停留在对自然现象的描述上,一是缺乏总结,二是不比附人事。但在《易传》阶段,《周易》则试图将天地运行的现象规律化,这种规律化有两个突出特点:一是哲学化,二是比附人事。如:

> 天尊地卑,乾坤定矣。卑高以陈,贵贱位矣。动静有常,刚柔断矣。方以类聚,物以群分,吉凶生矣。在天成象,在地成形,变化见矣。是刚柔相摩,八卦相荡。鼓之以雷霆,润之以风雨,日月运行,一寒一暑……是故形而上者谓之道,形而下者谓之器。化而裁之谓之变,推而行之谓之通,举而错天下之民谓之事业。(《系辞上传》)①
>
> 乾,阳物也;坤,阴物也。阴阳合德而刚柔有体,以体天地之撰,以通神明之德。(《系辞下传》)②
>
> 有天地然后有万物,有万物然后有男女,有男女然后有夫妇,有夫妇然后有父子,有父子然后有君臣,有君臣然后有上下,有上下然后礼义有所错。(《序卦传》)③
>
> 知变化之道者,其知神之所为乎。(《系辞上传》)④

① 杨天才、张善文译注:《周易》,第561页。
② 杨天才、张善文译注:《周易》,第626页。
③ 杨天才、张善文译注:《周易》,第675页。
④ 杨天才、张善文译注:《周易》,第589页。

这四段文字对天地之序具体所论有所不同,但均体现了哲学化、比附人事的特点。综合四段文字,可总结出其主要表述四个观点:

第一,将天地之序概括为阴阳刚柔的关系。所谓“阴阳合德”是说天地运行的根本性质。阴阳各有其德,阴阳之德相反相成。首先是反,造就了它的动,最后是成,造就了它的功。刚柔是与阴阳相应的概念,阴阳说的是物之性,刚柔说的是物之体。“天体之撰”即天地所生的万物无不是“阴阳合德而刚柔有体”的产物。“阴阳合德”得物之性,“刚柔有体”成物之体。显然,这种概括是哲学的。

第二,将天地之序概括为两个序列。一是尊卑序列,即所谓“天尊地卑,乾坤定矣。卑高以陈,贵贱位矣,动静有常,刚柔断矣”。“尊卑”本义为高下,不具伦理意义,后来导入伦理,则发展出“三纲”的概念,即君尊臣卑,父尊子卑,夫尊妻卑等。二是先后序列,即所谓“有天地然后有万物,有万物然后有男女,有男女然后有夫妇,有夫妇然后有父子,有父子然后有君臣,有君臣然后有上下,有上下然后礼义有所错”。先后概念本也是自然规律,引入社会领域本也有根据,但将“上下”与“先后”粘合起来,就变味了,先后概念明显地具有了等级观念的性质。

第三,将天地之序区分为形而上与形而下两个层次。形而上层次专注于论道,道为阴阳之道;形而下层次专注于造器,器为日常生活。两个不同层次有交集,因为道是器的思想指导,器是道的现实体现。但它们也有不同,论道是务虚,造器是务实,虚实有别。处理好道和器的交集与差别至关重要。

第四,将人遵循天地之序的关键归结为“变”“通”二字。二字中,“变”是更重要的。在《周易》看来,天地万物无时无刻不在变,如唐代经学家孔颖达所说:“夫易者,变化之总名,改换之殊称。自天地开辟,阴阳运行,寒暑迭来,日月更出,孚萌庶类,亭毒群品,新新不停,生生相续,莫非资变化之力,换代之功。”①“通”是顺达。天地在变化中,自然而然地找

① 《周易正义·序》,《十三经注疏》整理委员会整理,李学勤主编:《十三经注疏·周易正义》,第4页。

到自己的通达之途。一方面，“通”将“变”导向序，而序让“变”达至“通”。

《系辞上传》将天地之变归结为“神”。神，不是神明，而是神妙，但神妙不可解，总是归向神明。既然天地之变为神，那么，决定天地如何变的天地之序就是超神了。

三、天地之道

天地既然有序，就必然有道。《周易》的全部内容就是论天地之道。《系辞上传》云：

> 《易》与天地准，故能弥纶天地之道。[①]

“弥纶”二字，说明天地之道全涵盖在《易》之中了。既如此，我们从《周易》中领会到哪些天地之道呢？

（一）生之道

《系辞下传》云：“天地之大德曰生。”[②]“生”是天地之道的主题，生，指生物，物包括生命之物与非生命之物。《周易》所谈的生，如无特别指明，应是指所有的物。

关于天地于生的意义，《周易》有两种表述方法：一是分述天与地的作用；二是将天地合为一个概念，综述其于生的意义。

关于分述天地于生的意义，《周易・彖辞》云：“大哉乾元，万物资始”[③]，“至哉坤元，万物资生”[④]。一是“始”，一是“生”，“始”只是播种，“生”则是结果。不可忽视的还有“资”这一概念。《彖辞》在“始”与生前均加上“资”字，意思是分述的天地于生的意义，还只是提供生的条件。天提供的是生之始的条件，地提供的是生之成的条件。

合为一个概念的天地于生的意义就不同了，它提供的不只是生之

---

① 杨天才、张善文译注：《周易》，第 569 页。
② 杨天才、张善文译注：《周易》，第 606 页。
③ 杨天才、张善文译注：《周易》，第 6 页。
④ 杨天才、张善文译注：《周易》，第 28 页。

资，它提供的就是生。首先是生本身，按《周易》的理论，生是阴阳和合的产物，天地本就由阴阳构成，因此，生之源在天地，生之元在天地。其次是生之资，包括生之时、生之地、生之养、生之成、生之发，全在天地。再其次是全生。全生即不仅生非生命，也生生命，不仅生人，也生动植物生命。这就与天地分别的生有所不同了。

（二）阴阳之道

阴阳之道是天地的根本规律，它生物，因而生之道是阴阳之道的体现。但是，不能将阴阳之道仅归结为生之道，因为阴阳之道不只是生物，它还育物、管物，让物与物构成一种合适的关系包括生态关系，以此让天地不仅永远充满活力，而且有着严整的秩序。于是，这天地的生命能够持续地存在着、发展着。

阴阳之道主要有三：

1. “一”之道

《系辞上传》：“一阴一阳之谓道。继之者善也，成之者性也。”①这里强调了“一”。“一”在这里指的是阴阳相对的关系，即一对一。阴阳不相对者均存在问题，不和谐。李光地说：“一阴一阳，兼对立与迭运二义，对立者，天地日月之类是也……迭运者，寒暑往来之类是也……。”②阴阳对立也可以用“刚柔相推”来表述。立为静态，推为动态。当立化为推时，阴阳就相互作用了。相互作用的结果是事物的发展。故《系辞上传》云：“刚柔相推而生变化。”③

2. “交”之道

阴阳不仅要相对，相对为应，而且要相交。阴阳相交的最高体现为天地相交，这通过泰卦展现出来。泰卦，上卦为坤，下卦为乾。乾为天，纯阳；坤为地，纯阴。天道下济，即阳气往下运动，地道上行，即阴气向上运动。如此，阴阳就相交了。阴阳相交不仅是生物的根本原因，还是通

① 杨天才、张善文译注：《周易》，第 571 页。

② 〔清〕李光地编纂，刘大钧整理：《周易折中》，成都：巴蜀书社 2006 年版，第 550 页。

③ 杨天才、张善文译注：《周易》，第 565 页。

物的根本原因,《彖辞》云“天地交而万物通也”[1]。而否卦,上卦为乾,下卦为坤,它们所代表的阴阳反方向运行,不相交了,于是不仅不生物,而且原有的格局闭塞而不通畅。《彖辞》云:“天地不交而万物不通也。”[2]姤卦的《彖辞》说:“天地相遇,品物咸章也。”[3]准确而又生动地揭示了天地万物生机勃勃的根本原因。

“天地相遇”即天地交感。天地交感也集中体现在泰卦中,泰卦上卦为坤,下卦为乾,坤为地,乾为天,泰卦的阴阳交感实质为天地交感。按《周易》理论,天道下行,地道上行,在天道与地道的相对运行中,阴阳实现了交感。

交感的重要意义有三:第一,孕育生命。咸卦所揭示的主要是交感于生命诞生的意义,咸卦《彖辞》云:“柔上而刚下,二气感应以相与。止而说,男下女,是以‘亨利贞,取女吉’也。”[4]这分明是在说男女婚姻之事,婚姻是人类生命的开始。第二,产生万物。咸卦的《彖辞》说:“天地感而万物化生。”[5]泰卦的《彖辞》亦云:“天地交而万物通也。”“化生”之“化”,强调这阴阳交感不是凑合而是和合,和合的实质是创造、创新。“万物通”之“通”为通达、顺利,意味着天地化生是规律,是正道。第三,吉祥通泰,人事顺利。《周易》认为,天地交感万物通达的规律完全适用于人类,它给人类带来吉祥幸福。咸卦的《彖辞》说“圣人感人心而天下和平”[6],说的是人心之交感,是实现社会和谐的正道。泰卦的《彖辞》云“上下交而其志同也”[7],认为社会上下关系如父子、君子关系的交感,是实现社会和谐的关键。

所有这些,均具有浓郁的生态平衡意味,既有自然的生态平衡,也有

---

① 杨天才、张善文译注:《周易》,第 116 页。
② 杨天才、张善文译注:《周易》,第 126 页。
③ 杨天才、张善文译注:《周易》,第 388 页。
④ 杨天才、张善文译注:《周易》,第 282 页。
⑤ 杨天才、张善文译注:《周易》,第 282 页。
⑥ 杨天才、张善文译注:《周易》,第 282 页。
⑦ 杨天才、张善文译注:《周易》,第 116 页。

社会的生态平衡，总括起来就是宇宙的生态平衡。

3. “化”之道

《系辞下传》云：“天地絪緼，万物化醇，男女构精，万物化生。”①它强调阴阳相交需要达到一种境界，这个境界可以用“化”来表述。化，首先意味着边界消融，边界消融，事物就会合在一起；其次意味着相互作用产生新物。如果事物边界不能进入、渗透，特别是事物如果不能相互作用，那就还不能说是化，化最根本的特征是不同事物作用后产生了新物。这新物不仅其形不同于原物，而且其质也不同于原物。男女构精，产生孩子，孩子不是父母的克隆，而是新的生命，其外形、性格均不同于父母。这种生，称为“化生”。如果说个体生命的诞生是化生，那么，天地作为生命的整体，它的化生，就是“化醇”了。

李光地在《周易折中》中说：“孔氏颖达曰：阴阳之化，自然相裁，圣人亦法此而裁节也。”②“化”，非常准确地揭示了自然界生命创造的本质。此理论在中国哲学中影响深远，李光地说这“自然相裁”的道理成为圣人的生活原则。立人做事，凡达到化境就是最高境界了。化境作为生物本质的准确揭示，它为至真；因为化而生辉，所以，它亦为至美。

四、与天地合德

关于人与天地的关系，《周易》有两个基本观点。

（一）人与天地相分

《周易》有“三才”说。《系辞下传》说：“《易》之为书也，广大悉备。有天道焉，有人道焉，有地道焉。兼三才而两之，故六。”③三才即三道，天道、人道、地道。三才，其实也可以归纳为两才，人为一才，天地合为一才。如果是这样，那就是人与天地相分。

---

① 杨天才、张善文译注：《周易》，第625页。

② 〔清〕李光地编纂，刘大钧整理：《周易折中》，第583页。

③ 杨天才、张善文译注：《周易》，第638页。

“相分”说的意义是确立了人与自然的平等的关系，凸显了人的主体性。在处理人与自然关系的问题上，人不都是居于被动地位，而是具有一定主动性、能动性。

（二）人与天地相合

具体来说，有两种提法：

1. 与天地相似

《系辞上传》云：“与天地相似，故不违；知周乎万物，而道济天下，故不过；旁行而不流，乐天知命，故不忧；安土敦乎仁，故能爱。”[①]与天地相似，即不违背天地之道。在这个基础上，进一步做到“乐天”“安土”。乐天，以遵循天道为乐；安土，以遵循地道为安。

2. 与天地相合

“相合”说见于乾卦的《文言传》：

> 夫“大人”者，与天地合其德，与日月合其明，与四时合其序，与鬼神合其吉凶，先天而天弗违，后天而奉天时。天且弗违，而况于人乎？况与鬼神乎？[②]

“大人”指君子，《周易》认为不是一般人能做到与天地合的，与天地合只能是人类的精英——“大人”的使命。这段文字中提出的合有四种，值得好好玩味：

第一，“与天地合其德”。“德”在这里指天地之道。天地之道作为自然规律，可视为“真”，人要与天地之道合，那就意味着要遵循自然规律，即循“真”。天地之道社会化后成为社会规律[③]，这社会规律可视为“善”。人与天地合其德，意味着还要遵循社会规律，即循“善”。

第二，“与日月合其明”。当日月之明为人所学习的时候，这明就具

① 杨天才、张善文译注：《周易》，第569页。

② 杨天才、张善文译注：《周易》，第24页。

③ 天地之道均社会化了，如《序卦传》说：“有天地然后有万物，有万物然后有男女，有男女然后有夫妇，有夫妇然后有父子，有父子然后有君臣，有君臣然后有上下，有上下然后礼义有所错。”

有比喻的意义，它既可指人的聪明（智而行事恰当），也可指人的良善（公而无私有爱）。聪明有助于人理解天地之道，良善则有助人实践天地之德。

第三，“与四时合其序”。四时即春夏秋冬，四时更迭是有序可循的。此句强调人行天地之道时，要特别注重天地序变的特点。丰卦的《彖辞》说：“天地盈虚，与时消息。”与之相应，人要“与时偕行”（乾卦《文言》）。

第四，“与鬼神合其吉凶”。《周易》是很少讲鬼神的，但它并不否定鬼神的存在。《文言传》作者在写这句话时，他心目中是存在着神灵的，认为神灵掌控着自然。神灵是什么样子？他没有说，按《周易》的思想，这神灵不是人格神，而是自然神；说是自然神，也没有脱离自然的神灵存在，应该说，它就是自然。人有吉凶，鬼神无吉凶。说“与鬼神合其吉凶”，其实质是超越了自身进入“超人”的境界。这种合无疑是人与天地合的最高境界。

第二节 乾天崇拜

《周易》六十四卦，乾为第一卦，乾之象，首为天。坤为第二卦，坤之象，首为地。乾与坤的关系首为天与地的关系。天与地在《周易》中有三种关系：一、天与地相对；二、天主地从，天统地，地顺天；三、天地合称。天与地相对时，天与地都是说象：天象与地象。天主地从时，天为天道，地为地道，地道服从天道。天地合称时有三义：自然界，与人相对；环境，与人相关；宇宙，含人于内。《周易》对于天、地、天地均崇拜，这种崇拜体现出诸多的意识，其中就有环境意识以及与环境相关的生态意识。

一、天象崇拜：“云行雨施，品物流行”

《周易》关于天，有天象、天道、天德三义。

关于天象，《周易》中有三种表述：一是整体性天象。乾为天，包括全部天象，其描述主要为“日月”“四时”“寒暑”等。二是单一性天象，体现在震、巽、离三卦中。其中震为雷，巽为风。三是复合性天象。八卦两两相重，构成复合性天象，如大有卦，为离与乾的组合，日在天上，称之为“火天大有”；又如离与坤的组合，日升于地，称之为“晋出于地”。

关于天象，《周易》表现出来的环境意识主要有：

（一）天象的丰美性

众所周知，天象是极为绚丽而又神秘的。《周易》对于天象之美的描述分为三种情况：

一是如实地描绘天象的美，如“鼓之以雷霆，润之以风雨，日月运行，一寒一暑”①（《系辞上传》）。

二是与神秘的龙联系在一起。《周易》乾卦以龙取象，自下至上，描述了龙在不同情境下的作为：“初九，潜龙，勿用。”“九二，见龙在田。”“九四，或跃在渊。”“九五，飞龙在天，利见大人。”“上九，亢龙，有悔。”②龙是中华民族的图腾，史前考古发现，早在距今 8 000 年的兴隆洼文化就有龙的造型，红山文化还有龙造形的玉器。龙是想象的动物，从《周易》乾卦的爻辞看，它是水、陆、天三栖的动物。除爻辞中有“飞龙在天”，将天象与龙联系在一起外，《文言传》中还有“云从龙”之语。这种描述意味着，在远古人类心目中，始祖为天物。因此，天象崇拜中寓有祖先崇拜。

三是将天象与人事结合一起，让天象成为人事的象征或比喻。如乾卦《彖辞》：“雷雨之动满盈，天造草昧，宜建候而不宁。”

天象之美不是重在它本身，而是重在它育物。乾卦《彖辞》准确地概括出这种美的性质：“云行雨施，品物流行。”“云行雨施”——天象的概括，“品物流行”——育物的写照。

这是一种无比神秘的美，无比有意义的美，可称之为“丰美”。

（二）天象的雄壮性

在《周易》中凡为天象的卦都是雄壮的。如大壮卦，下卦为乾，上卦

① 杨天才、张善文译注：《周易》，第 561 页。
② 杨天才、张善文译注：《周易》，第 2—5 页。

为震,为雷在天上之象,可以想见其场面的雄壮威武。大壮卦的《彖辞》云:"大壮,大者壮也。刚以动,故壮。'大壮利贞',大者正也。正大而天地之情可见矣!"①又如丰卦,下卦为离,上卦为震。离为太阳,震为雷,此卦为晴天打响雷之象。这一形象,震撼人心,极具鼓舞力。再如益卦,下卦为震,上卦为巽,为风雷激荡之象。益卦的卦辞是"利有攸往。利涉大川"②,充满豪情壮志,而《彖辞》更是大奏颂歌:"自上下下,其道大光","天施地生,其益无方"。③

（三）运动规律性

在《周易》看来,天象的运动是有规律的,这种规律主要见于三点:

一是相对性。《说卦传》云:"天地定位,山泽通气,雷风相薄,水火不相射。"④

二是相随性,即"雷以动之,风以散之,雨以润之,日以烜之"⑤(《说卦传》)。

三是循环性。《系辞下传》如此描述天象的循环性:

> 日往则月来,月往则日来。日月相推而明生焉。寒往则暑来,暑往则寒来,寒暑相推而岁成焉。往者屈也,来者信也,屈信相感而利生焉。⑥

循环性不是简单的重复,而是在循环中创造,在循环中生成。日往月来的意义是"明生",寒往暑来的价值在"岁成"。由此可将《周易》联系到人生:人生有起有伏,人生的意义,不是在起,也不是在伏,而是在起与伏的交替中生成的。这层意义给我们以深刻的启示。人生在世,谁人不希望一生无病无灾,谁人不希望一生事业通达,然而,实际上不可能,人

① 杨天才、张善文译注:《周易》,第 307 页。
② 杨天才、张善文译注:《周易》,第 371 页。
③ 杨天才、张善文译注:《周易》,第 372 页。
④ 杨天才、张善文译注:《周易》,第 648 页。
⑤ 杨天才、张善文译注:《周易》,第 649 页。
⑥ 杨天才、张善文译注:《周易》,第 617 页。

的健康是在应对各种大大小小的疾病中生成的，人生的事业同样是在克服各种大大小小的困难中成就的。

值得我们注意的是，这段文字中谈到往者，用的是“屈”字，谈到来者用的是“信”字。屈有藏义，往者过去了，它不是不存在，而是藏起来了，藏必生用，这用就在它有生成，生成为“来”。来是必然的，因而为“信”。上段文字之后，紧接着的是：“尺蠖之屈，以求信也；龙蛇之蛰，以存身也。精义入神，以致用也；利用安身，以崇德也。”①关于“尺蠖之屈，以求信也”这句话，李光地的《周易折中》云：“孔氏颖达曰：复明上往来相感，屈信相须，尺蠖之虫，初行必屈，言信必须屈也。龙蛇初蛰，是静也，以此存身，言动必因静也。圣人用精粹微妙之义，入于神化，寂然不用，乃能致其所用，先静后动，是动因静而来也，利己之用，安静其身，可以增崇其德，此亦先静后动，动亦静而来也。”②

天象的循环性可导出往来论、屈信论、静动论、存身致用论。总的意思是清楚的：循环，在现象上周而复始，实质上是在发展前进。发展不是直线式的发展，而是曲线式的发展。往中见来，屈中见信，静中见动。君子要善于从中悟出精义：在安身中崇德，在退藏中建功。

四是七日周期性。复卦《彖辞》云：“反覆其道，七日来复，天行也。”③《周易》认为天行七日是一个周期，这与基督教的上帝“七日创世”说不谋而合，但实质不同。“七日创世”说，讲的是上帝七天内将世界创造出来，“七日来复”说，是七天内天象有一个小循环。

二、天道：“各正性命，保合太和”

《周易》对天道的理解有两个重要的观点：

（一）“立天之道曰阴与阳”

阴阳是《周易》哲学的基础，既可以看成是构成宇宙间的两种元素，

---

① 杨天才、张善文译注：《周易》，第617页。

② 〔清〕李光地编纂，刘大钧整理：《周易折中》，第598页。

③ 杨天才、张善文译注：《周易》，第225页。

也可以看成是生命的两个密码，还可以看成宇宙、生命的两种力量。

阳的主要性质为刚性的、光明的、向上的、尖锐的、发展的……阴的主要性质为柔性的、黑暗的、向下的、圆滑的、退缩的……

阴阳的关系有多种，主要有：对立，互补，互含，互生，互用，互成，互化。《周易》中的阴阳关系含有矛盾关系，但阴阳关系不只是矛盾关系，像互补关系，就不是矛盾关系，但也可以归为阴阳关系。阴阳关系派生出刚柔关系，阳为刚，阴为柔。

《周易》将自己的理论概括为"阴阳刚柔"四个字。

阴阳刚柔理论在《周易》中有两种概括：

第一种，将阴阳刚柔理论分出阳刚和阴柔两个体系，分别由天道、地道来概括。这种表述主要体现在《周易》的《系辞传》中。《系辞上传》云："天尊地卑，乾坤定矣。卑高以陈，贵贱位矣。动静有常，刚柔断矣。方以类聚，物以群分……乾道成男，坤道成女……刚柔者，昼夜之象也……成象谓之乾，效法谓之坤……广大配天地，变通配四时，阴阳之义配日月……"①"是故阖户谓之坤，辟户谓之乾。"②"乾坤，其《易》之门邪？乾，阳物也；坤，阴物也。"③

上一段中有两个不同的系列：

天：尊、高、贵、动、刚、男、成象、阳、日、辟户；

地：卑、低、贱、静、柔、女、效法、阴、月、阖户。

这两个不同的系列产生两个相关但不同的理论系统，凡论述第一个系列的理论为天道，凡论述第二个系列的理论为地道。

第二种，将阴阳刚柔理论分出阴阳和刚柔两个体系，分别用天道、地道来概括。这种表述主要体现在《周易》的《说卦传》中。《说卦传》云：

> 昔者圣人之作《易》也，将以顺性命之理。是以立天之道曰阴与

---

① 杨天才、张善文译注：《周易》，第561—574。
② 杨天才、张善文译注：《周易》，第592页。
③ 杨天才、张善文译注：《周易》，第626页。

阳，立地之道曰柔与刚，立人之道曰仁与义。兼三才而两之。①

这样，阴阳理论被派属给天道，刚柔理论被派属给地道，仁义理论被派属给人道。

天道最高。于是，阴阳理论成为天道。按地道效法天道的说法，刚柔理论即为对阴阳理论的效法。人道不仅效法天道还效法地道。因此，仁义理论既是对阴阳理论的效法又是对刚柔理论的效法。

关于天道的两种不同表述反映出两种不同的《易》学观。按《系辞传》的观点，天道与地道是平行的，实际上，只有两者结合，方能全面地、完整地表述宇宙运行的规律。只谈关于天系列的理论构不成天道，同样，只谈关于地系列的理论也构不成地道。而按《说卦传》的观点，天道与地道不是平行的，天道最高，地道次之，人道再次之。天道为阴阳理论，阴阳理论才是宇宙总理论。

以环境美学的观点来看《周易》关于天道的两种表述，我们可以得出两种不同但可以互补的环境观。一种观点是：人类的环境是由天地两个方面构成的，天地的关系是平等的。天的运行有它的规律，地的运行也有它的规律，这两种规律可以构成相互对应的关系。另一种观点是，人类的环境有一个总的规律，这总的规律为阴阳。名之为“天道”，是为了说明它最高、最重要、具有统属性。阴阳是总规律，它在地上的体现则为刚柔，在人类社会的体现则为仁义。宋代理学的理一分殊论可能就由此而来。两种环境观各有优点，可以将两者综合起来加以理解。

阴阳理论作为天道，有两点值得注意：

第一，“一阴一阳之谓道”。这句话来自《系辞上传》，它强调阴阳关系的四性：一为对等性。对等性重在对，要求阴阳数是对等的。二为得位性。按《易》学，卦的六爻位，初、三、五为阳位，二、四、上为阴位。阳爻居阳位、阴爻居阴位谓得位，得位为正，正则吉；反之为失位，失位不正，不正不吉。三为相应性。要求阴阳各在相应的位置上，这样才能应。按

① 杨天才、张善文译注：《周易》，第648页。

《易》学，周易的每卦，初与四、二与五、三与上是对应位，如处此位的爻，分别为阴阳，那就应，如均为阴或均为阳，就不应。四为相交性，按《易》学，阳的运行为上升，阴的运行为下行，如果阴阳爻位不只是处相应的关系，而且其运行能够实现阴阳相交，则为大吉。最典型的阴阳相交，莫过于泰卦。泰卦下卦为乾卦，上卦为坤卦，乾三阳，上升，坤三阴，下行，它们全相交了。

在将乾理解为天道，坤理解为地道时，《周易》认为，天道上济，地道下行。谦卦的《彖辞》云："天道下济而光明，地道卑而上行。"①

第二，"阴阳不测之谓神"。此句也出自《系辞上传》。"神"不是指神灵，而是指神奇。它强调阴阳关系的复杂性、灵变性和神秘性。

（二）"各正性命，保合太和"

关于天道，乾《彖辞》和《文言传》有三段重要的表述：

> 乾道变化，各正性命。保合太和，乃利贞。（乾《彖辞》）②
>
> "时乘六龙"，以"御天"也，"云行雨施"，天下平也。（乾《文言传》）③
>
> 同声相应，同气相求；水流湿，火就燥；云从龙，风从虎；圣人作而万物睹；本乎天者亲上，本乎地者亲下，则各从其类也。（乾《文言传》）④

这三段文字中有三个观点具有明显的生态意味：

第一，"各正性命"。

什么叫"各正性命"？在《周易》看来，万物各有其性，性决定了它的生存方式。一方面，这性决定了它自己如何生老死灭。如清代著名学者李光地在《周易折中》所说："如一粒粟生为苗，苗便生花，花便结实，又成

---

① 杨天才、张善文译注：《周易》，第149页。
② 杨天才、张善文译注：《周易》，第6页。
③ 杨天才、张善文译注：《周易》，第20页。
④ 杨天才、张善文译注：《周易》，第16页。

粟还复本形。一穗有百粒，每粒个个完全，又将这百粒去种，又各成百粒，生生只管不已。”①另一方面，这性决定了如何处理与他物的关系，而关系不外乎既从他物有所得，又因他物有所失。物物关系中，就有当今生态学上所说的生物链的存在。朱熹说：“万物各得其性命以自全。”②重要的是这“各”，因为有“各”，才有关系，有关系，各物的性命才得以“自全”。

第二，“保合太和”。

《彖辞》认为，万物各正性命，其重要意义不仅是让万物各自的性命得以保全，而且还让万物共同组成的宇宙得以和谐。这种宇宙的和谐，《彖辞》称之为“太和”——最大的和谐。“太和”的实现，一是要“保”，保的要义在于处理好万物各自性之间的关系，让各性的存在与发展构成一种良性关系：既相生又相克，不能只生不克，也不能只克不生。二是要“合”，万物在差异的关系中形成统一。差异性是宇宙丰美的根据。差异可能是量上的，也可能是质上的，它们的关系或是相反、对立，或是有别、不同。两者均能构成矛盾冲突，前者的冲突促成创造：新质物产生；后者的冲突促成革新：新形物产生。新质物，质新形也新，是真正的新事物；新形物面新里不新，是旧事物的翻新。宇宙的这种太和的实现以“各正性命”为开始，也以“各正性命”为归宿。

《文言传》中说的“‘时乘六龙’，以‘御天’也，‘云行雨施’，天下平也”与“保合太和”是相通的，只是说法不同。“保合太和”说立足于个体与整体的关系，从个体的“各正性命”中导出整体的“保合太和”。“天下平也”说立足于时间的维度。六龙，即六爻，六爻实为六个线性时间段，龙分别表现出“潜”“见”“乾”“跃”“飞”“亢”六种姿态。正是这种应时合序的运动才造就“天下平也”。“平”实为“和”。

第三，“各从其类”。

---

① 〔清〕李光地编纂，刘大钧整理：《周易折中》，第328页。
② 〔宋〕朱熹：《周易本义》，转引自〔清〕李光地编纂，刘大钧整理《周易折中》，第328页。

将万物分类，按类说事，按类说理，这是《周易》极为重要的生态思想。生态理论中，肯定的生命其实不是单体的生命，而是类的生命。生态视界下的生命活动，是类生命的活动。从生态平衡的立场出发，它要保护的生命，不是某一单体，而是某一类，即使现实中是保全了某一单体，但实质上是保全了某一类。在这一点上，人道主义与生态主义表现出很重要的不同。人道主义眼中的人，是单体的人，人道主义要保护的生命，也是单体的生命。在人道主义看来，任何一个单体的生命都值得珍惜。而在生态主义看来，单体的生命是不值得珍惜的，要珍惜的是类的生命。对于人的生命，生态主义看重的是人作为类的存在。如果人的生存伤及物的生存以至于造成生态失衡的严重后果，那么为了整个生态系统的良性存在，自然界就会对人实行惩罚。人的生命因之付出代价，在生态主义立场看来是应该的。因为这损失的只是单体的生命，哪怕是很多人的生命也只是若干个单体的生命，而人仍作为类而存在。

“各正性命，保合太和”实际上是阴阳关系在生态方面的展开。所谓“各正性命”，实质是阴阳得位，“保合太和”即阴阳相应、相感、相交的结果。

三、天德:“元亨利贞”“美利利天下”“天行健”

关于天德，《周易》中有两种表述。

（一）天德为“元”“亨”“利”“贞”

元、亨、利、贞本为乾卦的卦辞。四个字，有两种断句法，一是一字一断，二是两字一断。第一种断句法使用较多。这样，元、亨、利、贞就有四个意思，这四个意思，在《文言传》中得到着力阐发：

> “元”者，善之长也；“亨”者，嘉之会也；“利”者，义之和也；“贞”者，事之干也。君子体仁足以长人；嘉会足以合礼；利物足以和义；贞固足以干事。①

① 杨天才、张善文译注：《周易》，第10页。

按《文言》的解释，元为善长，即第一善；亨为嘉会，即最多的嘉；利为义和，即社会和谐；贞为事干，即办事守住正道。

后世儒家将元、亨、利、贞立为天的四德，对这四德的解释并不拘守《文言传》，最接近乾卦卦辞的解释，应是朱熹的。朱熹在《周易本义》中说：

> 元者，生物之始，天地之德，莫先于此，故于时为春，于人则为仁，而众善之长也。亨者，生物之通，物至于此，莫不嘉美，故于时为夏，于人则为礼，而众美之会也。利者，生物之遂，物各得宜，不相妨害，故于时为秋，于人则为义，而得其分之和。贞者，生物之成，实理具备，随在各足，故于时为冬，于人则为智，而为众事之干，干，本之身，而枝叶所依以立者也。①

朱熹大抵上从天与人两个层面阐发。天，在朱熹这里主要理解为天时——时间维度上的天。从时间维度认识天，则天分为春、夏、秋、冬。按天地生物之功来看春夏秋冬，它们各有其功：春生物之始，夏生物之通（通达，茂盛），秋生物之遂，冬生物之成。这种理解切合乾卦卦辞的本义，因为乾卦以天为主要象征，论的是天道。以今天的概念，它论的是自然之道。这自然是人的生存环境，因而它是环境。朱熹对于天道的这种阐述最值得我们肯定的有三点：

第一，它重生命整体。天道之功，首在生物。物之中，首在生命之物。朱熹在这里没有将生命概念凸显出来，但从他的论述中可以看出，他说的物显然是生命之物。生命之物，又首在人的生命。然朱熹既不将生命之物与非生命之物区分开来，又不将人的生命与其他生灵之物的生命区别开来，这是出于什么样的考虑呢？可能一是因为，生命物与非生命物是一体的，是非生命之物为生命之物提供种种资源，生命之物才得以生存、发展。二是人的生命与其他生灵的生命也是一体的，它们之间

① 〔宋〕朱熹：《周易本义》，转引自〔清〕李光地编纂，刘大钧整理《周易折中》，第622页。

不仅存在着吃与被吃的生物链关系，还存在着在地球上共荣共享共乐的生物园的关系。试想，如果春天没有青草，没有鲜花，该是多么地乏味！从完全的生态视野看自然，的确自然界不只有生物链存在，还有生物园存在。

第二，它重各正性命。“各正性命”是乾卦的《彖辞》说的，朱熹这段话没有用到这四个字，但是，意思是有的。春夏秋冬之所以对于生物有着不同的意义，关键在各物在春夏秋冬得到了“各正性命”的机会与条件。各正性命的结果必然是两点：一是“物各得其宜”“随在各足”，因而实现各自的利。二是整体世界实现了和——太和。其所以这样说，是因为物各得其宜，这个世界就有序了。不是都为生为有序，而是各得其宜为有序。所谓其宜，就是该生则生，该灭则灭，你生我灭，我生你灭。这种良性的生态关系，维持着自然生命总体上的可持续繁荣发展。这就是和，最大的和——太和。“各正性命，保合太和”是天道，也是天德。德实现着道，道体现为德。手段即目的，目的即手段。

朱熹对“四德”的理解，关键在“宜”，各物均得其宜，因宜得利，因利得生，因生得和。李光地在阐述“四德”时强调“自然”，认为“元者，善之长也”四句是说“天德之自然”①。李也说这是一种“爱”：

> 此天德之自然，其在君子所当从事于此者，体者，以仁为体，仁为我之骨，我以之为体，仁皆从我发出，故无物不在所爱，所以能长人，欲其所会之美，当美其所会，盖其厚薄亲疏尊卑小大相接之体，各有节文，无不中节，即所会皆美，所以能合于礼也，能使事物各得其宜，不相妨害，自无乖戾而各得其分之和，知其正之所在，固守而不去，故足以为事之干。②

此话很深刻，足以见出儒家特殊的生态伦理观。在儒家看来，天德在自然，自然之体在仁，体实为性，从体发出也就是从性发出。既然仁为

① 〔清〕李光地编纂，刘大钧整理：《周易折中》，第 624 页。
② 〔清〕李光地编纂，刘大钧整理：《周易折中》，第 624 页。

性,那么从性发出,也就是从仁发出。仁为爱。此爱出自性,那就是出自体。出自体的爱,是真爱,即爱所当爱。无物不在所爱,即无物不在正其性命,既正其性命,就能获得很好的生长。能实现自己的生命,就是美,美既为正性所然,那么,美就为自然。在自然(本性)这里,真善美实现了统一。

第三,元、亨、利、贞四德的灵魂是大公无私。乾《文言传》云:"《乾》始能以美利利天下,不言所利,大矣哉!"①"美利"既可以理解为美的利,也可以理解成美和利。如是前者,则强调此利不是小利,不是常利,而是大利、殊利。如是后者,那么美指赐予人的精神财富,利则是赐予人的物质财富。

(二)天德为"健"

关于天德为健,《易传》中多有表述:

> 天行健,君子以自强不息。(乾《象传》)②
>
> 大哉乾乎!刚健中正,纯粹精也。(《文言传》)③
>
> 夫乾,天下之至健也。(《系辞下传》)④

《象传》将天德归为一个字:健。《系辞传》加"至",为"至健",说的还是健。《文言传》衍化为"刚健中正",并加"纯粹精"三字,强调刚健中正所达到的程度。

总起来看,还是将天德理解为"健"比较符合《周易》主旨。

健作为天德,它的涵意是多元的,主要有刚、行、固、久。刚,指天道是有力量的,它以无限的力量维持着宇宙的存在,是生命能量之源;行,指天道是运动的、变化的,它在运动中存在,故为动在,它在变化中发展,故为化展;稳,指天道是稳定的;久,指天道是长久的。

---

① 杨天才、张善文译注:《周易》,第 20 页。
② 杨天才、张善文译注:《周易》,第 8 页。
③ 杨天才、张善文译注:《周易》,第 20 页。
④ 杨天才、张善文译注:《周易》,第 641 页。

人法天，所以，天行健，君子以强不息。

《易》学中，也有将《文言》中的“刚健中正”作为天德的。以四字为德，健只是其中之一，地位就大为降低了。朱熹是这样理解的：“刚以体言，健兼用言，中者其行无过不及。正者，其立不偏，四者乾之德也。纯者，不杂于阴柔。粹者，不杂于邪恶。盖刚健中正之至极，而精者又纯粹之至极也。”①此种说法也有道理。

第三节 坤地崇拜

《周易》以乾坤二卦为纲，乾为天，坤为地。地虽然与天共同创造了宇宙，却有着与天不同的独特性质，正是这种不同，显出它的独特价值。《周易》对于坤卦的阐述，鲜明而又集中地展示了中华民族的大地崇拜以及与之相关的“恋地情结”。这种大地崇拜及与之相关的“恋地情结”，是中华民族的环境意识，包括环境审美意识的重要来源。

一、“资生”：“至哉坤元，万物资生”

天与地两个概念具有相当大的伸缩性。从具象性一面理解，它指位于人上方的天空和位于人脚下的土地。《易》学中“天地人三才”说即据此。但《周易》对于天地的理解并不囿于物质性的天与地。它将天归于纯阳，地归于纯阴，这样，天与地就高度抽象化了，不只是代表物理性的天空和大地，还代表构成宇宙的两种基本元素——阳与阴。天为阳，地为阴。这种架构造就了中华民族天地文化的基本特色。

按《周易》的观点，这宇宙的一切无不是天地生成的。这一观点理所当然是唯物主义的。世界诸民族文化中，关于宇宙的生成不外乎神造论、人造论、物造论三种。在中华民族文化创造之初，这三种观点均是有的，盘古开天、女娲补天，既可以理解为神造论，也可以理解为人造论，因

① 〔宋〕朱熹著，柯誉整理：《周易本义》，北京：中央编译出版社2010年版，第29页。

为盘古既是神又是人。这两种看法，一直被置于神话传说之类，真正严肃讨论宇宙生成的是《周易》。《周易》所持的是物造论——天地创造论。《周易·序卦传》云："有天地，然后万物生焉。盈天地之间唯万物。"①

天地生物，是有所分工的。《周易·彖辞》云：

> 大哉乾元，万物资始……至哉坤元，万物资生。

对于天，《周易》强调它的"资始"的意义，而对于地，《周易》则强调它的"资生"的意义。这两者有很大不同：一、就时间论言之，"资始"只是开始，而"资生"则意味着生命已经产生了。二、就构成论言之，"资始"提供生命制作的元素，"资生"提供生命制作的成果。《周易·系辞上传》将这两者的作用概括为"乾知大始，坤作成物"。

正是因为天与地对于生命产生的作用不同，故《周易》对天的评价为"大哉"，而对地的评价为"至哉"。"至"既是最高，也是最后，还是最好。

虽然生命之始来自天，但生命的完成在地，因此，人们更能感受到地对于生命产生的意义。生活在大地上的人，不仅从人的生成，还从动植物的生成，强烈地感受到大地是人类的母亲。《说卦传》说"坤，地也，故称乎母"②，是非常准确的。

二、"广生"："含弘光大，品物咸亨"

《周易》将构造生命的两大因素同时也是两大动力归结为天与地，对于这二者在孕育生命上的作用的区分，措辞比较讲究，除上文说的一为"资始"，一为"资生"外，还说过"天施地生"（益卦《彖辞》）这样的话。"天施"，施的是什么呢？大概就是生命的元素与力量吧，"地生"则坐定生命是在大地上产生的。因此，"天施地生"应与"乾元，万物资始""坤元，万物资生"的意思是一样的。

关于生命问题，"天施"很重要，但鉴于它的神秘性，在科学尚不发达

① 杨天才、张善文译注：《周易》，第671页。
② 杨天才、张善文译注：《周易》，第657页。

的时候，人们倒是可以存而不问的；“地生”则不同了，它与“天施”同样重要，但绝不可以存而不问。“地生”就在人的身边，是每天都在发生的事实。在生命的问题上，《周易》实际上是将更多的注意力放在大地上：语及天与生的关系，多为大而化之的敬语，而语及地与生的关系，则不仅有大而化之的敬语，还有诸多言之有物的论述。

一切生灵的生死之中，人类最为关心的当然是人自身的生死。但人的生死绝不是孤立的事，而是与地球上其他事物有着密切的关系。古代人类虽然没有现代的生态学知识，但生产实践与生活实践仍然给了他们很多与生态相关的启示。这一点在《周易》中有着突出的反映。比如，在论述坤卦的功能时，《彖辞》明确指出“坤厚载物，德合无疆。含弘光大，品物咸亨”①。另，坤卦的《文言传》也说：“含万物而化光。”②

为什么说的是“载物”而不是“载人”？为什么要说“品物咸亨”而不说“品人咸亨”？众所周知，人可以归入“物”中，而“物”不可以归入人中，言“物”可以涵盖人，而言人就将其他“物”排除了。显然，《周易》已经感觉到了人与物不能分，因此，论述大地生“物”功能时，干脆用“物”这一概念，而将人归于内。这一认识充分表现出《周易》的生态意识，在距今3 000多年的周代，有这样的生态意识非常难得。

“含弘光大，品物咸亨”是对大地功能中生态功能的具体描述。《周易折中》引唐代易学家崔憬的话说：“含育万物为‘弘’，光华万物为‘大’，动植各遂其性，故曰‘品物咸亨’也。”③这个解释是很到位的。从“含弘光大，品物咸亨”八个字，可以看出大地的“载物”有三个重要性质：

第一，不只是承载，还是育载。因为是育载，所以能“光华万物”。“光”且“大”，说明生物欣欣向荣，充满活力。它让我们想象鸟语花香万紫千红的春天，想象林深树密藏龙卧虎的荒野，想象生灵众多无限神秘的海洋……

① 杨天才、张善文译注：《周易》，第 28 页。
② 杨天才、张善文译注：《周易》，第 38 页。
③ 〔清〕李光地编纂，刘大钧整理：《周易折中》，第 331 页。

第二,之所以能育载是因为能“致养”。《说卦传》说:“坤也者,地也,万物皆致养焉,故曰:‘致役乎坤’……艮,东北之卦也。万物之所以成终而成始也,故曰‘成言乎艮’。”[①]这段话强调大地“致养”万物的功能。

这段话中,说大地“致养”万物像是“致役”。“致役”二字既表现出大地“致养”万物之辛苦,又表现出大地致养万物之有时。

按《说卦传》,坤是西南之卦,处夏秋交替之时。这夏秋交替之时,正是作物成熟之时。《周易折中》引元代易学家龚焕的看法:“土之养物,虽无时不然,然于西南夏秋之交,物将成就之时,土气之旺,致养之功,莫盛于此,故曰‘致役乎坤’。非他时不养,而独养乎此也,故又曰‘成言乎艮’。”[②]至于为什么又扯到艮卦上去,因为艮也是土,按《易》理,坤为阴土,艮为阳土。龚焕认为,说坤卦“致役”,并不是说只有夏秋之时土养物,其他时候土不养物,艮也是土,它也养物。万物生长是有过程的,有过程就有终始。按《易》理,这育物的过程,坤为始,艮为终。终始之说的提出,充分显示《周易》对于大地培育生命的规律性有了相当深刻的认识。这让我们联想到,为什么坤卦的初爻要说“履霜坚冰至”,原来,养物就从这个时节(秋)开始。秋是收获的时节,可以说是物成之时;同时也是新的养物的开始,可以说是物生之时。

第三,大地对生命的育载功能具有生物链的意味。论及大地育载生命功能时,《周易·彖辞》没有单独提出人的生存与发展问题,只提“品物咸亨”。说明至少在潜意识的层面,《周易·彖辞》的作者是承认一种今人称之为“生态公正”的原则的:人不是大地上的主人,不拥有受特别优待的资格,人与其他动植物物种一样,都只是生物链中的一环。对于生物链来说,哪一环都是重要的,因此,“品物咸亨”。只有“品物咸亨”,才能保证人的亨。关于《彖辞》的“品物咸亨”,唐代易学家崔憬说这指“动植各遂其性”[③]。当然不可能只是动植各遂其性,人也遂其性,因为人不

---

① 杨天才、张善文译注:《周易》,第650页。

② 〔清〕李光地编纂,刘大钧整理:《周易折中》,第657页。

③ 〔清〕李光地编纂,刘大钧整理:《周易折中》,第331页。

可能脱离其本位立场。不说人遂其性，而说“动植各遂其性”，正是重视生态的表现。

《周易·系辞上传》在说到乾坤于生命产生的意义时，说乾的作用是“大生”，而坤的作用是“广生”。“大生”有两解：一是生其大者，即阴与阳，这就是《系辞下传》说的“立天之道曰阴与阳”的意思；二是生其元，即只产生生命的元素。坤作为地的象征，它的生为“广生”（《系辞上传》），“广生”强调生之广，生物之类很多，不仅有许多的类，类中也有诸多的个体，而且均不重复，所有个体的生命均为独一无二的。

三、无私：“安贞吉”

大地的“资生”“致养”功能是以它的优秀品德为支撑的。大地最重要的优秀品德是“公”。大公则无私。《周易》坤卦的卦爻辞均含有大公无私之义。值得我们格外注意的是，大地的大公无私品德在一定程度上具有生态公正的意义。这些在坤卦的卦爻辞中有所体现。

初六爻辞云：

> 初六，履霜，坚冰至。①

此爻辞是说秋天快过去了，清晨草木蒙霜，意味着冰天雪地的冬天就要来临了。这话说的是一种自然现象，如此提醒不乏亲和良善的意味。

《象传》释此句：“履霜坚冰，阴始凝也，驯致其道，至坚冰也。”它强调天气变化的有序，如何从始（霜）到终（坚冰），渐而变之。虽然这种客观现实不带有道德上的公正性，但其本身就透露出一种规律的无私性。

六二爻辞云：

> 六二，直方大，不习，无不利。②

---

① 杨天才、张善文译注：《周易》，第30页。
② 杨天才、张善文译注：《周易》，第31页。

"直方大",既可以理解为大地的外在形象,也可以理解为大地的内在精神。从外在形象看:"直",一眼可以望到天边;"方",可以理解为平,中国古人凭直观,认为天是圆的,地是方的;"大",指大地无边无际。从内在精神看:"直",正直;"方",端方;"大",伟大。

不论是大地的形象,还是大地的精神,于大地来说,都是自然形成的,大地不像人需要修习。"无不利"——无所不利。这是对大地形象及精神的肯定。

六三爻辞云:

> 六三,含章,可贞,或从王事,无成有终。[1]

"章",美好的花纹,喻一切美好的东西。"含章",指大地将美好的东西含藏起来。"可贞",对这一行动给予肯定。"贞"为正。为什么要将美好的东西含藏起来?首先,不是有意要藏,而是它本就在那里。其次,美好的东西实在是太多了,可见的只是极少部分,绝大部分还见不着。见不着的部分,可理解为被大地含藏起来了。再其次,大地不想张扬。在大地看来,它的"含章"只不过是其本性、本德、本职罢了,不值得赞美。

大地的这种品德,可以视为谦。《周易》有谦卦,它由两个均表示土的卦——坤卦和艮卦构成。这正好说明《周易》是将谦的品德赋予大地的。

谦,是个褒义词,说某某谦,是对某某的赞颂。谦用于人是可以这样理解的,然用于大地,只是说明了一个事实,这个事实用《周易》的术语来表述,就是"正"。"正"可以理解为规律,按规律办事,为公正。公正,即为无私。

谦卦的《象传》对大地的谦德作了准确的表述:"地中有山,谦。君子以裒多益寡,称物平施。"[2]"裒多益寡"——公平,机会均等,利益均等;"称物平施"重"称","称"在适,适的根本在于适性——物之性。大地的资源根据是否适性来"平施",因此这"平施"的"平"就不能理解为大家都

---

① 杨天才、张善文译注:《周易》,第 32 页。

② 杨天才、张善文译注:《周易》,第 150 页。

一样，而应理解为公正——生态公正，还有平衡——生态平衡。

爻辞中还有句："或从王事，无成有终。"这句话是说为"王"办事，不求回报。"王"对于臣来说，是国君。臣为君效劳是在行臣德、尽臣职，不应求回报。"王"对于地来说，是天，地的一切所为均是在行地德、尽地职，因此，也不求回报。不求回报，即无私，无私即公，公能正，正就是规律，包含生态规律。以无私之心为君办事，不管事办得如何，均"无咎无誉"；以无私之心为天行道，不管于人利或不利，也应"无咎无誉"。

六四爻辞：

> 六四，括囊，无咎无誉。①

不张扬，不表功，好像一只袋子，袋口给扎起来了。这样，它既无咎害也无赞誉。表面上看，这似是在宣传一种事不关己高高挂起的自由主义，其实是在阐述生态公正的意识。既然一切作为均出自责任、出自本性，如果办成了，又何能称功？既不是功，又何能得誉？同样，如果未办成，又何能称错？既不是错，又何能获咎？

大地就是这样，它让生活在它上面的一切生灵各尽自己本性而生存着，它们之间或相生，或相克，或互补，或互用……呈现出极为丰富的生态关系，其结果必然是有生有灭，有荣有衰。这都是再正常不过的事，于大地来说，无咎无誉。

坤卦的卦辞有句："安贞吉。"《周易》中，"贞"用得很多，但"安贞"只见此一处。"贞"前为何要强调"安"呢？说明大地在履行自己的生态功能时，完全是无私的、公正的。正是因为如此，它安。

四、"顺动"："坤道其顺乎，承天而时行"

大地"资生""致养万物"的功能建立在它所具有的优秀品德的基础上。

---

① 杨天才、张善文译注：《周易》，第 34 页。

关于大地的品德,《说卦传》有一个精当的概括:“坤,顺也。”[①]何谓“顺”?这涉及地与天的关系。在《周易》中,地与天的关系在很大程度上见于坤卦与乾卦的关系。

乾卦与坤卦的关系不是单一的,而是在不同的语境中有不同的关系:

第一,相对的关系。乾由三阳爻构成,为纯阳之卦,坤由三阴爻构成,为纯阴之卦。这种关系为相对的关系。在这种关系中,乾与坤的地位是平等的。

第二,尊卑关系。《周易·系辞上传》云:“天尊地卑。”尊卑之说原本是上下之义:天在上,引申则为尊;地在下,引申则为卑。卑在《周易》中也不是贬义。《彖辞》释谦卦,云:“天道下济而光明,地道卑而上行。天道亏盈而益谦,地道变盈而流谦。”[②]文中的“卑”不具贬义。程颐的《周易程传》:说“以地势而言,亏满者倾变而反陷,卑下者流注而益增也。”[③]

第三,主从关系。乾为主,坤为从,即天为主,地为从。

坤卦的卦辞中有句“利牝马之贞,君子有攸往。先迷后得主。利西南得朋,东北丧朋”。关于这句话,《周易折中》引述了三位易学家的解释:

> 邱氏富国曰:坤道主成,成在后,故先乾而动,则迷而失其道,从乾而动,则顺而得其常。
>
> 王氏申子曰:马而非牝,则不顺而非地之类。牝而非马,则不能配乾而“行地无疆”,此坤之“柔顺利贞”也。故君子先行坤之道者,先乎阳,则迷而失。后乎阳,则顺而得。以阴从阴,犹与类行,以阴从阳,然后有庆。
>
> 林氏希元曰:先迷失道,是以失道解先迷。盖阴本居后,今居先

① 杨天才、张善文译注:《周易》,第655页。
② 杨天才、张善文译注:《周易》,第149页。
③〔清〕李光地编纂,刘大钧整理:《周易折中》,第346页。

是先失道，故迷也。后顺得常，是以顺解得常。盖阴本居后，居先为逆，居后为顺。故得其常道也。①

这些解释都建立在一个基础上，即认定乾为主，坤为从。

为什么是乾为主而不是坤为主呢？因为乾是天的符号。天为什么为主？这涉及《周易》对天的设定。

在《周易》中，"天"在具体语境中的意义不一，作为天空来说，它与大地是平等且相对的；作为纯阳的体现来说，它与作为纯阴体现的地同样是平等且相对的。然而，当它高度抽象为宇宙运行规律即"天道"时，地就不能与它平等且相对了，"天道"高于且大于"地道"。在这种情况下，天与地的关系就成为主从关系，天为主，地为从。

《周易·系辞下传》云："夫乾，天下之至健也。"②"至健"是说物质的天——天空是永恒的，精神的天——天道也是永恒的。坤呢？《周易·系辞下传》说："夫坤，天下之至顺也。"③按说，坤所代表的地也是永恒的，也可以称为"至健"，但是，《系辞下传》不这样说。在《系辞下传》的作者看来，坤还有更重要的品德——"至顺"。"健"只在己，没有对象；"顺"则存在关系，它有对象。顺的对象是什么？是乾，准确地说，是乾道——天道。

《彖辞》说得很清楚："至哉坤元，万物资生，乃顺承天。"④所谓"顺承天"就是顺承天道。《周易》不少处说到"顺"。如豫卦《彖辞》云：

豫，刚应而志行，顺而动，豫。豫顺以动，故天地如之，而况建侯行师乎？天地以顺动，故日月不过，而四时不忒。圣人以顺动，则刑罚清而民服，豫之时义大矣哉。⑤

---

① 〔清〕李光地编纂，刘大钧整理：《周易折中》，第 332 页。
② 杨天才、张善文译注：《周易》，第 641 页。
③ 杨天才、张善文译注：《周易》，第 641 页。
④ 杨天才、张善文译注：《周易》，第 28 页。
⑤ 杨天才、张善文译注：《周易》，第 157 页。

这段话明确说豫的顺动就是天地之动，天地之动就是顺动，具体来说，就是日月按时运行，四时按时转换。天地是顺动的，人呢？人要想在这个地面上很好地生存，就必须遵循这规律，也必须顺动。

《周易》论及地对天的态度时，除提到“至顺”外，还提到“时行”。“时”在《周易》中是一个非常重要的概念。益卦的《彖辞》云：“凡益之道，与时偕行。”①不独益卦，所有的卦都或明示或暗喻：一切行动均要注重“时”，即所谓“时止则止，时行则行”（艮卦《彖辞》）②。随卦《彖辞》干脆宣布：“天下随时。”③

在这一片重“时”之声中，坤卦的重“时”有它的特点。坤卦明确宣布：“承天而时行。”（《周易·文言传》）④坤卦强调：“时行”的依据是“承天”。

为什么顺天要特别强调“时行”？这与《周易》总体的哲学思想有关系。在《周易》看来，宇宙的存在虽然可以被理解为空间的存在，但空间的存在实质是时间性的存在。一切在变，且不断在变，变是绝对的，不变是相对的。正因为如此，顺天道而动，必须重时间性。《象传》赞颂“天行健”，其实，“行健”的何止是天？地亦行健。

坤卦强调大地遵循着天道而不断运动的品德，对人具有重大的启示性。人是在大地生存、生活着的，人要很好地在大地上生存、生活，就必须很好地认识、把握大地的规律，遵循大地的规律而动。这就是《老子·第二十五章》所说的“人法地，地法天，天法道，道法自然”⑤。

五、“黄中”：“发于事业，美之至也”

无私、顺动等优秀的品德支撑着大地资生、作物的功能，同时也造就

① 杨天才、张善文译注：《周易》，第 372 页。
② 杨天才、张善文译注：《周易》，第 454 页。
③ 杨天才、张善文译注：《周易》，第 166 页。
④ 杨天才、张善文译注：《周易》，第 38 页。
⑤ 汤漳平、王朝华译注：《老子》，第 95 页。

了大地的美。关于大地的美，坤卦的六三爻、六五爻有鲜明的表述。先看六三爻：

六三，含章可贞。

“含章”是说将“章”即美蕴含于内；“可贞”是肯定词，意谓此举是正确的。“含章”对中国美学建构意义巨大：

第一，重视内在的美。

这可以分为两翼：一、以善为美。主要体现在儒家的审美观上。儒家认为，于君子来说，人生意义第一是“内圣”，其次是“外王”。“内圣”指内在的道德品质的修养，内在的道德品质就是善。这样的人生观影响了审美观。人事审美重善，自然审美也重善。孔子曰：“岁寒，然后知松柏之后雕也。”①“知者乐水，仁者乐山。”②二、以真为美。这主要体现在道家的审美观上。庄子说：“天地有大美而不言。”③天地之“大美”何在呢？不在天地之外在形象，而在天地之理，这天地之理就是“道”，用今天的概念来说就是“真”。

第二，重视含蓄的审美风格。

当审美对象最优秀的东西被蕴含于内，这种美就具有一种特别的风格、特别的魅力。于审美者，虽然增加了一定的审美难度，但增加了不少情趣。中华民族非常重视这种含蓄的审美风格。魏晋南北朝时期的刘勰最早从审美上肯定了这种风格，名之为“隐”。他在《文心雕龙·隐秀》中说：“是以文之英蕤，有秀有隐。隐也者，文外之重旨者也；秀也者，篇中之独拔者也。”范文澜先生注曰：“重旨者，辞约而义丰，含味无穷，陆士衡云：文外曲致，此隐之谓也。独挺者，即士衡所云‘一篇之警策’也。”④后来关于这种重“隐”的风格，常用的概念为“含蓄”。

---

①《论语·子罕》，杨伯峻：《论语译注》，第 95 页。

②《论语·雍也》，杨伯峻：《论语译注》，第 62 页。

③《庄子·知北游》，陈鼓应注译：《庄子今注今译》，北京：中华书局 1983 年版，第 563 页。

④〔南朝梁〕刘勰著，范文澜注：《文心雕龙注》，北京：人民文学出版社 1978 年版，第 633 页。

特别值得一说的是，含蓄成为中国古典美学最高范畴——“意境”（境界）说的重要内涵。

坤卦的六五爻云“黄裳元吉”。这四个字对于中国古典美学亦影响深远。

关于黄裳，朱熹的解释是：“黄，中色。裳，下饰。”[1]为什么在这里用到“黄”这种颜色呢？因为坤卦说的是大地，它的本色为黄。又为何说到中？因为六五爻是阴爻居阴位，得中，这六五爻是主卦之爻，它的性质决定着一卦的吉凶。用黄裳这女子的下饰来喻地的原因，一是女子为阴，地也为阴；二是天上地下，用下饰显示地谦卑的品德也很合适。

这一点在美学上的重要影响，主要是建构了中华民族以“黄中”为尊的审美意象。《周易·文言传》云：

> 君子黄中通理。正位居体。美在其中，而畅于四支，发于事业，美之至也。[2]

这段话二十几个字，两处用到“美”字，其主旨就是论美。它所论的美有以下几种。

第一，“中”之美。

“中”是此句关键词之一。坤的《象传》云：“‘黄裳元吉’，文在中也。”[3]也强调“中”的意义。“中”有内的意义，故朱熹说：“文在中而见于外也。”[4]程颐也说：“内积至美而居下。”[5]谷家杰说：“中德之发为文治也。”[6]很明显，中之美就是内之美，内之美就是德之美，这些观点与“含章可贞”是一致的。

第二，“正”之美。

---

① 〔清〕李光地编纂，刘大钧整理：《周易折中》，第38页。
② 杨天才、张善文译注：《周易》，第42页。
③ 杨天才、张善文译注：《周易》，第35页。
④ 〔清〕李光地编纂，刘大钧整理：《周易折中》，第413页。
⑤ 〔清〕李光地编纂，刘大钧整理：《周易折中》，第413页。
⑥ 〔清〕李光地编纂，刘大钧整理：《周易折中》，第413页。

坤卦的六五爻不仅“中”，而且“正”，因为它是阴爻居阴位。《文言传》说它“正位居体”。“正”在《周易》中为“正道”，正道为天道，它既是自然规律的体现也是人伦规律的体现。通常我们也将“正”表述为“真”。因此，“正”之道即“真”之美。

第三，“黄”之美。

坤卦六五爻将黄色凸显出来是有重要意义的，黄是大地的颜色，也是中华民族人文始祖黄帝的名号。《文言传》说黄这种色彩的美为“美之至”，既是对于大地的礼颂，也是对黄帝的礼颂。

战国时产生的五行说，将黄色派属为土之色。而在五行中，土居中。基于“五行”说在中国后世的巨大影响，“黄中”说深入到中华民族的文化骨髓之中，构成中华民族审美的重要特色，而且在世界诸民族的审美中独一无二。

第四，柔之美。

《周易》以阴阳为基，作为六十四卦之首的乾坤二卦实为六十四卦之纲。乾为纯阳之卦，坤为纯阴之卦。阳为刚，阴为柔。刚柔的含义很多，有偏于物性方面的，有偏于品德方面的，也有偏于审美方面的。从审美角度视刚柔，则这是两种不同品性、风格的美。按《周易》，阳刚美之集大成者为天，阴柔美之集大成者为地。值得注意的是，天、地各可分出刚柔来。阳刚阴柔两种美既相分又相合。按中华民族的哲学思想，重视阴阳、刚柔相合，于是，在审美上也特别推崇刚柔相济之美，即苏轼所说的“端庄杂流丽，刚健含婀娜”①。

从理论上来看，天、阳、刚在人们的生活中应占主导的地位，它是主心骨，是方向，但是人们的生活毕竟是实际的、琐碎的。人仰望着天、尊崇着天，但立足于地、生存于地、爱恋着地。因此，不管是在伦理层面，还是在审美层面，地、阴、柔总是体现为生活的主流。

---

① 北京大学哲学系美学教研室编:《中国美学史资料选编》下册，北京:中华书局 1981 年版，第 39 页。

无比丰饶的地和能量无限的天，是生命之源，是生命之流，是人类的家，也是诸多动植物的家，是所有生灵共同的家。天地造就人类的肉体，创造人类的精神，培育人类全部的真善美。正如《周易·姤卦·彖辞》所云："天地相遇，品物咸章也。"[①]我们唯一要做的就是尊崇天地，敬畏天地，遵循天道，顺从地道，与天地合一："与天地相似，故不违；知周乎万物，而道济天下，故不过；旁行而不流，乐天知命，故不忧；安土敦乎仁，故能爱。"(《系辞上传》)[②]

第四节 太阳崇拜

自然作为人类生存生活的环境，具有四个要素：阳光、淡水、土地、空气。阳光即其一。高悬于天空的太阳，自古以来就是人们崇拜的对象。《周易》从自然中取象做卦，没有忽略太阳。以太阳为象的卦为离卦，《周易》的太阳崇拜集中体现在这一卦中，同时也体现在诸多有离卦参与的重卦中。从这些卦以及相关的《易传》，我们可以探寻到《周易》对环境的一些重要思想。

一、离卦："日月丽乎天"

离卦是关于太阳的卦。《说卦传》云："离为火，为日，为电，为中女……"[③]其中最为基础是"为日"。

离卦六爻，爻辞生动而又深刻地描绘了太阳的壮丽和它运行的轨迹，是一曲雄壮华美的太阳颂歌：

> 初九，履错然，敬之无咎。

太阳初生，光辉洒地，如步履错杂，灿然生辉。致敬，太阳！

---

① 杨天才、张善文译注：《周易》，第388页。
② 杨天才、张善文译注：《周易》，第569页。
③ 杨天才、张善文译注：《周易》，第666页。

六二，黄离，元吉。

太阳继升，近中天还未及中天，此是太阳最华美的时候，金黄璀燦，大吉。

九三，日昃之离，不鼓缶而歌，则大耋之嗟，凶。

正午的太阳，不再是上升的了，日昃之象，哪需要鼓缶？率情而歌。此是感慨时不我与的嗟老之歌啊！凶！

九四，突如其来如，焚如，死如，弃如。

虽为下落的太阳，也有刚猛之势，像大火燃烧，树木死亡，林地废弃。悲壮！

六五，出涕沱若，戚嗟若，吉。

太阳终于快要下山了。痛哭一场，将悲情宣泄掉，等着新的日出吧。吉。

上九，王用出征，有嘉斩首，获匪其丑，无咎。

太阳即使就要下山了，还是要在世上显示出它的刚烈辉煌，如大王出征，斩将夺旗，俘虏无数，大获全胜。程颐说："在离之终，刚明之极也。明则能照，刚则能断。能照足以察邪恶，能断足以行威行。"①

这就是太阳！伟大的太阳，美丽的太阳，神圣的太阳。

离卦，其卦象上下两阳爻，中为一阴爻，这一形象足以让我们产生诸多的想象。首先想到的是太阳。太阳是圆的，在这儿怎么成为方形的形象呢？如果不执着于太阳直观的形象，而能想象将太阳形象当作方形处理是什么样子，那就肯定是离卦这样子了。太阳的直观形象为圆，圆周线断成直线，只能是两横线——两阳爻。圆心为空，那就是中间有断的横线——一阴爻。

对于太阳形象来说，圆周线也许主要指示中空。空是太阳功能产生的根据，太阳的光辉和热能均是从这空产生的。空为虚，在《周易》中，阴

① 〔宋〕程颢、程颐著，王孝鱼点校：《二程集》，北京：中华书局1981年版，第853页。

爻多用来表示虚。虚并不是真虚，而是实至无限，无以观瞻，倒反成虚了，正如《老子》所说“大象无形，大音希声”。虚均在中，名中虚，中通衷，故中也常说成是心中。《周易》重中，中重虚。虚为阴，阳为实，阳之力在外，虚之功在中。阳力来自阴功。《周易》重虚的思想集中体现在离卦中，离卦对于道家哲学的形成产生了巨大的影响。

关于离卦的象，《象传》的描述是：“明两作，离。大人以继明照于四方。”①说“明两作”，是因为离卦作为别卦，是由两个离卦的经卦重叠而成的。“继明”强调太阳的光明是动态的，有反复升落的过程。“照于四方”是说它的能量具有普及性。从太阳的直观形象可以看出它具有光明性、动态性、永恒性、循环性、普及性。

《彖辞》对离卦义的阐述主要重于“丽”。《彖辞》云：

> 离，丽也。日月丽乎天，百谷草木丽乎土。重明以丽乎正，乃化成天下。②

丽有两义：一为附丽。“日月丽乎天”即日月附丽于天，“百谷草木丽乎土”即百谷草木附丽于土。二为美丽。美丽之美不在形象漂亮，而在光明。李光地在《周易折中》中说：

> 项氏安世曰：“日月丽乎天”而成明，“百谷草木丽乎土”而成文。故离为文，又为明。③

日月附丽于天，天空明亮了；百谷草木附丽于地，大地灿然成文了。“文明”概念就是这样来的。

太阳的重要意义是创造文明，此是自然的文明；人效仿太阳进行的创造，后来也称之为文明，那是人工的文明。中华文化将文明之源追溯到太阳，又将文明的品位提升到太阳。

① 杨天才、张善文译注：《周易》，第275页。
② 杨天才、张善文译注：《周易》，第274页。
③〔清〕李光地编纂，刘大钧整理：《周易折中》，第165页。

二、"明出地上,晋"

离卦与其他卦的组合,多是太阳与其他卦的卦象的组合。其中最能体现太阳特点的,有晋卦、明夷卦、同人卦、大有卦等。

晋卦为离卦与坤卦的组合,离在上,坤在下,为日出之象。晋卦的《彖辞》云:

> 晋,进也,明出地上。顺而丽乎大明,柔进而上行,是以"康侯用锡马蕃庶,昼日三接"也。①

"明出地上",地球上绝大多数生命因此得到活跃的机会,地球上一切美好的景色也因此得到展示的机会。没有日出,哪有如此活跃的生命,哪有如此绚丽的自然,哪有如此璀璨的文明?明出地上,是前提,是能源,是舞台,是可能,是一切的基础。

"顺而丽乎大明,柔进而上行。"丽,是太阳的本色。为何要在丽前加"顺"?原因之一是离卦下卦为坤,坤德为顺。顺的品德为柔。太阳的进是"柔进",何其有意思!柔进一般为理解为下行,然而在太阳,它是"柔进而上行"。就感性观察来说,它是准确的,太阳确是冉冉升起。就理性思考来说,它也是正确的,进,易刚,而刚若无柔节制则易折。太阳上行但柔进,就韧了。韧,不仅有力,而且持久,韧融柔入刚,使刚柔相济。这是太阳最伟大的品格。这样就保证太阳继续上升,稳健地发挥着它的作用,奉行着它赐生命以力量、赐地球以美丽的伟大使命。

"是以康侯用锡马蕃庶,昼日三接也。""康侯",朱熹说是"安国之侯"②,程颐说是"治安之侯"③,总之,是美好人物的代表吧。康侯受到王上的恩赐,一天之内竟然多达三次,这可是大福大贵啊!这句话出自晋卦的卦辞,它是太阳恩惠的象征。

---

① 杨天才、张善文译注:《周易》,第 315 页。
② 〔清〕李光地编纂,刘大钧整理:《周易折中》,第 186 页。
③ 〔清〕李光地编纂,刘大钧整理:《周易折中》,第 186 页。

人最大的愿望莫过于做康侯了！

晋卦的《象传》从社会学的层面上对这一景象的意义作了最为重要的阐发：

> 明出地上，晋，君子以自昭明德。①

“明出地上”，是大自然赐给人类最绚丽的风光，在《象辞》作者看来，读者要从这景象得到一条启示：“自昭明德”。“明德”重在明，明，在感性上为光亮，在理性上含意极为丰富：对于德来说，若是明德，一定是高尚之德、正大之德。中国儒家最为推崇的三位先圣：尧、舜、禹，其德即为明德。对于智来说，若是明智，一定是通透之智、机敏之智。按今天的话来表述，它定然是对规律(包括自然规律、社会规律、人生规律)的创造性把握与发挥。“明德”后来成为儒家的重要概念，在儒家经典《大学》中，有“明明德”的命题。

晋卦取象于明出，似是大吉大利，顺顺当当。大吉大利是对的，但并不顺当。晋卦的爻辞虽然主要就社会事物造句，但隐约还能从中品味出太阳升出地面的艰辛。如“初六，晋如，摧如，贞吉”。“晋如”，上升，“摧如”，则是受到了障碍、抑退。这正是太阳涌出地面的情景。当天空显出微弱的亮色，就意味着明要出了，人们会看到天边现出的霞光如何在与云层抗争。那情景真是“晋如，摧如”——时现，时隐，有时真让人担心它就出不来了。但是，太阳的步伐是无法阻挡的。哪怕太阳因为云过厚没法露出完全的脸，它也会使光辉映照天地。

这抗争的过程中，太阳也会发愁吗？会。六二爻辞云：“晋如愁如，贞吉。受兹介福，于其王母。”②“晋如愁如”，一边在上升，一边在发愁。然而，它必然会胜利，会大吉，因为它配有这样的福气。爻辞说它从“王母”中获得大福。按《周易》游戏规则，它是指六五爻。《象传》则说“受兹介福，以中正也”。意思是，晋六二爻之所以受兹介福，是因为它遵循的

---

① 杨天才、张善文译注：《周易》，第 315 页。
② 杨天才、张善文译注：《周易》，第 317 页。

是中正之道。这说得太正确了。

与晋卦相对的是明夷卦。晋卦是离卦在上，坤卦在下，为日出之象，明夷卦是坤卦在上，离卦在下，是日落之象。日落当然是让人伤感的，但不是绝望，因为过一段时间，太阳还会升起。明夷卦的卦辞只用了三个字："利艰贞"。艰是关键词。在"明夷"之时，主要是要艰守，而艰守重在坚定，坚定又重在坚信。如果能这样，那就是贞——正了，就会获利。

三、"天与火，同人"

离卦与乾卦的组合，某种意义上是太阳与天的组合。这分两种情况：一种是乾为上卦，离为下卦，为"火上同于天"①之象。此卦的意义定位在"同人"。卦辞云："同人于野，亨。利涉大川。利君子贞。"②程颐对此卦辞的分析是深刻的。他说："'野'，谓旷野，取远与近之义。夫'同人'者，以天下大同之道，则圣贤之心也。"③

天下大同之道是同人卦的主题。

这里首先要对同人卦中说的同作一番解释。同，有诸多含义。

相同是同，相依也是同，相依含义之一为"比"。《周易》中有个比卦，上卦为坎，下卦为坤，坎为水，坤为地，水在地上，这水与地的关系为比。朱熹将这种比解释成"亲辅"。程颐阐述同人卦辞中"同人于野"时说："常人之同者，以其私意所合，乃暱比之情耳……上言于野，止谓不在暱比。"④天与火存在比的关系，只是这比，按程颐的说法，不是出于私意的昵比，而是体现出"大同之道"的亲比。另外，相依还有"附丽"（《周易》径称为"丽"）义。离卦《彖辞》说"日月丽于天"。

同，还有和义，当同被理解为诸多事物相依存、共命运、同生死的关系时，这关系就升格为和了。这种同可以称为"和同"。

---

① 〔宋〕朱熹：《周易本义》，转引自〔清〕李光地编纂，刘大钧整理《周易折中》，第 87 页。

② 杨天才、张善文译注：《周易》，第 133 页。

③ 〔宋〕程颐：《周易程传》，转引自〔清〕李光地编纂，刘大钧整理《周易折中》，第 87 页。

④ 〔宋〕程颢、程颐著，王孝鱼点校：《二程集》，第 763 页。

同人卦的卦爻辞从多个角度强调“同人”的无私性、宽广性：

第一，“同人于野”。野是广远，在这样的地方与人和同，其心境必然是宽广的。野外生存自然格外艰难，此时人们自然会倍感命运相连，因而更能同心同德。

第二，“同人于门无咎”。此语出自同人卦的初九爻。王弼说：“居同人之始，为同人之首者也……出门皆同，故曰同人于同，出门同人，谁与为吝。”①出门就与人同，心无偏私。

第三，“同人于宗，吝”。“宗”，按程颐的解释为“宗党”，就是小团体。这种小团体的抱团不是同，因为它是偏私的。这种同，同人卦认为是“吝”。

第四，“同人先号咷而后笑，大师克相遇”。这是说，同人可能会先遇到困难以致悲愤而哭，然而最后能克服困难，取得胜利。

第五，“同人于郊，无悔”。郊，城市郊区。按易学家蔡渊的看法，“国外曰郊，郊外曰野”②。虽然同人的心胸不及同人于野，但还是比较开阔的，因而无悔。

所有这些同人，体现出的思想就是公。因公而和，因和而吉。

同人卦的《彖辞》将同人思想提到“文明以健，中正而应”的高度：

> “同人于野，亨。利涉大川”，乾行也。文明以健，中正而应，君子正也。唯君子能通天下之志。③

同人卦有乾，乾为天，天行健。同人卦中乾天载的是太阳，太阳是文明的象征，所以同人卦的第一性质是“文明以健”。同人卦只有六二爻为阴爻，余为阳爻，一阴爻为五阳爻所同，靠的是这六二既中又正，而它与九五是相应的，这就是“中正而应”的意思，此为同人卦的第二性质。同人具有如此性质，君子如真能以同人之心谋天下之事，那就能做到“通天

① 转引自黄寿祺、张善文译注《周易译注》，上海：上海古籍出版社2016年版，第154页。

② 〔清〕李光地编纂，刘大钧整理《周易折中》，第91页。

③ 杨天才、张善文译注：《周易》，第134页。

下之志”了。而通天下之志,那就是在行大同之道。

同人卦的卦爻辞谈的均是社会大同之道。但是,我们知道,这社会的大同之道,是从天与火同这一自然现象导出来的,因此,社会大同之道也可以说是从自然大同之道推导出来的,或者说衍化出来的。

自然的大同之道,其核心是自然公正与生态公正。

所谓自然公正,就是自然界的一切物均是平等的,所有这些物均是以自己的本性而存在。这中间不存在任何超出物性的霸权主义。所谓生态公正,是自然公正在生命系统中的具体体现。之所以要特别提出来,是因为生态系统中的人具有特殊性,人虽然来自动物,但脱离动物之后,则使自己居于地球一切生灵之上,自认为具有操纵其他生灵的权力,这是一种极为可怕的霸权主义。它的危害性在人类发展早期显现不出来,因为人操纵自然的能力很低,然而随着人类的进步,人类对自然的认识的广度与深度在迅速拓展,与之相关,人类改造自然的能力也大为提高。在这种背景下,人类为了一己私利,有可能危及其他生灵的生态权益,严重者可以导致生态链中断、生态平衡被打破,以致危及人类的生存。在这种背景下,同人卦提出的大同之道不啻有振聋发聩的意义。是的,人类社会要大同,但要明白,整个自然界也要大同,特别是自然界的生灵系统要大同。

由天与太阳构成的大同是宇宙间最为美丽的景象:天是伟大的,太阳也是伟大的,它们的和同是伟大与伟大的和同。一方面,凭借天的广阔无垠,太阳得以将其光辉映照宇宙,宇宙的生命因此才得到了能源,才能够蓬勃生长。另一方面,因为有了太阳,不仅天的浩瀚得以展示出来,而且,诸多辉煌的天象也被创造出来,将天空装点得绚丽多姿,神奇无比。

四、“火在天上,大有”

大有卦也是一个歌颂太阳的卦,它的性质与同人卦有些类似,所不同的是同人卦是乾为上卦,离为下卦,而大有卦是离为上卦,乾为下卦,它的卦象是太阳在天之上。同人卦象强调的是天与太阳同,大有卦的卦象凸显的是太阳升在天之上。

大有卦的卦辞很简单,就两个字:"元亨"。

朱熹阐释大有的卦义云:"火在天上,无所不照。"①程颐亦云:"火之处高,其明及远,万物之众,无不照见,为大有之象。"②

火在天上即太阳在天上。太阳的无所不照意味着什么呢?大有。大有意味着太阳是宇宙能量的重要来源,首先是生命能量的重要来源。

大有《象传》对大有的性质作了阐述:

> 火在天上,"大有"。君子以遏恶扬善,顺天休命。③

这句话中,就环境学的意义言之,最重要的是"顺天休命"这四个字。关于这四个字,王弼说:"成物之美,顺夫天德休物之命。"④

"大有",其实不是现成的,它有一个成物的过程。而成物,就物对与天的关系而言,是"顺天德",即顺应自然的规律;就物对自身的性而言,是"休命",即实现自己的本性。"顺天休命"是对成物本质的最为准确的揭示。这个过程,既是自然真的实现,也是自然美的创造。王弼说"成物之美",极简赅,也极经典。

大有卦的《彖辞》对大有意义的阐述也很有深度。彖云:

> "大有",柔得尊位大中,而上下应之,曰"大有"。其德刚健而文明,应乎天而时行,是以元亨。⑤

这句话中,有三个要点:

一是"柔得尊位大中,而上下应之"。柔在此卦中指六五爻,阴为柔,在五位,为中位,誉为"大中"。程颐说"处中,得大中之道也"⑥。联系大

---

① 〔宋〕朱熹:《周易本义》,转引自〔清〕李光地编纂,刘大钧整理《周易折中》,第 92 页。
② 〔宋〕程颐:《周易程传》,转引自〔清〕李光地编纂,刘大钧整理《周易折中》,第 92 页。
③ 杨天才、张善文译注:《周易》,第 143 页。
④ 〔魏〕王弼:《周易注》,转引自〔清〕李光地编纂,刘大钧整理《周易折中》,第 434 页。
⑤ 杨天才、张善文译注:《周易》,第 142 页。
⑥ 〔宋〕程颐:《周易程传》,转引自〔清〕李光地编纂,刘大钧整理《周易折中》,第 344 页。

有的实际情况，之所以火在天上得大中之道，是因为太阳本就应在天下，天是太阳的家。太阳与天的关系是一种自然关系，是正道，而且不是一般的正道，是大正之道。自然之美究其本来言，是大正。太阳在天上，给人的感觉是太阳是君，天下是臣。就天下的能源均为太阳提供这方面而言，这种感觉是对的，合乎理性，合乎大正之道。易学家们喜欢将这种现象比附君臣关系，太阳为君，天下为臣。程颐说："夫居尊执柔，固众之所归也。而又有虚中文明大中之德，故上下同志应之，所以为大有也。"①程颐一方面强调"居尊"之重要，另一方面又强调"执柔"之重要。执柔是对居尊的一种制约。居尊易专横霸道，有了柔的约束与调节，就能达至大中之道了。这种理解显然是从社会学、政治学出发的，与自然界没有关系。就太阳在天上这一自然现象言之，说它"居尊"是可以的，但它未必"执柔"。对于太阳来说，刚有之，柔也有之。一天之中，太阳在正午时可以是刚的，日出或日落时是柔的。一年四季中，在夏季，它是刚的，可谓烈日炎炎，热不可耐；而在冬季，它则是柔的，冬阳暖暖，格外亲人。因此，太阳既执柔，又执刚，该刚则刚，该柔则柔。这就是大中之道，也是大正之道。

二是"其德刚健而文明"。刚健是指大有卦中的乾卦，乾为健；文明指大有卦中的上卦离卦，离是文明的象征。这一说法不独在大有卦中为然。文明这一概念的来源就是离卦。离为文明概念的来源：一是基于明，它赐给大地以光明、以能量、以生命之源；二是文，文是感性形象，由于此感性形象以明为本，是明的展现，因而它是美，而且是大美。它既是总体上的自然美之源，也是总体上的社会美之源。

三是"应乎天而时行"。这里说的天即乾，大有下卦为乾。乾为天道，"应乎天"指离的运行是应乎天道的，这种"应"的突出体现为"时行"。就一天言之，日升日落，是准时的；就一年来说，阳光的强弱之变化也是准时的。对于地球来说，太阳的时行不仅是参与造就了地球上的一切物

---

① 〔宋〕程颐：《周易程传》，转引自〔清〕李光地编纂，刘大钧整理《周易折中》，第 344 页。

包括生命之物，而且从根本上决定了地球上一切生物的生存之道。人是白天工作，故日出而作，日落而息。不少动物与人的生活习性一样，但也有一些生灵恰好相反，日出而息，日落而作。太阳的“时行”是地球上生态系统得以维持的重要原因之一。尊重太阳运行的规律，适应太阳运行的规律，不仅是重要的养生之道，也是重要的生态平衡之道。魏晋时的大哲学家王弼阐释《象辞》的这句话说：“德应于天，则行不失时矣。刚健不滞，文明不犯，应天则大，时行无违，是以元亨。”①

同人卦与大有卦均是由离卦与乾卦组成的卦，皆以离的中爻为卦主。只是同人卦中，离这一中爻为六二爻，大有卦中，离的这一中爻为六五爻。这种不同，引起了宋代易学家项安世的注意。他说：“同人大有两卦，皆以离之中爻为主，而以乾为应者也，同人离在下，以德为主，故曰‘应乎乾’者，应其德也。大有离在上，以位为主，故曰‘应乎天而时行’者，应其命也。”②项安世的这一发现似在说明，“德”主要在人心上起作用，故其卦的主要意义在同人；而“位”则主要在权力上起作用，故其卦的主要意义在大有。

在所有涉及离卦的卦中，大有卦可以说是最为全面，亦最为深刻地阐述太阳意义的卦。大有卦的上九爻辞云：“自天佑之，吉无不利。”的确如此！

第五节　山水情怀

自然为本，社会为用，是《周易》总体的思维方式。自然为本，首先体现在向自然取象。乾卦取象天，坤卦取象地，震卦取象雷，巽卦取象风，坎卦取象水，离卦取象火，艮卦取象山，兑卦取象泽。《周易》对自然的取象不止这些，但这是主要的。从八卦取自然之象来看，《周易》几乎将整个自然纳入视野，它的哲理就来自对自然的观察与思考。自然界之物是

---

①〔魏〕王弼：《周易注》，转引自〔清〕李光地编纂，刘大钧整理《周易折中》，第345页。
②〔清〕李光地编纂，刘大钧整理：《周易折中》，第345页。

极为丰富的，八卦取的八种象实际上是八种概括或者是八种代表，它们的关系比较复杂。天地为总概念，可分为天与地。其下的六种象，从某种意义上讲，分别属于天与地（火雷风属天，水山泽属地），但实际上，它们同天与地又是并列的。从环境美学的维度来看八卦所取的八种象，八卦体现了浓郁的自然情怀，由于八种象在人们的心目中所处的地位不同，这情怀的审美意味就不同。如果说人们对于天地、太阳更多地表现出一种崇拜敬仰的话，那么，对于山水则更多地表现出一种更具人性的依恋。

一、"润万物者莫润乎水"

远古时代，至少在中国，可以说不缺水。不仅不缺水，而且水多得成灾，在中国古代关于水的记载中，负面的居多。中国古代圣王中与尧、舜并列的大禹，一生的事业几乎就是治水。《周易》虽然不乏对水环境的正面阐述，但负面的阐述也不少。对水环境的负面阐述主要就是险，水成为险的代名词，这集中体现在坎卦中。坎究竟险在什么地方？在陷。坎是一个低洼的所在，当水积聚其中时，因为人看不清楚水下的情况，不知到底有多深，也不知有没有危险，所以，它险。如此说来，险的其实并不是水，而是积了水的坎，是这样一种水环境。苏轼说得明白："坎，险也，水之所行，而非水也。"①

如何克险，是坎卦主题所在。按坎卦的卦爻辞，克险的办法主要有三。

第一，"习坎"。坎卦的卦辞云："习坎：有孚维心，亨。行有尚。"②在坎前加一"习"字，耐人寻味。孔颖达认为"坎是险陷之名，习者便习之义。险难之事，非经便习，不可以行。故须便习于坎，事乃得用，故云'习

---

① 〔清〕李光地编纂，刘大钧整理：《周易折中》，第 158 页。
② 杨天才、张善文译注：《周易》，第 265 页。

坎'也"[1]。"习"按朱熹的说法是"重习"的意思。"重习"在重,多次学习、演习,方得知坎。"便习"在便,便是方便、安行的意思。当在水中作业达到习以为常不觉得有什么不便的境界时,这坎也就不成为险了。

第二,"有孚"。这是坎卦卦辞提出来的。孚为诚信。《周易》特别看重诚信,诚信本是对人的,对水也需要诚信吗?明代的易学家吴慎说:"阳陷阴中(坎上下两爻为阴爻,中一爻为阳爻),所以为坎。心之体,静而常明,如一阳藏于二阴之中也。心之用动而不息,如二阴中一阳之流行也。一阳者流行之本体,二阴者所在之分限。流而不逾限,动而静也。"[2]这种解释是别致的,但它成立。在险面前,心静则能沉着,沉着则能仔细观察,也能深入思考。遇到坎险时,需要别人的帮助,求助时,心要诚。坎卦的六四爻辞云:"樽酒簋二,用缶,纳约自牖,终无咎。"这话的意思,宋代易学家郭雍说得很到位。他说:"一樽之酒,二簋之食,瓦缶之器,至微物也。苟能虚中尽诚,以通交际之道,君子不以为失礼,所谓能用孚之道者也。"[3]

第三,"水盈"。坎九五爻辞云:"坎不盈,祇既平,无咎。"[4]坎之所以成险,是因为它不盈,水不盈则不能流出。必须待水盈及平才能将水导出。"祇",在这里同"抵",是到、至的意思。这就是说,必须让水盈到平的高度,才能让水流出。如能这样做,就无咎。这种克险的办法实际上是用智,智来自知。因为对水的规律有一定的了解,所以能够想出这样的办法。

有坎参与的蹇卦、困卦均存在着危险的水环境,克险的办法基本上同于坎卦。

尽管有坎、蹇、困等卦比较多地谈恶劣的水环境,但是,也有不少卦比较多地谈良性的水环境。在良性的水环境中,水的正面价值得到充分

---

① 〔清〕李光地编纂,刘大钧整理:《周易折中》,第157页。
② 〔清〕李光地编纂,刘大钧整理:《周易折中》,第158页。
③ 〔清〕李光地编纂,刘大钧整理:《周易折中》,第160页。
④ 杨天才、张善文译注:《周易》,第271页。

的肯定。《说卦传》云:"润万物者莫润乎水。"[①]这"润"强调的是水滋养生命的意义。

水的正面价值远不止于此。在诸多的卦中,水不是单一的形象,而是与别的事物组合成一种水环境,这种水环境既是某种自然环境,又是某种哲理的比喻。以下试举数例。

蒙卦:艮为上卦,坎为下卦,为山中有水之象。这藏在山中的水是希望,是财富,是智慧,是吉祥,是幸福。想得到山中的水,需要做的事只有一件:发蒙。将蒙住水的山启开,这幸福的水就出来了。

需卦:坎为上卦,乾为下卦,为水在天上之象,水在天上即云在天上。程颐说此卦"云上于天,有蒸润之象"[②]。《象传》阐述此卦意义,云:"云上于天,需。君子以饮食宴乐。"[③]需卦卦辞云:"有孚,光亨。贞吉,利涉大川。"[④]可见此卦是对于云的最为美好的歌颂,而云就是水啊!

师卦:坤为上卦,坎为下卦,为地中有水之象。卦辞云:"贞丈人吉,无咎。"[⑤]《象传》评价此卦卦象曰:"地中有水,师。君子以容民畜众。"[⑥]《彖辞》结合卦辞,说:"师,众也。贞,正也。能以众正,可以王矣。"[⑦]师在这里指军队,水在此代表兵多而且团结,引申为"容民畜众"。水是民啊!

比卦:坎为上卦,坤为下卦,为地上有水之象。这水与地是什么关系?程颐说:"水在地上,物之相切比无间,莫如水之在地上,故为比也。"[⑧]地上有水是吉祥的。《彖辞》云:"地上有水,比。先王以建万国,亲诸侯。"[⑨]水代表人民群众。有大众的拥护,先王才建立起国家。

值得注意是,这个卦中第五爻爻辞是:"显比,王用三驱,失前禽,邑

---

① 杨天才、张善文译注:《周易》,第 653 页。
② 〔宋〕程颐:《周易程传》,转引自〔清〕李光地编纂,刘大钧整理《周易折中》,第 50 页。
③ 杨天才、张善文译注:《周易》,第 64 页。
④ 杨天才、张善文译注:《周易》,第 62 页。
⑤ 杨天才、张善文译注:《周易》,第 80 页。
⑥ 杨天才、张善文译注:《周易》,第 82 页。
⑦ 杨天才、张善文译注:《周易》,第 81 页。
⑧ 〔宋〕程颐:《周易程传》,转引自〔清〕李光地编纂,刘大钧整理《周易折中》,第 65 页。
⑨ 杨天才、张善文译注:《周易》,第 91 页。

人不诫，吉。”[①]程颐解释此爻云：“天子之畋围，合其三面，前开一路，使之可去，不忍尽物，好生之仁……禽之去者，从而不追，来者则取之也。”[②]此话明显地具有生态意识，说明人与动物的关系是亲密的。

水的正面价值中，《周易》最重视的是雨水的价值。

屯卦是雨水的赞歌。屯卦坎上震下，即水上雷下。雷上的水可理解为云，因此，此卦的卦象为云在雷上。天空乌云滚滚，雷声隆隆，豪雨就要降下来了。《彖辞》说：“雷雨之动满盈，天造草昧，宜寻建侯而不宁。”[③]在不少卦中有“往遇雨吉”的卦爻辞。为什么雨水这么被看重呢？因为在《周易》看来，雨是阴阳交合的产物。程颐就从阴阳相交的角度看屯卦，他说：“云雷之兴，阴阳始交也。”[④]李光地在谈小畜卦时也这样说：“阴阳交则雨泽乃施。”[⑤]

阴阳交合的益处岂止是雨水？往往还有吉祥、成功、胜利、幸福。这样，雨就成为吉利的象征。

二、“井养无穷”

关于水的卦中，井卦比较特殊，因为井是人做的，所以，井这种环境不是自然环境，而是人工环境。但这人工环境并没有离开自然，它以自然为基础。如果井中没有水，那这井就成了无效的人工环境；如果这井有水，那就是有效的人工环境，这而有效来自水——自然提供的水。

井卦提供了一些可贵的环境意识，反映出早期人类对于人造环境的重要意识。

井卦卦辞云：“改邑不改井。无丧无得。往来井井。汔至，亦未繘井，羸其瓶，凶。”[⑥]

① 杨天才、张善文译注：《周易》，第 95 页。
② 〔宋〕程颐：《周易程传》，转引自〔清〕李光地编纂，刘大钧整理《周易折中》，第 66 页。
③ 杨天才、张善文译注：《周易》，第 45 页。
④ 〔宋〕程颐：《周易程传》，转引自〔清〕李光地编纂，刘大钧整理《周易折中》，第 40 页。
⑤ 〔清〕李光地编纂，刘大钧整理：《周易折中》，第 68 页。
⑥ 杨天才、张善文译注：《周易》，第 421 页。

这句话有三层意思：

第一层意思是“改邑不改井”。程颐说：“井之为物，常而不可改也，邑可改而为之它，井不可迁也。”①这一观点反映了三个情况：

其一，在居住环境的问题上，人类对水资源高度重视。

游牧生活的人们是不会去掘井的，而是逐水草而居，这是游牧人群基本的生活原则，也是他们选取环境的基本原则。但农业生产不能这样，农业生产要定居，定居要考虑两点：生活资源是否方便获得，生产资源是否充足。水，既是重要的生活资源，又是重要的生产资源。因此，人必须选择有水的地方居住。人们在大多数的情况下，是通过直接取用地表水来获取生活用水，只有在直接取用满足不了需要的情况下才掘井：或是地表水不够，或是地表水质量不优，或是地表水取用不便，总之，是为了生存，或者为了追求更高的生活质量，人们才去掘井。自古以来，人们都非常重视井。如果人不是临河或临湖而居，一般在居住地两三里地以内，必有一口井。井实际上成了居住的核心。

其二，掘井在古代是一项最为重要的民生工程。

掘井工程的重要程度不下于建房，也许在技术上难度更大，要求更高。不然，怎么会宁改邑不改井？

其三，这可能是当时的一项国家户籍制度或社会居住习俗。

第二层意思是“无丧无得”。这话是对井的质量要求。好的井，水量是有保证的，不管什么季节，也不管取水量多大，它总维持在“无丧无得”，即既不溢出也不下降的水平上。打出这样的井，需要很高的科学技术水平，当然，也不排除运气的因素。不管是靠技术打出的，还是凭运气碰上的，这样的井均是老百姓之福。

第三层意思是“汔至，亦未繘井，羸其瓶，凶”。对于这句话，朱熹解释说：“汲井几至，未尽绠而败其瓶，则凶也。”②这话说的是人事。有了好

---

① 〔宋〕程颐：《周易程传》，转引自〔清〕李光地编纂，刘大钧整理《周易折中》，第 248 页。

② 〔宋〕朱熹：《周易本义》，转引自〔清〕李光地编纂，刘大钧整理《周易折中》，第 248 页。

井，还要好技术才能打上来水，井绳长度是关键，另外盛水的瓶也很重要。如不小心打破了瓶，就前功尽弃。联系到环境上来，这句话包含有合理地利用环境、珍惜环境的意义。

关于井卦的思想，《彖辞》用“井养而不穷”[①]来概括，非常深刻。这句话的要点一是养，二是不穷。养民是井的基本功能，一语中的。“不穷”，是对井的品位的评价，只有好井才能做到井水不穷。养，生命得以生存；不穷，生命得以发展，而且是可持续地永远发展。抽象来看，优秀的环境，其优秀之处应在于对生命的持续支持。

卦辞是一卦的总纲。就井卦来说，卦辞已包含了一些与井相关的环境思想，在爻辞中，这些思想得以进一步展开，其中主要的有：

第一，去污。井打好了，如果不加以保护，它会遭遇污染。井卦初六爻辞云：“井泥不食，旧井无禽。”[②]井中淤泥太多，影响到井水质量，怎么办？当然是淘井。井经过淘洗，水清了。九五爻云：“井洌，寒泉食。”[③]九五是此卦的卦主，又中又正。“井洌，寒泉食”，从其本义看，是对井质的最高评价，同时也是对井美的最佳描绘。

第二，置栏。六四爻辞云：“井甃，无咎。”[④]井甃就是井栏，筑井栏的目的是保护井。

第三，公用。井是大家的，应该让大家都能喝到井水。九三爻辞云：“井渫不食，为我心恻。可用汲，王明并受其福。”“渫”，清洁。这么清洁的井水，为什么还让君子心里不安呢？因为还有很多人喝不到这样的井水。《象传》云：“‘井渫不食’，行恻也；求‘王明’，受福也。”[⑤]之所以要“求‘王明’”，是因为王掌握着天下全部资源，希望王能够让百姓共享资源。这句爻辞体现出博大的天下情怀。环境是大家的环境，天下百姓应共享

① 杨天才、张善文译注：《周易》，第 421 页。
② 杨天才、张善文译注：《周易》，第 423 页。
③ 杨天才、张善文译注：《周易》，第 426 页。
④ 杨天才、张善文译注：《周易》，第 425 页。
⑤ 杨天才、张善文译注：《周易》，第 425 页。

其福,不仅如此,环境也是天下包括人在内的全部生灵的环境,也应让全部生灵共享其福。上六爻辞云:“井收勿幕,有孚元吉。”“收”,汲取;“幕”,覆盖;“孚”,诚信。此句的意思是:大家都来汲水吧,这井不加盖,任凭汲取。但大家都要有诚信(具体在对待井上,就是不要污染井水,保护一切设施,让大家汲水),如能这样,就大吉了。很显然,上六爻是对全民共享美井的恳切呼吁。

井有德,井德在养民无穷。爱惜井,就是爱惜生命。井卦中的养民思想得到后世儒家发挥,成为儒家仁德思想的另一种表述。井卦的《象传》云:“木上有水,井。君子以劳民劝相。”①井卦上卦为巽,从五行来说,巽为木,下卦为坎,坎为水,故有“木上有水”之象。关于“劳民劝相”,朱熹说:“劳民者,以君养民;劝相者,使民相养,皆取井养之义。”②

三、“丽泽,兑”

《周易》中的八卦各象征着一批自然事物,其中兑象征的首为泽。作为别卦的兑卦是两个作为经卦的兑叠合而成。兑卦《象传》释象:“丽泽,兑。”③程颐释此句云:“丽泽,二泽相附丽也。两泽相丽,交相浸润,互有滋益之象。”④这种阐释建立在泽的自然形象的基础之上。泽即沼泽,是水与地亲密结合组成的地理形象。

兑卦的卦辞云:“兑:亨,利贞。”⑤仅三个词,简洁明确地肯定兑卦是一个吉利的卦,表明兑卦所代表的自然形象——泽是美丽的、很有价值的地理环境。这里,四个字都值得分析。

“兑”,文字学上的意义为“说”。“说”通“悦”。沼泽之地有喜悦吗?李光地说:“地有积湿,春气至则润升于上。人身有血,阳气盛则腴敷于

---

① 杨天才、张善文译注:《周易》,第 422 页。

② 〔宋〕朱熹:《周易本义》,转引自〔清〕李光地编纂,刘大钧整理《周易折中》,第 500 页。

③ 杨天才、张善文译注:《周易》,第 503 页。

④ 〔宋〕程颐:《周易程传》,转引自〔清〕李光地编纂,刘大钧整理《周易折中》,第 519 页。

⑤ 杨天才、张善文译注:《周易》,第 502 页。

色,此兑为泽为说之义。"[1]这一分析是准确的。沼泽的特点是水与地的亲密结合,有水而不多,有地且地不干。这样的环境特别适合喜湿爱阴的动植物生长,相比于干燥的陆地和水深的江湖,沼泽的生物种类多得多。悦实为生命之喜悦。

"亨"为通义,常与通字连在一起,称为亨通。亨通之道是发展顺利之道。亨通在泽上突出体现为生物的繁盛、欣欣向荣。

"利贞"。作为占筮之书,《周易》常用到这个词,表示吉利。兑卦卦辞也用到这个词,说明兑意味着幸福吉祥。

兑卦的爻辞主要围绕着"兑"展开,有"和兑""孚兑""来兑""商兑""引兑"等,从多个角度阐述沼泽作为地球之肺所具有的生态平衡功能。

"和兑",重在和,这种"和"是杂多的统一,是具有生态平衡意义的和谐。沼泽中的生物种类繁多,形成了良好的生物链。这种良好的生物链,实现了物种之间的相生相克,保证着沼泽的个体生物按其自然本性与具体处境生死存亡。

"孚兑",重在"孚"。孚为诚信,一般用在处理人与人之间的关系上。用来说人与自然关系,它含有生态公正的意味,即人对于动植物也应有必要的尊重与爱心。泽的生态环境之美,与人对泽的珍惜、保护很有关系。

"来兑"与"引兑"可以联系在一起。来兑是六三爻的爻辞,引兑是上六爻的爻辞,三与上本有一种呼应关系。这种来、引是耐人寻味的。李光地说:"三与上,皆以阴柔为主,'来兑'者,物感我而来,《孟子》所谓蔽于物,《乐记》所谓感于物而动者也,'引兑'者,物引我而去,《孟子》所谓物交物则引之而已矣,《乐记》所谓物至而人化物者也。"[2]一个是"物感我而来",一个是"物引我而去",人与物之间存在着一种交感关系,人与物的和谐就在这交感之中实现了。这种和谐的特点是人与物的共同利益

① 〔清〕李光地编纂,刘大钧整理:《周易折中》,第298页。
② 〔清〕李光地编纂,刘大钧整理:《周易折中》,第298页。

得到尊重。人为利会伤物，但物的类得以保全；物为利会伤人，但人的类也同样得以保全。

“商兑”，重在“商”。这充满喜悦的生命境界需要“商”吗？朱熹解释“商兑”为“商度而说”。“商”即商度。为什么需要商度？因为有矛盾，有冲突，涉及利害，需要经过商量之后再权度，求取最佳的处理方式。商兑是九四的爻辞，九四爻辞云：“商兑未宁，介疾有喜。”[①]“未宁”说明此商度不容易，有动荡，但最终结果是好的——“介疾有喜”。“介”的解释很多，此处取程颐的解释：“人有节度谓之介，若介然守正而疾远邪恶，则‘有喜’也。”[②]以上解释着眼于人事，其实“商”也可以用来解释自然现象。自然界同样存在着矛盾冲突，尤其是泽这样的环境，生物种类繁多，各物种与人的矛盾、物种与物种之间矛盾非常复杂，诸多矛盾涉及诸多利害，这的确要好好处理了。说处理是对人而言的，在物种之间则是一种出自本性的利害调节。用“商”来说明这种处理，意思是要兼顾各种利益，要权衡轻重。应该说，没有比这一概念更恰当的了，它充分体现出人对自然的尊重。

兑卦作为全面阐述沼泽生态环境的卦，提供给人们最为重要的理念是两个概念：“和兑”与“商兑”。“商兑”的实质是生态平衡，“和兑”的实质是生物界的和谐与繁荣。“商兑”是手段，“和兑”是目的。

兑卦与别的卦构成的卦，也具有一定的环境意识，以下试举数例。

萃卦：下卦为坤，上卦为兑，为地上有泽之象。它意味着众多的生物在此汇聚，是一个熙熙攘攘的生命世界。《彖辞》说：“‘萃’，聚也……观其所聚，而天地万物之情可见矣。”[③]为什么观察一个沼泽的生物聚集的情形就可以看见天地万物之情呢？原因是，一个小小的沼泽是天地生态系统的缩影。

临卦：下卦为兑，上卦为坤，为泽上有地之象。从环境学的意义去考

---

① 杨天才、张善文译注：《周易》，第 506 页。

② 〔宋〕程颐：《周易程传》，转引自〔清〕李光地编纂，刘大钧整理《周易折中》，第 297 页。

③ 杨天才、张善文译注：《周易》，第 396 页。

察这泽与地构成的卦,能够得到什么启示呢?程颐说:“天下之物,密近相临者,莫若地与水,故地上有水则为比,泽上有地则为临。临者,临民临事,凡所临皆是。”①地上有水,强调的是水对地的依附性,泽上有地,强调的是泽与地的交互性。泽不完全是水,而是水下有地,正是因为有地,人才能进入泽中,即所谓“临”。临,后来引申为一个社会概念:君王深入到百姓中去,称为临。

咸卦:下卦为艮,上卦为兑,为山上有泽之象。这山与泽的关系既是对立的,又是互补的,更是相互作用的。从视觉上看,山高泽低,山静泽动;从性质上看,山刚泽柔,山阳泽阴;从心理感受来说,山峻泽悦,山猛泽媚。正是因为如此,它们的关系被提升为阴阳刚柔交感的关系。而一旦提升到这样的关系,这咸卦就具有非凡的意义。咸卦的《彖辞》云:“咸,感也。柔上而刚下,二气感应以相与。止而说,男下女,是以‘亨利贞,取女吉’也。天地感而万物化生,圣人感人心而天下和平。观其所感,而天地万物之情可见矣。”②从《彖辞》看,咸卦揭示的竟然是天地生物包括男女生人的规律,由生万物到管万物推出圣人治理天下的规律。地与泽的关系中竟藏有如此大的秘密,真是非同小可!

损卦:下卦为兑,上卦为艮,为泽上有山之象。山与泽的关系是互损的:或损泽以益山,泽越下陷,山就越高;或损山以益泽,泽越抬高,山就越低。关于这种情状,《彖辞》提出“损刚益柔有时,损益盈虚,与时偕行”③。“有时”,有规律。人对于环境的变化,要识时并能“与时偕行”,即遵循规律行动。

困卦:下卦为坎,上卦为兑,为泽下有水之象。这泽下有水,淤泥很深,人或大型动物陷进去,就有灭顶之灾。这是一个非常危险的环境,难怪称之为困。

节卦:下卦为兑,上卦为坎,为泽上有水之象。泽上有水,本为好事,

---

① 〔宋〕程颐:《周易程传》,转引自〔清〕李光地编纂,刘大钧整理《周易折中》,第113页。
② 杨天才、张善文译注:《周易》,第282页。
③ 杨天才、张善文译注:《周易》,第364页。

但《周易》没有鼓励任意用水，而提出“节”水的观点。虽然提出要节，但不能苦节。卦辞云：“节：亨。苦节，不可贞。”[①]《彖辞》阐释卦义，提出“节以制度，不伤财，不害民”[②]。这种提法，用于处理人与资源的关系，那就是既要考虑到人的需要，又要考虑到自然的承载力。“不伤财”，即不浪费资源；“不害民”，即不损害人民的生活。要做到两者兼顾，除了应具有正确的资源观，还需要“制度”。节卦在环境保护问题上所提出的“节以制度”的观点，于今天具有很大的参考价值。

四、“敦艮吉”

《周易》中，山是用艮卦来表示的。山与地的区别，在形象仅在于山是地上隆出的部分。虽然如此，山与地的阴阳属性是不一样的，按《周易》的法则，艮为阳卦，而代表地的坤为阴卦。

艮卦既为阳卦，它的性质是刚的。刚有两种存在方式，一为动，如震卦，它为一阳爻居下，二阴爻居上，品德为动；艮卦，它为一阳爻居上，二阴爻居下，品德为静。

《周易》将艮卦最主要的象定为山。那么，它从哪些方面阐述山的自然属性与社会属性呢？主要从两个方面：

第一，突出山的本性为“止”。止不只是静，还包含有稳定、坚定的意思。

艮卦的《彖辞》云：

> 艮，止也。时止则止，时行则行。动静不失其时，其道光明。艮其止，止其所也。上下敌应，不相与也。是“不获其身，行其庭，不见其人，无咎”也。[③]

这段话由“止”导出“时”的概念。原来，这“止”以及与之相对的“动”

① 杨天才、张善文译注：《周易》，第 517 页。
② 杨天才、张善文译注：《周易》，第 517 页。
③ 杨天才、张善文译注：《周易》，第 454 页。

都是有时的。于是,得出“动静不失其时”的哲学观点。显然,《彖辞》关注的,是“止”的哲学。

回到事物本身,山作为环境的重要一部分,其重要性质“止”,对于人们的生活具有重要意义。山在地上,山的稳定,实际上关系着大地的稳定,只有稳定,大地才能成为人们的家园。既然大地也是稳定的,为什么不将止这一性质给予大地,而只给予山呢?因为大地上有水,包括江河,它们是流动的。山作为大地的一部分,它的对立面是大地另一部分——水。水之动与山之止共同构成了大地的性质:动与静的统一,刚与柔的统一,阳与阴的统一。这种性质,不仅让人能够在大地上生活、劳作,而且塑造了一种于人极为有用的哲学观念——“时止则止,时行则行。动静不失其时,其道光明”。

孔子将山的止联系到做人,提出“仁者乐山”的思想。在孔子看来,仁者最为重要的品质就是对于原则的坚定性,这种坚定性类同于山。仁者从山的“止”受到启发,加强培养自己的高尚品德。

第二,强调“敦艮”是止的最高品位。

艮卦的上九爻辞云:“敦艮吉。”敦有厚重、谦和、友爱之意。山有这样的性质吗?在《周易》艮卦的作者看来,山是具有这样的品德的。它厚重,正因如此,它才能“止”。至于谦和友爱,在《周易》看来,地具有这样的性质,坤的六三爻辞云:“含章可贞,或从王事,无成有终。”山也具有这样的品德,它无言地矗立着,顶着蓝天,护着生灵,无私奉献,同样是“或从王事,无成有终”。

“敦”是儒家非常重视的一种品德。是儒家从山受到启发从而建构了敦的品德,还是先已有了敦的观念然后再将敦赋与大山?这就无从得知了。

艮卦与其他的卦组合时,将山的性质带了进去,从而创造出与山相关的一些环境观念,以下试举数例。

蒙卦:上卦为艮,下卦为坎,为山下有水之象。优秀环境一般为有山有水。在这个卦中,水实际是在山之中,它需要启开蒙盖在水上的山,方能得到水。虽然从总体上来说，环境拥有人所需要的一切，但并不等于说人不需要作出任何努力。蒙卦包含有改造自然、建设美好环境的思想。

蹇卦：上卦为坎，下卦为艮，为山上有水之象。这种情状是危险的。也许是远古时代水患很多之故，《周易》中的水常常作为危险的符号出现。坎卦由两坎组成，称为“习坎”，是险的象征。这蹇卦艮下坎上，意味着洪水从山上冲刷而下为高山阻住，形成可怕的堰塞湖。

剥卦：上卦为艮，下卦为坤，为地上有山之象。这种自然形象是正常的，剥卦的《象传》云：“山附于地，剥，上以厚下安宅。”①剥，剥蚀。这个卦主要讲时令变化是如何造成自然界剥蚀现象的。“上以厚下安宅”之“上”是指上卦艮所代表的山，山要以它的“厚”加固大地。“宅”指大地，大地是我们的家，安宅，就是安家。“上以厚下安宅”就是说，山以其厚重挺拔护卫着、加固着大地——我们的家。

谦卦：上卦为坤，下卦为艮，为山在地下之象。朱熹说：“山至高而地至卑，乃屈止于其下，谦之象也。”②山只能在地上，不会在地面下，这里说的山在地下，主要是为了说明谦这个道理。不过，山能屈尊，也足见出山敦厚谦和的品德。

贲卦：上卦为艮，下卦为离，为山下有火之象。这火可能是篝火，先民们围着篝火享受美食，载歌载舞，是何等美好的场面！《彖辞》将这种景象称为“文明”，并且说：“观乎天文，以察时变；观乎人文，以化成天下。”③人类是从山里走出来的，人类最初的文明的确是在山里创造的。山，完全有资格被称为文明的摇篮。

---

① 杨天才、张善文译注：《周易》，第 216 页。

② 〔宋〕朱熹：《周易本义》，转引自〔清〕李光地编纂，刘大钧整理《周易折中》，第 96 页。

③ 杨天才、张善文译注：《周易》，第 207 页。

第十一章 《尚书》的环境美学思想

《尚书》，又名《书经》《上古之书》，儒家的重要经典。今存《尚书》共58篇，根据朝代，分为《虞夏书》《商书》《周书》，有一个总序，相传是孔子所作。书中各篇也有相应的序。

《尚书》有今文与古文两种不同的版本，今文《尚书》为伏生所传授。伏生，秦时任博士，秦始皇焚书，伏生将《尚书》藏于壁中，至汉惠帝时，禁令取消，伏生从壁中取出书时，发现少了若干篇，只剩29篇。伏生就用此书在齐鲁间传授，此书后立于学宫，成为朝廷钦定的官家学说。古文《尚书》的流传迟于今文《尚书》。据《汉书·艺文志》，汉武帝末年，孔子故宅墙壁中发现一部《尚书》，有45篇，其中29篇同于今文《尚书》。古文《尚书》长期未立于学宫，直到东汉，经诸多学者努力，才得以立于学宫。东汉末年马融、郑玄融通两部《尚书》，为之作注。

西晋永嘉之乱，今古文《尚书》均失传，东晋初年，豫章内史梅赜向朝廷献出孔子后裔孔安国作传的《孔传古文尚书》，共58篇，其中包含伏生所传授的今文《尚书》29篇。唐代初年，孔颖达以它为底本，作《尚书正义》，宋时，此书被收入《十三经注疏》，流传至今。

《尚书》有若干内容涉及环境问题，从中可见中华民族环境意识的起源。

第一节 《尚书》的环境意识:测天顺时

中华民族最早的环境意识来自对于天象、地象的认识。这种认识夹杂着两种意识:一是崇拜意识,将天地看作神灵,无比地敬畏;一种是科学意识,将天地看作认识对象。无论是崇拜,还是认知,为的都是在天地之间,即在自然环境间生存。中华民族的这种环境意识,在《尚书》中处处可见。《尧典》云:

> (尧)乃命羲和,钦若昊天,历象日月星辰,敬授民时。分命羲仲,宅嵎夷,曰旸谷。寅宾出日,平秩东作。日中,星鸟,以殷仲春。厥民析,鸟兽孳尾。申命羲叔,宅南交,曰明都。平秩南讹,敬致。日永,星火,以正仲夏。厥民因,鸟兽希革。分命和仲,宅西,曰昧谷。寅饯纳日,平秩西成。宵中,星虚,以殷仲秋。厥民夷,鸟兽毛毨。申命和叔,宅朔方,曰幽都。平在朔易。日短,星昴,以正仲冬。厥民隩,鸟兽氄毛。帝曰:"咨!汝羲暨和。期三百有六旬有六日,以闰月定四时,成岁。允厘百工,庶绩咸熙。"①

这段话的大意是:尧命令掌管天象的羲氏、掌管地象的和氏推算出日月星辰的运行规律,制定历法,将此历法恭敬地传授给百姓;又分头命令羲仲、羲叔、和仲、和叔等,进行一系列的兼具审美性和科学性的观测工作。

尧让羲仲居住在嵎夷,那里也称旸谷。羲仲就在那里恭迎日出,由此测定太阳东升的时刻(平秩东作)。这个时节,白天与夜晚时间相等(日中),朱雀七宿黄昏时出现在天的正南方(星鸟),依此测定仲春时节。这个时节,人们分散在田野中耕作,鸟兽开始生育繁殖。

尧让羲叔住在南方的交趾,观测太阳往南运行(南讹)的情况,恭敬地迎接太阳向南回来(敬致)。这个时节,白天很长(日永),东方苍龙七

① 王世舜、王翠叶译注:《尚书》,第7页。

宿中的火星,黄昏时出现在南方(星火),依此确定仲夏时节。这个时节,人们住在高处,鸟兽的羽毛稀疏。

尧让和仲住在西方的昧谷,恭敬地送别落日,并测定太阳西落的时刻。这个时候,昼夜长短相等(宵中),北方玄武七宿中的虚星,黄昏时出现在天的正南方(星虚),依此确定仲秋时节。这时,人们又回到平地上居住,鸟兽换生新毛。

尧让和叔住在北方的幽都,观察太阳往北运行的情况。这个时节,白昼时间最短(日短),西方白虎七宿中的昴星,黄昏时出现在正南方(星昴),依此确定仲冬时节。这时,人们住在室内,鸟兽长出了柔软的细毛。

尧说:"啊! 羲氏与和氏啊,一周年共有三百六十六天,要加闰月,确定春夏秋冬四季,这就成岁。根据时令来规定百官的事务,让许多事情都兴办起来。"

这段文字清楚地描绘了尧时代,人们是如何观察制定历法的。历法是人们行动的指导,在不同的时令,人们做着不同的工作。非常有意思的是,这段文字在描写人们在不同的时节做不同工作时,没有忽略鸟兽在做什么。它的深层意思是,自然是人与动物共同的环境,时令的变化让人的工作与动物的变化处于同一节奏。在尊重、遵循自然规律这一根本的点上,人与动物是一样的,只是人对自然规律的尊重、遵循是理性的,具有自觉性,而动物对于自然规律的尊重与遵循是本能的,具有自然性。

第二节 《尚书》的环境改造:浚河导洪

大舜时代,中国发生了一场大洪水,《尧典》描写这场洪水是"汤汤洪水方割,荡荡怀山襄陵,浩浩滔天",人民的生命财产遭到严重威胁,怎么办? 舜先派鲧去治洪,鲧采取封堵的办法,花了九年的功夫,没有成功。鲧的儿子禹接过父亲的重任,继续治水。他治水的办法截然不同,采取的是疏浚的办法。《尚书・皋陶谟》中有一段禹与大舜、皋陶的对话,禹陈述他的治水方案：

帝曰："来，禹！汝亦昌言。"禹拜曰："都！帝，予何言？予思日孜孜。"皋陶曰："吁！如何？"禹曰："洪水滔天，浩浩怀山襄陵，下民昏垫。予乘四载，随山刊木，暨益奏庶鲜食。予决九川距四海，浚畎浍距川；暨稷播，奏庶艰食鲜食。懋迁有无，化居。烝民乃粒，万邦作乂。"皋陶曰："俞！师汝昌言。"①

这段对话中，大禹陈述了他的治水方法："决九川距四海，浚畎浍距川"。决，疏通义。九川，按《尚书・禹贡》的说法是：弱水、黑水、河、漾、江、沇水、淮、渭、洛。距四海，是到达四海。畎浍是田间水沟，"浚畎浍距川"是说将田间的水沟疏通，这样，田地就不滞水。这种做法，概括成一个字，就是"导"。大舜称之为"地平天成"（《大禹谟》）。"地平天成"这一概括，准确地揭示了大禹治水的哲学思想：顺应自然。

《尚书》中有好几篇谈到了大禹治水。大禹治水给我们的启迪有三：

第一，人类的生存环境既是自然给予的，又是人创造的。自然不能做到完全适应人的需要，人为了生存，必须对自然进行改造。人类环境是自然人化的产物。

第二，人对于自然的改造，必须遵循自然规律。禹治水之所以成功，就是因为他采取的方法是符合自然规律的。

第三，自然环境的成功改造为社会环境的安定奠定了基础，创造了条件。大禹治水的成功，让人民安居乐业，作为政治，这是德政。《尚书・大禹谟》中，大禹说："德惟善政，政在养民。""正德利用厚生惟和。"大禹作为古代的圣人，是爱民的典范。上面的引文说到，他治完水后"暨稷播，奏庶艰食鲜食。懋迁有无，化居。烝民乃粒，万邦作乂"。这是说他与后稷一同播种，将百谷（艰食，即根生的食物）和鲜美的鸟兽肉进（奏）献给百姓（庶），并且让百姓"化居"，即互通有无，调剂余缺。于是百姓（烝民）安定（粒，王

① 王世舜、王翠叶译注：《尚书》，第 40 页。

引之读为“立”，意为安定）了，各个诸侯国都得到治理（乂，治理）。

第三节 《尚书》的环境理想：“五服”统国

大禹治水的全过程，在《夏书·禹贡》中有详细的叙述。值得我们注意的是：大禹治的是水，理的是国。他治完水后，一方面安排百姓生产、生活，另一方面，又组织百姓向朝廷纳贡，他根据各地出产，规定各地向朝廷进贡的产品。最后是：

> 九州攸同，四隩既宅。九山刊旅，九川涤源，九泽既陂。四海会同，六府孔修。庶土交正，厎慎财赋，咸则三壤成赋。①

这话的意思是九州统一，四方安居，九座大山均可刊木建路标通行，九条大河都疏通了水源，九面大湖均修筑了堤坝，天下各方进贡之路通畅无阻，水火金木土谷六府都得到治理。各地均要向国家交税，这税额是根据土地的上中下等级规定的。

在这里，人民成为国民，环境成为国土。国民、国土、国君的统一就成为国。

《禹贡》宣布了大禹将国家分成“五服”的规定。五服，是根据同国都的距离来规定的，不同的距离决定它们对于国家所要承担的不同责任与义务。

> 五百里甸服。百里赋纳总，二百里纳铚，三百里纳秸服，四百里粟，五百里米。
>
> 五百里侯服。百里采，二百里男邦，三百里诸侯。
>
> 五百里绥服。三百里揆文教，二百里奋武卫。
>
> 五百里要服。三百里夷，二百里蔡。
>
> 五百里荒服。三百里蛮，二百里流。
>
> 东渐于海，西被于流沙，朔南暨声教，讫于四海。禹锡玄圭，告

---

① 王世舜、王翠叶译注：《尚书》，第 87 页。

厥成功。①

这段文字,译成白话就是:

距国都以外五百里为甸服。距国都一百里的缴纳连秆的禾,二百里的缴纳禾穗,三百里的缴纳带稃的谷,四百里的缴纳粗米,五百里的缴纳精米。

甸服以外五百里是侯服。离甸服一百里的替天子服差役,二百里的担任国家的差役,三百里的担任侦察工作。

侯服以外五百里是绥服。离侯服三百里的考虑推行天子的政教,二百里的奋扬武威保卫天子。

绥服以外五百里是要服。离绥服三百里的要和平相处,二百里的要遵守王法。

要服以外五百里是荒服。离要服三百里的维持隶属关系,二百里的进贡与否流动不定。

东方进至大海,西方到达沙漠,北方、南方连同声教都到达外族居住的地方。于是禹被赐给玄色的美玉,表示大功告成了。

中华民族的环境意识带有强烈的国土意识,禹贡的“五服”说就是最早的体现。

在《周书·梓材》篇中,还有这样一段话:

> “……皇天既付中国民越厥疆土于先王,肆王惟德用,和怿先后为迷民,用怿先王受命。已!若兹监。”惟曰:“欲至于万年,惟王子子孙孙永保民。”②

这段话说,上天既然将国民及国土都托付给了国君,现在国君只有实行德政,教导那些商代的遗民,完成先王从上帝那里接受的使命。啊,这样做,可以将国家延续至万年,王的后代子孙都要永远保护人民。

这样,国土意识被升至皇天意识的高度。

① 王世舜、王翠叶译注:《尚书》,第88—91页。
② 王世舜、王翠叶译注:《尚书》,第213—214页。

第十二章 《周礼》的环境美学思想

《周礼》是儒家重要的典籍，它完整地记录了周朝的礼制，孔子一生念念不忘的“复礼”，复的就是这个礼制。《周礼》为周朝行政全书，原名《周官》，其来历大体是：汉武帝时，河间献王从孔子故宅得古文（秦统一文字前的文字）旧书，其中有《周官》。但此书缺失《冬官》一编，遂以《考工记》一编补入。西汉经学立于学宫的诸经，均为今文经学，《周礼》晚出，又为古文，并未列入学宫。至汉平帝时王莽当政，刘歆奏请以《周官》改名为《周礼》，立于学宫，获准。这时，《周礼》之名得以确立。

这部书的作者未详。汉代著名经学家郑玄在为《周礼》作的注中说：“周公居摄而作六典之职，谓之《周礼》。”唐宋之后，有学者认为，此书不是周公所作，或为后人附益，或为刘歆伪作。清代指斥《周礼》为刘歆伪作的言论更烈，《四库全书总目》中《周礼注疏》条则予以反驳。学界主流仍然认为《周礼》是周公及他的助手所作。虽然此书出于汉代，但至少主体写作完成于先秦，因此，我们仍然以先秦古籍视之。

周朝时，环境与资源的概念是统一的。作为儒家极力推崇的礼制，《周礼》所展示的环境观念，在长达数千年的中国封建社会中一直居于主导地位，因而特别值得我们重视。

第一节 环境的国家观念:环境作为国家资源

《周礼》中详细地介绍朝廷所设置的各种官职,第一编名为"天官冢宰第一",主要记载朝廷行政机构,包括对外行政和对内行政,主要是对内行政。第二编名为"地官司徒第二",这部分记载的机构大部分同环境与资源相关,担任这部分工作的最高长官为司徒。

关于大司徒的工作,《周礼》作了这样的概述:

> 大司徒之职,掌建邦之土地之图与其人民之数,以佐王安扰邦国。以天下土地之图,周知九州之地域广轮之数,辨其山林、川泽、丘陵、坟衍、原隰之名物,而辨其邦国都鄙之数,制其畿疆而沟封之,设其社稷之壝而树之田主,各以其野之所宜木,遂以名其社与其野。①

大司徒为地官之长,地官是六官(天官、地官、春官、夏官、秋官、冬官)之一,位列第二,仅次于天官,可见其地位之高。大司徒的工作主要有二:一、掌管国家资源的情况,资源分二,一是土地资源,包括山林、川泽、丘陵、坟衍、原隰的情况以及各种名物的出产情况,二是人口数目情况;二、负责建造祭祀后土、田主的社稷坛。由于古人认为只有树木长势很好的地方才是神所凭附的地方,所以,社稷坛的选择需要考察树木的生长状况,这叫作"以其野之所宜木"。

这里值得注意的有三点:

第一,所有资源由国家统管,足见中国古代对于土地资源的重视。按当时的国家制度,有为周王直接管辖的王畿地区,也有由分封的诸侯邦国管辖的地区。诸侯邦国内部也作类似的划分。作为大司徒,其对资源的管理,既要有所统,也有所"辨"。统,指国家主权,即不管土地由谁管,主权均在国家;"辨",就是要分辨出不同的管辖权。正是因为如此,

① 徐正英、常佩雨译注:《周礼》,北京:中华书局2014年版,第213页。

“土地之图”“人民之数”均由大司徒统管。在周代就有了全国性的地图，显示出周王有强烈的国家意识。

第二，资源信息与人口信息统管。这样做的目的很清楚，一是让人更好地利用资源，让人生存、繁衍，二是保护资源，不让人浪费资源、伤害生态、影响资源的再生。

第三，资源信息与出产信息统管。资源是作为资之源，它的价值在于出资，故大司徒不仅要掌握国家山林、川泽、丘陵、平原等的自然状况，而且要掌握它们能为人产出什么样的物品，给人带来什么样的利益。

大司徒管理国家环境与资源，行使的是国家主权，具体管理则有执事。根据管理的对象之不同，有不同名目的官职，如山师、水师、原师、牧人、充人、草人、山虞、林衡、川衡、泽虞、矿人、角人、羽人、薙民、掌葛等。

《周礼》不仅从国家制度上将资源的主权明确地归于国家，而且从职业设置上将资源的问题纳入国家的管理体系。周王朝设立九种职务：

> 以九职任万民。一曰三农，生九谷。二曰园圃，毓草木。三曰虞衡，作山泽之材。四曰薮牧，养蕃鸟兽。五曰百工，饬化八材。六曰商贾，阜通货贿。七曰嫔妇，化治丝枲。八曰臣妾，聚敛疏财。九曰闲民，无常职，转移执事。①

这九种职业中，第一种为三农，三农为山地之农、平地之农、泽地之农，他们生产谷物；第二种是园圃，他们种植花草瓜果；第三种为虞衡，他们开发山林与川泽的资财；第四种是薮牧，他们养育家禽家畜；第五种是百工，他们将“八材”——珍珠、象牙、兽角、玉、石头、木材、金属、羽毛等制成各种物品；第六种为商贾，他们的工作是汇聚、交换各种商品；第七种是嫔妇，她们养蚕治丝；第八种为臣妾，他们采集有用的野生之物；第九种为闲民，他们没有固定的工作，辗转各地为人雇佣。这九种工作都在与环境资源打交道，都在努力将资源转换成财富，同时又保护着环境。

---

①《周礼·天官冢宰第一》，徐正英、常佩雨译注：《周礼》，第33页。

第二节 环境的崇拜意识:环境与祭祀制度

史前时代,中华民族盛行自然崇拜,进入文明时代后,自然崇拜并没有被废弃,只是逐渐被礼制化,周朝是将自然崇拜礼制化的集大成者。周朝专设祭祀官,最高的祭祀官为大宗伯。关于大宗伯的职权,《周礼》这样说:

> 大宗伯之职,掌建邦之天神、人鬼、地示之礼,以佐王建保邦国。以吉礼事邦国之鬼神示。以禋祀祀昊天上帝,以实柴祀日、月、星、辰,以槱燎祀司中、司命、风师、雨师。以血祭祭社稷、五祀、五岳,以貍沉祭山林川泽,以疈辜祭四方、百物。①

大宗伯的职责是执掌国家祭“天鬼、人鬼、地示”之礼,天鬼即天神,人鬼即祖先,地示即地神。这说明,中华民族的自然崇拜与祖宗崇拜是统一的。祭祀礼有多种,分别用来祭不同的对象:“以禋祀祀昊天上帝,以实柴祀日、月、星、辰,以槱燎祀司中、司命、风师、雨师。以血祭祭社稷、五祀、五岳,以貍沉祭山林川泽,以疈辜祭四方百物。”“禋祀”是将玉帛、牲置于柴上烧,让青烟向上,以祭祀高高在上的昊天大帝。“实柴”祭法基本同于“禋祀”,只是实柴这种祭法没有玉帛。“槱燎”是积木并加牲体于其上,点火燃烧,烟不是向上而是缭绕。“血祭”是用牲血滴地,以此种方式祭社稷、五祀、五岳。“貍沉”是将牲和玉币埋入地下或沉于水中以祭山林川泽。“疈辜”则是将牲的身体劈开,以祭四方、百物。

周朝的祭祀体系非常严密,就司祭人员来说,除大宗伯外,还有小宗伯。大小宗伯的分工是明确的,大宗伯主要是祭天地神祇,不仅代表周王室还代表各邦国;小宗伯主要是祭祖,代表的是所在的邦国。邦国以下,还有都家、乡邑,均有自己的司祭人员。

大宗伯、小宗伯是主管祭礼的官员,并不是主祭,主祭在国家是天

---

①《周礼·春官宗伯第三》,徐正英、常佩雨译注:《周礼》,第400—401页。

子，在诸侯国是诸侯。《礼记·曲礼》说得很清楚："天子祭天地，祭四方，祭山川，祭五祀，岁徧。诸侯方祀，祭山川，祭五祀，岁徧。"①如果王不在位，大宗伯、小宗伯是可以代王主祭的。②

值得我们注意的是，祭祀天地自然神灵用的祭器是玉器。玉器中的圭，用于祭祀时，是有讲究的。《周礼》说："四圭有邸以祀天，旅上帝。两圭有邸以祀地，旅四望。"③"邸"，本，这里的本指圆璧。"四圭有邸"，即以圆璧为本体，四边各连一圭。周代祭祀用玉，还有方位的讲究："以玉作六器，以礼天地四方。以苍璧礼天，以黄琮礼地，以青圭礼东方，以赤璋礼南方，以白琥礼西方，以玄璜礼北方。"④

玉在周朝是礼器，是非常尊贵的。它是祥瑞的象征，同时也是权力的象征。《周礼》说："以玉作六瑞，以等邦国。王执镇圭，公执桓圭，侯执信圭，伯执躬圭，子执谷璧，男执蒲璧。"⑤一方面，玉是国权的象征，另一方面，玉又是奉献给自然神灵的礼物。其意思很明显，国权依靠神权来保护，神权需要国权来支持。此处，国权与神权在环境上统一。

祭礼讲究阴阳相合。《周礼》云："以天产作阴德，以中礼防之。以地产作阳德，以和乐防之。以礼乐合天地之化、百物之产，以事鬼神，以谐万民，以致百物。"⑥天产，为动物，如六牲之类。天产为阳，用于阴德，阴德在这里为昏礼。地产，为植物，如九谷之属。地产为阴，用于阳德，阳德在这里指乡射、乡饮酒之礼。如此强调阴阳相合，目的是"谐万民""致百物"，即风调雨顺，五谷丰登，社会和谐，人民幸福。

《周礼》不仅将资源与环境问题置于维系国家主权层面上，而且置于沟通自然神灵层面上来认识，并且落实为国家制度，让其具有可遵循性、可操作性，显示出《周礼》对于环境与资源问题认识的高度。

---

①《礼记·曲礼下》，王文锦译解：《礼记译解》，第 52 页。
②《周礼·春官宗伯第三》云："若王不与祭祀，则摄位。"徐正英、常佩雨译注：《周礼》，第413 页。
③《周礼·春官宗伯第三》，徐正英、常佩雨译注：《周礼》，第 452 页。
④《周礼·春官宗伯第三》，徐正英、常佩雨译注：《周礼》，第 411 页。
⑤《周礼·春官宗伯第三》，徐正英、常佩雨译注：《周礼》，第 409 页。
⑥《周礼·春官宗伯第三》，徐正英、常佩雨译注：《周礼》，第 412 页。

第三节 环境的经营意识:认知与适应环境

《周礼》六编,第一编名“天官”,总述国家的政务体系,下五编进行分述。其第六编“冬官”,是讲国家的生产体系。“冬官”又名“考工记”,《周礼》将其主题概括为“以富邦国,以养万民,以生百物”。富国、养民是目的,实现这一目的的手段是正确地运用地利,让它“以生百物”。

如何做到正确地运用地利?《周礼》提出诸多方法,主要有“土会之法”“土宜之法”“土均之法”“土圭之法”“土化之法”等。

一、土会之法

> 以土会之法,辨五地之物生。一曰山林,其动物宜毛物,其植物宜早物,其民毛而方。二曰川泽,其动物宜鳞物,其植物宜膏物,其民黑而津。三曰丘陵,其动物宜羽物,其植物宜核物,其民专而长。四曰坟衍,其动物宜介物,其植物宜荚物,其民晢而瘠。五曰原隰,其动物宜裸物,其植物宜丛物,其民丰肉而庳。①

土会之法,核心是人与土地的“会”,而实现会的途径是“宜”。不同的土地生长着不同的物与人。此段文章列举五种地:一、山林地:宜于有毛的动物、柞栗之类的植物生长。这里生活的人,体有毛而方正。二、川泽地,宜于有鳞的动物、莲芡类的植物生长。这里生活的人,皮黑有光泽。三、丘陵地:宜于鸟类、果类植物生长。这里生活的人,体圆个头高。四、坟衍地:宜于介壳类动物、豆荚类植物生长。这里生活的人,皮肤白皙,体形瘦小。五、沼泽地:宜于裸体类动物、灌木生长。这里生活的人,肥胖个矮。五物各自适应于五地,成为五地百姓习常所见。它们作为五地百姓生活的环境,从根本上影响着五地人的生活,进而影响着五地人的性格、心理、体形。

---

①《周礼·地官司徒第二》,徐正英、常佩雨译注:《周礼》,第215页。

不得不佩服，这种分析是极为深刻的！环境从根本上塑造着人，人是环境的产物！

二、土宜之法

> 以土宜之法，辨十有二土之名物，以相民宅，而知其利害，以阜人民，以蕃鸟兽，以毓草木，以任土事。辨十有二壤之物，而知其种，以教稼穑树蓺。①

土宜之法，重在讲“宜”。根据各种土地适宜于各种不同的动植物生长的原则，教育百姓要能辨别12个区域中的各种名物，目的是“相民宅”——寻找宜居的宅基地。这里的关键是要“知其利害”——知晓地情于人生存的有利与有害之处。值得我们注意的是，这于人而言的利与害竟然与鸟兽的繁衍、草木的生长相关。“以阜人民，以蕃鸟兽，以毓草木”三个短句说明人与动植物一荣俱荣、一损俱损的生态关系。能辨别12种土壤的地情以及相关的生态状况，知道它们适宜种植什么作物，最终落实在生产——“稼穑树蓺”上。

三、土均之法

> 以土均之法，辨五物九等，制天下之地征，以作民职，以令地贡，以敛财赋，以均齐天下之政。②

土均之法是说根据以上所说的不同土地有不同出产的情况，合理征收税赋，以“均齐天下之政”。“均齐天下之政”的目的，是构建和谐社会。

四、土圭之法

> 以土圭之法测土深。正日景，以求地中。日南则景短，多暑。

①《周礼·地官司徒第二》，徐正英、常佩雨译注：《周礼》，第218页。
②《周礼·地官司徒第二》，徐正英、常佩雨译注：《周礼》，第219页。

日北则景长，多寒。日东则景夕，多风。日西则景朝，多阴。日至之景，尺有五寸，谓之地中，天地之所合也，四时之所交也，风雨之所会也，阴阳之所和也。然则百物阜安，乃建王国焉。制其畿方千里，而封树之。①

土圭之法是测量法。圭是一种玉器，此玉圭是特制的，可以用来测量土地的方位和节气，依据日影来寻求地中。太阳偏南，影子短，天气热；太阳偏北，影子长，天气冷；太阳偏东，影子出现得晚，多风；太阳偏西，影子出现得早，多阴。夏至日时，圭杆的影子为一尺五寸之处就是地中。这个节点的突出特点是：天地合，四时交，风雨会，阴阳和。于是“百物阜安”，物产丰富。这是建国立都的好地方，于是，王便在那里建置方千里的王畿，并在边界聚土植树，将国都围起来。

土圭之法的重要性，一在它能测定天气，由太阳的位置变化了解冷热阴阳的变化；二在它能测定地中。地中，在王看来是建都的地方，这体现了中华民族“贵中”的传统。中，不只是位置居中，更重要的是，它是“四时之所交”“风雨之所会”“阴阳之所和”的地方，这种“交”“会”“和”所揭示的生存环境，是有利于动植物繁衍、人类生存的，也就是生态良好的地方，充分显示出周人对生态的重视。

五、土化之法

草人掌土化之法以物地，相其宜而为之种。凡粪种，骍刚用牛，赤缇用羊，坟壤用麋，渴泽用鹿，咸潟用貆，勃壤用狐，埴垆用豕，强檗用蕡，轻爂用犬。②

土化之法是讲施肥的方法。周人根据土地的性质，选择适宜的作物种植。施肥也是有讲究的：赤色的土壤用牛的骨汁或骨灰，浅绛色的土壤用羊的骨汁或骨灰，肥沃而松柔的土壤用麋的骨汁或骨灰，干涸的泽

① 《周礼·地官司徒第二》，徐正英、常佩雨译注：《周礼》，第 219—220 页。
② 《周礼·地官司徒第二》，徐正英、常佩雨译注：《周礼》，第 349—350 页。

地用鹿的骨汁或骨灰，盐碱地用貆的骨汁或骨灰，沙土地用狐的骨汁或骨灰，黑色粘土地用猪的骨汁或骨灰，坚硬地用蕡这种类似麻的植物种子，轻而松软的土地用狗的骨汁或骨灰。

以上五法，充分体现出周人对于自然的科学意识，他们不只是敬畏自然、崇拜自然，还努力地去认识自然。认识的目的，不是驾驭自然，而是适应自然，与自然合一。在寻求自然与人合一的过程中，周人认识到，人与“百物”特别是其中的生命之物——鸟兽草木等的命运相关，一荣俱荣，一损俱损。“阜人民”与“蕃鸟兽”“毓草木”是一致的。

第四节　环境的保护意识：法规、禁令与章程

周人有很强的环境保护意识，不仅制定了诸多的环境保护法令，而且设置了专门人员负责管理环境。比如山林管理：

> 山虞掌山林之政令，物为之厉，而为之守禁。仲冬斩阳木，仲夏斩阴木。凡服耜，斩季材，以时入之。令万民时斩材，有期日。凡邦工入山林而抡材，不禁。春秋之斩木，不入禁。凡窃木者，有刑罚。①

“山虞”，是看管山林的人，他的职责是掌管有关山林的政令，为山林的物产设置“厉”——使用物产的章程，并守好禁令。仲冬时节可以砍伐阳木（山南边的树木）；仲夏时节则砍伐“阴木”（山北边的树木）；造车制耜可砍伐“季材”（生长年限较短的树木），不过也只能根据时令砍伐。民众用材必须遵守法令，砍伐树木有规定的时日。国家有所需要，工人就进山选材，不作禁止。春秋两季伐木，不能入禁山。盗伐树木者受刑罚。

管理山林的还有“林衡”。“林衡掌巡林麓之禁令，而平其守，以时计林麓而赏罚之。若斩木材，则受法于山虞，而掌其政令。”②林衡的地位似是高于山虞，他的工作主要是巡查林麓，确认禁令执行的情况，一是合理

① 《周礼·地官司徒第二》，徐正英、常佩雨译注：《周礼》，第355页。

② 《周礼·地官司徒第二》，徐正英、常佩雨译注：《周礼》，第357—358页。

安排对于山林的管理，二是掌赏罚大权，以“时”核计看管林麓人的工作，给予赏罚。若发现有砍木材的人，则交山虞处置。

周朝也很重视对于川泽的管理，设有“川衡”一职：

> 川衡掌巡川泽之禁令，而平其守，以时舍其守，犯禁者执而诛罚之。祭祀、宾客，共川奠。①

“川衡”是掌管巡视川泽的官员，负责执行有关的禁令，他的工作有三项：一是根据时令，或开放或把守川泽中的资源。二是掌赏罚大权。若有犯禁者，则要将其拘捕，并处以惩罚。三是在国家举行祭祀或招待宾客时，供给川泽中的水产品。

“泽虞”与山虞工作类似。山虞负责山林的管理与保护，泽虞则负责沼泽湖泊的管理与保护。

环境保护可以分为两大块：一是保护好具体的环境地，如上所说的山林、河流、沼泽、湖泊；二是控制有可能破坏环境地的生产活动。对于打猎、采矿、放牧等生产活动，周朝有严格的政令：

> 迹人掌邦国之地政，为之厉禁而守之，凡田猎者受令焉。禁麛卵者，与其毒矢射者。②
>
> 矿人掌金玉锡石之地，而为之厉禁以守之。若以时取之，则物其地图而授之，巡其禁令。③
>
> 牧人掌牧六牲，而阜蕃其物，以共祭祀之牲牷。④

“迹人”是掌管猎场政令的人。打猎同样有禁令，而且必须遵守：严禁捕杀幼兽、掏取鸟卵，也严禁用毒箭捕猎。“矿人”是掌管采矿场的职员。他同样要为采矿设置种种禁令而对金玉锡石之地加以守护。这里特别强调采矿前要有勘探，并绘制好图。“牧人”既要管牧养的事，又要

---

①《周礼·地官司徒第二》，徐正英、常佩雨译注：《周礼》，第358页。

②《周礼·地官司徒第二》，徐正英、常佩雨译注：《周礼》，第360页。

③《周礼·地官司徒第二》，徐正英、常佩雨译注：《周礼》，第360—361页。

④《周礼·地官司徒第二》，徐正英、常佩雨译注：《周礼》，第273页。

管保护草原的事,他负责为祭祀提供角体完备、毛色纯正的牲畜。

这些禁令是出于对环境的保护,其中有些内容明显地具有生态保护的意义,比如“禁麛卵”。“麛”即是麋,幼麋称麛。虽然麋在当时并非珍稀动物,不存在灭种的危险,但出于可持续性生产的需要,周人明令禁止捕食麛。这只是举例,麛应泛指未成年的小动物。对于未成年的小动物,周朝的政令是不允许捕猎的。“卵”,在这里未具体指哪种卵,可能在周朝,野生的鸟卵都在保护之列。鸟不是不能射,而是要看如何射,用毒矢就不行,因为这种射法会导致鸟类大量伤亡、生态平衡受到破坏。

《周礼》中诸多禁令与生态保护相关,这种保护明显地出于人的可持续性生产的需要,因此,我将这种生态意识定位为生态经营意识。

《周礼》涉及环境保护的职务远不止上面所说的这些,这充分反映出周朝统治者对环境保护与生态保护的重视。

第五节　环境的生活意识:环境的教育与治理

《周礼》中说,治国有六典,一为治典,二为教典,三为礼典,四为政典,五为刑典,六为事典。相对应的则有六职:治职、教职、礼职、政职、刑职和事职。六职的官名为:天官、地官、春官、夏官、秋官、冬官。

值得我们注意的是地官,它的最高官员为大司徒。上面我们已经讲过,司徒的工作主要是掌管资源的情况,具体为两个方面。一是“土地之图”,指自然的基本情况,这种情况如果不与人联系起来,就不是人的对象,不具价值的意义;当它与人联系起来,成为人的价值,就是环境、资源。二是掌管“教典”,“以安邦国,以教官府,以扰万民”①。这“扰万民”就是教育与治理人民。

关于环境的教育与治理,分为两个方面,一是关于自然环境的教育。这部分教育的主要观念是敬畏自然、崇拜自然、尊重自然、遵循自然、利

①《周礼·天官冢宰第一》,徐正英、常佩雨译注:《周礼》,第27页。

用自然、保护自然(包括生态),目的是建立起人与自然之间协调共生的关系,让百姓富起来。

二是关于社会环境的教育与治理,其根本观念是平民、安民,目的是建立起人与人之间和睦相处的关系,让社会和谐起来。

治理社会环境的工作,不独是地官在做,其他各官也在做。总起来,大致有这样几种做法:

第一,养民。《周礼·地官司徒第二》云:“以保息六养万民:一曰慈幼,二曰养老,三曰振(同赈)穷,四曰恤贫,五曰宽疾,六曰安富。”[①]养民实际上是建立社会保障体系。这里,难能可贵的是“振穷”和“恤贫”。中华民族关于社会的理想是大家都富起来。早在周代,就有脱贫的意识了。“六养”的核心是“宽政”,宽政的基本精神是创造一个宽松和谐有爱心的社会环境,让百姓能够得到较为自由的生存与发展。

第二,安民。“以本俗六安万民:一曰媺宫室,二曰族坟墓,三曰联兄弟,四曰联师儒,五曰联朋友,六曰同衣服。”[②]安民实际上是在社会保障体系的基础上建立起大同的社会安定体系。“六安”中,有“三联”,其实,“族坟墓”也是“联”,这样,就有“四联”,“四联”的核心是“同”,同既有相互友爱义,也有共同富裕义。这让我们想到《礼记》中“大道之行也,天下为公”[③]的思想。而这里说的“媺宫室”,也体现出对美好生活的向往。

第三,治民。“使之各以教其所治民。令五家为比,使之相保。五比为闾,使之相受。四闾为族,使之相葬。五族为党,使之相救。五党为州,使之相赒。五州为乡,使之相宾。”[④]这里说的治民,一是将人民组织起来,编入户籍系统,以五为递进数,五家为比,循此向上,直至乡。共有比、闾、族、党、州、乡六个单位。二是各单位承担教化百姓的职责,但教化重心不同,依次为相保、相受、相葬、相救、相赒、相宾。不得不说,将组

---

① 徐正英、常佩雨译注:《周礼》,第225页。

②《周礼·地官司徒第二》,徐正英、常佩雨译注:《周礼》,第226页。

③《礼记·礼运》,王文锦译解:《礼记译解》,第287页。

④《周礼·地官司徒第二》,徐正英、常佩雨译注:《周礼》,第226—227页。

织与教化结合起来的这种治理模式很先进。

第四，登民。“颁职事十有二于邦国都鄙，使以登万民：一曰稼穑，二曰树蓺，三曰作材，四曰阜蕃，五曰饬材，六曰通财，七曰化材，八曰敛材，九曰生材，十曰学艺，十有一曰世事，十有二曰服事。”①登民，这里可以理解为使民各司其事。让民做各自的营生，这是治民最根本也是最好的办法。

第五，教民。“以乡三物教万民，而宾兴之：一曰六德：知、仁、圣、义、忠、和。二曰六行：孝、友、睦、姻、任、恤。三曰六艺：礼、乐、射、御、书、数。”②教民，是登民、富民的根本途径。教的内容为“六德”“六行”“六艺”。“六德”和“六行”均为思想品德教育，“六德”更具观念性，较为抽象，“六行”则更具操作性，较为具体。“六艺”则主要属于知识与本领教育。

第六，纠民。“以乡八刑纠万民：一曰不孝之刑，二曰不睦之刑，三曰不姻之刑，四曰不弟之刑，五曰不任之刑，六曰不恤之刑，七曰造言之刑，八曰乱民之刑。”③八刑中，将不孝列为首，这也为后世儒家特别看重并继承。

第七，司救。《周礼》有比较严密的司法体系，但并不以惩罚为目的，它将这一工作名为“司救”。司救的工作是：“掌万民之邪恶、过失，而诛让之，以礼防禁而救之。凡民之有邪恶者，三让而罚，三罚而士加明刑，耻诸嘉石，役诸司空。其有过失者，三让而罚，三罚而归于圜土。”④这里很有意思的是，它将人的犯罪分为邪恶与过失两种，邪恶即所谓中了邪，是有客观原因的，此种罪轻，予以责让；三次责让而不听者，则予以惩罚；三罚之后再不听的，就要交给朝士即主管惩处的官吏，处以“明刑”。所谓“明刑”就是脱去衣冠，将所犯罪过写在木板上，挂在背后，还要“耻诸

① 《周礼·地官司徒第二》，徐正英、常佩雨译注：《周礼》，第227—228页。
② 《周礼·地官司徒第二》，徐正英、常佩雨译注：《周礼》，第229页。
③ 《周礼·地官司徒第二》，徐正英、常佩雨译注：《周礼》，第230页。
④ 《周礼·地官司徒第二》，徐正英、常佩雨译注：《周礼》，第298页。

嘉石”，即让罪人坐在一块有纹理的石头上示众。然后把罪人交给司空，让他们去服劳役。对于过失者，也是三让而后予以惩罚，但三罚之后，就要送入“圜土”——牢房了。《周礼》这样一种司法系统，其突出特点是以救人为目的。

第八，调解。对于社会矛盾，周人重视调解，为此专设“调人”这一官职。调人的职责是“掌司万民之难而谐和之”①。周人的这一做法在今天的社会管理与司法实践中得到继承与发展。不能不让人惊叹，周王朝设置“调人”这一官职，实在是非常了不起的创造，其意义极为重要。

以上八种管理人民的办法，体现出软硬兼施的特点，突出教化。这是周朝治民的重要特点，也是《周礼》的精神。以礼治民，核心是以德教民，以乐化民。前者重理，后者重情，德提出原则，让人遵循；乐化德于中，让人亲附。《周礼》云：“以五礼防万民之伪而教之中。以六乐防万民之情而教之和。”②“五礼”为吉、凶、军、兵、嘉，它的要义是防止人民诈伪，以遵循中正原则；“六乐”为《云门》《咸池》《大韶》《大夏》《大濩》《大武》，都是古圣王的音乐，可以节制人民的欲望以实现个人心理上的和谐，并进而实现人与人之间的和谐。如果说，礼之治国重在建立秩序，以实现社会之安定；那么，乐之治国则重在沟通情感，以实现社会之和谐。这样，百姓由安居进而到和居，由和居再进而到乐居。

第六节 《周礼》环境美学思想的当代价值

《周礼》是周王朝治国理政的重要文献，虽然据历史学家考证，它的具体做法并没有得到一一落实，在某种意义上，《周礼》更像周公和他的助手构建的一个理想国；但是，也许《周礼》最伟大的价值不在于指导了周王朝的政治制度的建构，而是在于它为中华民族提供了一个辉煌的社会理想。中国历史上，凡实行社会改革总是打出《周礼》的旗号，今天我

①《周礼·地官司徒第二》，徐正英、常佩雨译注：《周礼》，第299页。

②《周礼·地官司徒第二》，徐正英、常佩雨译注：《周礼》，第230页。

们建设社会主义现代化强国,《周礼》仍然能给我们以重要启发。

就资源开发与环境保护事业来说,至少有三个方面的意识值得我们认真参考:

第一,国家意识。《周礼》六篇,几乎每篇均以“惟王建国,辨方正位,体国经野,设官分职,以为民极”起首。这里的关键词是“王”“国”“野”“官”“民”。王、官、民构成国民,这是国家主体。国民立足的地方就是“野”——国土。国土是国民生活之所、生存之基、发展之本,既是国家资源、国民环境之所在,又是国家存在的前提与基础,是国家主权之所在。

最为难能可贵的是,《周礼》将国家资源的开发、国民环境的保护、国家主权的维护与百姓的根本利益联系起来,认为这一切均“以为民极”,用现代语言表述就是,人民的幸福是这一切工作的最高原则。

第二,生态意识。《周礼》全书体现出一种生态意识,尽管它并没有用到“生态”这一现代概念,但生态意识贯穿全书。《周礼》的生态意识可以分为自然生态意识与人文生态意识,来源主要是史前的人与万物一体的思想。文明出现后,则自觉地以人道效法天道,从而将人文生态建立在自然生态的基础上。《周礼》设官分为天地春夏秋冬六个系列,天地为空间秩序,春夏秋冬为时间秩序。这六官的命名明显地体现出以自然秩序为社会秩序的意识。自然秩序是一个严密的生态秩序,《周礼》试图建构的社会秩序既然效法自然,就带有生态秩序的意味。比如,关于天官与地官的职责,《周礼·天官冢宰第一》云“天者统理万物”,那么,“天子立冢宰使掌邦治”,做的工作是“总御众官”。① 而地官为司徒,他的职责是效法地,郑玄为《周礼》作注云:“地者,载养万物。天子立司徒掌邦教,亦所以安扰万民。”②设春夏秋冬四季官同样来自自然生态:春,产生万物,春官为宗伯,掌管邦礼祭祀教化。春主和,邦礼祭祀教化正在于让社

①《十三经注疏》整理委员会整理,李学勤主编:《十三经注疏·周礼注疏》,北京:北京大学出版社 1999 年版,第 1 页。

②《十三经注疏》整理委员会整理,李学勤主编:《十三经注疏·周礼注疏》,第 223 页。

会和谐。夏，整齐万物，夏官为司马，掌管军事，郑玄说是“平诸侯，正天下”①。秋，敛藏万物，秋官为司寇，掌刑法，郑玄说是“驱耻恶，纳人于善道”②。冬，闭藏万物，冬官为司空，掌管城建、器物制作等事务，郑玄说是“富立家，使民无空者也”③。董仲舒建构他的生态政治体系时就参考了《周礼》。他说：“天有四时，王有四政，四政若四时，通类也，天人所同有也。庆为春，赏为夏，罚为秋，刑为冬。庆赏罚刑之不可不具也。”④

《周礼》生态意识的基础是自然生态意识，它以生命的可持续性生存与发展为基础，在这一基础上建立起有效生产、有限生产的理念。有效生产主要体现在因天制宜、因地制宜上，有限生产主要体现在以资源再生为前提上。

第三，制度意识。《周礼》是一部有关周朝制度文明的经典，历史学家蒙文通也认为这部书“为西周主要制度”⑤。作为介绍西周主要制度的经典，它的介绍相当严谨。朱熹说：“《周礼》一书好看，广大精密，周家法度在里。”⑥从内容上来看，它介绍的主要是西周的官制体系，之所以也可以看成一部关于周代资源与环境的经典，是因为它所介绍的官制体系密切地联系着经济生产，反映出人与自然的关系，同时，也联系着社会治理，反映出人与人的关系。就资源与环境管理的维度看待这部经典，《周礼》对于资源与环境问题的重视，也许最重要之处还不在它对这一问题认识的高度与深度，而在它将对这一问题的重视落实到国家制度上去。也就是说，《周礼》所言各种有关资源与环境的管理，均有国家制度来保障。也许，《周礼》对当今最重要的启示是在这里。

---

①《十三经注疏》整理委员会整理，李学勤主编：《十三经注疏·周礼注疏》，第742页。

②《十三经注疏》整理委员会整理，李学勤主编：《十三经注疏·周礼注疏》，第887页。

③《十三经注疏》整理委员会整理，李学勤主编：《十三经注疏·周礼注疏》，第1054页。

④〔汉〕董仲舒：《春秋繁露·四时之副》，上海：上海古籍出版社1989年版，第74页。

⑤ 蒙文通：《从社会制度及政治制度论〈周官〉成书年代》，《蒙文通文集》第三卷《经史抉原》，成都：巴蜀书社1995年版，第430页。

⑥〔宋〕朱熹：《朱子七经语类·礼三》，上海：上海古籍出版社1992年版，第471页。

《周礼》的重要意义,按刘歆的说法是“周公致太平之迹”①。“太平”涉及诸多方面,最重要的是《周礼·天官冢宰第一》所云“以富邦国,以任百官,以生万民”②。这三句话可以看作是《周礼》全部思想的概括,而其中“以富邦国,以生万民”可以视为《周礼》资源与环境观的总纲。

① 《十三经注疏》整理委员会整理,李学勤主编:《十三经注疏·周礼注疏》,第8页。

② 《周礼·天官冢宰第一》,徐正英、常佩雨译注:《周礼》,第27页。

第十三章 《礼记》的环境美学思想

先秦儒家典籍有“三礼”之说，三礼为《仪礼》《周礼》《礼记》。《仪礼》记载的是周朝的冠、婚、丧、祭、钦、射、燕、聘、觐等礼的仪式；《周礼》记载的是周王朝的行政系统；《礼记》则是对周朝礼制的评论，严格说来，它不是一部专著，只是一部论文汇编。然而，由于它的思想的深刻性，以及对于《仪礼》《周礼》的某些内容的重要补充，它的地位竟在《仪礼》《周礼》之上，在儒家的著作体系中，仅次于《论语》。

《礼记》所收的文章大多产生于战国，也有部分产生于西汉，具体时间已经难以考定，不管它产生于哪个朝代，它所写的事、所论的理均出于周朝。正是因为如此，我们将它归入先秦思想体系。

《礼记》成书于西汉，此后，不断有人再编，到东汉，多数选本被淘汰，只留下两个选本，一个选文 85 篇，一个选文 49 篇。前者为《大戴礼记》，后者为《小戴礼记》。小戴为戴圣，《礼记》的最初编选者；大戴为戴德，《礼记》的另一位编定者。称大称小，是因为他们的编本收文多少不同。需要指出的是，最后定型的两个选本虽名为《大戴礼记》和《小戴礼记》，但其实与他们最初编定的本子都不相同。

东汉经学家郑玄为收有 49 篇文章的《小戴礼记》作了出色的注释，对此书跃升为儒家重要经典起到很重要的作用。《礼记》中的《中庸》《大学》两篇后为人抽出，与《论语》《孟子》一起，组成“四书”。

《礼记》中有一些论述涉及环境问题，环境与资源是统一的，从中可以提炼某些环境美学思想。这些思想对于认识周人对环境的认识具有重要的作用。

第一节　天地与人

“天地”在中国古代含义丰富，具体含义视语义而定。它可以代表宇宙，可以代表与人相对的自然，也可以代表与人相关的自然环境。

《礼记》中的“天地”具有多种含义，其中环境的意义是明显的。关于人与天地的关系，《礼记》有四种表述：

一、“人者天地之心也”

《礼运》云：

> 人者，其天地之德，阴阳之交，鬼神之会，五行之秀气也。故天秉阳，垂日星；地秉阴，窍于山川。播五行于四时，和而后月生也，是以三五而盈，三五而阙。五行之动，迭相竭也。五行、四时、十二月，还相为本也。五声、六律、十二管，还相为宫也。五味、六和、十二食，还相为质也。五色、六章、十二衣，还相为质也。故人者，天地之心也，五行之端也，食味、别声、被色而生者也。①

这段文字中心义是说人是天地的产物，具体来说，它有三个观点：第一，人是阴与阳这两种力量相反相成的产物。第二，人集聚了天地之精华，即所谓“天地之德”“五行之秀气”，而且是“天地之心”“五行之端”。第三，强调人是“天地之心”。心，智慧也。说人是天地之心，不仅是想说人是万物之灵，还是想说，人的智慧来自天地的智慧。这个世界上，唯有人是有智慧的，而这智慧为天地之智慧。人与天在精神上是相通的。

---

①《礼记·礼运上》，王文锦译解：《礼记译解》，第300页。

心，主宰也。说人是天地之心，不是说人居于天地之中心部位，而是说人是天地之主宰，从这个意义上讲，似是说在处理人与天地关系的问题上，人并不是被动的。人与天地有一种相互依存、相互决定的关系。这种理解，类似于当今意义上的人与环境的关系：一方面，环境决定人，另一方面，人也决定环境。

这段文字谈到天地运行的规律，说了四个“还相”：“还相为本”“还相为宫”“还相为质”“还相为质”。“还”，应理解为还原。“还相为本”，是说天阳地阴，五行之动、四时之行、十二月之换，最后要归结为天地之本。“还相为宫”，是说五声、六律、十二管这天地声音之变最后要还原于声音之初——宫；两个“还相为质”，是说天地的味道、颜色，不管如何变，均要回归到它的原初的质。这种说法，初步显示出此文作者的宇宙观：天地是变化的，又是一元的。一而变，变而一。

二、“以天地为本”

在肯定人与天地有这样一种血缘性的关系后，《礼记》提出“以人为本”的观点：

> 故圣人作则，必以天地为本，以阴阳为端，以四时为柄，以日星为纪，月以为量，鬼神以为徒，五行以为质，礼义以为器，人情以为田，四灵以为畜。以天地为本，故物可举也。以阴阳为端，故情可睹也。以四时为柄，故事可劝也。以日星为纪，故事可列也。月以为量，故功有艺也。鬼神以为徒，故事有守也。五行以为质，故事可复也。礼义以为器，故事行有考也。人情以为田，故人以为奥也。四灵以为畜，故饮食有由也。①

这段话实质是说尊重自然，顺从自然。这里用到的概念是“本”“端”“柄”“纪”“量”“徒”“质”，强调自然对于人为的决定性作用，包括承基、指

① 《礼记·礼运上》，王文锦译解：《礼记译解》，第301页。

导、规范、启示、激励等。这里值得我们注意的是，它也谈到礼义、人情。如果说，天地、阴阳、四时、日星、月、五行侧重于自然环境，那么，礼义、人情则侧重于社会环境。说“礼义以为器，故事行有考也”，是将礼义的功能归于“器”。器为工具，虽地位不及天地，但对人的行为具有更为直接的指导作用，有礼义在前，就有榜样可依。说“人情以为田，故人以为奥也”，强调了良好的人际关系对于办事的重要性，也是切合实际的。至于“四灵以为畜，故饮食有由也”，那是说人造自然的作用了，“四灵”指四种家畜，有了人工蓄养的动物，饮食就不成问题了。这句话虽然平易，但道出了人与自然的另一种关系：人其实是可以有限地改造自然，让自然更好地服务于人类的。

三、“天道至教”

《礼记·礼器》中有一段重要的话：

> 天道至教，圣人至德。庙堂之上，罍尊在阼，牺尊在西；庙堂之下，县鼓在西，应鼓在东。君在阼，夫人在房，大明生于东，月生于西，此阴阳之分，夫妇之位也。君西酌牺象，夫人东酌罍尊，礼交动乎上，乐交应乎下，和之至也。①

“天道”指自然之道。将天道对于人的意义定位为“至教”，是耐人寻味的。至教，诚然是想说明天道是人行为的最高指导，但不说“导”而说“教”，强调了天道于人的亲和性。天道不远，它就像老师，近在身旁，可敬可亲！它下面说的天道指导实例②，虽似是教条，但如果不拘泥于此，当能从中获得有益的启发。

---

①《礼记·礼器上》，王文锦译解：《礼记译解》，第326页。

②《礼器》说的“天道至教”实例，译成白话大体是：宗庙举行祭祀，堂上，罍尊宜置于阼阶，牺尊宜置于西方；堂下，大鼓设在西方，小鼓设在东方。君位在堂上面南的阼阶的主位，夫人立在西房之中。太阳出于东，月亮出于西，此种阴阳分际，即夫妇之位的分际。行礼时，君去西边酌牺尊的酒，夫人去东边酌罍尊的酒，象征着日东出而西行，月西出而东行。这两种礼节在堂上交互作用，乐则在堂下呼应，这就是和谐之至啊！

四、"与天地参"

虽然人人都需要以天地为师，从天道中获得教诲，但实际上，并不是所有的人都能做到。人是分等级的，不同等级的人与天地的关系是不一样的。《礼记》强调人与天地的关系。这种关系，它名为"与天地参"。《礼记·经解》云：

> 天子者，与天地参。故德配天地，兼利万物，与日月并明，明照四海而不遗微小。①

"与天地参"的参有两解，一解为三，意思是天子可以与天地并列；二解为参加，意思是天子可与天地共同参与社会事务。"与天地参"的提出，一方面说明在《礼记》作者的心目中，天子的地位是至高的，可与天地相并列；另一方面，也给天子提出了为人处世的最高原则。所谓"德配天地"，德既是指道德，又是指能量。这与其说是给天子定的最高目标，不如说是给人类定的最高目标。"兼利万物，与日月并明，明照四海而不遗微小"，是最高目标的具体化。其中"兼利万物"，这万物不仅有人还有物，兼利则强调公正、平等、均赢，其胸怀不仅有社会天下，还有生态天下，非常可贵！

第二节 生态与人

生态是当代概念，但不等于说，生态问题仅在当代存在。从中国现有的史料来看，至少在周朝，它就受到统治者的关注。这一点，在《礼记》中得到突出的显现。《礼记》没有生态概念，但有着可贵的生态意识，主要表现有三。

① 《礼记·经解下》，王文锦译解：《礼记译解》，第728页。

一、打猎捕捞合于礼制

《曲礼》云：

> 国君春田不围泽，大夫不掩群，士不取麛卵。①

这话是说，君主春天田猎不将泽地（此指猎场）四面包围起来；大夫打猎不将猎物一网打尽；士打猎，不捕幼小的麋鹿，也不掏取鸟卵。

《王制》重申了这些规定：

> 天子诸侯无事，则岁三田：一为干豆，二为宾客，三为充君之庖。无事而不田曰不敬，田不以礼曰暴天物。天子不合围，诸侯不掩群。天子杀则下大绥，诸侯杀则下小绥，大夫杀则止佐车，佐车止则百姓田猎。獭祭鱼，然后虞人入泽梁；豺祭兽，然后田猎；鸠化为鹰，然后设罻罗；草木零落，然后入山林。昆虫未蛰，不以火田。不麑，不卵，不杀胎，不殀夭，不覆巢。②

文章说，天子、诸侯在没有大事的情况下，一年可以打猎三次，打猎的目的很明确：获取制作祭祀用的干肉、宴客用的食物、自己食用的食物。因为有这样的需要，打猎是要打的，“无事而不田曰不敬”；但打猎没有节制，没有规矩，则不合礼，“田不以礼曰暴天物”。

怎样做才能合礼呢？第一，行猎有规模上的节制：“天子不合围，诸侯不掩群”，要为物种的生存发展的留下必要的基础与条件。第二，行猎有等级上的区别：天子、诸侯、大夫、百姓的猎杀各有一定的规定。第三，行捕有时令上的限制：比如，水獭捕鱼陈列水边的那个时候，掌管山林的虞人才能进入水域捕鱼；鸠化为鹰也就是鸟长大之后，才能下罗网捕鸟；昆虫尚未蛰居，不能放火捕猎。第四，行猎有捕获对象上的限制。这就是“不麑，不卵，不杀胎，不殀夭，不覆巢”。所有这些，均具有保护生态安

① 《礼记·曲礼下》，王文锦译解：《礼记译解》，第 43 页。

② 《礼记·王制上》，王文锦译解：《礼记译解》，第 169 页。

全、维护生态平衡、坚持可持续发展的意义。

二、顺应自然获取资源

《礼记·祭义》云：

> 曾子曰："树木以时伐焉，禽兽以时杀焉。夫子曰：'断一树，杀一兽，不以其时，非孝也。'孝有三：小孝用力，中孝用劳，大孝不匮。思慈爱忘劳，可谓用力矣。尊仁安义，可谓用劳矣。博施备物，可谓不匮矣。"①

这段文章同样将破坏生态的行为提到违背礼的高度。与《曲礼》《王制》谈保护生态不同，这里着重谈从自然获取资源的适时性。曾子说，树木要根据一定的时节砍伐，禽兽要根据一定的时节捕杀。这里最重要的是曾子引孔子的一句话："断一树，杀一兽，不以其时，非孝也。"这句话将破坏生态的行为提升到"非孝"的高度。众所周知，孔子曾说"不孝有三，无后为大"。孝的最高义是传承血脉。断树、杀兽，如不以时，它的危害是树不能生存了，兽不能繁殖了，就是说，不仅摧残了一个具体的生命，还断绝了一个物种。这物种之不存，不就与人之无后一样吗？孔子的这一看法接近当今的生态理念，是极为可贵的。珍惜良好的生态，注重物种的保护，还是为了人类，因为人类与其他生物命运相共。曾子的"博施备物，可谓不匮矣"，与当今的"可持续发展"完全一致！

三、充分发挥物的本性

《礼记·中庸》中有一段脍炙人口的话：

> 诚者，天之道也。诚之者，人之道也……唯天下至诚，为能尽其性。能尽其性，则能尽人之性。能尽人之性，则能尽物之性。能尽物之性，则可以赞天地之化育。可以赞天地之化育，则可以与天地

---

①《礼记·祭义下》，王文锦译解：《礼记译解》，第696页。

参矣。[1]

“诚”是先秦儒家非常看重的一个概念。诚，即真实的存在，说“诚”为“天之道”，是说天是真实的存在。说“诚之”为“人之道”，是说人应效法天真实地生存着。下面则谈到性，性为物之本性，物之本性是真实的存在，是决定事物发展的根本原因。文章提出一个非常重要的观点：“能尽人之性，则能尽物之性”。何谓“尽人之性”？就是将人的本质充分发挥出来。何谓“尽物之性”？就是将物的本性充分发挥出来。《中庸》认为两者是互为前提的。人要想得到最好的发展，必须让物也得到最好的发展；同样，物要想得到最好的发展，也必须让人得到最好的发展。这不就是双赢吗？双赢是一种哲学理念，这里说的赢，着眼于长远利益、根本利益，既不是个体或相对狭小的小团体的赢，也不是一时一地一事的小得。人与其他生物的关系，最佳境界就是双赢。

第三节　时令与人事

《礼记》中有“月令”一章，论述一年之内不同的时令变化，以及人应怎样适应这种变化，让生产、生活都取得理想的效果。

《月令》充分体现出周人对于天地自然的基本立场，那就是尊重自然、遵循自然，按照周人理解的自然规律办事。这基本全面反映出周人的天人合一思想。

这种天人合一思想均实际地体现在周人的生活与生产之中，它有四个突出的重要特点：

第一，以农事为核心。

比如，孟春之月：

> 是月也，天气下降，地气上腾，天地和同，草木萌动。王命布农事，命田舍东郊，皆修封疆，审端经术，善相丘陵、阪险、原隰土地所

---

[1]《礼记·祭义下》，王文锦译解：《礼记译解》，第790页。

> 宜，五谷所殖，以教道民，必躬亲之。田事既饬，先定准直，农乃不惑。①

这个月，天气下降，地气上升，天地和同，草木发芽，国君颁布农事命令，让主管农事的官员田畯住在东郊，修整耕地封界，审查、端正田沟和农道，好好观察丘陵、斜坡、平原等土地，考虑它们适宜种什么，教导农民如何种五谷，而且要躬身为之。种田的事安排好了，标准、界限都定好了，农民也就不迷惑了。显然，在这孟春之月，农事方才开始，主要还是田官在作指导。下面，就是仲春、季春。春天过后就是夏秋冬，每月的天气不同，农事也不同。

第二，每月均有防止生态破坏的禁令。

春季：孟春之月，"命祀山林川泽牺牲毋用牝。禁止伐木。毋覆巢，毋杀孩虫、胎、夭、飞鸟，毋麛，毋卵"②。仲春之月，"毋竭川泽，毋漉陂池，毋焚山林"③。季春之月，"田猎罝罘、罗网、毕翳、餧兽之药，毋出九门"④。

夏季：孟夏之月，"毋大田猎"。仲夏之月，"是月也，日长至，阴阳争，死生分。君子齐戒，处必掩身，毋躁，止声色，毋或进，薄滋味，毋致和，节嗜欲，定心气。百官静事毋刑，以定晏阴之所成。鹿角解，蝉始鸣，半夏生，木堇荣。是月也，毋用火南方"⑤。季夏之月，"是月也，树木方盛，乃命虞人入山行木，毋有斩伐。不可以兴土功，不可以合诸侯，不可以起兵动众，毋举大事以摇养气"⑥。

秋天也有防止生态破坏的禁令，但不多，冬季就又多了。特别是仲冬之月，"是月也，农有不收藏积聚者，马牛畜兽有放佚者，取之不诘。山

①《礼记·月令上》，王文锦译解：《礼记译解》，第197—198页。

②《礼记·月令上》，王文锦译解：《礼记译解》，第198页。

③《礼记·月令上》，王文锦译解：《礼记译解》，第202页。

④《礼记·月令上》，王文锦译解：《礼记译解》，第205页。

⑤《礼记·月令上》，王文锦译解：《礼记译解》，第212页。

⑥《礼记·月令上》，王文锦译解：《礼记译解》，第215页。

林薮泽，有能取蔬食、田猎禽兽者，野虞教道之。其有相侵夺者，罪之不赦”①。

第三，均有配合养身的内容。

如仲冬时节，“是月也，日短至，阴阳争，诸生荡。君子齐戒，处必掩身，身欲宁，去声色，禁耆欲。安形性，事欲静，以待阴阳之所定”②。

第四，天子均有相应的政治活动。

如孟春：“立春之日，天子亲帅三公、九卿、诸侯、大夫以迎春于东郊……命乐正入学习舞。乃修祭典。”③仲春：“天子居青阳大庙，乘鸾路，驾仓龙，载青旗，衣青衣，服仓玉，食麦与羊，其器疏以达。”④季春：“是月也，天子乃荐鞠衣于先帝。命舟牧覆舟，五覆五反，乃告舟备具于天子焉。天子始乘舟，荐鲔于寝庙，乃为麦祈实。”⑤

《月令》相当清晰地展示了周人一年的生活，这种生活是在一定的自然条件下进行的，也可以说是在一定的环境中进行的，活动的内容与方式由这一定的自然条件决定。值得我们注意的是，《月令》所体现的环境对于生活的影响与决定性作用，不是以空间为维度展开，而是以时间为维度予以展示，说明决定时间变化的天象在周人的心目中占据的地位远胜于决定空间展开的地象。周人的环境观，骨子深处是时间的而不是空间的。

第四节　家园意识

《礼记》的环境观表现出中华民族的家园意识：

第一，多元共处，相互交通。

《王制》云：

---

①《礼记·月令上》，王文锦译解：《礼记译解》，第 232 页。
②《礼记·月令上》，王文锦译解：《礼记译解》，第 232 页。
③《礼记·月令上》，王文锦译解：《礼记译解》，第 197—198 页。
④《礼记·月令上》，王文锦译解：《礼记译解》，第 201 页。
⑤《礼记·月令上》，王文锦译解：《礼记译解》，第 205 页。

> 中国戎夷五方之民，皆有性也，不可推移。东方曰夷，被发文身，有不火食者矣。南方曰蛮，雕题交趾，有不火食者矣。西方曰戎，被发衣皮，有不粒食者矣。北方曰狄，衣羽毛穴居，有不粒食者矣。中国、夷、蛮、戎、狄，皆有安居、和味、宜服、利用、备器。五方之民，言语不通，嗜欲不同。达其志，通其欲，东方曰寄，南方曰象，西方曰狄鞮，北方曰译。①

这段话中说的“中国”，是指中原地区，中原地区与四周的夷、蛮、戎、狄合而为“五方”。五方就是中华民族，其活动的区域就是周朝的版图，即当时的中国。夷、蛮、戎、狄的生活方式不同，饮食上有的不火食，有的不粒食；衣着上有的披发文身，有的披发衣皮。但“皆有安居、和味、宜服、利用、备器”，就是说，他们都有自己安适的居处、和美的食物、适宜的衣着、便利的生活、完备的器具。五方的人民，虽然“言语不通，嗜欲不同”，但都有“达其志”即表达自己心愿的要求，都有“通其欲”即沟通大家的欲求。

第二，以礼治国，天下大顺。

这样多不同的民族聚在一起，构成一个国家，何以治理这个国家？以礼。礼是治国的利器，礼是什么？《礼运》说：

> 故治国不以礼，犹无耜而耕也；为礼不本于义，犹耕而弗种也；为义而不讲之以学，犹种而弗耨也；讲之于学而不合之以仁，犹耨而弗获也；合之以仁而不安之以乐，犹获而弗食也；安之以乐而不达于顺，犹食而弗肥也。②

《礼运》说，礼之本在于义，而获得义是需要学习的。学，要达到什么样的目的？合仁。合仁，要达到的最高境界是“安乐”，安乐体现在行为上，则是“顺”。“大顺者，所以养生、送死、事鬼神之常也。”③也就是说懂

---

①《礼记・王制上》，王文锦译解：《礼记译解》，第176页。
②《礼记・礼运上》，王文锦译解：《礼记译解》，第305页。
③《礼记・礼运上》，王文锦译解：《礼记译解》，第306页。

得了“大顺”之理，人生就顺利了。那么，它为国家、为社会带来什么好处呢？

> 四体既正，肤革充盈，人之肥也。父子笃，兄弟睦，夫妇和，家之肥也。大臣法，小臣廉，官职相序，君臣相正，国之肥也。天子以德为车，以乐为御，诸侯以礼相与，大夫以法相序，士以信相考，百姓以睦相守，天下之肥也。是谓大顺。①

“大顺”带来的好处很清楚：家庭和美了，社会和谐了，国家强大了，百姓富足了。

第三，大道之行，天下为公。

> 孔子曰：“大道之行也，与三代之英，丘未之逮也，而有志焉。大道之行也，天下为公，选贤与能，讲信修睦。故人不独亲其亲，不独子其子，使老有所终，壮有所用，幼有所长，矜寡孤独废疾者皆有所养。男有分，女有归。货恶其弃于地也，不必藏于己；力恶其不出于身也，不必为己。是故谋闭而不兴，盗窃乱贼而不作，故外户而不闭。是谓大同。今大道既隐，天下为家，各亲其亲，各子其子，货力为己，大人世及以为礼，城郭沟池以为固，礼义以为纪；以正君臣，以笃父子，以睦兄弟，以和夫妇，以设制度，以立田里，以贤勇知，以功为己。故谋用是作，而兵由此起。禹、汤、文、武、成王、周公，由此其选也。此六君子者，未有不谨于礼者也。以著其义，以考其信，著有过，刑仁讲让，示民有常。如有不由此者，在势者去，众以为殃。是谓小康。”②

这段文字清晰地描绘出中华民族关于社会的理想。这个理想的基本点是“天下为公”。具体来说，就国家层面来说，要选贤任能，讲公平；就社会层面来说，要讲信修睦，重诚信；就个人层面来说，要不独亲其亲，

---

①《礼记・礼运上》，王文锦译解：《礼记译解》，第306页。

②《礼记・礼运上》，王文锦译解：《礼记译解》，第287页。

不独子其子，有仁爱。公平、诚信、仁爱三者具备，社会就安定和谐了。这个和谐社会，孔子称之为“大同”。百姓在这样的社会生活，是幸福的。孔子认为，这种社会在禹、汤、文王、武王、成王、周公时代出现过，现在没有了。其所以会这样，是因为失去了礼。在孔子看来，礼是治国的唯一法宝。在接着上面那段文字之后，孔子感叹道：“夫礼，先王以承天之道，以治人之情，故失之者死，得之者生。诗曰：‘相鼠有体，人而无礼。人而无礼，胡不遄死。’是故夫礼必本于天，殽于地，列于鬼神，达于丧、祭、射、御、冠、昏、朝、聘。是故圣人以礼示之，故天下国家可得而正也。”①礼为国家制度、行为法则大全，相当于今天的法律的全部，再加上行政规则、道德规则等。由于礼需体现为一定的程序、仪式，合适的形式与真美的内容相统一，显现出一种大全的美，所以，孔子所说的以礼治国，包含有真善美三个方面的内容，为以法治国、以德治国、以美治国的综合。

孔子的大同社会没有提到人与自然的和谐，但这并不等于说不需要这种和谐，事实上，社会的和谐，不仅依赖于人与人之间的以礼相待，也依赖于人与自然之间的以礼相待。《礼记》认为处理人与自然的关系，也需要礼制存在。

《礼记》中的理想社会综合了人与人、人与环境的诸多和谐关系，而展现出来的是美：

> 言语之美，穆穆皇皇；朝廷之美，济济翔翔；祭祀之美，齐齐皇皇；车马之美，匪匪翼翼；鸾和之美，肃肃雍雍。②

中华民族心目中的社会美，就是如此地辉煌、雄壮、美妙，不仅激起人们无限的向往，也激发人们为之奋斗不已！

---

①《礼记・礼运上》，王文锦译解：《礼记译解》，第 289 页。
②《礼记・少仪下》，王文锦译解：《礼记译解》，第 497 页。

第十四章 《吕氏春秋》的环境美学思想

《吕氏春秋》，又名《吕览》，是先秦末期的一部重要文化典籍。据《史记·吕不韦列传》载：当时，战国四君子闻名天下，他们都礼贤下士，结交宾客，且以此相互攀比，养士之风盛行一时。吕不韦有感于秦国虽强，但门客零落，便效仿四君子，厚遇下士，广结宾客，后门下有三千食客。吕不韦又令食客们各自将所见所闻写下，后汇编整理成20余万言，全书分十二纪、八览、六论，共26卷，160篇。书成之后，吕不韦认为，此书“备天地万物古今之事”①，将古往今来、万事万物的道理都论述得十分完备，于是非常得意地承诺“能增损一字者予千金”②。

《吕氏春秋》虽然是吕不韦的食客们所作，但从全书的编排和内容来看，并非大杂烩、杂抄汇集，而是有精心的取舍和考量，可算得上是吕不韦思想的体现。比如在编排上，《十二纪》是按春夏秋冬四季排序，各季又分孟仲季三月，如此编排出12个月份，构成完整的一年。从内容看，《十二纪》不是专门讲自然问题，而是从自然现象入手，最后落实到天子每月应该遵守何种规定，以及应该如何顺应自然的变化，并在郊庙祭祀、

① 韩兆琦译注：《史记》（七），第5441页。
② 韩兆琦译注：《史记》（七），第5441页。

礼乐征伐、农事活动等方面发布政令。因此,《吕氏春秋》的重心在为政治国,是一本政治理论色彩非常浓厚的书。这一点,元人陈澔就指明:"吕不韦相秦十余年,此时已有必得天下之势,故大集群儒,损益先王之礼,而作此书,名曰春秋,将欲为一代兴王之典礼也。"①换言之,吕不韦打算用这本书作为秦国的政治理论根基。而章学诚也认为《吕氏春秋》一方面是"兼取众长",但另一方面"必有其中心之一贯"。②《吕氏春秋》貌似异常驳杂:儒家和道家似乎是主线,墨家、阴阳家、法家、农家等流派的思想似乎为旁支。但实际上,在这些不同的思想背后,隐藏着共同的理论逻辑——"上揆之天,下验之地,中审之人"③。在此意义上,《吕氏春秋》不应被视为没有任何新的思想和创见的杂抄,而应该看作对先秦诸子思想的整理、总结,甚至创造性转化。东汉高诱曾评价《吕氏春秋》道:大出诸子之右。④ 这是比较中肯切实的评价。从环境美学的视角来看,《吕氏春秋》一方面吸取了诸子的思想,另一方面也有一些更深刻、更新颖的观念。

第一节 天地作为家园:天顺地固

在详细地介绍完一年 12 个月该如何顺应自然变化、安排各项事务之后,《吕氏春秋》对《十二纪》作了一个总结。这一篇虽然也放在《十二纪》里面,名为《序意》,但实际上是《吕氏春秋》的编者后序。从内容来看,《序意》既是对《十二纪》的总结,也是对全书的提炼。在这一篇里,《吕氏春秋》的编者提出"法天地"的重要思想。

---

① 〔元〕陈澔:《礼记集说》,转引自陈奇猷校释《吕氏春秋校释》,上海:上海学林出版社 1984 年版,第 1852 页。

② 〔清〕章学诚:《章氏遗书・立言・立本》,转引自洪家义《吕不韦评传》,南京:南京大学出版社 2011 年版,第 451 页。

③《季冬纪・序意》,陆玖译注:《吕氏春秋》,第 362 页。

④ 〔汉〕高诱注,〔清〕毕沅校,余翔标点:《吕氏春秋・序》,上海:上海古籍出版社 1996 年版,第 5 页。

> 维秦八年，岁在涒滩，秋甲子朔。朔之日，良人请问十二纪。文信侯曰："尝得学黄帝之所以诲颛顼矣，爰有大圜在上，大矩在下，汝能法之，为民父母。"盖闻古之清世，是法天地。①

意思是说，在秦始皇八年的时候，君子请教关于十二纪的事。文信侯，即吕不韦借用黄帝教诲颛顼的话指出：要效法在上的大圜，即天；要取法在下的大矩，即地。能够做到这一点，就可以为民父母，治理天下。从历史经验来看，清明太平之世，都"法天地"。

那么天地又有何特殊之处呢？编者说："天曰顺，顺维生；地曰固，固维宁。"②天的特点是随顺，因为这种"顺"，万物得以生成；地的特点是牢固，因为这种牢固，万物得以安宁。

这段话中的"顺""固"说得比较模糊。从《吕氏春秋》全书来看，"顺"出现次数较多，其含义主要有两点：第一，顺应。如"凡生之长也，顺之也；使生不顺者，欲也"③。这一句的意思很明显，大凡生命能长久的，是因为顺应其天性。第二，合乎事理。如"有知顺之为倒、倒之为顺者，则可与言化矣"④。意思是说，如能知道合乎事理的亦可能违背事理，违背事理的亦可合乎事理，就可以探究事物的变化之道了。

这两点含义，尽管内容上有差别，但也有统一之处。因为，顺应不是附和、盲从、任凭对象为所欲为，而是顺应规律、符合事理。《吕氏春秋》提炼出的"天"的这一特性，对于我们理解《吕氏春秋》的环境美学很重要。从"顺"的角度来看，环境之美，不是任凭万物野蛮生长，对其放任自流。几十亿年前的原始自然界也许是一种旺盛蓬勃的生态状况，但不符合人类生存、居住的需要，对于人类来说缺乏环境美学的价值。毕竟，环境不同于生态，环境不等于自然而然。环境之美，首先重在家园感。因为"谈环境必须包含人在内，环境是人的环境"，"环境对人的生命本源及

① 《季冬纪·序意》，陆玖译注：《吕氏春秋》，第 362 页。
② 《季冬纪·序意》，陆玖译注：《吕氏春秋》，第 363 页。
③ 《孟春纪·重己》，陆玖译注：《吕氏春秋》，第 18 页。
④ 《似顺论·似顺》，陆玖译注：《吕氏春秋》，第 915 页。

生命发展的意义，就这一点上，环境类似于‘家’，人的生存及成长都依赖于家。我们在环境中长大，更要在环境中生存和发展，环境是我们共同的‘家园’”。[①] 从环境美学的角度来说，“顺”意味着人要认识环境的规律，在遵循规律的前提下，既让自然万物得以生长，也满足人类社会的需要，如此便是“天曰顺，顺维生”。

至于“固”，从《吕氏春秋》全书来看，出现的次数不少，其含义主要是四点：第一，作为副词，表示正是、本来、根本等意义。如“固越人之所欲得而为君也”[②]，“名固不可以相分”[③]，“志气不和，取舍数变，固无恒心”[④]等。第二，封闭。如“黄钟之月，土事无作，慎无发盖，以固天闭地”[⑤]，这里的“固”与“闭”互训。又如“命有司曰：‘土事无作，无发盖藏，无起大众，以固而闭。’”[⑥]这里的固，就是封闭、封固。第三，牢固、坚固。如“因敌之险以为己固”[⑦]，又如“凡甲之所以为固者”[⑧]。第四，贪婪。如“荆甚固，而薛亦不量其力”[⑨]。

《序意》中说“地曰固，固维宁”。根据语境，可以推知固和宁之间存在较强的因果关联性。从上述关于“固”一词的主要含义来看，只有牢固义比较妥帖。《吕氏春秋》的编者突出地的牢固，并认为可以供君主效法，那么这“固”不应是指字面意义上的牢固，比如土地如何坚硬、牢固之类，而理应是由牢固而引申出来的内涵。而从《吕氏春秋》对于地的表述，我们可以概括出“固”的内涵：第一，因其坚固，故能承载。“天覆地载，爱恶不臧。”[⑩]这种承载的意义，是先秦时期关于地的德行比较常见的

---

① 陈望衡、谢梦云：《环境美学与建设美丽中国》，《鄱阳湖学刊》2015年第6期，第55页。
②《仲春纪·贵生》，陆玖译注：《吕氏春秋》，第40页。
③《仲春纪·功名》，陆玖译注：《吕氏春秋》，第62页。
④《孟夏纪·诬徒》，陆玖译注：《吕氏春秋》，第117页。
⑤《季夏纪·音律》，陆玖译注：《吕氏春秋》，第166页。
⑥《仲冬纪·仲冬》，陆玖译注：《吕氏春秋》，第308页。
⑦《仲秋纪·决胜》，陆玖译注：《吕氏春秋》，第239页。
⑧《有始览·去尤》，陆玖译注：《吕氏春秋》，第382页。
⑨《慎大览·报更》，陆玖译注：《吕氏春秋》，第493页。
⑩《离俗览·上德》，陆玖译注：《吕氏春秋》，第695页。

说法。如《礼记·中庸》“天之所覆,地之所载”[①];《周易》“地势坤,君子以厚德载物”[②]。地是坚固的,它既能够经受住风雨雷电的考验,“是月也,天气下降,地气上腾,天地和同,草木繁动”[③];也能够接纳万物在地之上的变化,“其于物无不受也,无不裹也,若天地然”[④]。《吕氏春秋》正是强调这种经受、包容、接纳和承载。第二,因其坚固,故能无私而不争。这一点在先秦时期也比较常见。如《管子·心术下》:“是故圣人若天然,无私覆也;若地然,无私载也。”[⑤]地承载万物,没有偏私之心,而是平等对待。《吕氏春秋》在这一点上与道家很接近:“天地大矣,生而弗子,成而弗有,万物皆被其泽,得其利,而莫知其所由始。”[⑥]一方面万物的存在都依赖天地伟大的创化承载,另一方面天地对万物既不占有,也不居功。

从环境美学的角度来看,《吕氏春秋》主张“固维宁”,这实际上已经揭示了地的坚固是人的身心安宁的前提,也就是家园感的必要保障。地以一种无私的情怀,散发着一种母性的温情,无条件地、普遍性地滋养万物。没有地的“固”,就不可能有万物的“宁”,环境之美也就无从谈起。

第二节　天地作为法则:“法天地”

天强调的是顺应,地突出的是坚固。顺应虽出自天,但落实在人去遵循天道,顺应事理;坚固虽出自地,但落实在人把地的坚固转化为人的环境,利用地所给予的充足资源,创造一个美丽的世界。“天地有始,天微以成,地塞以形”[⑦],天地先于人而存在,并给予人存在的条件,对人有着规定性的意义。《吕氏春秋》对于“法天地”非常重视,认为是治理天下

---

①《礼记·中庸》,王文锦译解:《礼记译解》,第797页。
② 杨天才、张善文译注:《周易》,第29页。
③《孟春纪·孟春》,陆玖译注:《吕氏春秋》,第7页。
④《孟春纪·本生》,陆玖译注:《吕氏春秋》,第14页。
⑤〔清〕黎翔凤撰,梁运华整理:《管子校注》,第778页。
⑥《孟春纪·贵公》,陆玖译注:《吕氏春秋》,第22页。
⑦《有始览·有始》,陆玖译注:《吕氏春秋》,第366页。

的必由之路。其所以如此,原因除了天地在德性上的顺与固,还有形上学层次的考虑。

一、“万物同源”

“天地合和,生之大经也。”①有天地,且相互交合,万物才得以生成。天地是万物的本原,万物源于天地。《吕氏春秋》的宇宙论并没有仅停留在此。作为战国后期的作品,它吸取了儒、道、阴阳等学说的观点,提出了一套非常完整的宇宙论。它不仅把天地视为万物的开始,还要去追问“有始之始”,追问有形可见的天地如何形成,其背后的形上学根据是什么。对此,《吕氏春秋》写道:“太一出两仪,两仪出阴阳。阴阳变化,一上一下,合而成章。浑浑沌沌,离则复合,合则复离,是谓天常。天地车轮,终则复始,极则复反,莫不咸当。日月星辰,或疾或徐,日月不同,以尽其行。四时代兴,或暑或寒,或短或长,或柔或刚。万物所出,造于太一,化于阴阳。萌芽始震,凝𣿅以形。”②

这段话的内涵主要有三点:

第一,“太一”是万物得以生成的根源。

这段话明确指出:“万物所出,造于太一”。“太一”一词在《庄子》中也有出现:“建之以常无有,主之以太一。”③庄子这段话是在评述老子的思想。“主之以太一”就是以“太一”为主导原则,从这个角度来看,我们可以推定庄子所说的“太一”就是“道”。而庄子认为,“道”是“自本自根,未有天地,自古以固存”④,道自己是自己存在的原因,是天地万物赖以存在的源头。郭店楚简《太一生水》也提出了“太一”作为宇宙本体的观点:“太一生水。水反辅太一,是以成天。天反辅太一,是以成地……天地

①《有始览·有始》,陆玖译注:《吕氏春秋》,第366页。
②《仲夏纪·大乐》,陆玖译注:《吕氏春秋》,第132页。
③《庄子·天下》,方勇译注:《庄子》,第580页。
④《庄子·大宗师》,方勇译注:《庄子》,第102页。

者,太一之所生也。"①

《吕氏春秋》作为战国末期的作品,对道家的学说有所吸收。相比于庄子,《吕氏春秋》对"太一"与"道"的关系的阐述更加明确:"道也者,至精也,不可为形,不可为名,强为之,谓之太一。"②道极为精微、精妙、精深,无形无状,勉强称之为太一。道就是太一的原型,太一是道的别称。《吕氏春秋》还有一处提到了"太一":"神合乎太一,生无所屈,而意不可障;精通乎鬼神,深微玄妙。"③这一处是在论说圣王之德。"神合乎太一"也就是圣人的精神与道符合,同样是将道与太一看成一体。

对于《太一生水》的观点,《吕氏春秋》继承了太一作为创始的观点,但并不认为水是太一在时间上最初的创造物,即"太一藏于水",天则在时间上后出,是由水与太一相互辅助而成。《吕氏春秋》非常明确地认为:"始生之者,天也。"④至于水,《吕氏春秋》将之视为一种重要的基本物质。如"天有九野,地有九州,土有九山,山有九塞,泽有九薮,风有八等,水有六川"⑤,这里将水与天、地、土、山、泽、风看成一种并列关系。《吕氏春秋》对于太一如何变为天地万物,并没有像《太一生水》那样说得很具体,而是用更加抽象化的语言,将之描述为"太一出两仪,两仪出阴阳。阴阳变化,一上一下,合而成章"⑥。这一点跟《周易》很相似:"是故《易》有太极,是生两仪。两仪生四象。四象生八卦。"⑦至于两仪,古人认为:"《释诂》曰:'仪,匹也。'天地相配,故称'两仪'。《礼运》曰:'夫礼,必本于太一,分为两仪。'《吕氏春秋》曰'太一出两仪',即分为天地,故生两仪之义也。"⑧因此,"太一出两仪",也就是太一生成天地,而天地无论在时

① 刘钊:《郭店楚简校释》,福州:福建人民出版社 2005 年版,第 42 页。
②《仲夏纪・大乐》,陆玖译注:《吕氏春秋》,第 135 页。
③《审分览・勿躬》,陆玖译注:《吕氏春秋》,第 595 页。
④《孟春纪・本生》,陆玖译注:《吕氏春秋》,第 11 页。
⑤《有始览・有始》,陆玖译注:《吕氏春秋》,第 367 页。
⑥《仲夏纪・大乐》,陆玖译注:《吕氏春秋》,第 132 页。
⑦《周易・系辞上》,杨天才、张善文译注:《周易》,第 595 页。
⑧〔清〕李道平撰,潘雨廷点校:《周易集解纂疏》,北京:中华书局 1994 年版,第 601 页。

间上，还是在逻辑上，都是最接近太一的存在。

第二，太一运转不息，遵循规律；天地循环周转，自有定数，以天地参悟太一。

形上玄妙的太一，是万物的根源，但太一如果停留在自身而不变化，就不可能有现实的物质世界。今天的万物生成变化的原因，在于太一从一开始就处于运转之中。《吕氏春秋》认为，抽象的、形上的太一必须向具体的、形下的世界转化，就如同《太一生水》的观念一样，太一必须借助水这一材料，才能生成万物。《吕氏春秋》中的太一迈出的第一步是生天地，换句话说，太一借助的材料是天地。而天地出现之后，再生出阴阳。阴阳变化，而生成形体。且这种变化，不是随意的变化，而是不断地向对立面转化，这就是"天常"。除了阴阳变化，天地本身也处于循环往复之中，类似于老子所说的"反者道之动"①。如此，天地的运行法则成为日月星辰运转的根据、四时变化的原因，这就要求人们在行事的时候，"无变天之道，无绝地之理"②。因此，太一虽然是名义上的万物之本，但由于虚灵冲淡，不可名状，故难以成为人们取法的对象。而天地作为太一的第一创造物，且在其循环周转的过程中，既给予万物以生命，又成为万物变化的根据。因此，"法天地"而不是"法太一"就成为必然的选择。

第三，天地万物各有不同，皆源出太一，天人一体。

《吕氏春秋》从这个角度出发，认为天地万物是同源一体的。"凡人物者，阴阳之化也。阴阳者，造乎天而成者也。"③万物都是阴阳变化的结果。因此，"天地万物，一人之身也，此之谓大同"④。天地万物从具体而微处看，千差万别；从其本源变化处看，实为大同。"人之与天地也同。万物之形虽异，其情一体也。故古之治身与天下者，必法天地也。"⑤天地

①《老子·第四十章》，汤漳平、王朝华译注：《老子》，第 154 页。

②《孟春纪·孟春》，陆玖译注：《吕氏春秋》，第 8 页。

③《恃君览·知分》，陆玖译注：《吕氏春秋》，第 749 页。

④《有始览·有始》，陆玖译注：《吕氏春秋》，第 374 页。

⑤《仲春纪·情欲》，陆玖译注：《吕氏春秋》，第 48 页。

万物，不仅是相同相通，而且可以视为一体。北宋程颢讲："仁者，浑然与物同体。"[①]张载说："民吾同胞，物吾与也。"[②]从理论出发点来看，这些观点都是看到了天地万物同源而出，彼此之间不是一种分离的、对抗的状态，而是一种交感的、贯通的关系。马克思也说："自然界就它自身不是人的身体而言，是人的无机的身体。"自然万物是人的生活和人的活动的一部分，人类的存在依赖于这些物质。自然界是人类无机的身体，既意味着人类可以认识、支配、改造自然界，使之为己所用；另一方面也意味着自然界对于人类存在的必要性，一旦伤害、破坏了这一身体，人类自身也将无以为继。爱护自然界，促进环境的和谐美好，实质上是成就人类自身的幸福。应该说，2 000 多年前的《吕氏春秋》，能够明确地提出"天地万物，一人之身也"的命题，其眼光是极具前瞻性和警示性的。在工业技术日益先进的当代社会，技术的神兵利器似乎让我们在宰制自然时无往不利，丰硕的物质产品似乎让我们在消耗资源时用之不竭。但不要忘记了，宰制自然，等于宰制自己；消耗资源，等于消耗自己；自然万物与人是"一身""一体"。如果人类不能体贴、关怀、守护自然界，那么就意味着人类自绝于自然界，必将在杀死自然界时，终结自己的生命。"本是同根生，相煎何太急！"兄弟手足不宜相煎，人与一体之自然更不宜相煎！

二、"法天地"

天地是太一转化万物的初始，万物是天地阴阳变化的结果。天地对于万物，既具有规定性：天地的变化，导致万物的变化；又具有关联性：天地的根源，亦是万物的根源。因此，法天地是生于天地之间的人类必须遵循的法则，也是《吕氏春秋》的核心思想之一。从环境美学的角度来看，《吕氏春秋》的法天地的内涵主要有三点：

第一，以天地自然为准绳，安排人类社会的政治、经济、宗教、艺术等

---

① 〔宋〕程颢、程颐著，王孝鱼点校：《二程集》，第 16 页。

② 〔宋〕张载著，章锡琛点校：《张载集》，北京：中华书局 1978 年版，第 62 页。

活动。

《十二纪》是《吕氏春秋》的主体。其编撰体例是每纪五篇文章，第一篇文章以季节命名，如《孟春》《仲春》《季春》，后四篇文章则论说养生、治国、道德等问题。每纪的第一篇提纲挈领，从其内容来看，是以阴阳五行学说为理论指导，说明该月的天文、历法、物候等自然现象，同时要求天子每月在衣食住行等方面应该遵守一些规定，并顺应天地之变化，发布礼乐征伐、祭祀农事等政令。

以《孟春》为例，此篇首先是对天文、历法、神位、动物、音律、数字、味道、气味、气候等作说明。“孟春之月，日在营室，昏参中，旦尾中。其日甲乙，其帝太皞，其神句芒，其虫鳞，其音角，律中太蔟。其数八，其味酸，其臭膻，其祀户，祭先脾。东风解冻，蛰虫始振，鱼上冰，獭祭鱼，候雁北。”①其次是对天子的居所方位、车马旗帜、服饰器物作出规定。“天子居青阳左个，乘鸾辂，驾苍龙，载青旗，衣青衣，服青玉，食麦与羊，其器疏以达。”②其所以如此，主要是因为孟春在五行之中属于木，而木在五色之中为青色。再次是对天子要发布的政令作出规定。如“立春之日，天子亲率三公、九卿、诸侯、大夫，以迎春于东郊”③，“是月也，天子乃以元日祈谷于上帝”④，这属于与春季相关的祭祀活动。如“乃命太史，守典奉法，司天日月星辰之行”⑤，这属于新年伊始，要调整修订天文历法。如“王布农事，命田舍东郊，皆修封疆，审端径术”⑥，这属于农事活动。“是月也，不可以称兵”⑦，这是对军事活动的安排，因为春季是万物生发，一片生机盎然之时，所以要与自然保持一致，不可行杀戮之事。反之，当进入秋季时，草木凋零，一片肃杀之意，这时候，《吕氏春秋》就认为可以兴兵选将，

①《孟春纪・孟春》，陆玖译注：《吕氏春秋》，第1—2页。
②《孟春纪・孟春》，陆玖译注：《吕氏春秋》，第2页。
③《孟春纪・孟春》，陆玖译注：《吕氏春秋》，第4页。
④《孟春纪・孟春》，陆玖译注：《吕氏春秋》，第6页。
⑤《孟春纪・孟春》，陆玖译注：《吕氏春秋》，第4页。
⑥《孟春纪・孟春》，陆玖译注：《吕氏春秋》，第7页。
⑦《孟春纪・孟春》，陆玖译注：《吕氏春秋》，第8页。

征讨不义："天子乃命将帅，选士厉兵，简练桀俊，专任有功，以征不义，诘诛暴慢，以明好恶，巡彼远方。"①最后，则是发出不要悖逆天地之道、礼义纲纪的警告。如"孟春行夏令，则风雨不时，草木早槁，国乃有恐；行秋令，则民大疫，疾风暴雨数至，藜莠蓬蒿并兴；行冬令，则水潦为败，霜雪大挚，首种不入"②。有趣的是，每一纪的首篇体例虽略有出入，但警告之词每一篇皆有，可见《吕氏春秋》的编者谆谆告诫，不厌其烦，对恪守天地准则何其重视。

从今天的眼光看来，《十二纪》中对于天地自然的描述，很多不具备科学性，且主要采用接近联想、类比、推理等的诗性思维，有不少牵强附会之处。但古人在缺乏科学理论指导的情况之下，能够积极、主动地调整自身的行为，并把自身视为天地自然大环境中的一部分，努力寻求自身与大环境的一致，而不是将大环境视为对抗性的或资源性的客体，迫使大环境服从自己的意志，这是值得后人学习的。

第二，以人的道德眼光看待天地自然，并将天地自然的德性理想化，进而要求人以天地自然之德为人之德。

天地自然本身没有伦理道德的色彩。春夏秋冬的轮转，并不是为了人的存在而运行，但在客观上会对人的生存环境产生或好或坏的影响。其中有利于人的生存环境的自然现象，《吕氏春秋》将之看作天地之利，有害于人的生存环境的自然现象，则视为天地之害。"天生阴阳、寒暑、燥湿、四时之化、万物之变，莫不为利，莫不为害。"③这里的利害，都是对人而言。天地产生的利害，不由人来决定，在当时的生产力条件下，人力也很难对抗天地的威力。因此，对于具有规定性意义的天地，人很容易产生一种既崇拜又畏惧的心理。在《吕氏春秋》里，这表现为一方面赋予天地神圣的品德，而不敢对天地有何怨言；另一方面把天地的品德，作为人世间应当效法的道德。如"精气一上一下，圜周复杂，无所稽留，故曰

①《孟秋纪·孟秋》，陆玖译注：《吕氏春秋》，第191页。
②《孟春纪·孟春》，陆玖译注：《吕氏春秋》，第9页。
③《季春纪·尽数》，陆玖译注：《吕氏春秋》，第71页。

天道圜。何以说地道之方也？万物殊类殊形，皆有分职，不能相为，故曰地道方。”[1]天是循环往复的，如同圜周，所以天道圜。万物界限分明，各司其职，所以地道方。这是用人对自然现象的感受来推演和比附天地的德性。“天道圜，地道方”的结论意味着人世间也应如此。因此，后文指出：“主执圜，臣处方，方圜不易，其国乃昌。”[2]从天地的德性引申到君臣的德性。又如“天无私覆也，地无私载也，日月无私烛也，四时无私行也。行其德而万物得遂长焉”[3]，这是赋予天地无私的德性，后文则认为“王伯之君亦然”[4]。又如在说明君主必须诚信的道理时，《吕氏春秋》说：“天行不信，不能成岁；地行不信，草木不大。春之德风，风不信，其华不盛，华不盛，则果实不生。夏之德暑，暑不信，其土不肥，土不肥，则长遂不精。秋之德雨，雨不信，其谷不坚，谷不坚，则五种不成。冬之德寒，寒不信，其地不刚，地不刚，则冻闭不开。天地之大，四时之化，而犹不能以不信成物，又况乎人事？”[5]春夏秋冬，风雨暑寒，这都是自然的客观事实，具有规律性。人类如果善加利用，就可以改善生存环境。但在《吕氏春秋》里，强调更多的是天地自然的赐予、恩惠、善德，以及人对天地自然运行法则的遵从和丝毫不敢悖逆。而对人积极地改造自然、客观地分析自然的利弊等方面，则或着墨不多，或有意回避。这实际反映出，一方面人的环境意识已经觉醒，知道认识和利用自然，另一方面人对自然的认识还处于较低的水平，只能对自然现象作出非常有限的解释和改造。

第三，将人与自然看成一种交互感应的关系，并将人的道德行为视为天人感应的基础，以及将环境的美好与否视为天人感应的反馈依据。

《吕氏春秋》认为，“天地万物，一人之身”，天人既然是一体的，自然与人就会交互感应。“类固相召，气同则合，声比则应”[6]，意思是说，物类

---

①《季春纪·圜道》，陆玖译注：《吕氏春秋》，第 89 页。
②《季春纪·圜道》，陆玖译注：《吕氏春秋》，第 89 页。
③《孟春纪·去私》，陆玖译注：《吕氏春秋》，第 27 页。
④《孟春纪·去私》，陆玖译注：《吕氏春秋》，第 30 页。
⑤《离俗览·贵信》，陆玖译注：《吕氏春秋》，第 723 页。
⑥《有始览·应同》，陆玖译注：《吕氏春秋》，第 377 页。

相同的就互相吸引,气味相同的就互相投合,声音相同的就互相应和。所以"以龙致雨,以形逐影",用龙就能招来雨,凭形体就能找到影子。通过这些话语,我们可以看出,这仍然是一种接近联想和类比的思维,诗意多于理性,神秘多于科学。《吕氏春秋》里还记载了两件事情,足以说明天人以道德为根基的感应。

其一:

> 周文王立国八年,岁六月,文王寝疾五日而地动,东西南北不出国郊。百吏皆请曰:"臣闻地之动,为人主也。今王寝疾五日而地动,四面不出周郊,群臣皆恐,曰'请移之'。"文王曰:"若何其移之也?"对曰:"兴事动众,以增国城,其可以移之乎!"文王曰:"不可。夫天之见妖也,以罚有罪也。我必有罪,故天以此罚我也。今故兴事动众以增国城,是重吾罪也。不可。"文王曰:"昌也请改行重善以移之,其可以免乎!"于是谨其礼秩、皮革,以交诸侯;饬其辞令、币帛、以礼豪士;颁其爵列、等级、田畴,以赏群臣。无几何,疾乃止。①

这段话是说,文王卧病在床五天而地震,百官都很害怕,希望文王将灾祸移走。而移走的方式就是发动民众,增筑国都城墙。而文王认为,出现地震这种灾异,是"以罚有罪",而他自己就是罪人,如果兴师动众,则会加重他的罪过。于是他改过迁善,修整礼法,礼贤下士,没过多久,病就消失了。这就是说,《吕氏春秋》认为,地震并不是简单的自然现象,而是一种"妖",是天用于责罚君王过失的手段。而君王可以通过自己的行为,来实现与天的交互感应。

其二:

> 宋景公之时,荧惑在心,公惧,召子韦而问焉,曰:"荧惑在心,何也?"子韦曰:"荧惑者,天罚也;心者,宋之分野也。祸当于君。虽然,可移于宰相。"公曰:"宰相,所与治国家也,而移死焉,不祥。"子

---

①《季夏纪·制乐》,陆玖译注:《吕氏春秋》,第177页。

韦曰:“可移于民。”公曰:“民死,寡人将谁为君乎?宁独死!”子韦曰:“可移于岁。”公曰:“岁害则民饥,民饥必死。为人君而杀其民以自活也,其谁以我为君乎?是寡人之命固尽已,子无复言矣。”子韦还走,北面载拜曰:“臣敢贺君。天之处高而听卑。君有至德之言三,天必三赏君。今夕荧惑其徙三舍,君延年二十一岁。”公曰:“子何以知之?”对曰:“有三善言,必有三赏,荧惑必三徙舍。舍行七星,星一徙当一年,三七二十一,臣故曰‘君延年二十一岁’矣。臣请伏于陛下以伺候之。荧惑不徙,臣请死。”公曰:“可。”是夕荧惑果徙三舍。①

这段话是说,宋景公时,火星出现在心宿,宋国太史子韦认为,这意味着上天要降下灾祸给国君,但可以想方设法把灾祸转移到宰相、民众、农业收成等之上。而宋景公则认为,不应该将灾祸转嫁他人,而应该自己来承担,表示愿意牺牲自己。在宋景公作出这一举动后,当天夜里火星就退了三舍,宋景公的寿命也相应地得到了 21 年的延长。这一事例同样表明了:一、自然现象与人世间的吉凶关联;二、这种关联是动态的,可变的;三、关联的主体是国君;四、关联变化的根据是道德。

因此,《吕氏春秋》认为,要实现天人感应的良性循环,就必须保持和增进道德。如果不注重道德,恣意妄为,那么就会“众邪之所积,其祸无不逮也。其风雨则不适,其甘雨则不降,其霜雪则不时,寒暑则不当,阴阳失次,四时易节,人民淫烁不固,禽兽胎消不殖,草木庳小不滋,五谷萎败不成”②。也就是说,上天会将人类置于一种极其恶劣的自然环境之中,破坏人类的生产,以示对人类的惩罚。如果已经出现了种种不利于人民生存的环境,而国君不知道及时改进,那么上天会以更加严酷的自然灾害来责罚。“国有此物,其主不知惊惶亟革,上帝降祸,凶灾必亟。

①《季夏纪·制乐》,陆玖译注:《吕氏春秋》,第 179 页。
②《季夏纪·明理》,陆玖译注:《吕氏春秋》,第 183 页。

其残亡死丧，殄绝无类，流散循饥无日矣。”①上天的责罚会一直到国家灭亡，君子死丧，人民流离失所、遭受饥荒的地步。

《吕氏春秋》的这种天人感应，与荀子的“制天命而用之”相比，明显带有非理性的、宗教的敬畏色彩，既是阴阳家学说的体现，也是汉代董仲舒天人感应之说的先声。《吕氏春秋》还基于天人感应的理论，非常完整而明确地提出了影响后世王朝更替的“五德终始”说：“凡帝王者之将兴也，天必先见祥乎下民。黄帝之时，天先见大螾大蝼。黄帝曰：‘土气胜。’土气胜，故其色尚黄，其事则土。及禹之时，天先见草木秋冬不杀。禹曰：‘木气胜。’木气胜，故其色尚青，其事则木。及汤之时，天先见金刃生于水。汤曰：‘金气胜。’金气胜，故其色尚白，其事则金。及文王之时，天先见火赤乌衔丹书集于周社。文王曰：‘火气胜。’火气胜，故其色尚赤，其事则火。代火者必将水，天且先见水气胜。”②从天，也就是自然来看，其具有五行相生相克、循环反复的特点，既然自然是依照土胜水、木胜土、金胜木、火胜金、水胜火的次序，那么人类社会也应该按照这一次序更替。于是黄帝以土为德、大禹以木为德、商汤以金为德、文王以火为德，战国要实现一统，必然是以水为德。而后来秦国也确实崇奉阴阳家的这套说法，以水为德，取得天下。这套学说从今天的科学眼光来看，很明显是荒诞不经的，但是放在历史的脉络里，它可以起到约束君权的作用，尤其是祥瑞和灾异之说，变成了当时一种被普遍认同的社会心理，能够对专制社会起到警醒、缓和、调节的作用。其虽属无奈之举，但也有不可抹杀之功。尤其是帝王将相见祥瑞则喜，见灾异则惧，无意之中促进了古人对生态的保护，也提高了古人对生态恶化的警惕。

第三节　环境和谐：“天下之天下”

《吕氏春秋》的天人一体观主张天人感应，强调从自然中吸取人世间

---

①《季夏纪·明理》，陆玖译注：《吕氏春秋》，第187页。

②《有始览·应同》，陆玖译注：《吕氏春秋》，第375—376页。

的道德法则，注重让上位者修养德性，以配合天地之德，同时警惕自然灾害，维护环境和谐，是一套比较朴素而完整的理论体系。从今天的科学眼光来看，这套理论体系有许多牵强附会甚至迷信愚昧的说法，但从历史的、具体的角度来看，在2 000多年前，是难能可贵的，而且其中还蕴藏着一些环境保护的思想，可以为我们今天美丽中国的建设提供一些思想资源。

一、“天下之天下”

天下是中华文化中非常有特色的词汇。从其本意来看，是普天之下的意思。与之相对的天上，代表宗教、神灵等超越界，天下则代表尘世、人间、政权、疆土等现实界。天下与尘世、政权等词相比，有更多环境、资源的意味，也暗示着一切世俗的财富权力源自天。因此，天下也成为一个极有诱惑力的词。如权倾天下、誉满天下、一匡天下等，天下变成人们追逐的终极目标。而能够实现这一目标的，往往是帝王。黄宗羲在《原君》中曾痛斥帝王以天下为私有产业的做法：“以为天下利害之权皆出于我，我以天下之利尽归于己，以天下之害尽归于人，亦无不可；使天下之人，不敢自私，不敢自利，以我之大私为天下之大公。”君王把天下当作自己私有的产业，荼毒百姓，可笑的是，这种恣意妄为、倒行逆施之举，还被冠以“大公”的美名。

非常可贵的是，《吕氏春秋》提出对待天下，要秉承一颗公心。《贵公》开篇即称：“昔先圣王之治天下也，必先公。公则天下平矣。平得于公。尝试观于上志，有得天下者众矣，其得之以公，其失之必以偏。凡主之立也，生于公。”①意思是说，要治理天下，必须公正无私。做到公正无私，天下就能安定。天下的兴废得失，取决于君王选择公正还是偏私。为什么要以天下为公呢？除了历史的经验教训，《吕氏春秋》还提出了自

① 《孟春纪·贵公》，陆玖译注：《吕氏春秋》，第21页。

己的天下观:“天下,非一人之天下也,天下之天下也。”①天下不是属于哪一个人的天下,而是天下本身所有。人虽然是“万物之灵”,但不意味着天下属于人,更不意味着天下是人应该改造和利用的对象。人不是自然的主人,也不具备超然于万物的优越性。天下本身就有意义,天下本身就是主体。《吕氏春秋》还举出荆人失弓的事例来分析。荆人丢了弓之后,不寻找,他认为,既然是荆人丢了弓,也就会由荆人捡到弓。得失都在荆人,何必在意?也就是,从一个具体的荆人,上升到了普遍的荆人。把一个个具体的、有差别的荆人看成一体,从整体意义的荆人来思考问题。而孔子在听说之后,则认为应该去掉“荆”,变成人失弓,人得弓。孔子的胸襟更广阔,从地域性的荆人上升到了更具普遍性的人类整体。但《吕氏春秋》更赞成的并不是孔子的境界,而是老子的境界。老子的观点是:“去其‘人’而可矣。”《吕氏春秋》认为“故老聃则至公矣”②。为什么老子是“至公”?因为老子去掉了人这个主体,而是从最高的普遍性——天下来思考问题,于是就变成了天下失弓,天下得弓,得失全在天下,也就不再有所谓的得与失。这种天下本位的观念,虽然带有政治哲学的色彩,但更蕴含着环境美学的意味。“天下之天下”,也就是天下本身就是主体,人不应总是从人的视角来看环境,而应该从地球整体来看待。这类似于西方现代环境哲学中所提出的“盖娅假说”。

“盖娅假说”由英国大气化学家詹姆斯·洛夫洛克在20世纪60年代末提出,后经过他和美国微生物学家林恩·马古利斯的共同推进,引起了西方科学界的重视。该学说认为,整个地球是一个有生命的、能够自我调节的活的系统,换句话说,地球本身有生命,是我们所知道的最大的生物体。依照这一理论,“人类中心论”就不复存在。人类只是整个生命体的组成部分,绝非自然界的统治者。他们甚至认为,“地球上的生命的主题既不是人类,也不是动物界,也不是植物界,而是微生物界。微生

---

①《孟春纪·贵公》,陆玖译注:《吕氏春秋》,第22页。

②《孟春纪·贵公》,陆玖译注:《吕氏春秋》,第22页。

物无处不在，不仅遍布空气、土壤和水体，而且存在于所有其他生命形式之中。在改变地球的物质环境以适于生命生存的过程中，微生物起着比人类重要得多的作用，生命历史的绝大多数部分都是由微生物书写的"①。而盖娅通过微生物可以调节整个生命的平衡，因此盖娅绝非一个软弱可欺、溺爱孩子的母亲，而是一个严厉刚强、强调规则的母亲。人类作为生命体的一个组成部分，可以通过自己的"智慧"来违背生态规律，但盖娅绝非对此束手无策，相反，她可以借助整个生物圈的运动变化，来逐渐地调整生命体的整体平衡。至于人类这一组成部分，盖娅既可以通过微生物将之创造，同样在人类威胁盖娅的生命时，盖娅也可以将之毁灭。盖娅作为最强大的生命体，决定着生物圈运行的规则，人类应该放弃人类中心论的立场，懂得"天下，非一人之天下，天下之天下也"的道理，从天下这一主体思考问题，遵循规律，回归自然，以成为生命体之中的有益成分。

二、"修节以止欲"

《吕氏春秋》主张一种朴素节制的生活方式。它认为，"天生人而使有贪有欲。欲有情，情有节。圣人修节以止欲，故不过行其情也"②。它承认人有欲望，有贪心，但要求人节制欲望。对于外在的财物，它非常清醒地看到"物也者，所以养性也，非所以性养也。今世之人，惑者多以性养物，则不知轻重也"③。外物是供养生命的，而不应消耗生命去追求它。对于那些沉溺于声色犬马、酒色财气的富贵之人，它认为反倒不如贫贱之人。因为贫贱的人，是做不到过度地沉溺于物质享受的。而富贵的人则不知道适度的道理，看上去令人羡慕，比如"出则以车，入则以辇，务以

---

① 王正平：《环境哲学——环境伦理的跨学科研究》，上海：上海教育出版社 2014 年版，第 158 页。

②《仲春纪·情欲》，陆玖译注：《吕氏春秋》，第 45 页。

③《孟春纪·本生》，陆玖译注：《吕氏春秋》，第 12 页。

自佚"[①]，出入都有车马伺候，十分安逸，但它认为这是"招蹶之机"，即招致脚病的器械，意思是长期不走路，依赖车马，反倒会生病。这对于我们今天非常有警醒意义。又如"肥肉厚酒，务以自强"，肥肉醇酒，虽是美味，但过量了还勉强自己吃喝，它认为这会变成"烂肠之食"，会使肠子腐烂。又如"靡曼皓齿，郑卫之音，务以自乐"，迷恋女色，陶醉于淫靡之音，让自己尽享欢愉，它认为这是"伐性之斧"，只会戕害生命。因此，古代的得道之人"不肯富贵"，保持一种朴素节制的生活，这样更有益于人的生命。

对于今天人们非常关注的住房，《吕氏春秋》也有谈及："室大则多阴，台高则多阳；多阴则蹶，多阳则痿。此阴阳不适之患也。是故先王不处大室，不为高台。"[②]意思是说，房间不要太大，大了阴气过盛；亭台也不宜过高，高了阳气过盛。阴阳二气过盛，居住在里面，就会引起疾病。因此，古代英明的君王，不住大室，不修高台。《吕氏春秋》的这种阴气阳气的说法，虽然有些不符合现代科学，但注意到人体健康与房间大小的关系问题，也有不少合理的成分。而现代科学也证明了这一点："人体工程学原理认为，人体在白天时，体内能量和外部空间能量是一个内外交换的过程，人体通过呼吸、吸收阳光、摄入食物等随时补充运动和用脑所消耗的能量。而一旦人体进入睡眠状态，就只能通过呼吸摄入能量。人体在睡眠状态中只是减少了体力活动，但大脑仍在运转——实际上，很多人因为不停做梦导致大脑并不能得到充分的休息。因此，在睡眠过程中，人体能量仍然有所付出，但吸收到的却相对较少。就比如说，当你坐在客厅沙发上与朋友谈天说地时并不会想到要去加一件衣服，但相反的，若你在这个沙发上躺下小憩时，则需要盖一条毯子，这是因为身体的能量在耗散。而卧室面积越大，所耗损的能量就会越多，实在是不利于人的健康。而且，一个过大的卧室容易使人产生空荡孤寂的感觉，对于

① 《孟春纪·本生》，陆玖译注：《吕氏春秋》，第15页。
② 《孟春纪·重己》，陆玖译注：《吕氏春秋》，第19页。

心理比较敏感的人而言，往往会引起失眠。”①盲目地追求房间面积，以大为美，看上去阔绰大气，但实际上居住的过程就是制造疾病的过程。因此，古代皇帝的卧室并不大，我们今天去参观故宫，可以发现乾隆、雍正的卧室只有十多平方米，正符合《吕氏春秋》的观点：“圣王之所以养性也，非好俭而恶费也，节乎性也。”②

对于居住，《吕氏春秋》也主张不要只看土地的肥美，而要重点看能否长久地安居。要明白土地是为人服务，而不是人为土地所拘役。对此，《吕氏春秋》举了两个事例。第一个事例是孙叔敖择寝丘③。在临终之际，孙叔敖嘱咐儿子：“死后，如果大王要赐你土地，一定不要接受肥沃富饶的土地。楚国和越国之间有个寝丘，土地贫瘠，地名不吉利。楚国人怕鬼，越国人迷信鬼神灾异。能够长久占有的封地，恐怕就是这块地了。”后来孙叔敖死去，大王果然赏赐肥美之地，而孙叔敖的儿子拒绝了，并请求赐予寝丘，而后一直没有失去这块土地。从这个故事，我们可以得知：第一，肥沃富饶的土地，被古人视为“美地”。也就是说，古人对于土地的审美，主要是从环境美学的角度出发，并强调其物质资源的意义。第二，比“美地”层次更高的是安居，是家园感。美地虽美，但容易引起纷争，居于美地，会始终处于他人的觊觎之下。寝丘虽然土地贫瘠，名字凶险，但居于此处，无人嫉妒，可得久安。环境的美好，与物质资源有关，但更多在于如何调节人世间复杂的社会关系。不追求奢华，不引人称羡，甘于平淡，乐于持俭，反倒能够得环境之乐。

第二个事例是太王亶父迁岐山④。亶父居住在邠地，北方狄人时常攻打他。亶父给狄人送上皮毛丝帛、珍珠美玉，狄人仍然攻打，因为狄人要的是邠地。是奋力抗击，以死相拼，捍卫土地，还是隐忍退让，另寻他处，安居再起呢？亶父选择的是后者。他说：“且吾闻之，不以所以养害

① 汤虎：《灵居：解读中国人的建筑智慧》，重庆：重庆大学出版社 2013 年版，第 124 页。

②《孟春纪・重己》，陆玖译注：《吕氏春秋》，第 19 页。

③ 参看《孟冬纪・异宝》，陆玖译注：《吕氏春秋》，第 298 页。

④ 参看《开春论・审为》，陆玖译注：《吕氏春秋》，第 803 页。

所养。”[①]意思是说，土地是用来供养民众的，不应该用民众来供养土地。如果所居的土地让民众陷入危难之中，那就应该选择放弃土地。亶父选择放弃邠地，西迁到岐山。民众听说后，成群结队地跟着他，在岐山又建立了自己的家园。这个故事同样告诉我们：第一，环境的意义不在于环境的物质层面，而重在环境的精神层面，重在安居、乐居。如果所居之处已经背离了安居、乐居的目的，那么就失去了家园感，人不应该继续留恋。第二，环境的意义不在于土地本身，而在于居住在土地之上的人。邠地虽然被夺走了，但亶父的家园并没有被夺走。亶父和民众齐心协力，同心同德，很快又在岐山有了新的家园。家园的核心在于人与人之间的和睦协同。如果人心走向背离和撕裂，即便同居于一块土地之上，也毫无家园之感。

三、“全生”

《吕氏春秋》非常注重保护生态环境。在《十二纪》里，我们可以看到非常明确和具体的保护要求。如《孟春》：“牺牲无用牝，禁止伐木；无覆巢，无杀孩虫、胎夭、飞鸟，无麛无卵。”[②]这是对保护动物幼崽的规定。《仲春》：“是月也，无竭川泽，无漉陂池，无焚山林。”[③]这是对保护山林湖泊的规定。《季春》：“田猎罼弋，罝罘罗网，喂兽之药，无出九门。”[④]这是禁止用极端手段捕猎。《孟夏》：“无伐大树……驱兽无害五谷，无大田猎。”[⑤]这是对动植物的保护。《仲夏》：“游牝别其群，则絷腾驹，班马正。”[⑥]这一条考虑得非常细致，意思是说母马怀孕了，要将其跟马群分开，拴住公马，免得母马被踢伤。《季夏》：“树木方盛，乃命虞

①《开春论·审为》，陆玖译注：《吕氏春秋》，第 803 页。
②《孟春纪·孟春》，陆玖译注：《吕氏春秋》，第 7—8 页。
③《仲春纪·仲春》，陆玖译注：《吕氏春秋》，第 36 页。
④《季春纪·季春》，陆玖译注：《吕氏春秋》，第 66 页。
⑤《孟夏纪·孟夏》，陆玖译注：《吕氏春秋》，第 98—99 页。
⑥《仲夏纪·仲夏》，陆玖译注：《吕氏春秋》，第 127 页。

人入山行木，无或斩伐。”[①]这同样是保护山林。到了秋收的季节，《吕氏春秋》也不主张大砍大伐，肆意捕杀，而是强调“务蓄菜，多积聚”[②]，“凡举事无逆天数，必顺其时，乃因其类”[③]。到了草木枯黄凋零的时候，才准许砍伐，“是月也，草木黄落，乃伐薪为炭”[④]。

《吕氏春秋》还提出“全生”的概念。“始生之者，天也；养成之者，人也。能养天之所生而勿撄之谓天子。天子之动也，以全天为故者也。此官之所自立也。立官者，以全生也。”[⑤]这段话分清了天与人的职分。天，负责创生，而人，负责养育生命，使之成长。天子的重要职责就是保护抚育上天所创造的生命，而不去戕害。这是极为少见的从环境保护的意义上对天子职责的规范。先秦典籍多是从道德、政治意义来界定天子，而《吕氏春秋》则是从环境保护的角度，认为天子的职务就是要“全天”，而天子设立诸多官职，其目的也是“全天”。

“全天”要求让动植物能够获得一个相对完整的生命成长，能够尽可能地体验生命的整个历程。在《吕氏春秋》里，我们可以看到很多对幼苗、幼崽、孕中的动物的保护，它反对杀戮这些处于生命初期或孕育生命的生物。如《季冬》指出：“胎夭多伤，国多固疾，命之曰逆。”[⑥]如果幼小的动物遭到损伤，国家就会流行久治不愈的疾病，这种情况被命名为“逆”。《辩土》还专门谈到了对幼苗的护养：“苗，其弱也欲孤，其长也欲相与居，其熟也欲相扶。”[⑦]不虐杀动物，给动物充分的生存空间，也被视为美德。如商汤看到有人以网捕猎，便“收其三面，置其一面”[⑧]，给动物充分的活路，被赞誉为“德及禽兽”。齐桓公即位三年，说了三句话，天下就称赞其

---

①《季夏纪·季夏》，陆玖译注：《吕氏春秋》，第159页。
②《仲秋纪·仲秋》，陆玖译注：《吕氏春秋》，第220页。
③《仲秋纪·仲秋》，陆玖译注：《吕氏春秋》，第221页。
④《季秋纪·季秋》，陆玖译注：《吕氏春秋》，第250页。
⑤《孟春纪·本生》，陆玖译注：《吕氏春秋》，第11页。
⑥《季冬纪·季冬》，陆玖译注：《吕氏春秋》，第340页。
⑦《士容论·辩土》，陆玖译注：《吕氏春秋》，第978页。
⑧《孟冬纪·异用》，陆玖译注：《吕氏春秋》，第303页。

贤能,而这三句都是关于动物保护:“去肉食之兽,去食粟之鸟,去丝罝之网。”[①]可见古人对动物保护的推崇。当然,《吕氏春秋》也没有走到另一个极端:把动物置于人之上。如赵简子有两匹白骡,十分珍贵,他非常喜爱。有一天,一个家臣生病了,需要吃白骡的肝。侍奉赵简子的董安听到这个请求就怒不可遏,而赵简子则说:“夫杀人以活畜,不亦不仁乎?杀畜以活人,不亦仁乎?”[②]于是就把白骡杀掉,取肝给了家臣。从这一事例,我们可以看出《吕氏春秋》的人本主义立场,仁爱首先是施之于人,然后才是动物。

“全天”还要求人本身懂得养生之道,不可放纵情欲。《吕氏春秋》把人的生存境界分为四层:“全生为上,亏生次之,死次之,迫生为下。”[③]其中,全生指的是“六欲皆得其宜也”,让自己的六欲得到适宜的满足。比如饮食,《吕氏春秋》反对现代不少人追求的“重口味”,认为“凡食,无强厚味,烈味重酒,是之谓疾首”[④],口味过重的酒食是疾病的开始,而主张“食能以时,身必无灾。凡食之道,无饥无饱,是之谓五藏之葆”[⑤]。饮食要注意“时”,与时令、时间等相配合,保持不饥不饱的状态,五脏才能得到安适。亏生,指的是“六欲分得其宜也”[⑥],六欲只能部分得到适宜的满足。再次是死。值得注意的是,《吕氏春秋》认为,死亡是第三层次,并不是最低。迫生才是最低层次。“所谓迫生者,六欲莫得其宜也,皆获其所甚恶者。”[⑦]也就是说,六欲没有一样能够得到适宜的满足,所得的全是自己所厌恶的,处于这种状态,就是处于屈辱之中,自然是生不如死了。《吕氏春秋》的观点,对我们今天来说有借鉴意义:第一,全生不是让六欲得到极致的满足。时下追求“精致”,乃至“极致”的感官体验,实际上已

---

①《似顺论·慎小》,陆玖译注:《吕氏春秋》,第947页。
②《仲秋纪·爱士》,陆玖译注:《吕氏春秋》,第243页。
③《孟春纪·贵生》,陆玖译注:《吕氏春秋》,第43页。
④《季春纪·尽数》,陆玖译注:《吕氏春秋》,第75页。
⑤《季春纪·尽数》,陆玖译注:《吕氏春秋》,第75页。
⑥《孟春纪·贵生》,陆玖译注:《吕氏春秋》,第43页。
⑦《孟春纪·贵生》,陆玖译注:《吕氏春秋》,第43页。

经走向了全生、全天的反面。这种极致,实质上是对生命的扭曲。第二,全生不是苦行主义、禁欲主义。刻意地压制或否定人的欲望,这是"迫生",属于生不如死的层次。人的合理欲望,必须得到满足。全生是一种人的欲望的动态平衡,让人成为欲望的主人,而不是欲望的奴隶。当下的消费主义,把人引向对外物的无穷无尽的追逐之中,把占有各种各样的物质资源作为个性、品味、财富的体现,既导致对自然资源的无穷榨取和消耗,也让人陷入追逐外物的空虚、焦虑和无聊之中,这种状态实际上是一种"亏生",甚至是"迫生"。而《吕氏春秋》的全生观、全天观,可以在一定程度上唤醒人们的物欲迷梦,有助于实现人与自然、人与人、人与自身的动态平衡与和谐共处,进而实现环境美学"乐居"的层次。

第十五章　《诗经》的环境美学思想

《诗经》是中国古代第一部民歌集，它最早的作品约作于西周初年，但所表达的内容可以追溯到周先祖创业的时代，最迟的作品产生于春秋时代，跨度长达数百年。相传周代设有采诗之官，每年春天，采诗官深入民间收集民间歌谣，把能够反映人民欢乐疾苦的作品整理后交给太师（负责音乐之官）谱曲，演唱给周天子听，作为施政的参考。这是《诗经》的重要来源。《诗经》中也有一部分诗是文人所作，《尚书》记载，《豳风·鸱鸮》为周公旦所作。据说，春秋时期流传下来的诗有 3 000 首之多，后来只剩下 300 来首。史载，孔子对《诗经》作过整理，孔子之后，《诗经》的主要传承人是“孔门十哲”“七十二贤”之一的子夏。汉代，《诗经》立于学宫，成为官方教材，用于教育士子及整个社会。自此，种种对于《诗经》的解释均染上意识形态的色彩，《诗经》成为儒家治国理政的重要依据，荣升为儒家经典“五经”之一。

如果去除《诗经》身上的种种光环，不难发现，《诗经》其实就是那个时代的诗性记录与情感反映。说是记录，是因为《诗经》真实地记录了周代社会的诸多重要史实；说是诗性的，不仅是因为它采取诗歌的表达方式，而且因为它并不拘泥于具体事实，而是作了一定的艺术概括，具有浓厚的情感色彩。特别值得指出的是，它对社会的反映，并不像历来的史书那样，局限于帝王将相的事实，而是侧重于广大百姓的生活。它反映的不是一条王权更替的线，而是一个既有历史发展又有多面展开的社会实际的生活情景。《诗经》没有专门谈及环境的问题，但是，《诗经》自始至终都在叙述发生在一定环境中的故事，因此，我们仍然可以从中提取它的环境美学思想。

第一节 情感符号

中国人与自然界的关系到底怎样，《诗经》之前，我们只能依据彩陶及青铜器上的纹饰作一些猜测。大致来说，中国人对于自然的认识，经历了一个从实用到精神、再到实用的过程。河姆渡人用猪与稻穗、半坡人用鱼作陶器上的纹饰，说明他们对于自然的认识是重实用的。庙底沟人、马家窑人在陶器纹饰上侧重表现花、太阳、漩涡、蛙人，商人喜欢在青铜器上铸造饕餮形象，均说明从史前到文明初的漫长时间段中，人们对自然的认识是侧重于精神的。

夏代始，中国进入文明时代，文明时代是以青铜器为标志的，青铜器上也有一些纹饰。在商代，最具代表性的纹饰是饕餮纹，这是一种神秘的动物头部形象，可怖而不可亲。商人在青铜器上铸造上这样的纹饰究竟是为什么，至今也没有人说得清楚。周代的青铜器上，饕餮纹基本上看不到了，凤凰形象出现了，虽然凤凰也是想象的动物形象，但周代青铜器上的凤凰较为写实，它像孔雀，像野雉……

真正又回到实用的时代是周代。周人对于自然界不再抱着盲目崇拜的态度，自然在他们的生活中变得平易而可亲。自然是他们的朋友，是他们的伙伴。最为充分地体现出这种自然观的实证，还是不青铜器上的鸟类图样，而是《诗经》中对于自然风物的描写。

《诗经》中的自然风物，有一个共同的特点，就是它们是平易的、可亲的。人们对于这些自然风物不再恐惧，不再崇拜，而是将自己的情感赋予它们，将它们视为自己的朋友。认为自然风物的生命与人的生命相似、相关，是《诗经》的重要特点之一。

《关雎》开篇云：

> 关关雎鸠，在河之洲；窈窕淑女，君子好逑。①

这是在说，一对雌雄水鸟在河洲上鸣叫，一唱一和，这是在求爱。这种情况与人类社会男女恋爱相似。一般来说，在动物世界是雄性向雌性求爱；同样，在人类社会，是男性向女性求爱。就写诗来说，这种手法名为比兴。以水鸟起兴，也以水鸟作比，表现的是男女相恋。然就环境学的意义来说，它表现了一种自然环境，这种自然环境有两个特点：一、它与人是亲和的，人在这一环境中没有丝毫的不自在；二、它的生活与人的生活是相似的。水鸟在恋爱，人也在恋爱。这种相似建立在生命的基础上，水鸟作为动物，它与人都是生命，都有雌雄相分、相交相恋而创造新生命的现象存在。

同样是因为与人的生活相似，自然风物被人赋予了情感，但这种相似显然不同于《关雎》中的水鸟相恋与人相恋。《周南·桃夭》一诗，写桃花与人的关系：

> 桃之夭夭，灼灼其华。之子于归，宜其室家。②

诗中说：桃花，光辉闪耀，开得多么繁盛啊！这是说桃花的美，赞美之情充溢在对桃花的描写之中。显然，这是在借桃花赞美一位待嫁的姑娘，但是，诗人没有明确地作这样的比喻。虽然桃花的灿烂开放与姑娘的妩媚动人是两种不同的美，应该说并不相像，但它们都美，往深处去理解，也都是生命的美。

《关雎》《桃夭》都是将自然的生命来比拟人的生命，前者比的是恋情，后者比的是美丽，自然与人之间存在着共同点。正是这共同点，决定了两者能比，也正是因为能比，才能让人将情感移到自然风物上去。

---

① 刘毓庆、李蹊译注：《诗经·国风》，第 2 页。
② 刘毓庆、李蹊译注：《诗经·国风》，第 45 页。

表面上看，以人的生命为本位来观察自然物的生命，从中找到或明或暗的共同点，从而对自然物赋予情感并感到美，这种立场，似是与史前初民视自然风物没有本质的区别，其实，还是有实质的不同。史前初民视物虽然也持人本位的立场，但因为各个方面的能力没有得到发展，对自然充满着不解与恐惧，所以，除农作物与牲畜之外，所有的自然物对人都存有某种威胁，因而，人与它们的关系是不平等的，通常人是将自然——特别是其中具有特殊威力的自然物视为神的。而在周代的民歌中，已经看不到这种人与自然的关系了。从《关雎》《桃夭》等诗可以看出，人与自然已经在生命性上共享着快乐。

自然生命美的描写对象，在《诗经》中有两类，一类为有机物，包括植物与动物，它们本就是生命；另一类为无机物，这类自然本没有生命，但是，人以有情的眼光来看待它，以不同的方式赋予它生命。这又可以分为两种情况：

第一种情况，认为它也是有生命的。如《行露》："厌浥行露，岂不夙夜，谓行多露。"[①]这里说露水，用的词是"厌"，《鲁诗》《韩诗》作"湆"，《说文解字》云："湆，幽湿也。"然而，用厌而不用湆，应该说含有情感的意味。全句也许可以这样理解：多么讨厌的露水啊，如此地多，如此地浓，让我早上出不了门。联系这首诗的主题——拒婚，我们可以这样理解：这让人讨厌的男子，不间断地骚扰这位姑娘，这位姑娘连早上也出不了门。

第二种情况，它虽然是没有生命的，但它撩起了人的情感，人的情感与它共同组合成一种意境。这意境虽然不是生命物，却具有生命的意味，成为某种具有审美意义的精神世界。如《月出》：

> 月出皎兮，佼人僚兮。舒窈纠兮，劳心悄兮。[②]

《月出》是一首月下怀人的诗。望着皎洁的月亮，遥思远方，心驰万里，内心既舒缓又纠结。月亮不是生命物，但它撩起了月下这位佼人的

---

① 刘毓庆、李蹊译注：《诗经·国风》，第 41 页。

② 刘毓庆、李蹊译注：《诗经·国风》，第 338 页。

情感,成为情感寄托对象。这种描写成为中华民族月亮审美的典范形式,在后代的诗词中屡见不鲜。

以上两种情况有一个共同的特点,就是自然美均与人的情感相关。在周人看来,自然美在很大程度上美在情感赋予,是人的情感赋予决定了自然风物的美。

第二节　奇妙想象

《诗经》中有些自然风物的美是诗人想象出来的。这里,有两种情况。一种情况是,自然风物客观上也很美,经过想象之后,就更美了,如《大东》:

> 维天有汉,监亦有光;跂彼织女,终日七襄。
> 虽则七襄,不成报章。睆彼牵牛,不以服箱。
> 东有启明,西有长庚。有捄天毕,载施之行。
> 维南有箕,不可以簸扬。维北有斗,不可以挹酒浆。
> 维南有箕,载翕其舌。维北有斗,西柄之揭。①

这些诗句的意思是:只有天上的银河照临我们,让我们沾点亮光。那站在天边的织女啊,整天都在忙,虽然忙碌穿梭,却织不成美丽的花纹,也谈不上酬报我们。而与之对的牵牛星,虽然很明亮,却也不能够驾着大车,给我们送来财富。东边的启明星,西边的长庚星,跟着太阳下去了。那弯而长的天毕八星,在天上列队而行。南边的箕星啊,它徒有箕的好名,却不可能用来簸糠粃。北边的北斗星啊,也只有斗儿的名,却不可以拿来盛酒浆。南面的箕星空张着阔大的舌头,北面的斗星,将它的长柄伸向西方。

这些诗句,是对天上的星宿展开的想象。这想象瑰丽而奇特,非同一般,由于诗的整体构思,它给蒙上一层失望的色彩。读过全诗的读者

① 刘毓庆、李蹊译注:《诗经·雅颂》,第544—547页。

当会知道，这诗的主题是在讲东方国家的人民是如何地穷，如何地苦，西方国家的人民则是如何地富裕，如何地幸福。西方国家指周文王领导的国家。诗篇叙事者应该是东方国家的人，他最后将希望寄托在天上，然而天上的星宿帮不了他们。说来说去，还是只能指靠周国了。

人人都有过仰望天空的经历，但未必人人都能有瑰丽的想象。天上的星星诚然有它本身的美，但是不同的想象，则将天上的星星不同地美化了。

《诗经》中所描绘的自然景象，有部分系写实，有部分系想象。《大雅·旱麓》中有"鸢飞戾天，鱼跃于渊"①，既是想象，也是夸张，它所创造的鸢意象、鱼意象远不是现实中可见的鸢、鱼可比的。

也许《诗经》对于自然物的想象中，最美丽也最富有大众性的属《卷阿》。这是一首描述周王出游的诗，出游的地点是卷阿。诗人为了歌颂周王，不仅尽力描绘卷阿这个地方真实的美景，而且极尽想象，展示现实生活中并没有的瑞景。这其中，最为动人的是凤凰的形象。众所周知，凤凰是人们想象中的瑞鸟。虽然是想象中的鸟，但它毕竟是鸟，鸟是生活中常见的自然风物。因此，较之别的瑞物，它更贴近生活，而为人们所接受。此诗关于凤凰的描写是这样的：

凤凰于飞，翙翙其羽，亦集爰止。蔼蔼王多吉士，维君子使，媚于天子。

凤凰于飞，翙翙其羽，亦傅于天。蔼蔼王多吉人，维君子命，媚于庶人。

凤凰鸣矣，于彼高冈。梧桐生矣，于彼朝阳。菶菶萋萋，雝雝喈喈。②

多么美丽的凤凰啊，它从天外飞来。众多的鸟儿闻讯，铺天盖地飞来，围绕在它的身边。可敬可亲的王啊，您也是一样，因为您的仁爱，众

① 刘毓庆、李蹊译注：《诗经·雅颂》，第667页。
② 刘毓庆、李蹊译注：《诗经·雅颂》，第725—728页。

多的贤德之士奔向您，实现君子的使命，为您效力。

多么美丽的凤凰啊，它从天外飞来。众多的鸟儿随着它，也飞向了遥远的天外。可敬可亲的王啊，因为您的仁爱，众多的贤德之士学习您，实现君子的使命，为百姓尽职尽心。

高岗上，凤凰发出清亮的鸣叫声。一棵梧桐迎着朝阳，茁壮成长，枝繁叶茂。凤凰栖息在梧桐上，与百鸟合鸣，鸣声响彻云霄。

这样美好的情景，都是诗人想象出来的。它是理想，并不是现实，但具有强大的精神力量，激励人们蓬勃向上。

《诗经》中也有一些诗，留给读者想象空间，让读者去想象。如《绸缪》一诗。诗云：

> 绸缪束薪，三星在天。今夕何夕，见此良人。子兮子兮，如此良人何！
>
> 绸缪束刍，三星在隅。今夕何夕，见此邂逅。子兮子兮，如此邂逅何！
>
> 绸缪束楚，三星在户。今夕何夕，见此粲者。子兮子兮，如此粲者何！①

这是一首祝贺新婚的诗，分为三个层次，分别写这一对青年男女相爱的过程。景象分两类：一为人，对人的描写分别是捧着束薪、捧着束刍、捧着束楚；一为自然，自然主要为三星，对三星的描写分别为在天、在隅、在户。男主人公，则由捧着束刍到捧着束楚最后到捧着束薪，这一过程意味着他与女主人公的关系越来越亲密了。这一个时间流程的标志则是三星在天空的位置，由在隅到在户到在天。全诗鲜明而生动地说明两人由邂逅到喜结连理的全过程。应该说这一过程的每一个环节都有生动的故事，都有迷人的情景，但是，诗都不说，只是借“今夕何夕”这样一句宾客闹新房戏问新人的话，让人去展开丰富的想象。

① 刘毓庆、李蹊译注：《诗经·国风》，第290—291页。

第三节 境界元素

《诗经》中还有一类自然风物，它们不仅是人的情感对象，而且还是人的理智对象。就是说，这类自然风物启发了人的理性思维，人从中感悟到了哲理。

如《日月》：

日居月诸，照临下土。乃如之人兮，逝不古处。胡能有定，宁不我顾。

日居月诸，下土是冒。乃如之人兮，逝不相好。胡能有定，宁不我报。

日居月诸，出自东方。乃如之人兮，德音无良，胡能有定，俾也可忘。

日居月诸，东方自出。父兮母兮，畜我不卒，胡能有定，报我不述。①

这首诗的主题一直没有确解，有学者据《毛诗序》“《日月》，卫庄姜伤己也”之句，认为这是庄姜的怨愤诗，然从诗的实际描写，看不出有庄姜的影子。这首诗很可能是一首哲理诗。全诗译成白话，含意就明显了：

日啊，月啊，照临下方。可是这个人啊，到不了她原来的家。怎么才能有个定准啊，为何就全不顾及我了？

日啊，月啊，普照大地。可是这个人啊，找不到她的相好。怎么才能有个定准啊，为何就不告知我了？

日啊，月啊，出自东方。可是这个人啊，只是消息好听。怎么才能有个定准，使我忘掉忧伤？

日啊，月啊，东方升起。父亲母亲啊，不能总是养着我。怎么才能有个定准，告诉我该如何去做？

---

① 刘毓庆、李蹊译注：《诗经·国风》，第71—72页。

整首诗四句，每句中都有“日居月诸”“胡能为定”，它是解诗的关键。诗有两个主角，一是日月，一是人。全诗围绕中心概念“定”作文章。日月是有定的，它普照下土的一切，升起于东方，这可以说是有定，是不变的；然而，人就不是这样，人的处境经常发生变化，使得人找不到“古处”(家)，找不到“相好”(配偶)，甚至找不到情感定准，找不到行为准则。

这样的诗，即使有历史事实依据，它的意义也不局限于历史事实了。它开启了理性的窗户，让人遐思，而不归结为固定的道理。

《蒹葭》也是这样。全诗如下：

> 蒹葭苍苍，白露为霜。所谓伊人，在水一方。溯洄从之，道阻且长。溯游从之，宛在水中央。
>
> 蒹葭萋萋，白露未晞。所谓伊人，在水之湄。溯洄从之，道阻且跻。溯游从之，宛在水中坻。
>
> 蒹葭采采，白露未已。所谓伊人，在水之涘。溯洄从之，道阻且右。溯游从之，宛在水中沚。①

这首诗一般被当作爱情诗，我却认为，它是哲理诗，诗的主题是——寻觅。寻觅的对象可以是爱情，也可以是别的。它给人的印象是，寻觅的对象是无比珍贵的，值得人为它付出一切；寻觅的道路是回环曲折的，似乎有希望又似乎没有希望，有希望而不确定，失望而不绝望。

这样的哲学主题不是明说的，而是体现在一种意境之中，这意境是自然风物与人共同构成的。自然风物是大片的芦苇、白露、晨霜、河流、沙滩。人物有两个：一是寻觅者，二是寻觅对象——伊人。伊人，不是实体，而是想象的人。寻觅者在自然风物之中转悠，而伊人则既可能在这自然风物之中，也可能在这自然风物之外。正是因为这样，这境界就有些迷离，有些恍惚，有些飘渺，有些不定。寻觅者为实，伊人为虚，自然风物为实，自然风物之处为虚。虚在实中，实通于虚，实者可以感觉，虚者

---

① 刘毓庆、李蹊译注：《诗经·国风》，第314—315页。

只能想象，于是，就在这据实觅虚之中，展开令人目眩神迷的精神畅游，而向着清朗的理性天空飞去。

在这里，自然风物的美，不只在于它是情感的对象，也不只在于它是理性的对象，而在于它已成为精神世界的重要构件，是境界的元素。

第四节 生活情景

《诗经》中更多的自然风物是作为生活的场景而得以展现的，这种对于自然风物的态度与上两节所述诗篇有别。上两节所述诗篇中的自然风物，在作品中相当于戏曲中的一个角色，与它相对的角色是人，人物与自然风物共同演出一出戏。而在这节中，作为生活场景的自然风物不是戏曲中的角色，而是布景，它是人物活动的场所。也许作为场所的自然风物更具环境的性质。那么，《诗经》又是如何处理作为场所的自然风物的呢？试举《女曰鸡鸣》为例。全诗如下：

> 女曰鸡鸣，士曰昧旦。子兴视夜，明星有烂。将翱将翔，弋凫与雁。
>
> 弋言加之，与子宜之。宜言饮酒，与子偕老。琴瑟在御，莫不静好。
>
> 知子之来之，杂佩以赠之。知子之顺之，杂佩以问之。知子之好之，杂佩以报之。[①]

这首诗表现的是生活中的一个片断：天亮时分夫妻间的一场对话。译成白话，大意是：

女说："鸡叫了。"男说："天未亮。"女说："你起来看看天，启明星多明亮！"男说："猎人要出门行猎了啊，是的，我得起床去干活。"

"射箭，轻轻一拉，就射中了，这活于你多适宜。饮酒吧，我与你白头偕老。弹琴鼓瑟，没有不恬静美好的啊！"

"知道你要来，特意精心制做这杂佩来送给你；知道你亲和柔顺，特意捧着杂佩问问你；知道你对我好，故而以杂佩来报答你。"

---

① 刘毓庆、李蹊译注：《诗经・国风》，第211—212页。

三段文字，不太联贯，可能是三个不同的情景凑合在一起。我们要说的是第一情景，这里有美丽的自然风物描写。夫妻对话，谈的是天是否亮了。女说"鸡鸣"，意思是天亮了，清脆的鸣叫惊破沉寂的夜空，景由听觉达于视觉。尚未睁眼的男子依恋于床，说"天未亮"，此时女子又说"子兴视夜，明星有烂"，这"明星有烂"是对天空景色的生动描绘。天亮并不是小夫妻谈话的主题，他们谈话的主题是该不该起来干活。男子响应女人的话语，说"将翱将翔，弋凫与雁"，意思是要去打猎了。生活虽然是主题，但这主题的背景或者说基础是天亮。鸡鸣、启明星，这从诉诸听觉到诉诸视觉的自然风物唤醒了我们对于天亮景观的全部回忆。

鸡鸣、启明星在上面所述的生活中有着重要的价值。在周人看来，自然是一个奇妙伟大的天地，我们人就生活在这天地之中，一切都以它为基础、为前提，哪怕是早上起来干活这样的小事。

《溱洧》是描写郑国三月上巳节青年男女在溱水、洧水两旁游春的诗。全诗如下：

> 溱与洧，方涣涣兮。士与女，方秉蕑兮。女曰观乎？士曰既且。且往观乎？洧之外，洵订于且乐。维士与女，伊其相谑，赠之以勺药。
>
> 溱与洧，浏其清矣。士与女，殷其盈矣。女曰观乎？士曰既且。且往观乎？洧之外，洵订于且乐。维士与女，伊其将谑，赠之以勺药。①

这首诗取对话的形式，描绘青年男女在溱水洧水游春的快乐情景。译成白话，大意是：

溱水与洧水，正哗哗地流淌，男子与女子拿着兰草遇着了。女说："去看看吧？"男说："已经去过了。"女说："再去看看嘛。洧水之外，还有很多的快乐呢！"这男与女互相调笑、赠花。

溱水与洧水，清亮亮地流着，河边男子与女子很多啊。女说："去看

① 刘毓庆、李蹊译注：《诗经·国风》，第235—236页。

看吧?"男说:"已经去过了。"女说:"再去看看嘛。洧水之外,还有很多的快乐呢!"这男与女互相调笑、赠花。

这首诗的题材是游春,游的对象是溱水与洧水;但主题不是游春,而是恋爱。青年男女借游春的机会互相调笑,赠花,表达情愫。这样说来,溱水与洧水,实际上只是爱情的场所、故事发生的背景。

《东方之日》中那朝阳之景也有着类似的意义。诗云:

> 东方之日兮,彼姝者子,在我室兮。在我室兮,履我即兮。①

这诗句的意思是:东方的朝阳啊,光辉照进了我的屋子。那美丽的女子,正在我的屋子里,在我的屋子里与我足迹相叠、身子相亲。在这诗句里,"东方之日"不仅是背景,还见证着男女的相恋。

《诗经》诸多诗篇中的自然风物只是人物故事发生的基础或者说背景,但其意义不可小看。实际上,自然风物参与着、影响着故事的发生以及发展走向。

第五节 农耕对象

《诗经》中也有一些自然风物作为劳动对象而存在,它们也很美。如:

> 参差荇菜,左右流之。
> …………
> 参差荇菜,左右采之。
> …………
> 参差荇菜,左右芼之。(《关雎》)②

> 采采芣苢,薄言采之。采采芣苢,薄言有之。

① 刘毓庆、李蹊译注:《诗经·国风》,第244页。
② 刘毓庆、李蹊译注:《诗经·国风》,第2—3页。

采采芣苢,薄言掇之。采采芣苢,薄言捋之。
采采芣苢,薄言袺之。采采芣苢,薄言襭之。(《芣苢》)①

翘翘错薪,言刈其蒌。(《汉广》)②

于以采蘩?于沼于沚。于以用之?公侯之事。
于以采蘩?于涧之中。于以用之?公侯之宫。(《采蘩》)③

坎坎伐檀兮,置之河之干兮,河水清且涟猗。
…………
坎坎伐辐兮,置之河之侧兮,河水清且直猗。
…………
坎坎伐轮兮,置之河之漘兮,河水清且沦猗。(《伐檀》)④

这些劳动有一个共同特点,即都是与植物打交道,有些诗句还写明劳动的自然环境。这种人与自然的关系与上面说的几种关系不同,是人与自然的物质性交换。人投入的是体力与智力,收获的是生产资料或生活资料。而自然投入的是躯体和能量,对抗着或顺从着人的攻伐。从诗中的描写来看,劳动的过程是快乐的,有些还近似舞蹈,说明人已经认识并掌握了自然的某些规律,从而使得劳动进入自由——审美的状态。

将劳动中人与自然的和谐关系写得最为动人的诗篇应属《伐木》。这首诗的主题,学者多认为是赞美友情,伐木只是起兴而已。我倒不这样看,我认为这首诗主题仍是伐木。伐木需要多人的配合,由此,它赞美友情。诗中比较多地写到伐木过程中人与自然关系的是第一段。

---

① 刘毓庆、李蹊译注:《诗经·国风》,第20—21页。
② 刘毓庆、李蹊译注:《诗经·国风》,第23—24页。
③ 刘毓庆、李蹊译注:《诗经·国风》,第32页。
④ 刘毓庆、李蹊译注:《诗经·国风》,第273—274页。

伐木丁丁，鸟鸣嘤嘤。出自幽谷，迁于乔木。嘤其鸣矣，求其友声。

相彼鸟矣，犹求友声。矧伊人矣，不求友生？神之听之，终和且平！①

丁丁的伐木声与嘤嘤的鸟鸣声相应和。不仅是伐木声与鸟鸣声相应和，这世界上的一切莫不以和为贵、以和为美。鸟与鸟如此，人与人也如此。“神之听之，终和且平”也可以反过来理解：“终和且平，神之听之”，意思是，只有最终为和且平，才是物我两忘的神灵境界！

当然，这里写的劳动近于理想化，事实上的劳动不可能都这样美妙。原因是多方面的：恶劣的自然环境会让劳动变得非常艰辛，更重要的是，如果劳动是被迫的，不是为自己，而是为他人——奴隶主而劳动，这劳动就可能成为痛苦的折磨。这种劳动就是一种异化劳动，无美感可言。《七月》写的就是这样的劳动：

七月流火，九月授衣。一之日觱发，二之日栗烈。无衣无褐，何以卒岁。三之日于耜，四之日举趾。同我妇子，馌彼南亩，田畯至喜。②

夏历七月，心宿渐渐向下，天气是炎热的；夏历九月天气开始变冷，就要准备寒衣了。这两句概括了随着季节更迭，天气由热到冷的变化。冷热变化，人们又是如何适应的呢？当然，主要是通过衣服的变换来适应的。然而，劳动者“无衣无褐”，因此没有办法“卒岁”。但劳动还是要进行的，“一之日”即夏历十一月，北风呼啸；“二之日”即夏历十二月，寒气刺骨；“三之日”即夏历正月，要修理农具；“四之日”即夏历二月，就要下田了。农民们劳动是合家动手，男人耕田，妇女送饭。这种状况，只有谁才高兴呢？——田畯。田畯是奴隶主派去的监工。

① 刘毓庆、李蹊译注：《诗经·雅颂》，第404—405页。

② 刘毓庆、李蹊译注：《诗经·国风》，第362—366页。

上面这段写的是男性奴隶的劳动，女性奴隶也有她们的田间劳动。她们的劳动主要是采桑：

> 七月流火，九月授衣。春日载阳，有鸣仓庚。女执懿筐，遵彼微行，爰求柔桑。春日迟迟，采蘩祁祁。女心伤悲，殆及公子同归。①

她们的劳动也不是快乐的，而是忧伤的。这种劳动的不快乐，也许主要还不是因为劳动的繁重，而是因为这是为奴隶主的劳动，更可怕的是，劳动回来，还要遭受奴隶主的蹂躏。

诗中写到春日，这春日并不灿烂，阳光似是有气无力。黄鹂只是在鸣叫，并不动听。所有这一切均是因为这劳动不愉快。看来，自然风物的美，很大程度上与主体审美心绪有关，哪怕是春天。

第六节　家国情怀

中华民族的传统文化具有浓郁的家国情怀，环境问题在中国传统文化中多集中为家国之思。中国的山水诗、田园诗的统一主题未尝不可以概括为家国情况。它的表现大体上有两种：对山水及田园风光的吟诵，对故乡或故国的怀念。前者有和平时期也有战乱时期，只要是这方面的内容，均自觉不自觉地流露出家国情怀；后者主要为战乱时期，吟诵者多为前线将士和因战乱而被迫流离他乡的人士。另外，虽为和平时期，游子因故离乡，在异地思念故乡和亲人的诗篇大体上也属于这一类。表现家国情怀的诗歌占据中华诗歌的主体，溯其源，可达《诗经》。《诗经》中有着大量的思念故乡和亲人的诗篇。其中于后世影响最大的是《豳风·东山》和《王风·黍离》。

《东山》是一位结束征役回乡的战士在途中写的思乡诗。全诗如下：

---

① 刘毓庆、李蹊译注：《诗经·国风》，第362—366页。

我徂东山，慆慆不归；我来自东，零雨其濛。我东曰归，我心西悲。制彼裳衣，勿士行枚。蜎蜎者蠋，烝在桑野；敦彼独宿，亦在车下。

我徂东山，慆慆不归；我来自东，零雨其濛。果蠃之实，亦施于宇；伊威在室，蟏蛸在户；町疃鹿场，熠燿宵行。不可畏也，伊可怀也。

我徂东山，慆慆不归；我来自东，零雨其濛。鹳鸣于垤，妇叹于室。洒扫穹窒，我征聿至。有敦瓜苦，烝在栗薪。自我不见，于今三年！

我徂东山，慆慆不归；我来自东，零雨其濛。仓庚于飞，熠燿其羽；之子于归，皇驳其马。亲结其缡，九十其仪。其新孔嘉，其旧如之何？①

诗分四节，每节均以“我徂东山，慆慆不归；我来自东，零雨其濛”开篇。作者强调的是“慆慆不归”即久不归与今归的矛盾，凸显作者心中爱国思亲的情感。为爱国，作者义无反顾地告别新婚的妻子，奔赴战场。于今归来，家中亲人情况如何，是他最为挂念也最为担心的。作者的头脑中，是两种不同的画面在交替出现。一是出征前，在家乡生活的情景，这是纪实；二是如今归来，可能看到的家乡的情景，这是想象。前者的情景是幸福、美好的，后者的情景是荒凉、萧条的。他的心是两种情感在冲撞：高兴，恐惧。高兴的是活着回来了，家人可以团聚了；恐惧的是亲人可能不在了，家中什么也没有了。诗中荡气回肠、让人百感交集的是最后一节。作为新婚不久就出征的战士，无疑，妻子是他最为牵挂的，他清晰地记得结婚那隆重的场面、那繁琐的礼仪，现在最为担忧的是什么呢？“其新孔嘉，其旧如之何？”就是妻子还在不在。

环境感的实质是家园感，不同的人在不同的情况下，对自己所处的环境有着不同的感觉。不管这环境实际上是不是你的家，情感总是自觉

① 刘毓庆、李蹊译注：《诗经·国风》，第377—379页。

或不自觉地朝着家园感上去靠近，去比量。只要人产生像对家园那般的挚爱、那样的挂牵，那就是有环境审美了。

《东山》所表现的环境感，虽然涉及国，但主要还是对家的感情，《王风·黍离》则不同，它也有对家的感情，但更多的是对国的感情。对国的感情如何，一般情况下也许难以见出，而在国家危难之际，是忠是奸，就非常清楚了。对于《王风·黍离》的主题，《毛诗序》有清楚的阐述，它说："《黍离》闵宗周也。周大夫行役至于宗周，过故宗庙宫室，尽为禾黍。闵周室之颠复，彷徨不忍去，而作是诗也。"全诗如下：

彼黍离离，彼稷之苗。行迈靡靡，中心摇摇。知我者，谓我心忧，不知我者，谓我何求。悠悠苍天！此何人哉？

彼黍离离，彼稷之穗。行迈靡靡，中心如醉。知我者，谓我心忧，不知我者，谓我何求。悠悠苍天！此何人哉？

彼黍离离，彼稷之实。行迈靡靡，中心如噎。知我者，谓我心忧，不知我者，谓我何求。悠悠苍天！此何人哉？①

此诗三节，除了个别的字外，基本上都一样，它用"复沓"的手法，循环往复地陈述故国的荒芜和他极其忧伤的心情。诗中"彼黍离离"的形象被概括为"黍离"概念，成为后世文人感慨亡国的典故。而"知我者，谓我心忧，不知我者，谓我何求"，亦成为表达至痛至苦至悲心情的经典话语。

第七节　风水之源

《诗经》中有诸多诗篇描写周先祖创业的事迹，从环境美学意义上看，《公刘》一篇最为重要，它涉及中国传统文化中风水学的问题。此诗写的是一段重要的历史事实。公刘是周的祖先，据《史记》，他是后稷的四世孙。公，是他的爵位，刘，是他的名字。周族原来在邰一带与游牧民族杂居，以农为业。到公刘为周族首领时，出于农业发展的需要，公刘率

① 刘毓庆、李蹊译注：《诗经·国风》，第175—177页。

族南迁至豳。此诗描写公刘如何选择适合农业生产的场地，定居下来，又如何选择适合的地方，建设宫室。这些描写，含有中国风水学的思想，被视为中国风水学之源。

全诗如下：

> 笃公刘，匪居匪康。廼埸廼疆，廼积廼仓；廼裹糇粮，于橐于囊。思辑用光，弓矢斯张；干戈戚扬，爰方启行。
>
> 笃公刘，于胥斯原。既庶既繁，既顺乃宣，而无永叹。陟则在巘，复降在原。何以舟之？维玉及瑶，鞞琫容刀。
>
> 笃公刘，逝彼百泉，瞻彼溥原，乃陟南冈，乃觏于京。京师之野，于时处处，于时庐旅，于时言言，于时语语。
>
> 笃公刘，于京斯依。跄跄济济，俾筵俾几。既登乃依，乃造其曹。执豕于牢，酌之用匏。食之饮之，君之宗之。
>
> 笃公刘，既溥既长。既景廼冈，相其阴阳，观其流泉。其军三单，度其隰原。彻田为粮，度其夕阳。豳居允荒。
>
> 笃公刘，于豳斯馆。涉渭为乱，取厉取锻，止基廼理。爰众爰有，夹其皇涧。溯其过涧。止旅廼密，芮鞫之即。①

全诗六节，每节都含有相地的思想，我们大致分析一下。

第一节：公刘迁地之前，他“匪居匪康”，精心管理好族群，准备好粮食，在做好充分准备后，率队南迁。

第二节：公刘率族来到豳地，将大家初步安顿好之后，考察地理。考察的目的是判断这个地方适不适合住下来。公刘考察去了两个地方：一是“陟则在巘”——爬到山顶上去看；二是“复降在原”——下到平原去考察。看来，这个地方适合生活，故而大家满意，没有谁埋怨。大家不仅不埋怨，而且都拥护公刘，公刘挂着宝刀，佩着玉饰，很是威风。

第三节：公刘继续相地。这次相地的目的是建房，公刘的考察注意

① 刘毓庆、李蹊译注：《诗经・雅颂》，第716—718页。

三个要点:“逝彼百泉”——看水,这里水多啊;“瞻彼溥原”——看原,这里原阔啊;“乃陟南冈”——来到南面的山冈上,最后选在这里建设宫室(京)。王宫周围,“于时处处,于时庐旅”,大片的住宅建起来了,诸多旅社盖起来了。一时间,这个地方“于时言言,于时语语”——人声鼎沸,热闹非凡。

第四节:住房建好后,公刘与部族宴饮欢乐。

第五节:公刘继续相地,相地的目的是发展农业。“既溥既长”——看土地,土地广阔,有发展空间;“既景廼冈”——看地势,地势有高有低,发展需依山就势;“相其阴阳”——看方位,要重视太阳的向背,合理种植作物;“观其流泉”——看水流,这是生命的命脉,一切全在水是否充足。公刘又在相地的基础上制定政策:“其军三单”——制定军队制度,“度其隰原”——制定土地测量的制度。

第六节:继续发展。兴建馆舍,接待客人;开发渭河对岸;发展冶金工业,制作铁器农具与兵器,提高生产水平,加强军事武装;加强部族管理,合理安排住处。如此等等,豳地就给充分开发了,周部族繁荣起来了。

中国的风水学其实并不神秘,它是经济地理学、人文地理学的总汇。一切从有利于人的生存与发展出发,是风水学的最高指导思想。中国的风水学本是很平易的,汉代之后附会上阴阳五行学说,它就被程式化、教条化了。程式化的风水学已经失去它原有的活力,而当其为天人感应、神人感应、人鬼感应等迷信渗入后,就变得荒诞而神秘。

《公刘》的意义不仅在于记录了周先祖的一条重要的史料,而且在于对中国风水学起了正本清源的作用。

第十六章　屈原的环境美学思想

屈原(约前340—约前278年),战国时期楚国诗人、政治家。芈姓,屈氏,名平,字原,自云名正则,字灵均,约公元前340年出生于楚国丹阳(今湖北宜昌秭归)。

屈原是楚国重要的政治家。他提倡“美政”,对内主张举贤任能,修明法度,对外力主联齐抗秦。因遭贵族排挤毁谤,屈原被先后流放至汉北和沅湘流域。公元前278年,秦将白起攻破楚都郢(今湖北荆州江陵),屈原悲愤交加,自沉于汨罗江,以身殉国。

屈原是中国历史上第一位伟大的爱国诗人,是中国浪漫主义文学的奠基人,被誉为“中华诗祖”“辞赋之祖”,主要作品有《离骚》《九歌》《九章》《天问》等。以屈原作品为主的《楚辞》是中国浪漫主义文学的源头,其中的《离骚》与《诗经·国风》并称“风骚”。

屈原在中国环境美学史上的地位,主要在于他是中国历史上第一位全面发现自然美的诗人。

第一节　环境审美的思想空间

中华民族是世界上最早发现自然美的民族之一,早在史前,中华民族就对于自然美比如太阳、流水、动植物的美有一种崇敬兼喜爱的情感，这一情感突出体现在史前的彩陶纹饰中。由于史前没有文字，所以史前中华民族对于自然美的认识没有能够留下记载。中国已发现的最早的文字是甲骨文，其中虽然有关于自然物的名词，但没有整句的关于自然物的描述。现在保留下来的夏商周文献有关于自然物的描述，但都够不上美学的维度。《诗经》主要为西周的作品，对于自然物的描述已有审美的意味，但诗中的自然物多为记事的背景，也就是说，自然美在《诗经》中并没有争取到独立的地位。东周春秋时代，孔子已经注意到自然美了，后人通常将他看作自然审美“比德”说的创始人。但是，孔子在这方面其实只有一些例句，基本上属于随感，并没有提出理论来，真正创立自然审美“比德”说的是屈原。这方面的代表作是《橘颂》，全诗如下：

> 后皇嘉树，橘徕服兮。受命不迁，生南国兮。
> 深固难徙，更壹志兮。绿叶素荣，纷其可喜兮。
> 曾枝剡棘，圆果(一作“圜实”)抟兮。青黄杂糅，文章烂兮。
> 精色内白，类可任兮(一作“类任道兮”)。纷缊宜修，姱而不丑兮。
> 嗟尔幼志，有以异兮。独立不迁，岂不可喜兮？
> 深固难徙，廓其无求兮。苏世独立，横而不流兮。
> 闭心自慎，不终失过兮。秉德无私，参天地兮。
> 愿岁并谢，与长友兮。淑离不淫，梗其有理兮。
> 年岁虽少，可师长兮。行比伯夷，置以为像兮。①

这篇诗歌，全篇描写并歌颂的是楚地非常普遍的橘树，这种描写与歌颂透露出屈原对于环境审美的一些重要观点。

通常我们是将自然看作人的物质环境，所谓物质环境，其主要意义有二：一、为人的居住提供依托；二、为人的生存提供资源，包括直接的物质生活资源和作为原料的生产资源。屈原在这里提供了对于自然环境

---

① 林家骊译注：《楚辞》，北京：中华书局2010年版，第154—155页。

的一种新的认识：自然还可以作为人的精神环境。屈原出生地秭归是橘之乡，至今仍盛产橘子。橘子是优良水果，是人们的物质生活资源，但屈原在这首诗中，并没有谈及橘子这方面的功能，他谈的主要是橘子于人的精神启迪的功能。于是，这满山遍野的橘树，就成为人们的精神环境。

作为人的精神环境的自然，具体到橘树，又有哪些精神价值呢？从《橘颂》体现出来的主要有三：

第一，橘树的生命价值。

生命，首先在其本性不变。屈原说橘树“受命不迁”“深固难徙”“更壹志兮”，强调的就是这种本性。自然物的生命具有本性不变的属性，这一性质，给予人重要的启发。屈原联想到做人。做人要不要坚守自己的本性呢？当然要。但人与自然物有所不同，人有自然生命，也有社会生命。自然生命，是自然的选定，无法改变。人的食色等，均为自然生命。社会生命，是人的选择，它可以改变，也可以坚持不改变。社会生命中，有君子生命、小人生命，看你如何选。屈原选定的是君子生命，这种生命本是可以改变的，但屈原经过理性的思考，表示不改变。这种不改变就好像橘树不改变它的自然本性一样。

第二，橘树的美丽价值。

橘树是很美丽的。这里，只说它的外形美丽：“曾枝剡棘，圆果抟兮。青黄杂糅，文章烂兮。精色内白，类可任兮。纷缊宜修，姱而不丑兮。”①这就够了：枝繁叶茂，青葱可喜，色调丰富，光辉闪耀，特别是果实累累，显示出一派兴旺向上的气象。屈原这样描绘橘树，实际上是在表白他心目中的理想人生：健康青春，蓬勃向上，事业有成，后继有人。

第三，橘树的道德价值。

橘树的道德伦理类似于君子：一是“苏世独立，横而不流兮”，保持自己的高贵品格，不随波逐流，独立不移。二是“闭心自慎，不终失过兮”，能自知、自重、自慎，不犯过失。三是“秉德无私，参天地兮”，做人有标

① 林家骊译注：《楚辞》，第 154 页。

准,做事有原则,志参天地,大公无私。这些品德显然完全超出橘树,因为橘树是不可能有这样的品格的,但屈原将这样的品德赋予橘树,实际上,是借此来表白自己的心志。严格说,这不是"比德于物",而是"赋德于物",再借物喻志。

这里,他用了"与长友兮"这样的话,明确表示要与橘树为友。友,实质是己的又一体,因此认橘为友,就是以己为橘。而橘德是己之赋予,因此,这是借橘喻志。橘树是君子人格的象征,也是屈原自己人格的象征。

将自然物当作某一种品格象征,这样的手法在屈原的作品中比比皆是,而以《离骚》比较集中。正面赞颂的,大体分为三类:

第一,以自然物为佩饰。如:

扈江离与辟芷兮,纫秋兰以为佩。①

擥木根以结茝兮,贯薜荔之落蕊。
矫菌桂以纫蕙兮,索胡绳之纚纚。②

制芰荷以为衣兮,集芙蓉以为裳。③

第二,以自然物为种植物、食物。如:

余既滋兰之九畹兮,又树蕙之百亩。
畦留夷与揭车兮,杂杜衡与芳芷。④

朝饮木兰之坠露兮,夕餐秋菊之落英。⑤

① 林家骊译注:《楚辞》,第3页。
② 林家骊译注:《楚辞》,第8页。
③ 林家骊译注:《楚辞》,第12页。
④ 林家骊译注:《楚辞》,第8页。
⑤ 林家骊译注:《楚辞》,第8页。

折琼枝以为羞兮，精琼爢以为粻。①

第三，以自然物（包括想象的自然物如凤、龙等）为座驾。如：

朝发轫于天津兮，夕余至乎西极。
凤皇翼其承旂兮，高翱翔之翼翼。②

为余驾飞龙兮，杂瑶象以为车。③

驾八龙之婉婉兮，载云旗之委蛇。④

反面的，多为“雄鸠”“鹈鴂”“飘风”“云霓”这些自然物，多只在与具有正面意义的自然象征物构成的一种情境中存在，如“吾令凤鸟飞腾兮，继之以日夜。飘风屯其相离兮，帅云霓而来御”⑤，“恐鹈鴂之先鸣兮，使夫百草为之不芳”⑥。值得注意的是，正面的象征物，在某种情况下会失去正面的意义，甚至变成反面意义的象征，如：“兰芷变而不芳兮，荃蕙化而为茅。何昔日之芳草兮，今直为此萧艾也？”⑦

出现在屈原作品中的这些体现思想的自然物，均来自现实世界，却又重构于精神世界。它是屈原的思想空间，而非物理空间。

第二节　环境审美的情感空间

屈原作品中的自然物，除了作为诗人思想的象征而存在，也还作为诗人的情感寄寓而存在。

作为情感空间的自然环境，虽然也是诗人心灵的创造，但它的本体

① 林家骊译注：《楚辞》，第 30 页。
② 林家骊译注：《楚辞》，第 30 页。
③ 林家骊译注：《楚辞》，第 30 页。
④ 林家骊译注：《楚辞》，第 31 页。
⑤ 林家骊译注：《楚辞》，第 19 页。
⑥ 林家骊译注：《楚辞》，第 25 页。
⑦ 林家骊译注：《楚辞》，第 25—26 页。

是现实的存在。也就是说，它本为诗人的物理空间，而诗人将情感投射于它，于是此自然物增添了一重性质——诗人的情感空间。大体上有三种情况。

一、情感诱发的触媒及情事发生的背景

如《九歌·湘夫人》：

> 帝子降兮北渚，目眇眇兮愁予。嫋嫋兮秋风，洞庭波兮木叶下。①

“帝子”，是美丽的湘夫人，她从天上飘下来，落在这水中北边的沙渚上，那眼光有几分惆怅，有几分迷茫。秋风啊，轻轻地吹，洞庭湖上泛起了波浪，树叶也从空中飘飞下来。这是故事的开始。秋景首先是作为故事的时令背景而出现的。虽然秋是故事的时令背景，但这秋风袅袅秋叶纷纷秋水荡漾的景象分明传达出一种感伤的情绪来。因此，“嫋嫋兮秋风，洞庭波兮木叶下”既是故事的背景——现实的物理空间，又是诗情的寄寓——精神的情感空间。

《九章·怀沙》开篇是这样写的：

> 滔滔兮孟夏，草木莽莽。伤怀永哀兮，汩徂南土。②

这里写的孟夏的景象，也是故事发生的背景，同样也是诗人的情感寄寓物。

二、情感的物态化及情感生发的轨迹

屈原善于将情感物态化，这物为自然物。成为物态的情感，在情感展开上有着两重意义：一是使内在的不可让他人体察的情感，能让他人体察；二是诗人作为主体，让这本为主体又一体的自然物成为对象，与之

① 林家骊译注：《楚辞》，第 50 页。
② 林家骊译注：《楚辞》，第 135 页。

对话。如《九辩》中，屈原与秋风对话："悲哉秋之为气也！萧瑟兮草木摇落而变衰，憭慄兮若在远行，登山临水兮送将归。"①其实，让秋具有"萧瑟"情味的，不是别人，正是屈原自己。他先将秋"萧瑟"化即情感化，然后再对它发表抒情，大叹"悲哉"！

《九歌·湘夫人》让湘夫人出场后，这样写道：

登白薠兮骋望，与佳期兮夕张。
鸟萃兮蘋中，罾何为兮木上。
沅有茝兮澧有兰，思公子兮未敢言。
荒忽兮远望，观流水兮潺湲。
麋何食兮庭中？蛟何为兮水裔？
朝驰余马兮江皋，夕济兮西澨。
闻佳人兮召予，将腾驾兮偕逝。②

这里写了很多自然物，白薠、鸟、蘋、木、茝、兰、流水、麋、蛟、马、江皋等。这些不是故事发生的背景，而是诗人的情感符号，他将这些符号建构成一个情境，让主体——湘夫人，实际上也是诗人自己，在这个情境中与这些情感符号发生各种关系：

登：薠；
望：远方；
观：流水；
驰：马；
济：西澨；
……

这一情境中的主题是思——思公子，这思造成的行为则是赴约——"闻佳人兮召予，将腾驾兮偕逝"。

---

① 林家骊译注：《楚辞》，第 191 页。
② 林家骊译注：《楚辞》，第 51—52 页。

三、情境构造的活力及整体气氛的展示

以《山鬼》为例，整篇诗实际上是在描绘一个情境，一个以山鬼为主体、以自然物为客体的主客融合的情境。

若有人兮山之阿，被薜荔兮带女罗。
既含睇兮又宜笑，子慕予兮善窈窕。
乘赤豹兮从文狸，辛夷车兮结桂旗。
被石兰兮带杜衡，折芳馨兮遗所思。
余处幽篁兮终不见天，路险难兮独后来。
表独立兮山之上，云容容兮而在下。
杳冥冥兮羌昼晦，东风飘兮神灵雨。
留灵修兮憺忘归，岁既晏兮孰华予？
采三秀兮于山间，石磊磊兮葛蔓蔓。
怨公子兮怅忘归，君思我兮不得闲。
山中人兮芳杜若，饮石泉兮荫松柏，
君思我兮然疑作。
雷填填兮雨冥冥，猨啾啾兮狖夜鸣。
风飒飒兮木萧萧，思公子兮徒离忧。①

此诗的突出特点是作为客体的自然物完全主体化了，而作为主体的山鬼也完全地客体化——自然化了。不仅山鬼身上用自然物做的装饰是主体情感的符号，就是这山鬼所处的山林、雷雨交加的夜晚，均是主体情感的符号。主客体构成的情境表现出的主题则是“怨公子兮怅忘归”。这是一首极凄美的爱情诗，美艳而又恐怖。

屈原作为自己作品中的主体，他的显现大体上分为两种方式：一种是借神话或传说中的人物，如湘夫人、山鬼，另一种则是他自身。两种不

① 林家骊译注：《楚辞》，第72—73页。

同的主体，前者为隐主体，后者为显主体。大体上来说，隐主体的抒情，多委婉有致，缠绵悱恻；显主体的抒情，多真率强烈，激愤慷慨。《离骚》是这样的作品，《招魂》也是这样的作品。《招魂》结尾，为这样一段：

朱明承夜兮时不可以淹。
皋兰被径兮斯路渐。
湛湛江水兮上有枫，
目极千里兮伤春心。
魂兮归来哀江南！①

译成白话：红日承继着黑夜啊，时光不可以淹留；皋兰遮蔽了路径啊，路远悠悠。江水清亮啊，枫立岸头；展目远望啊，伤春心愀；英魂归来啊，江南哀愁。

这里，自然景物构成了极具感染力的情感空间！

第三节　环境审美的时空拓展

屈原作品中的自然环境非常大，不仅包括诗人所处的生活空间及其历史，还有影响到人类生存与生活的宇宙——天。屈原有名作《天问》。天问，顾名思义，就是问天。问，既是询问，更是探索、思考。这首诗的价值早已超出诗本身，它被自然科学界认定为重要的科学文献，又被哲学界认定为重要的哲学文献。从环境美学角度来看，它是环境审美的时空拓展，这环境审美又可分为自然和社会两个层面。

一、自然环境审美的时空拓展

这集中体现在诗篇开头 22 句：

遂古之初，谁传道之？

① 林家骊译注：《楚辞》，第 224 页。

上下未形，何由考之？
冥昭瞢暗，谁能极之？
冯翼惟象，何以识之？
明明暗暗，惟时何为？
阴阳三合，何本何化？
圜则九重，孰营度之？
惟兹何功，孰初作之？
斡维焉系？天极焉加？
八柱何当？东南何亏？
九天之际，安放安属？
隅隈多有，谁知其数？
天何所沓？十二焉分？
日月安属？列星安陈？
出自汤谷，次于蒙汜。
自明及晦，所行几里？
夜光何德，死则又育？
厥利维何，而顾菟在腹？
女岐无合，夫焉取九子？
伯强何处？惠气安在？
何阖而晦？何开而明？
角宿未旦，曜灵安藏？①

这22句诗探索的主要是宇宙起源的问题。

关于宇宙起源，屈原提出两问："遂古之初，谁传道之？上下未形，何由考之？"前问，问的是时间，宇宙之时从何开始？后问，问的是空间，宇宙之形以何为始？两问有美学的意味，因为它设置了一个情境——对话，为之虚拟了一个被问的对象。而且，这两问将宇宙历史的表述推到

① 林家骊译注：《楚辞》，第80页。

有一个“谁”在“传道”、有一个可以感受的“形”在证明的层次。

下面主要从天空与大地两个方面展开：

关于天空，先从人对天空最强烈的感受——昼夜开始。他询问“冥昭瞢暗，谁能极之？”“明明暗暗，惟时何为？”一是问谁知昼夜循环的原因，即问原因；二是问这种循环变化的时间，即变化的规律。后面进一步问及日月列星：“日月安属？列星安陈？”其中主要问日月。先说已知的太阳运行的路线，“出自汤谷，次于蒙汜”，再问日月更替的路程和这种更替的原动力：“自明及晦，所行几里？夜光何德，死则又育？”最后问日与星的关系：“角宿未旦，曜灵安藏？”（角宿：东方星；曜灵：太阳。）

关于大地，他主要问：“八柱何当？东南何亏？九天之际，安放安属？”关心的是天空如何撑起来，让大地上的生灵有一个自由活动的无限空间。他也说到地形，西北高东南低，这是中国的地形特点。这一方面是因为他当时只能知道这么多地理知识，另一方面，他对天地的关切，也只能是从中国人的生存出发，在他的视野中，中国是世界的全部。

从哲学来看，屈原已经认识到宇宙的无限性。他说：“隅隈多有，谁知其数？”关于宇宙有多大，中国人一直在探索，战国时阴阳家说宇宙可以划分为九州，《淮南子》说，天有九野，九千九百九十九隅。九为至大数，《淮南子》实际上是说天是无限的。尽管天是无限的，但为了认知的需要，人们还是要将天作一定的划分。屈原就在问：“天何所沓？十二焉分？”

值得特别提出的是，屈原问宇宙运行规律，不是为问而问，而是为了人在天地间更好地生存。他在问天问地问日问星之中，不忘问人：“女岐无合，夫焉取九子？伯强何处？惠气安在？”女岐为神女，伯强为疫鬼。这两句的意思是：女岐没有夫君，怎么生出九个儿子？“九”是概数，表多，这是在问最早的人是如何产生的，而且问人为何繁衍得那么多。尽管大地上有疫鬼存在，但大地仍然是惠风和畅，适合人类生存与发展的。

屈原认为，宇宙是人类的环境，这个环境是适合人类生存与发展的。与其说屈原是在探索自然宇宙的奥秘，不如说他是在探索人类环境的奥秘。

二、社会环境审美的时空拓展

《天问》虽然以探索宇宙自然环境为出发点，但落脚点是人类在这个空间生存的历史与当代命运。《天问》依据大量的神话、传说，追溯了中华民族的发生发展史。某种意义上，《天问》关于中华民族发生发展史的描述，落脚点仍然是环境——社会环境。人类理想的社会环境应该是平安的，和平的，没有侵略、没有战争的，但屈原所处的时代恰好是一个纷争的时代，战祸频仍，民不聊生。屈原总结历史教训时特别注意总结殷商灭亡的教训，他问：

> 授殷天下，其位安施？（将天下授给了殷，它的王位怎么给的？）
> 反成乃亡，其罪伊何？（后来殷一反成命被灭，它的罪是什么？）
> …………
> 天命反侧，何罚何佑？（天命是反复的，怎么样才惩罚，怎么样才护佑呢？）
> 齐桓九会，卒然身杀。（齐桓公九会诸侯，最后竟然为人杀害！）
> 彼王纣之躬，孰使乱惑？（那个名为纣王的人，谁使他乱惑？）
> …………
> 皇天集命，惟何戒之？（皇天集禄命于王，以何警戒他？）
> 受礼天下，又使至代之！（王受礼于天下，又让有德者来取代他！）
> …………
> 中央共牧，后何怒？（中央政权统管天下，诸侯们为何发怒？）
> 蜂蛾微命，力何固？（蜂蛾们生命力弱小，它们的力怎样才能坚固？）
> 惊女采薇，鹿何佑？（受惊的女子采薇，鹿为何要去护佑她？）①

---

① 林家骊译注:《楚辞》,第 97 页。

这些话概括起来，就是一个思想：天命是变化的，它只护佑有德的君王，而君王是不是有德，就看他是不是爱民，是不是尊奉中央政权，是不是不去侵略他国了。

《天问》最后问到自己的楚国，也问到自己：

> 荆勋作师，夫何长？（荆楚喜好战争，怎么会长久呢？）
>
> 悟过改更，我又何言？（如楚王能悔悟改正，我还要说什么呢？）
>
> 吴光争国，久余是胜。（吴国阖庐与楚国争战，最终还是吴国战胜了啊！）
>
> 何环穿自闾社丘陵，爰出子文？（如何能穿遍闾里乡社丘陵，找出个贤良的令尹子文？）
>
> 吾告堵敖以不长。（我曾经跟楚国贤人堵敖说过，楚国将衰，不复能久长也。）
>
> 何试上自予，忠名弥彰？（我为什么要谏议楚王，自我标榜忠贞，我难道是为了获取忠名吗？）①

屈原是中国第一位爱国主义诗人，也是自有文字以来，中国为数不多的几位拥有个人创作成果的学者、思想家之一。他的环境美学思想之所以有重要意义，主要原因有二：一、屈原是中国历史上第一位将自然纳入环境并对其作最为全面思考的学者，也是第一位注重从精神的维度包括审美的维度对自然环境作深入思考的学者。二、他是中国先秦时期堪与孔孟荀并列的最为关注社会环境的思想家。在社会环境治理上，屈原与儒家学者有诸多共同的认识：爱民，爱好和平。他较儒家学者更为深刻的地方，一是在他更善于总结历史的经验与教训，《天问》百分之七八十的问都是追问历史的经验与教训，自远古圣君一直问下来，集中问夏商周三代。二是他更关注自己的故国——楚国。他的环境美学思想既具有最为伟大的时空意义，又具有最为浓厚的爱国情怀。

---

① 林家骊译注：《楚辞》，第 102 页。

第十七章 《山海经》的环境美学思想

《山海经》是中国古代一部奇书，此书的性质一直没有定论，相关看法主要分两类：一类认为《山海经》语多荒诞，如《汉书·艺文志》将此书归入“形法”类，东汉班固认为它为“术数”类的书，《四库全书》将此书列入“小说”类，明代的胡应麟更是说《山海经》为“古今语怪之祖”。这样，此书就成了满足人们好奇欲的讲奇怪故事的书了。另一类认为《山海经》基本上是严肃的科学著作，主要为历史地理类的图书。北魏郦道元非常看重《山海经》，他的《水经注》引用《山海经》达 80 余处。以后的《隋书·经籍志》《旧唐书·经籍志》《新唐书·艺文志》，以及王尧臣《崇文总目》皆将其列入史部地理类。

此书的作者及成书时间，目前还是一个谜。此书最早出现在史书中，是在东汉时刘秀的《上山海经表》。在此文中，刘秀说，此书出于唐虞之际，系大禹、伯益所作。伯益是禹治水的助手，《史记·秦本纪》对他有介绍，说他“佐舜调驯鸟兽”，《汉书·地理志》说“伯益知禽兽”。《尔雅》《论衡》《吴越春秋》皆接受刘秀关于《山海经》为禹、益所作的说法。北魏郦道元始怀疑此说，认为此书非出自一人一时之手。北齐颜之推《颜氏家训·书证篇》据《山海经》文中有长沙、零陵、桂阳、诸暨等秦汉以后的地名，认定此书绝非禹、益所作。

目前大多数学者认为，此书成书时间很长，可能在战国时就有了主体部分，后世陆续完善、补充，直至东汉方才成书。至于作者，基本上可以认定不是禹、益，究竟何人所作，目前没有确切说法。

此书诸多内容还是谜。不少学者做田野调查，企图一一核对此书内容，发现很难。就中国的地理来说，有些对得上，有些对不上。让人惊讶的是，据连云山著《谁先到达美洲》一书介绍，美国学者默兹竟查验出美国中部和西部的落基山脉、内华达山脉、喀斯喀特山脉、海岸山脉的太平洋沿岸，与《山海经·东山经》记载的四条山系走向、河流走向完全吻合。如果真是如此，那《山海经》就不是一部关于中国远古的地理书，而是关于北美的地理书了。

按本人的看法，《山海经》融有科学成分，自然科学方面、社会科学方面都有，但算不上严肃的科学著作。它更多地属于传说、神话，而传说、神话是民族文化精神的摇篮。如果认定了这一点，那么此书的价值不能低估。众所周知，真实性有两种：一种是事实的真实性，这是科学特别是自然科学最为追求的；另一种是精神的真实性，这是人文学科更为重视的。《山海经》兼有二者。因此，此书的性质应是科学、史学和神话三者的合一。

此书在中国古代环境美学的建构上具有重大意义：第一，在中国文化史上，它最为全面地提出了人类生存环境是如何开辟的；第二，它以最为充分的史料，哪怕是暂时无法确证的史料，说明以昆仑山为中心的大片土地是华夏民族的发源地，中华民族的始祖——炎帝、黄帝、帝俊、帝尧、帝舜等均在此生活；第三，它以无比丰富的材料描述中华民族生存的这一块土地物产富饶、风景奇异、动植繁茂，在中国文化史上最为充分地阐述了中华民族的乐园概念。

第一节 人类家园：神人与自然的共创

《山海经》中有着大量的开天辟地的神话，这些神话的实质是在阐述人与自然的关系，或者说是在阐述人是如何将自然打造成环境的。这其中包含有中华民族最早的关于天地开辟的重要理念。

一、“混沌”说

《山海经·西山经》云：

> 又西三百五十里，曰天山，多金玉，有青、雄黄。英水出焉，而西南流注于汤谷。有神焉，其状如黄囊，赤如丹火，六足四翼，浑敦无面目，是识歌舞，实惟帝江也。①

这里说的是一位神，混沌无耳目。它的形状如一只袋子，颜色是红色。它有六条腿，四个翅膀，能识歌舞。它是谁呢？“帝鸿”。“帝鸿”是谁？有两种说法，一种为《山海经·西山经》的说法，认为它是帝俊之子。另一种说法认为，它为黄帝的另一名号。《左传·文公十八年》：“昔帝鸿氏有不才子，掩义隐贼，好行凶德，丑类恶物，顽嚣不友，是与比周，天下之民谓之浑敦。”②这作为正史的《左传》也谈到了“帝鸿”。

这里，重要的不是帝鸿是谁，而是“混沌”这一概念。以混沌为人命名的，还有《庄子》。《庄子·应帝王》中说“南海之帝为儵，北海之帝为忽，中央之帝为浑沌”③。这“中央之帝”就是“帝鸿”了。

“浑沌”虽是人名，但它本不是人，它说的是一种无分的、整一的状态，指的是天地未分前的那种状态。那时，既没有天，也没有地；既没有白昼，也没有黑夜。天地未分前的这种混沌是怎样打破的？中国古代神话中是由盘古打破的。《艺文类聚》卷一引《三五历记》云：“天地浑沌如鸡子，盘古生其中，万八千岁。天地开辟，阳清为天，阴浊为地。盘古生其中，一日九变，神于天，圣于地。天日高一丈，地日厚一丈，盘古日长一

① 方韬译注：《山海经》，北京：中华书局2011年版，第55页。
② 郭丹、程小青、李彬源译注：《左传》，第716页。
③ 方勇译注：《庄子》，第132页。

丈，如此万八千岁。”[1]按这个说法，盘古与天地是同时生长的。如果将盘古视为人类始祖，那么，并不是天地生人，而是天地与人同生，也一起生长。这个故事，《山海经》中没有记载，但它记载了一个刑天与帝争神的故事（见《海外西经》[2]）。这刑天不屈服，在断了头后，仍然与帝争战，争战造成什么样的后果呢？《山海经》没有说，但《列子》《淮南子》《路史》《论衡》等古籍说了一个共工氏与颛顼争为帝的故事。故事说，共工氏失败了，怒而触不周山，以至于天破地倾。是一位名为女娲的女神炼五彩石将破损了的天空补起来、倾斜了的天柱扶起来。《山海经》没有完整地记载这个故事，但它记载了“不周山”[3]“共工国山”[4]“女娲之肠”[5]等名，似乎为上面说的故事作注。

《庄子》中，浑沌为中央之帝，《吕氏春秋·季夏纪》亦载：“中央土……其帝黄帝。”[6]《山海经》中将浑沌称为“帝鸿”。《左传·文公十八年》说：“昔帝鸿氏有不才子……天下之民谓之浑敦。”[7]《山海经·西山经》说：“有神焉，其状如黄囊，赤如丹火，六足四翼，浑敦无面目，是识歌舞，实惟帝江也。”[8]正是这样一些文字，让一些学者认为帝鸿就是黄帝。当然，也有学者认为不是。[9] 这里我且不管浑沌是否是黄帝，但黄帝与浑沌扯上关系或者说浑沌与黄帝扯上关系都是不得了的事。浑沌不是普通词，含义非同一般，它含有始源、始祖的意义。在《列子》中，浑沌为“太初”，其《天瑞》篇说：“太初者，气之始也；太始者，形之始也；太素者，质之

---

① 〔唐〕欧阳询撰，汪绍楹校：《艺文类聚》，北京：中华书局 1965 年版，第 17 页。
② 方韬译注：《山海经》，第 231—232 页。
③《山海经·大荒西经》，方韬译注：《山海经》，第 310 页。
④《山海经·大荒西经》，方韬译注：《山海经》，第 311 页。
⑤《山海经·大荒西经》，方韬译注：《山海经》，第 311 页。
⑥ 陆玖译注：《吕氏春秋》，第 161 页。
⑦ 郭丹、程小青、李彬源译注：《左传》，第 716 页。
⑧ 方韬译注：《山海经》，第 55 页。
⑨ 关于帝鸿与黄帝是否为同一人，徐旭生说：“当日氏族散布，互为强弱，既无统一，也无受命，黄帝与帝鸿不过是各氏族里面的人神首长。谁先谁后，现在文献无征，没有法子知道。”见《中国古史的传说时代》，北京：文物出版社 1985 年版，第 74 页。

始也。气形质具而未相离,故曰浑沌。”①作为物,浑沌的地位至高无上,它是宇宙的初始。

《老子》中,浑沌为道。其二十五章云:“有物混成,先天地生。寂兮寥兮!独立而不改,周行而不殆,可以为天地母。吾不知其名,强字之曰‘道’,强为之名曰‘大’。”②“道”既是宇宙之母,是实体性的存在,又是宇宙之理,是精神性的存在。

这三种混沌,分别说的是始祖(人亦神)、始物、始理(道)三者。中华民族的原初思维中,人、物、理三者混为一体。它也许含有这样的意思:天地是人与自然共同开辟的。

二、“日月”说

日月是地球上所能观赏到最为壮丽的自然景观。在中国人的思维中,日月绝不只是用于欣赏的景观,它们是天地间最具魅力的精灵。它们交替着在天空出现,不仅赋予了人类物质的生命,也赋予了人类精神的生命。如果没有日月,地球就是黑暗的、可怕的,人类没有办法生存。正是因为有了日月,才有了这地球上的生命,有了地球上全部的美丽。

可以毫不夸张地说,日月是人类环境之魂。

《山海经》中所记载的山水与日月相关,其中最重要的有两条:

> 东南海之外,甘水之间,有羲和之国。有女子名曰羲和,方浴日于甘渊。羲和者,帝俊之妻,是生十日。(《大荒东经》)③
>
> 有女子方浴月,帝俊妻常羲,生月十二,此始浴之。(《大荒西经》)④

这里让人最为惊讶的是,这太阳、月亮竟然是人生的,而且生得这样

① 叶蓓卿译注:《列子》,第4页。
② 汤漳平、王朝华译注:《老子》,第95页。
③ 方韬译注:《山海经》,第286页。
④ 方韬译注:《山海经》,第320页。

多,生了10个太阳、12个月亮。

混沌是宇宙的最初状态,参与混沌构建的不只有物,还有人;混沌被开辟后,在诸多具体事物的创建中,人的作用更为突出,像日月这样的物体人也能生出来。现代哲学习惯说大自然是人类的母亲,中国古代哲学也有类似的观念,但是,中国古代哲学中也有人为自然之母的观念,像《山海经》中羲和生十日、常羲生十二月就是。

显然,《山海经》在彰显这样一个观点:人类所生活的环境,其实是人与自然共同创造的。环境是人的环境,人是环境的人,人与环境具有血缘的关系。

第二节 华夏圣都:神圣壮美昆仑山

《山海经》分"山经"与"海经"两个部分,"山经"分为《南山经》《西山经》《北山经》《东山经》《中山经》五个部分,故又称作《五臧山经》(或作《五藏山经》)。"海经"分为《海外经》《海内经》《大荒经》。《海外经》包括《海外南经》《海外西经》《海外北经》《海外东经》四个部分;《海内经》包括《海内南经》《海内西经》《海内北经》《海内东经》四个部分;《大荒经》包括《大荒东经》《大荒南经》《大荒西经》《大荒北经》《海内经》五个部分。"海经"虽然名为海,实际上,主要也是说山。因此,《山海经》其实是山经,它一共写了400多座山。这些山有三分之一可以在现在的中国版图中找到其地望。所有这些山中,昆仑山最为重要。

《山海经·西山经》对昆仑山有详细的描述:

> 西南四百里,曰昆仑之丘,实惟帝之下都。神陆吾司之。其神状虎身而九尾,人面而虎爪,是神也,司天之九部及帝之囿时。有兽焉,其状如羊而四角,名曰土蝼,是食人。有鸟焉,其状如蜂,大如鸳鸯,名曰钦原,蠚鸟兽则死,蠚木则枯。有鸟焉,其名曰鹑鸟,是司帝之百服。有木焉,其状如棠,黄华赤实,其味如李而无核,名曰沙棠,可以御水,食之使人不溺。有草焉,名曰薲草,其状如葵,其味如葱,

> 食之已劳。河水出焉，而南流东注于无达。赤水出焉，而东南流注于汜天之水。洋水出焉，而西南流注于丑涂之水。黑水出焉，而西流于大杅，是多怪鸟兽。①

这段文字主要有四层意思：一、昆仑是黄帝在地上的都城；二、昆仑有诸多神灵守护，有虎身九尾的陆吾、状如羊而四角的土蝼，还有各种神鸟，它们也担任守城的任务。三、昆仑有各种果树。四、昆仑有河水、赤水、洋水、黑水四条河流流出。

关于昆仑是黄帝的下都，《山海经·海内西经》也有一条记载，说"海内昆仑之虚，在西北，帝之下都"②。这段文字还突出介绍"昆仑之虚，方八百里，高万仞……面有九井，以玉为槛。面有九门，门有开明兽守之"③。这里对于昆仑上的王宫，突出的一是其高，二是玉为井槛，三是门有神兽——开明兽守护。兽名为"开明"肯定是有来历的。开明，即天亮，这兽与黎明有着密切的关系。昆仑山操控着太阳的升落，也就是操控着大地的光明与晦暗。可引申理解为，昆仑山是文明的发源地。

昆仑是黄帝的下都。既然有下都，那么上都呢？显然是在天上，天上与地上如何交通？靠"建木"。

"建木"是什么样子？《山海经》中有两段不一样的描述：

> ……有木，青叶紫茎，玄华黄实，名曰建木，百仞无枝，上有九欘，下有九枸，其实如麻，其叶如芒，大暤爰过，黄帝所为。(《海内经》)④
>
> 有木，其状如牛，引之有皮，若缨、黄蛇。其叶如罗，其实如栾，其木若蓲，其名曰建木。(《海内南经》)⑤

① 方韬译注：《山海经》，第 48 页。
② 方韬译注：《山海经》，第 264 页。
③ 方韬译注：《山海经》，第 264 页。
④ 方韬译注：《山海经》，第 344 页。
⑤ 方韬译注：《山海经》，第 258 页。

黄帝族与炎帝族融合成为华夏民族的主体，炎黄帝部落融合后，不是炎帝而是黄帝成为部族的最高首领。炎黄部族在其发展过程中，与被称为东夷、南蛮、北狄、西戎的诸多部落融合。融合分为两种情况：

一、通过战争融合，如黄帝部落与蚩尤部落的融合。《山海经·大荒北经》载："蚩尤作兵伐黄帝，黄帝乃令应龙攻之冀州之野。应龙畜水，蚩尤请风伯雨师，纵大风雨。黄帝乃下天女曰魃，雨止，遂杀蚩尤。"①蚩尤属东夷部落，他的部落被黄帝部落打败，融入了黄帝部落。

二、通过婚姻融合。《山海经》比较喜欢谈黄帝的谱系，黄帝部落有各种谱系，有些明显属于华夏族自身的传宗接代，还有一些则为黄帝部落与其他部落通婚所繁衍而来。如："有北狄之国，黄帝之孙曰始均，始均生北狄。"(《大荒西经》)②从黄帝到北狄，隔了两代，可能就是其中一代与北狄族通婚，生下了北狄。再如："大荒之中，有山名曰融父山，顺水入焉。有人名曰犬戎。黄帝生苗龙，苗龙生融吾，融吾生弄明，弄明生白犬，白犬有牝牡，是为犬戎，肉食。"(《大荒北经》)③这里说的是黄帝与犬戎族的血缘关系，其谱系简化即为：黄帝—苗龙—融吾—弄明—白犬(犬戎)。黄帝族的发源地在中国的西北，西北存在着各种不同的部落，远古统称西戎。西戎部落与黄帝族的关系应该最为密切，多为你中有我，我中有你，这里说的通婚只是一种方式。

南方的少数民族称为南蛮，南蛮的始祖是祝融。关于祝融的谱系，《山海经》载：

> 炎居生节并，节并生戏器，戏器生祝融。祝融降处于江水，生共工。共工生术器，术器首方颠，是复土壤，以处江水。共工生后土，后土生噎鸣，噎鸣生岁十有二……帝令祝融杀鲧于羽郊。鲧复生禹……(《海内经》)④

---

① 方韬译注:《山海经》,第 335 页。
② 方韬译注:《山海经》,第 313 页。
③ 方韬译注:《山海经》,第 336 页。
④ 方韬译注:《山海经》,第 353—354 页。

从这个谱系看，祝融出自炎帝。祝融之后出了有名的共工，不少史书载共工与黄帝的孙子颛顼争帝的故事，就是这共工因争帝失败，一怒之下触倒了不周之山，造成天破地陷，洪水泛滥。后来，由此演化出鲧、禹父子治水的伟业。

炎帝黄帝两大部族的谱系，按《山海经》所述，大体如下。

炎帝谱系：炎帝—听訞—炎居—节并—戏器—祝融—共工—术器、后土—噎鸣；炎帝—？—灵恝—氐人。

黄帝谱系：黄帝—昌意—韩流—颛顼—老童—祝融—太子长琴（始作乐风）—骆明—白马（鲧）—禹；（黄帝之孙）始均—北狄。

除炎帝部族、黄帝部族外，还有帝俊部族也是中华民族的主体部族，《山经海》对这一重要部族的谱系记载如下。

帝俊系统：帝俊—禺号—淫梁—番禺（始为舟）—奚仲—吉光（又木为车）—三身—义均（始为巧倕）—后稷（播百谷）—？—叔均（始作牛耕）。

帝俊谱系中最重要的人物是后稷，他是中国农业之祖，也是周人之祖。帝俊部族特别善于表演艺术，《山海经·海内经》云："帝俊生晏龙，晏龙是为琴瑟。帝俊有子八人，是始为歌舞。"这个部族还出能工巧匠："帝俊则羿彤弓与素矰。"（《海内经》）①

按历史学家徐旭生先生的看法，中华民族主要由三大集团：华夏集团、东夷集团和南蛮集团组成。华夏集团的主体是炎帝集团与黄帝集团，帝俊也属于这个集团。②

《山海经》充分描述出以黄帝为首的华夏部族的形成发展的过程，虽然有神话、传说的成分，但也有历史的成分。

昆仑作为黄帝的首都，它是神圣的，有诸多神灵在守护，威严崇高；它又是富饶的，不仅有诸多光华璀璨的金玉，还有各种可食的水果；它还

---

① 方韬译注：《山海经》，第 352 页。

② 徐旭生：《中国古史的传说时代》，第 73 页。

是极为美丽的，有奇花异草、珍禽异兽，美不胜收。《山海经》关于昆仑的详尽描述，展示了中华民族最早部族联盟的首都形象。这一形象后来成为历代封建帝王营建首都时的理想图式。《淮南子·本经训》云："魏阙之高，上际青云；大厦曾加，拟于昆仑。"①

其实，昆仑在中国文化史上最为重要的意义还不在于它本身的富饶与美丽、神奇与亲切，而在于它下面的两点：

一、它撑起中国地理的格局，当得起中国地理的脊梁。虽然对于昆仑山究竟指哪座山，学者们尚有分歧，或主祁连山，或主和田南山，或主阿尔泰山、冈底斯山等，②但它在青藏高原是肯定的，中国的山脉大多从这里起势，走向东南。《山海经》说，有数条河流出于昆仑，这些河流是黄河、长江两大水系的源头。黄河、长江是中华民族的母亲河，它们的流域是中华民族文化的摇篮。

二、昆仑山位于天地之中。《山海经·海内西经》郭注云："昆仑虚……盖天地之中也。"③认为昆仑为天地之中。此后许多重要的著作沿用此说，如《水经·河水注》云："昆仑虚……地之中也。"④《初学记》卷五引《河图括地象》云："昆仑虚，地之中也。"⑤唐代段成式的《酉阳杂俎》云："名山三百六十，福地七十二，昆仑为天地之齐(脐)。"⑥

如此强调昆仑为天地之中，明显地表现出华夏民族的"中国"意识。在中国人心目中，中国，是天地的中心，世界的中心。

昆仑遂成为中国的标志、江山社稷的标志！

---

① 陈广忠译注：《淮南子》，第405页。

② 叶舒宪、萧兵、［韩］郑在书：《山海经的文化寻踪——"想象地理学"与东西文化碰触》，武汉：湖北人民出版社2004年版，第695—741页。

③ 〔晋〕郭璞注，〔清〕郝懿行笺疏，沈海波校点：《山海经》，上海：上海古籍出版社2015年版，第293页。

④ 〔汉〕桑钦：《水经》，北京：中华书局1991年版，第17页。

⑤ 〔唐〕徐坚等：《初学记》，北京：中华书局1962年版，第87页。

⑥ 〔唐〕段成式撰，方南生点校：《酉阳杂俎》，北京：中华书局1981年版，第12页。

第三节　巫风之野:最大女巫西王母

《山海经》中最让人感兴趣的形象是"西王母",之所以让人感兴趣,一是因为她的形象凶恶,二是因为她的地位很高。"西王母"到底是谁,到现在还是众说纷纭,没有定论。

先看看西王母的形象:

> 又西三百五十里,曰玉山,是西王母所居也。西王母其状如人,豹尾虎齿而善啸,蓬发戴胜,是司天之厉及五残。有兽焉,其状如犬而豹文,其角如牛,其名曰狡,其音如吠犬,见则其国大穰。有鸟焉,其状如翟而赤,名曰胜遇,是食鱼,其音如录,见则其国大水。(《西山经》)①
>
> 西王母梯几而戴胜。其南有三青鸟,为西王母取食。在昆仑虚北。(《海内西经》)②
>
> 西海之南,流沙之滨,赤水之后,黑水之前,有大山,名曰昆仑之丘。有神——人面虎身,有文有尾,皆白——处之。其下有弱水之渊环之。其外有炎火之山,投物辄然。有人戴胜,虎齿,有豹尾,穴处,名曰西王母。此山万物尽有。(《大荒西经》)③

从这些描述中,我们可以归纳出几点:

关于西王母的形象。《山海经》关于形象的描述采取模糊手法,只说"其状如人",到底是不是人,不作正面回答。从西王母注意自己的打扮,总是"戴胜"(一种头上的装饰)④来说,她应该是人。此外,西王母也有动

---

① 方韬译注:《山海经》,第 50 页。

② 方韬译注:《山海经》,第 268 页。

③ 方韬译注:《山海经》,第 322 页。

④ 关于戴胜,郭璞的注解为"胜,玉滕也"。台湾有学者认为这是一种"哑铃式"的奇特发饰。山东沂南汉墓画像石有这样的图像。认为胜为玉制的学者径直将胜称为"玉胜"。另一种看法认为,胜为"神的机能的象征"。参见《山海经的文化寻踪》,第 1210 页。

物的成分：虎齿、豹尾。这动物的成分，有两种可能：一种是真有动物的成分，如果是这样，西王母应该就不是人，因为人可能有虎齿，但无论如何不会有豹的尾巴。一种是装饰，也就是说，西王母本是普通的女人，但她被装饰成这种有虎齿、豹尾的样子。

如果认定西王母是人，只是装饰成动物的样子，那就有个问题，她为什么要这样装饰？显然，这是一种巫术，持有巫术观的人们认为，人将自己装饰成动物的形象，就可以获得动物的本领。虎、豹均是凶猛的动物，以“虎齿”“豹尾”装饰人，意味着人也就像虎一样善于撕咬，像豹子一样能用钢鞭似的尾巴打击敌人。这位女人将自己装饰成这样的形象，不是为了上战场，而是为了显示自己具有不平凡的威力，更重要的是能够与虎、豹这样凶猛且神秘的动物沟通。这样做，就不是一般的防身，而是在施展法术，给他人、整个部落以某种帮助。远古时代，巫风炽烈，几乎生活、生产中稍微重要一点的事情均要求神占卜。占卜不是一般人能做的，只有特殊的人物才能做，这特殊的人物，就是巫、觋，“在男曰觋，在女曰巫”①。部落中最高权力人是部落长，一般就兼为巫、觋。距今 5 000—4 500 年的良渚文化出土了大量的三叉形玉头饰，这头饰就是巫师戴的。距今 4 700—4 400 年的石家河文化遗址出土了虎头像、羊头像、鹿头像、飞鹰像，这些装饰不排除是巫师面饰的可能。石家河文化遗址出土有一件玉人头像，这玉人头像的突出特点是一对露出嘴外的长长獠牙。这是否与《山海经》中西王母有虎齿的形象有某些相似之处？

据《国语・楚语下》介绍，远古巫术活动非常普遍。本来，这做巫行术还有许多讲究的，但“及少皞之衰也，九黎乱德，民神杂糅，不可方物。夫人作享，家为巫史，无有要质。民匮于祀，而不知其福。烝享无度，民神同位。民渎齐盟，无有严威”②。于是巫权被收归国有，分别由南正重和火正黎掌管，南正重负责与天沟通，火正黎负责与地沟通。西王母应

① 邬国义、胡果文、李晓路译注：《国语译注》，上海：上海古籍出版社 2017 年版，第 525 页。
② 邬国义、胡果文、李晓路译注：《国语译注》，第 525—526 页。

该早于重、黎的时代，而与黄帝同时代。无疑，她是部族权力最高的巫者。

关于西王母居住的地方，《山海经》有两种说法，一说是玉山，另一说是在昆仑虚北。作为地位最高的巫师，她负责为部族最为重要的事件占卜，常住地应是昆仑虚，而玉山是她的别馆。

仅凭西王母头戴玉胜化装成半兽半人的样子就判断她为女巫，理由还不够充分，还要看她的工作。西王母的工作是“司天之厉及五残”①——掌控天上的灾厉及五种凶残的现象。天上的“厉”与“残”怎么掌控？是不让其发生，还与之针锋相对地较量，还是预报？没有说清楚。正是这种不说清楚，说明西王母的工作只能是行巫：通过巫法与神灵沟通，继而以祭祀向神灵示好，以此获得神灵理解，消除灾难及阻止凶残事情的发生。她的“善啸”就是发出一种奇怪的声音与神灵沟通。

按中国的巫法，与神灵沟通的方式有多种，其中最为重要的一种是通过鸟传递信息。因此，西王母有鸟为她服德，这鸟为三青鸟，它不仅为西王母传递信息，还为她取食。

西王母是具有国师地位的巫，其他级别较低的巫有很多：

> 有灵山，巫咸、巫即、巫肦、巫彭、巫姑、巫真、巫礼、巫抵、巫谢、巫罗十巫。（《大荒西经》）②

从巫风昌炽的角度来看《山海经》的世界，那些奇奇怪怪的人、奇奇怪怪的动物，就都能理解了。

在中国东北地区，至今还有些地区信奉萨满教，萨满教中就有动物面具，巫师行巫时一般要戴上这面具。这种情况在南方也存在，只是南方称之为“傩”，巫术不做了，成了游戏。

在关于西王母的研究中，学者们常将其与《穆天子传》中的西王母联系起来。《穆天子传》基本上是一部具有传说性质的史书，周穆王很可能

---

① 方韬译注：《山海经》，第 50 页。

② 方韬译注：《山海经》，第 315 页。

有过这样的西游,见到过类似西王母这样很有地位的女性部落首领,但可以肯定的是,《穆天子传》中的西王母与《山海经》中的西王母风马牛不相及。一是两者形象不一样。《穆天子传》中西王母虽然与虎豹为群,但基本上是人的形态,她也不戴可怕的面具;而《山海经》中的西王母则形象可怖:"豹尾虎齿""蓬发戴胜"①。二是两者的地望完全不同。"《山海经》的西王母活动在昆仑(和田南山)和玉山(密尔岱山)一带;《穆天子传》西王母所统辖的'核心区'却在其西北面的'大宛/撒马尔罕'一线。"②

第四节 仙境情结:华夏族心中的理想家园

《山海经》所展示的世界神奇、怪异,但细细品味,会感受到它充满着温馨,是中华民族理想家园的象征。

这是一处祥瑞之地。在《山海经》中,祥瑞之物很多,最为重要的是凤凰。《南山经》作为开篇第一经,就生动地描绘过凤凰:

> ……有鸟焉,其状如鸡,五采而文,名曰凤皇,首文曰德,翼文曰顺,背文曰义,膺文曰仁,腹文曰信。是鸟焉,饮食自然,自歌自舞,见者天下安宁。(《南山经》)③

这样的凤凰,其遍身文饰都体现出儒家的德顺义仁信。应该说,它是《山经海》作者的社会理想的象征。《山海经》的末尾又谈到凤凰,只是它的名字变成了鸾与凤:"有鸾鸟自歌,凤鸟自舞。凤鸟首文曰'德',翼文曰'顺',膺文曰'仁',背文曰'义',见则天下和。"(《海内经》)④这里重复了凤鸟纹饰体现儒家道德的意义,并且强调,它的出现代表天下安宁和平。于是"安宁""和"就成了中华民族的生活理想。

中华民族的祥瑞崇拜产生于史前,祥瑞物中,植物主要有花,动物则

---

① 方韬译注:《山海经》,第 50 页。
② 叶舒宪、肖兵、[韩]郑在书:《山海经的文化寻踪》,第 1383 页。
③ 方韬译注:《山海经》,第 16 页。
④ 方韬译注:《山海经》,第 348 页。

很多。但能为史前各部族普遍接受的主要有凤，其次才是龙。龙在各部族的意识中不同程度地具有一些负面的内涵，凤却基本没有负面的内涵。《山海经》中也出现过龙，但为神灵的坐骑，其地位远不能比凤。

我们注意到，凤作为祥瑞物，不只是安宁和平的象征，还是美丽与柔情的象征。凤出现的地方就是仙境。《海内经》云：

> 西南黑水之间，有都广之野，后稷葬焉。其城方三百里，盖天地之中，素女所出也。爰有膏菽、膏稻、膏黍、膏稷，百谷自生，冬夏播琴。鸾鸟自歌，凤鸟自舞，灵寿实华，草木所聚。爰有百兽，相群爰处。此草也，冬夏不死。①

中国的仙境有个突出特点：既在人间又超人间。说超，是指它的某些功能是人间所没有的，如长寿。这里所描绘的境界，是后稷葬地，风景、风水是很好的，但它还是在人间。文中说它有“膏菽、膏稻、膏黍、膏稷”，且“百谷自生”，更加证明它在人间，而且是一个当地人们理想中的农业环境。但是，这境界有一些现象是人间不可能有的，如“素女”，素女就是仙女。另外，此地凤凰常来，自歌自舞，再就是“百兽”和谐相处。这里还有一种灵寿木，人们吃了就会长寿。

整个《山海经》表现的就是当时人心目中的仙境。

作为仙境，其首要的一个特点是居民能长生不死。《山海经》有诸多这样的记载：

> 不死民在其东，其为人黑色，寿，不死。（《海外南经》）②
>
> 有轩辕之国。江山之南栖为吉，不寿者乃八百岁。（《大荒西经》）③
>
> 有文马，缟身朱鬣，目若黄金，名曰吉量，乘之寿千岁。（《海内

① 方韬译注：《山海经》，第 343 页。
② 方韬译注：《山海经》，第 225 页。
③ 方韬译注：《山海经》，第 318 页。

北经》)[①]

其次是有仙药。《山海经》中写了很多仙药,有植物,有动物,也有矿物。

又东二十里,曰苦山……有草焉,员叶而无茎,赤华而不实,名曰无条,服之不瘿。(《中山经》)[②]

有云雨之山,有木名曰栾。禹攻云雨,有赤石焉生栾,黄本,赤枝,青叶,群帝焉取药。(《大荒南经》)[③]

有木焉,其状如棠,黄华赤实,其味如李而无核,名曰沙棠,可以御水,食之使人不溺。(《西山经》)[④]

这些均是草木,而在中国仙药系统中最重要的是矿物性质的仙药。汉代出现的道教认为修仙有两条途径,一是炼内丹,二是炼外丹。炼内丹是修心,炼外丹主要是炼矿物仙药。《山海经》所描绘的黄帝时代就盛行服用矿物仙药了。

……丹水出焉,西流注于稷泽,其中多白玉。是有玉膏,其原沸沸汤汤,黄帝是食是飨。是生玄玉。玉膏所出,以灌丹木,丹木五岁,五色乃清,五味乃馨。黄帝乃取峚山之玉荣,而投之钟山之阳。瑾瑜之玉为良,坚栗精密,浊泽而有光。五色发作,以和柔刚。天地鬼神,是食是飨;君子服之,以御不祥。(《西山经》)[⑤]

这段文字没有提及黄帝炼玉为药,只是说他采玉膏为药。但显然这是炼外丹的开始。葛洪认定黄帝是服玉而成仙的,他说:"黄帝服神丹之后,龙来迎之。"[⑥]他据《列仙传》,云:"黄帝自择亡日,七十日去,七十日

① 方韬译注:《山海经》,第 270 页。
② 方韬译注:《山海经》,第 165 页。
③ 方韬译注:《山海经》,第 305—306 页。
④ 方韬译注:《山海经》,第 48 页。
⑤ 方韬译注:《山海经》,第 44 页。
⑥〔晋〕葛洪:《诸子集成·抱朴子》,北京:中华书局 1978 年版,第 58 页。

还,葬于桥山。"①

作为仙境,其特点除了有仙药以保证长寿,还有就是衣食无忧,生活快乐自由。上面引的后稷葬地都广之野,可以说全面地满足了人的需要。粮食丰收,吃不成问题,更重要的是鸾凤来唱歌跳舞,娱乐百姓。整个都广之野就是充满幸福的吉祥之境。值得我们注意的是,生活在仙境中的人们,特别是黄帝这样的首领,可以凭借建木通天入地,另外也可以驾驭飞龙,自由地游历天下。

① 〔晋〕葛洪:《诸子集成·抱朴子》,第58页。

第十八章 《逸周书》的环境美学思想

《逸周书》又名《汲冢周书》《周书》。关于此书的来历,有几种说法。一种说法是,晋太康二年(281 年),汲群人不(音彪)准私发魏安釐王冢,得竹书数十车,其中就有此书,因此命名为《汲冢周书》。另一种说法是,此书其实在《汉书·艺文志》有载,名为《周书》,篇数与《汲冢周书》不一样,当然,文字也不能一一对应。这些说法可以理解,书籍在流传过程中均会出于各种原因发生变化。此书在《说文解字》《尔雅》《文选》等书中被称为《逸周书》。今人黄怀信等整理此书,采用《逸周书》这一名字。黄怀信等整理的《逸周书》共 10 卷,71 篇。这些文章的内容均是周朝初年的事,有人认为是孔子当年整理《尚书》挑剩的文献,此说甚不可靠。只要看看此书内容,就知道它非常重要,孔子没有理由不将它编入《尚书》。另外,孔子是不是曾整理《尚书》,也很可疑。学者们多认为,《逸周书》当是战国时文士的作品,属于先秦文献。此书内容极为丰富,有些属于史实记载,主要是周初的政治;有些属于传说,如关于赤帝、黄帝、舜等的事。还有大量内容则属于当时人们的科学知识、天下观念、人生哲学、治国理念等。也就是这些内容,包含有环境美学的一些重要思想。

第一节　土地观念

环境观念立足于土地,《逸周书》中有着诸多可贵的土地观念。

一、土地与国家的关系

与一般只是从农业生产的角度认识土地的重要性不同,《逸周书》站在国家的高度来看土地的重要性。《逸周书·武纪解第六十八》云:

> 国有本、有干、有权、有伦质、有枢体。土地,本也;人民,干也;敌国侔交,权也;政教顺成,伦质也;君臣和□(悦),枢体也。①

这段文字有诸多重要思想,其中涉及土地与国家的关系。它明确地将土地看作国之本。这里的土地就不是一般意义的土地,而是指国土。国土是国之本,没有国土,哪还有国?正是因为这样,敌国的侵略总是突出表现为侵占国土,而保卫国家总是体现为对国土的保卫。

这段文字也涉及国土与国民的关系。于国来说,土地是国之本,人民是国之干。那么,土地与人民是怎样的关系?众所周知,人生活在土地上,土地是人的命根子,人离开土地,就好比鱼离开水,必死无疑。既然都是从国家层面上谈土地、谈人民,那么,这土地是国土,人民就是国民。国土、国民,再加上一个国家的代表——国君,就构成了国家的三个基本元素。

《逸周书》接着说:

> 土地未削,人民未散,国权未倾,伦质未移,虽有人昏乱之君,国未亡也。②

这话的意思是,只要国土没有被削夺,国民没有散失,国权没有倾

① 黄怀信等:《逸周书汇校集注》下册,上海:上海古籍出版社 2007 年版,第 1082 页。

② 黄怀信等:《逸周书汇校集注》下册,第 1082 页。

覆,关系国家指导思想的“伦质”即意识形成没有变质,即使出现了昏乱的国君,国家也不能说灭亡了。如此说来,国土、国民、国权、“伦质”都比国君重要啊!

土地与国的关系,其核心是国民与国土的关系。经营好国土,才能养活百姓,而养活百姓,国家政权就稳固了,国君也就基本称职了。

二、土地与百姓的关系

土地与国的关系,缩小来看是治地与治民的关系。这治地指管理行政区,不论多大,只要是行政区,它就需要治民。治民是通过治地来体现的,而治地的目的是养民。《逸周书·武纪解》说:

> 封疆不时得其所,无为养民矣。①

“封疆”在这里指辖区,“所”指土地,“不时得其所”即不能根据时令经营好这块土地。结果呢?“无为养民矣”。百姓没办法活了。这里不仅说拥有土地重要,而且强调要经营好土地。

对于土地管理及经营问题,《逸周书》给予高度关注。

土是用以养民的,土之多少与民之多少应有一个合适的比例关系。土与民的比例关系大体上有两种情况:一是土多民少,二是土少民多。《逸周书》说:

> 土多民少,非其土也;土少人多,非其人也。是故土多,发政以漕四方,四方流之。②

“土多民少”即地广人稀,这样,势必有很多土地没人耕种,土地没有发挥它的作用,地不成其地。所谓“土少人多”即地少人众,由于地少,所以势必有些人没有地耕,这没有地种的人就不成其人。这里,《逸周书》提出一个极重要的观点:物之性与物之功是密切相关而不可分的。如

---

① 黄怀信等:《逸周书汇校集注》下册,第 1086 页。
② 黄怀信等:《逸周书汇校集注》上册,第 242 页。

地，其性在于它为人所耕种，如果不能为人所耕，地就失去其性；同样，人，其性在劳作，如不能劳作，就失去其性。在地与人不成比例的情况下，统治者就要发布政令，流徙人民。总之，力求让耕者有其地。《逸周书》这一思想，在《管子》中也可见到。《管子·霸言》云："地大而不为，命曰土满，人众而不理，命曰人满……地大而不耕，非其地也……人众而不亲，非其人也。"①

三、土地崇拜

土地崇拜集中体现为社祭。《逸周书·作雒解》云："诸受命于周，乃建大社于周中。"②这话是说，诸侯接受中央政权——周的封国，于是，在自己的封国中建立"大社"。社为祭地神之礼仪。"大社"的称呼，来自《礼记·祭法》："王为群姓立社，曰大社；王自为立社，曰王社。诸侯为百姓立社，曰国社；诸侯自为立社，曰侯社。大夫以下成群立社，曰置社。"③原来，这祭地的礼仪有着不同的规格，相应也就有不同的名称。

关于祭坛的形式，《逸周书》也有记载：

> 其壝东青土、南赤土、西白土、北骊土、中央垒以黄土。将建诸侯，凿取其方一面之土，苞以黄土，苴以白茅，以为土封，故曰受则土于周室。④

"壝"，祭坛外围绕的一圈低墙。这具土坛四周的颜色是讲究的，东青、南赤、西白、北骊（黑）、中黄。这种程式与后代流行的五行说完全一致，当然，这不是五行礼仪最早的源头，但可以说，五行说在周朝已经基本上完备了。周朝取分封制，被封的诸侯根据其所分封的方位，凿取符合自己方位颜色的一块土：封于东方，则取青色土；封于南方，则取赤色

① 〔清〕黎翔凤撰，梁运华整理：《管子校注》，第471页。
② 黄怀信等：《逸周书汇校集注》上册，第534页。
③《礼记·祭法》，王文锦译解：《礼记译解》，第673页。
④ 黄怀信等：《逸周书汇校集注》上册，第535页。

土；封于西方，则取白色土；封于北方，则取黑色土。然后，包上黄土，覆盖上白茅。这就是“土封”礼仪。这种以“土封”为标志的分封制被称为“列土而封”，是朝廷一项重要制度，故称为“受则”。值得我们注意的是，这种“土封”礼仪具有象征性。“其方一面之土”，用颜色来体现；“苞以黄土”，这黄代表中央政权，以黄土包裹，意味着封地全为中央的恩赐；“苴以白茅”，白茅本是贡品，意味着向朝廷尽忠，另外，白茅也有圣洁之意。

环境的主体是地。地观念是环境观念的核心，地审美是环境审美的核心。《逸周书》集中体现了中国古代爱地、用地、重地、尊地、礼地的观念。

第二节 “顺道”观念

《逸周书》表现出周朝的人民对于与农业相关的自然现象及其规律已经有较为深入的认识，这种认识总是与人的生活相关连。具体来说，主要有三种情况：

第一，自然现象是农事的背景与条件。

《逸周书·周月解》云：

> 万物春生、夏长、秋收、冬藏，天地之正，四时之极，不易之道。①

“春生、夏长、秋收、冬藏”八个字，直到今天还是这样说，足见其经典。

第二，某自然现象为人类生活提供特定的生活资料，如《逸周书·月令解》云：

> 春取榆柳之火，夏取枣杏之火，季夏取桑柘之火，秋取柞楢之火，冬取槐檀之火。夏食郁，秋食樝、梨、橘、柚，冬食菱、藕。②

① 黄怀信等：《逸周书汇校集注》下册，第579页。
② 黄怀信等：《逸周书汇校集注》下册，第616—617页。

这里说的“取火”，应是钻木取火。不同的季节，要取不同的木料来钻。不同的季节，也有不同的果实可食。

第三，自然现象是某种社会现象的象征与启示。

《逸周书》有《时训解》一章，专门阐述一年之中的节气，每一节气都有一些具有标志性的自然现象出现，而这种自然现象又成为某种社会现象的象征或启示。如：

> 白露之日，鸿雁来；又五日，玄鸟归；又五日，群鸟养羞。鸿雁不来，远人背畔；玄鸟不归，室家离散；群鸟不养羞，下臣骄慢。①

此段话的意思是：白露时节，雾浓色白，鸿雁自北方而来；五天之后，燕子回来了；又过了五天，所有鸟都在忙着进食增肥，因为冬天快到了。由此联系到人事：若鸿雁不来，意味远人背道而驰；若燕子不归，意味着家人离散；若群鸟不养羞，意味着臣下恃宠而骄了。

在观察并思考自然与人类的重要关系的时候，周人得出一个重要的观点：“应天顺时”。此语出自《大明武解》。应天，指奉天命。但何谓天命？没有谁知道，在谈到天命时，古人多将它归于人心。《周易·革卦》说：“汤武革命，顺乎天而应乎人。”②这“顺乎天”实就是“应乎人”。因此，真正具有重要意义的是“顺时”。

“顺时”含意非常丰富。时，不只是指时令，还可引申为客观条件。而“顺”不是简单的盲目的顺从，它包含有人类的主观能动性。事实上，人类对于自然的顺从与动物对于自然的顺从完全不一样。动物对于自然的顺从是本能的，而人对于自然的顺从，是建立在对自然规律的认识与理解之上的。在一定程度上，人对自然的顺从包含有对自然的改造与征服。

《逸周书》中对于“顺”的论述特别丰富：

其一，“农不失其时”。《文传解》云：“工不失其务，农不失其时，是谓

① 黄怀信等：《逸周书汇校集注》下册，第601页

② 〔宋〕朱熹注，李剑雄标点：《周易》，第109页。

和德。"[1]这里,它将"工不失其务"与"农不失其时"归于"和德"。"和德",和之德。工与其任务要实现和谐,农与农时要实现和谐。这样做,于功是必须的,于德也是应该的。

农要做到"不失时",首先要在思想上甚至情感上做到"爱其农时"[2]。

其二,百物"无不顺时"。《程典解》将"顺时"看作一种普适的哲学。不仅农业要顺时,其他工作也要顺时。不仅人要顺时,动植物也都要顺时:

> 慎用必爱,工攻其材,商通其财,百物鸟兽鱼鳖,无不顺时。[3]

显然,这里说的"顺时"之"时"不是仅指时令,而是泛指一切自然规律。

其三,"天不失其时,以成万财"。这是一个非常新颖的提法。时一般是对人而言的,只有人需要顺时、守时、不失时,否则就会办不成事,甚至遭受灭顶之灾。动物有一定的意识,也可以说需要顺时;植物没有意识,但有本能,这本能让它顺时。人、动植物都有生命,为了生命的存在与延续,需要顺时。"天"——作为自然界的总体,它也有时(失时不失时)的问题吗?《逸周书·大聚解》云:"有生而不失其宜,万物不失其性,人不失其事,天不失其时,以成万财。"[4]这段文字很重要。它在说"天不失其时"前,说了"有生而不失其宜""万物不失其性""人不失其事"。这三者,其实都是在说"天不失其时"。也就是说,只要"有生而不失其宜""万物不失其性""人不失其事",天就不会失其时。显然,在这里,"时",就是正常;"失时",就是反常。常,就是规律。

"天"既是人生存生活的环境,也是人生存生活的资源。天不失其时,就会给人类提供优美舒适的环境,提供丰富优质的资源。

---

① 黄怀信等:《逸周书汇校集注》上册,第 242 页。
② 黄怀信等:《逸周书汇校集注》上册,第 176 页。
③ 黄怀信等:《逸周书汇校集注》上册,第 177 页。
④ 黄怀信等:《逸周书汇校集注》上册,第 406 页。

《逸周书》中也经常谈到“宜”“便”“利”等概念，这些概念与“时”是相通的。比如，《逸周书·大聚解》中有语：“道别其阴阳之利，相土地之宜、水土之便。”①虽然这些概念各有其合适的搭配对象，但它们都可以统属到自然规律之中去，而这些自然规律一旦为人类所认识、所掌握、所利用，就会给人类带来财富与种种利益。

其四，顺道与顺性。《逸周书》中谈顺非常多，《小开武解》提出“七顺”：

> 七顺：一、顺天得时；二、顺地得助；三、顺民得和；四、顺利财足；五、顺得助明；六、顺仁无失；七、顺道有功。②

所有的“顺”都含有与对象和谐的含义。“七顺”中，“顺天”“顺地”“顺道”重客体，含有遵循自然的意义，是为天道；“顺民”“顺利”“顺得”“顺仁”重主体，含有顺从民心的意义。其中，利，在民富；得，在民智；仁，在民德。利、智、德三者是为人道。

不管是顺天道，还是顺人道，概而言之，是“顺道”。顺道即为天人合一，即为和，因此，顺道实质是和道。顺道的最高成就是“功”。“功”为完满，它的实现是客体的合目的性与主体的合规律性的统一。

顺道中，顺性是核心。凡物皆有性，既有天之性，也有人之性，还有物之性。《逸周书·周祝解》云：

> 故万物之所生也性于从，万物之所及也性于同。故恶姑幽？恶姑明？恶姑阴阳？恶姑短长？恶姑刚柔？故海之大也而鱼何为可得？山之深也虎豹貔貅何为可服？③

此话的意思是，万物之所以生，是因为其性得以实现；万物之所以达到极致，是因为它的性得到充分实现。因此，幽与明、阴与阳、短与长、刚

---

① 黄怀信等：《逸周书汇校集注》上册，第391页。
② 黄怀信等：《逸周书汇校集注》上册，第276页。
③ 黄怀信等：《逸周书汇校集注》下册，第1066—1067页。

与柔，都只是暂时存在，它们都在不停地向着对方转化。因此，海大，鱼就多了；山深，虎豹貔貅都有了。

什么是最美的自然现象？《逸周书》说：

美为士者，飞鸟归之蔽于天，鱼鳖归之沸于渊。①

万物各依性而生存、而发展，如鸟之归于天，鱼之沸于渊。这就是自由——生态自由。这种自由，就是美。它是人类社会所效法的榜样。因此，诸多的士都向往之，追求之。

第三节 生态观念

《逸周书》具有比较丰富的生态思想，大体上可以分为两个方面。

一、对生命及物种生命的认识

第一，生命的存在是需要一定的客观条件的。比如，它说：

春草生，素草肃，疏数满；夏育长，美柯华；务水潦，秋初艺；不节落，冬大刘。②

这段话说了一系列生命现象。春天到，草初生；很快，初生之草（素草）疯长，此为草初盛；接着，草将大地盖得严严实实，既"疏"又"数"（薮）又"满"，此为草大密。三句全说草，草为春天生命现象的代表。下面说夏天：草木繁茂，枝干（柯）挺拔，而且开出美丽的花朵来了。再接着说秋天：雨水过多，但树木倒是长成材了③。最后说冬天：百卉具零，是大肃杀虫的季节④，然仍然有"不节落"的树木。

① 黄怀信等：《逸周书汇校集注》下册，第1161页。

② 黄怀信等：《逸周书汇校集注》上册，第228页。

③ "秋初艺"，据潘振的理解："艺，才也，言成才也。春言草，秋言木，互文也。"见黄怀信等《逸周书汇校集注》上册，第228页。

④ "不节落，冬大刘"，据潘振的理解："节落，则尽陨矣。大刘者，百卉具零，是大杀也。"见黄怀信等《逸周书汇校集注》上册，第228页。

第二，生命的延续是需要以一定生命积累为前提的。比如，它说：

> 生十杀一者物十重，生一杀十者物顿空。十重者王，顿空者亡。①

这话是说，生十个杀一个，物仍然很多，不影响物种的延续，“物十重”，物数足也。反过来，如果只生一个却杀了十个，这物顿时就空了，物种没办法延续了。结论是“十重者王，顿空者亡”。

二、对于人类行为的具有生态保护意义的告诫

物种延续是自然现象，由于各种影响，物种延续受到损害，整个自然界的生态平衡就会遭到破坏。自然界生态平衡的破坏势必影响到人类的生存。《逸周书》清醒地看到了这一点，并从诸多的角度讨论这一问题。

第一，从资源积累角度谈生态保护：

> 无杀夭胎，无伐不成材，无堕四时。如此者十年，有十年之积者王。②

“无杀夭胎”，即不要伤及动物的胚胎。“无伐不成材”，即不要砍伐尚未成材的树木。“无堕四时”，即不要荒废岁月。这样的话，有十年的积累，就兴旺发达了。

第二，从取物有时的角度来谈生态保护：

> 山林非时不升斤斧，以成草木之长；川泽非时不入网罟，以成鱼鳖之长；不麛不卵，以成鸟兽之长。畋渔以时，童不夭胎，马不驰骛，土不失宜。③

这段话强调取物要有时。它说：不到一定的时候，不能带斧头进山

---

① 黄怀信等：《逸周书汇校集注》上册，第 248 页。
② 黄怀信等：《逸周书汇校集注》上册，第 247 页。
③ 黄怀信等：《逸周书汇校集注》上册，第 239 页。

林，为的是让草木成材；不到一定的时候，不能在河湖沼泽动用网罟，为的是让鱼鳖长肥；幼兽（麛）、鸟卵都不能伤害，为的是让鸟兽成长。捕鱼要遵时，不杀童牛，不伤害动物胚胎，不要让马跑得过快，种什么也要因地制宜。

> 旦闻禹之禁：春三月山林不登斧，以成草木之长；夏三月川泽不入网罟，以成鱼鳖之长。①

按这一说法，这具有生态保护意义的禁令，从大禹时代就开始了。

第三，从让物各归其所谈生态保护。物各有其性，让物得其性，物就能顺利地生存繁衍。《逸周书》也从这一角度谈生态的保护。如：

> ……是鱼鳖归其泉，鸟归其林。②
>
> 泉深而鱼鳖归之，草木茂而鸟兽归之。③

物依其性而生长，物必繁荣；物态繁荣，生态必佳。

第四，将“万物不失性”的原则提到正德的高度，隐约表现出对生态伦理的建设。

《大聚解》云：“夫然，则有生而不失其时，万物不失其性，人不失其事，天不失其时，万财既成，放此为人，此谓正德。”④这段话，不只是谈物，也谈人，实际上是在谈一种自然哲学，这种自然哲学的核心是“不失道”。此道，根据不同的主体、不同的活动，或称为时，或称为性、称为事。而就生态平衡意义来理解，此道应该是“万物不失其性”，“万物”包括人。当万物不失其性，这种生态既是欣欣向荣的，又是井然有序的。这种状况，称为“正德”。“正”，强调德的规律品位。

按说，德是处理人事的原则，《逸周书》却将它延展到处理人与物的关系，于是，这就有两种德：一种德，适人之性；另一种德，适物之性。只

① 黄怀信等：《逸周书汇校集注》上册，第406页。
② 黄怀信等：《逸周书汇校集注》上册，第241页。
③ 黄怀信等：《逸周书汇校集注》上册，第407页。
④ 黄怀信等：《逸周书汇校集注》上册，第406页。

有两者的统一，才是正德。

《逸周书》谈德，除“正德”概念外，还有“仁德”概念。仁的核心是爱。仁，本用于人，孔子曾说过“仁者爱人”。但《逸周书》谈到仁时，也将它用于“鸟兽”：

子孙习服，鸟兽仁德。①

这两句话，前一句是说，后代子孙，要经常性地温习服从祖先的训告，后一句是说要爱物，对于鸟兽也要施以仁德。这种仁民爱物的思想是儒家优良传统。爱物中对鸟兽施以仁德的观念，虽然缺乏深入的解释，但可以视为生态伦理之萌芽。

第四节 “中国”观

《逸周书》对于中国这块土地有诸多论述，许多内容可以与《山海经》《尚书·禹贡》相参照。

一、中国物产丰富

《王会解》对于中国丰富的物产有详细的介绍，试摘数条：

北唐戎以闾，闾以隃冠。渠叟以鼩犬。鼩犬者，露犬也，能飞，食虎豹。楼烦以星施，星施者珥旄。卜庐以羊，羊者，牛之小者也。区阳以鳖封者，若彘，前后有首。规矩以鳞者，兽也。西申以凤鸟。凤鸟者，戴仁、抱义、掖信，归有德。丘羌鸾鸟。巴人以比翼鸟。方扬以皇鸟。蜀人以文翰。文翰者，若皋鸡，方人以孔鸟。②

这些话都是在说物产，大概意思是：北唐戎即古唐国一带，以闾为贡品，闾是一种像驴的野兽。阎这个地方则用隃（羭）羊的角作贡品。渠叟

① 黄怀信等：《逸周书汇校集注》上册，第17页。
② 黄怀信等：《逸周书汇校集注》下册，第850—863页。

这地方用豹犬作贡品，豹犬即露犬，能飞，食虎豹。楼烦这地方用星施为贡品，星施是旄牛尾。卜庐这地方以羊为贡品，羊就是小牛。区阳这地方用鳖封作贡品，鳖封像猪，前后有头。规矩这地方用鳞作贡品，鳞（麒麟）是一种兽。西申这地方用凤鸟作贡品，凤鸟有仁、有义、有信，是一种德鸟。丘羌以鸾鸟为贡品。巴人以比翼鸟为贡品。方扬以皇鸟为贡品。蜀人以文翰为贡品，文翰像皋鸡。方人以孔鸟为贡品。

《逸周书》还记载了一些奇异的动物，如：

> 州靡费费，其形人身，枝踵，自笑，笑则上唇翕其目。食人。北方谓之吐喽。
>
> 都郭生生若黄狗，人面，能言。①

这些与《山海经》的记载很相似，应该说都是真实的，当时的中国大地确实存在过这样奇怪的动物，只是有些动物后来灭绝了，故而现在看不见。

二、五服统治

周朝对于国土实行五服统治。这在《尚书》有明确记载，《逸周书》也有谈及，并明确说这源于周朝：

> 夏成五服，外薄四海。②

“五服”据《尚书》为甸服、侯服、绥服、要服、荒服。以京城为中心，距京城最近的地区为甸服，距京城最远的地区为荒服。由于距京城距离有远近，贡品就有不同的要求。像粮食等生活用品之类，基本上就是由甸服供应，边远地区的贡品则多为奇珍异宝。

关于“服”，《逸周书》还有“九服”之说，然实际上只谈到了侯服、甸服、男服、卫服、蛮服、镇服、藩服，疑有脱漏。对于“服”名目，注家有解

① 黄怀信等：《逸周书汇校集注》下册，第 869—871 页。

② 黄怀信等：《逸周书汇校集注》下册，第 899 页。

释，说："侯之言侯，为王斥侯。服，服事天子也。""甸之言田，为王治田出税。""男之言任也，为王任其职理。""（卫者）为王捍卫也。""蛮近夷狄，蛮之言縻，以政教縻来之。""镇者，言镇守之。""藩者，以其最在外为藩篱，故以藩为称也。""藩服，屏四境也。"①看来，这些命名都与中央政府管理有关。

"外薄四海"，据何秋涛的解释："九州之外谓之四海，此通义也。禹时东南二海皆在版图之内，其西北二海虽九州之外，而声教洋溢，凡有血气莫不尊亲，故云外薄四海。"②

在何秋涛看来，不只九州要进贡，四海也要进贡。进贡与声教具有必然联系。既然进贡不止于九州，而达于四海，那么，四海也是国家教化达到的地方，它们都在中国的版图之内。这一点在禹时就明确了。

对于四海的具体进贡物，《逸周书》也有记载，最后，它说："咸会于中国。"③

进贡意义重大。进贡是对朝廷的支撑，因为进贡物或是朝廷生活与战争必须之物，或是珍奇之物。但它的意义远不只是此，进贡更重要的意义在于，它是国家主权对其管辖疆域的宣示。因此，重要的是进贡这事，而不是进贡之物。《逸周书》记有这样一件事：商汤王对伊尹说，诸侯进献本是好事，但我感到不安。我知道有些地方是不生产牛马的，因为朝廷战争的需要，他们高价换取边远地方的牛马，以之作为贡品。这样做，实在是劳民伤财。我想让诸侯根据自己国家的所有物来进贡，这样，贡品易得到且不贵。你为我起草一个《献令》，向天下颁布。商汤王这样做意义重大，这让进贡之事变得容易了。国家疆域之内无论离国都多远，都同心同德。这样，国家政权就稳定了，边远地方也安定了。

伊尹遵照商汤王的指令，起草《献令》：

---

① 黄怀信等：《逸周书汇校集注》下册，第992—993页。

② 黄怀信等：《逸周书汇校集注》下册，第899页。

③ 黄怀信等：《逸周书汇校集注》下册，第908页。

伊尹受令，于是为四方令曰：臣请正东符娄、仇州、伊虑、沤深、九夷、十蛮、越沤、鬋文身，请令以鱼支之鞞，(乌)鲗之酱，鲛盾、利剑为献。正南瓯邓、桂国、损子、产里、百濮、九菌，请以珠玑、瑇瑁、象齿、文犀、翠羽、菌鹤、短狗为献。正西昆仑、狗国、鬼亲、枳已、闟耳、贯胸、雕题、离丘、漆齿，请令以丹青、白旄、纰罽、江历、龙角、神龟为献。正北空同、大夏、莎车、姑他、旦略、貌胡、戎翟、匈奴、楼烦、月氏、孅犁、其龙、东胡，请令以橐驼、白玉、野马、騊駼、駃騠、良弓为献。汤曰：善。①

从这个献令可以看出，当时中国的东南西北有多少个民族。就拿东面来说，有符娄、仇州、伊虑、沤深、九夷、十蛮、越沤、鬋文身。“九夷”，按《尔雅》，为玄菟、乐浪、高骊、满饰、凫更、索家、东屠、倭人、天鄙。至于“十蛮”，说法不一。《职方》一书说“八蛮”：天竺、咳首、僬侥、跛踵、穿胸、儋耳、狗轵、旁脊。《尔雅》说“六蛮”，此书说“十蛮”，应该是说蛮很多，此十言多。

中国是一个多民族的国家，早在文明开始的夏、商、周时期就是如此了。

三、九州之国

《逸周书》有《职方解》章，对当时中国的版图有详细的介绍。朝廷设官职方：“职方氏掌天下之图，辩其邦国、都鄙、四夷、八蛮、七闽、九貉、五戎、六狄之人民。”②邦国指诸侯之国，国邑曰鄙，四夷、八蛮、七闽、九貉、五戎、六狄指少数民族。这些社会组织与人民均要接受中央政府的管理，但它们与中央政府之间，还有它们之间均有利益上的冲突。中央政府要让国家安定，就必须厉行各种管理措施。《逸周书·职方解》云：“周

① 黄怀信等：《逸周书汇校集注》下册，第911—922页。

② 黄怀信等：《逸周书汇校集注》下册，第975页。

知其利害，乃辨九州之国，使同贯利。”①这句话有三个关键词：“利害”，说明各个小国的团结统一关系重大，处理得好，则于国有利，处理得不好，则于国有害。“九州”，是当时的中国版图。按《史记》所记载的战国时阴阳家邹衍的观点，有大九州、中九州与小九州之说，全世界为大九州，每个大九州又分为九州，中国只是其中之一，为赤县神州。而在中国，又分九州，职方氏的工作之一是“辨九州”。所谓“辨”就是划清边界，熟悉各州的地理、特产，从而达到“同贯利”，让中央与地方利益贯通，都能受利。

关于九州具体的“辨”，《职方解》未一一说，只着重谈了“东南”的扬州、“正南”的荆州、“河南”的豫州、“河东”的兖州、“正西”的雍州、“东北”的幽州、“河内”的冀州、正北的“并州”。其中突出介绍了各地的山镇即镇州之山、泽薮、川河、物产。特别值得注意的是它还介绍了这些地区不同的男女比例，如扬州地区男女比例为二男五女。

《逸周书》对中国的介绍，虽然以国土为本，但结合到国家政权即国权，这种介绍体现出强烈而又自豪的家国情怀。

① 黄怀信等：《逸周书汇校集注》下册，第976页。

主要参考文献

一、古籍类

郑玄,贾公彦.周礼注疏[M]阮元.十三经注疏.北京:中华书局,1980.

郑玄,孔颖达.礼记正义[M]阮元.十三经注疏.北京:中华书局,1980.

郑玄,孔颖达.毛诗正义[M]阮元.十三经注疏.北京:中华书局,1980.

赵岐,孙奭.孟子注疏[M]阮元.十三经注疏.北京:中华书局,1980.

许慎.说文解字[M].徐铉,等,点校.北京:中华书局,1963.

刘向,向宗鲁.说苑校证[M].北京:中华书局,1987.

司马迁.史记[M].韩兆琦,译注.北京:中华书局,2010.

吕不韦.吕氏春秋[M].高诱,注.毕沅,校正.余翔,标点.上海:上海古籍出版社,1996.

王弼,楼宇烈.周易注校释[M].北京:中华书局,2012.

列子.列子[M].张湛,注.卢重玄,解.殷敬顺,陈景元,释文.陈明,校点.上海:上海古籍出版社,2014.

佚名.山海经[M].郭璞,注.郝懿行,笺疏.沈海波,校点.上海:上海古籍出版社,2015.

葛洪.诸子集成·抱朴子[M].北京:中华书局,1978.

皇侃.论语义疏[M].高尚榘,整理.北京:中华书局,2013.

徐坚,等.初学记[M].北京:中华书局,1962.

欧阳询.艺文类聚[M].汪绍楹,校.北京:中华书局,1965.

段成式.酉阳杂俎[M].方南生,点校.北京:中华书局,1981.

李鼎祚.周易集解[M].王丰先,点校.北京:中华书局,2016.

洪兴祖.楚辞补注[M].白化文,徐德楠,李如鸾,等,点校.北京:中华书局,1983.

黎靖德.朱子语类[M].王星贤,点校.北京:中华书局,1986.
程颢,程颐.二程集[M].王孝鱼,点校.北京:中华书局,1981.
朱熹.周易本义[M].柯誉,整理.北京:中央编译出版社,2010.
朱熹.四书章句集注[M].北京:中华书局,2011.
朱熹.诗集传[M].北京:中华书局,2011.
来知德.周易集注[M].王丰先,点校.北京:中华书局,2019.
郭庆藩.庄子集释[M].王孝鱼,整理.北京:中华书局,1961.
方玉润.诗经原始[M].李先耕,点校.北京:中华书局,1986.
王先谦.庄子集解[M].沈啸寰,点校.北京:中华书局,1987.
孙诒让.周礼正义[M].王文锦,陈玉霞,点校.北京:中华书局,1987.
王先谦.荀子集解[M].沈啸寰,王星贤,点校.北京:中华书局,1988.
孙希旦.礼记集解[M].沈啸寰,王星贤,点校.北京:中华书局,1989.
马瑞辰.毛诗传笺通释[M].陈金生,点校.北京:中华书局,1990.
刘宝楠.论语正义[M].高流水,点校.北京:中华书局,1990.
李道平.周易集解纂疏[M].潘雨廷,点校.北京:中华书局,1994.
朱彬.礼记训纂[M].饶钦农,点校.北京:中华书局,1996.
戴震.屈原赋注[M].褚斌杰,吴贤哲,校点.北京:中华书局,1999.
黎翔凤.管子校注[M].梁运华,整理.北京:中华书局,2004.
李光地.周易折中[M].刘大钧,整理.成都:巴蜀书社,2006.
黄以周.礼书通故[M].王文静,点校.北京:中华书局,2007.
王先慎.韩非子集解[M].钟哲,点校.北京:中华书局,2013.
孙诒让.墨子闲诂[M].孙以楷,点校.北京:中华书局,2014.
孙星衍.尚书今古文注疏[M].陈抗,盛冬玲,点校.北京:中华书局,1986.
王先谦.诗三家义集疏[M].吴格,点校.北京:中华书局,2011.
孙星衍.孙氏周易集解[M].黄冕,点校.北京:中华书局,2018.
郝懿行.山海经笺疏[M].栾保群,点校.北京:中华书局,2019.

二、今人古籍注释研究类

詹剑峰.老子其人其书及其道论[M].武汉:湖北人民出版社,1982.
朱谦之.老子校释[M].北京:中华书局,1984.
陈鼓应.老子注释及评介[M].北京:中华书局,1984.
高亨.老子正诂[M].北京:中国书店,1988.
陈鼓应.老庄新论[M].上海:上海古籍出版社,1992.
王卡.老子道德经河上公章句[M].北京:中华书局,1993.
高明.帛书老子校注[M].北京:中华书局,1996.
刘笑敢.老子:年代新考与思想新诠[M].台北:东大图书公司,1997.

陈鼓应. 老子今注今译[M]. 北京:商务印书馆,2003.
汤漳平,王朝华. 老子[M]. 北京:中华书局,2014.
王叔岷. 庄子校诠[M]. 北京:中华书局,2007.
陈鼓应. 庄子今注今译[M]. 北京:中华书局,2009.
方勇. 庄子[M]. 北京:中华书局,2010.
崔大华. 庄子歧解[M]. 北京:中华书局,2012.
何善周. 庄子研究[M]. 北京:中华书局,2016.
陈鼓应. 庄子浅说[M]. 北京:中华书局,2017.
杨伯峻. 列子集释[M]. 北京:中华书局,1979.
严北溟,严捷. 列子译注[M]. 上海:上海古籍出版社,1986.
叶蓓卿. 列子[M]. 北京:中华书局,2011.
黄建军. 列子译注[M]. 北京:商务印书馆,2015.
杨伯峻. 论语译注[M]. 北京:中华书局,1980.
杨树达. 论语疏证[M]. 上海:上海古籍出版社,1986.
程树德. 论语集释[M]. 程俊英,蒋见元,点校. 北京:中华书局,1990.
匡亚明. 孔子评传[M]. 南京:南京大学出版社,1990.
李零. 丧家狗——我读《论语》[M]. 太原:山西人民出版社,2007.
汤恩佳,朱仁夫. 孔子读本[M]. 广州:南方日报出版社,2007.
施忠连. 世界眼光中的孔子[M]. 北京:中华书局,2010.
钱穆. 论语新解[M]. 北京:九州出版社,2011.
陈晓芬,徐儒宗. 论语·大学·中庸[M]. 北京:中华书局,2011.
王国轩,王秀梅. 孔子家语[M]. 北京:中华书局,2011.
董楚平. 论语钩沉[M]. 北京:中华书局,2011.
张祥龙. 从现象学到孔夫子[M]. 北京:商务印书馆,2011.
刘绍刚. 孔子论学[M]. 北京:中华书局,2012.
王恩来. 人性的寻找:孔子思想研究[M]. 北京:中华书局,2016.
傅佩荣. 孔子辞典[M]. 北京:东方出版社,2013.
郭沂. 孔子集语校注[M]. 北京:中华书局,2017.
张涛. 孔子家语译注[M]. 北京:人民出版社,2017.
杨伯峻. 孟子译注[M]. 北京:中华书局,1960.
刘兆伟. 孟子译评[M]. 北京:中华书局,2011.
方勇. 孟子[M]. 北京:中华书局,2017.
梁启雄. 荀子简释[M]. 北京:中华书局,1983.
孔繁. 荀子评传[M]. 南京:南京大学出版社,1997.
杨泽波. 孟子评传[M]. 南京:南京大学出版社,1998.
孙伟. 重塑儒家之道:荀子思想再考察[M]. 北京:人民出版社,2010.
韦政通. 荀子与古代哲学[M]. 台北:台湾商务印书馆,1992.

牟宗三.名家与荀子[M].台北:台湾学生书局,1994.

方勇,李波.荀子[M].北京:中华书局,2011.

廖名春.《荀子》新探[M].北京:中国人民大学出版社,2014.

杨金廷,范文华.荀子史话[M].北京:人民出版社,2014.

陈来.孔子、孟子、荀子:先秦儒学讲稿[M].北京:生活·读书·新知三联书店,2018.

楼宇烈.荀子新注[M].北京:中华书局,2018.

岑仲勉.墨子城守各篇简注[M].北京:中华书局,1958.

徐希燕.墨学研究:墨子学说的现代诠释[M].北京:商务印书馆,2001.

王焕镳.墨子集诂[M].上海:上海古籍出版社,2005.

吴毓江.墨子校注[M].孙启治,点校.北京:中华书局,1993.

谭家健,孙中原.墨子今注今译[M].北京:商务印书馆,2009.

方勇.墨子[M].北京:中华书局,2015.

墨翟,张永祥,肖霞.墨子译注[M].上海:上海古籍出版社,2016.

孙中原.墨子大辞典[M].北京:商务印书馆,2016.

王世舜,王翠叶.尚书[M].北京:中华书局,2012.

金兆梓.尚书诠译[M].北京:中华书局,2010.

雒江生.尚书校诂[M].北京:中华书局,2018.

杜泽逊.尚书注疏汇校[M].北京:中华书局,2018.

陈鼓应,赵建伟.周易今注今译[M].北京:商务印书馆,2005.

张政烺.马王堆帛书《周易》经传校读[M].北京:中华书局,2008.

唐明邦.周易评注[M].北京:中华书局,2009.

杨天才,张善文.周易[M].北京:中华书局,2011.

陈望衡.周易玄机[M].北京:东方出版社,2011.

李零.死生有命 富贵在天:《周易》的自然哲学[M].北京:生活·读书·新知三联书店,2013.

徐正英,常佩雨.周礼[M].北京:中华书局,2014.

杨天宇.周礼译注[M].上海:上海古籍出版社,2016.

胡平生,张萌.礼记[M].北京:中华书局,2017.

王文锦.礼记译解[M].北京:中华书局,2001.

黄淬伯.诗经覈诂[M].北京:中华书局,2012.

马宗芗.毛诗集释[M].北京:中华书局,2014.

王秀梅.诗经[M].北京:中华书局,2015.

程俊英,蒋见元.诗经注析[M].北京:中华书局,2017.

黄灵庚.楚辞章句疏证[M].北京:中华书局,2007.

林家骊.楚辞[M].北京:中华书局,2010.

詹安泰.屈原:宋词研究[M].上海:上海古籍出版社,2011.

王泗原.楚辞校释[M].北京:中华书局,2015.
王伟.《楚辞》校证[M].北京:中华书局,2017.
陈抡.楚辞解译[M].北京:中华书局,2018.
陈桐生.国语[M].北京:中华书局,2013.
邬国义,胡果文,李晓路.国语译注[M].上海:上海古籍出版社,2017.
石一参.管子今诠[M].北京:中国书店,1988.
陈鼓应.管子四篇诠释[M].北京:商务印书馆,2016.
李山,轩新丽.管子[M].北京:中华书局,2019.
张觉.韩非子校疏[M].上海:上海古籍出版社,2010.
韩非,陈奇猷.韩非子新校注[M].上海:上海古籍出版社,2000.
高华平,王齐洲,张三夕.韩非子[M].北京:中华书局,2010.
陈奇猷.吕氏春秋校释[M].上海:上海学林出版社,1984.
张双棣,殷国光,陈涛.吕氏春秋词典[M].北京:商务印书馆,2009.
许维遹.吕氏春秋集释[M].梁运华,整理.北京:中华书局,2009.
陆玖.吕氏春秋[M].北京:中华书局,2011.
洪家义.吕不韦评传[M].南京:南京大学出版社,2011.
周宝宏.《逸周书》考释[M].北京:社会科学文献出版社,2000.
黄怀信.逸周书校补注译[M].西安:三秦出版社,2006.
黄怀信,张懋镕,田旭东.逸周书汇校集注[M].上海:上海古籍出版社,2007.
王连龙.《逸周书》研究[M].北京:社会科学文献出版社,2010.
张怀通.《逸周书》新研[M].北京:中华书局,2013.
姚蓉.逸周书文系年注析[M].桂林:广西师范大学出版社,2015.
袁珂.山海经校译[M].上海:上海古籍出版社,1985.
方韬.山海经[M].北京:中华书局,2011.
陈成.山海经译注[M].上海:上海古籍出版社,2012.
郭丹,程小青,李彬源.左传[M].北京:中华书局,2012.
陈广忠.淮南子[M].北京:中华书局,2012.
刘钊.郭店楚简校释[M].福州:福建人民出版社,2005.
冯友兰.中国哲学史新编[M].北京:人民出版社,2004.
劳思光.新编中国哲学史[M].桂林:广西师范大学出版社,2005.
蔡仁厚.中国哲学史[M].台北:台湾学生书局,2009.
任继愈.中国哲学史[M].北京:人民出版社,2010.
王博.中国儒学史:先秦卷[M].北京:北京大学出版社,2011.
杨儒宾.从《五经》到《新五经》[M].台北:台湾大学出版中心,2013.

三、环境美学类

陈望衡.环境美学[M].武汉:武汉大学出版社,2007.

陈望衡. 当代美学原理[M]. 北京:人民出版社,2003.

陈望衡. 我们的家园:环境美学谈[M]. 南京:江苏人民出版社,2014.

陈望衡. 再论环境美学的当代使命[J]. 学术月刊,2015(11).

傅华. 生态伦理学研究[M]. 北京:华夏出版社,2002.

韩立新. 环境价值论[M]. 昆明:云南人民出版社,2005.

王正平. 环境哲学——环境伦理的跨学科研究[M]. 上海:上海教育出版社,2014.

陈业新. 儒家生态意识与中国古代环境保护研究[M]. 上海:上海交通大学出版社,2012.

卢政,等. 中国古典美学的生态智慧研究[M]. 北京:人民出版社,2016.

叶舒宪、萧兵、郑在书. 山海经的文化寻踪——"想象地理学"与东西文化碰触[M]. 武汉:湖北人民出版社,2004.

乔清举. 儒家生态思想通论[M]. 北京:北京大学出版社,2013.

程相占. 中国环境美学思想研究[M]. 郑州:河南人民出版社,2009.

杨平. 环境美学的谱系[M]. 南京:南京出版社,2007.

汪劲,严厚福,孙晓璞. 环境正义:丧钟为谁而鸣——美国联邦法院环境诉讼经典判例选[M]. 北京:北京大学出版社,2006.

徐崇温. 全球问题和人类困境[M]. 沈阳:辽宁人民出版社,1986.

蒙培元. 人与自然——中国哲学生态观[M]. 北京:人民出版社,2004.

彭峰. 完美的自然:当代环境美学的哲学基础[M]. 北京:北京大学出版社,2005.

岳友熙. 生态环境美学[M]. 北京:人民出版社,2007.

刘成纪. 自然美的哲学基础[M]. 武汉:武汉大学出版社,2008.

曾繁仁. 生态存在论美学论稿[M]. 长春:吉林人民出版社,2009.

陈国雄. 环境美学的理论建构与实践价值研究[M]. 北京:科学出版社,2017.

汤虎. 灵居:解读中国人的建筑智慧[M]. 重庆:重庆大学出版社,2013.

李泽厚. 回应桑德尔及其他[M]. 北京:生活·读书·新知三联书店,2014.

四、译著

雅斯贝尔斯. 大哲学家[M]. 李雪涛,主译. 北京:社会科学文献出版社,2005.

赫拉利. 人类简史[M]. 林俊宏,译. 北京:中信出版社,2014.

赫拉利. 未来简史[M]. 林俊宏,译. 北京:中信出版社,2017.

罗尔斯顿. 环境伦理学[M]. 杨通进,译. 北京:中国社会科学出版社,2000.

温茨 S. 环境正义论[M]. 朱丹琼,宋玉波,译. 上海:上海人民出版社,2007.

纳什. 大自然的权力[M]. 杨通进,译. 梁志平,校. 青岛:青岛出版社,1999.

帕帕奈克. 绿色律令[M]. 周博,赵炎,译. 北京:中信出版社,2013.

里夫金. 同理心文明[M]. 蒋宗强,译. 北京:中信出版社,2015.

戴利 E,汤森 N.珍惜地球:经济学、生态学、伦理学[M].马杰,钟斌,朱又红,译.北京:商务印书馆,2001.

伯林特.美学与环境[M].程相占,译.郑州:河南大学出版社,2013.

伯林特.生活在景观中——走向一种环境美学[M].陈盼,译.长沙:湖南科学技术出版社,2006.

卡尔松.从自然到人文:艾伦·卡尔松环境美学文选[M].薛富兴,译.孙小鸿,校.桂林:广西师范大学出版社,2012.

瑟帕玛.环境之美[M].武小西,张宜,译.长沙:湖南科学技术出版社,2006.

后　记

先秦在中华文明史上具有特殊的重要地位。首先,中华民族以农立国、以农养民的生存之道就是这个时期奠定的。中国人的哲学、政治、经济、科技、道德、审美、艺术、教育诸多思想均建立在这个时期的基础之上。值得特别指出的是,中华民族虽然是一个务实的民族,但从来不缺乏哲学思维。基本上孕育于农业文明的阴阳和合、天人合一哲学在先秦已经成熟,此后基本上没有多大发展。中华民族被西方学者评价为早熟的民族,这早熟其实就体现在这哲学思维之上。与之相关的是政治理念,中国古代社会治国的基本理念是崇礼尚乐、礼乐互补:礼主异,强调等级秩序;乐主和,强调情感和合。以上说的经济、哲学、政治体系,几千年来没有什么变化,可以说形成了稳定的国家基础。尽管朝代在变,但这个基础直到新中国成立一直没有变。中国古代的环境美学思想就建立在这个基础之上。

值得说明的是,虽然先秦为中国古代环境美学思想奠定了基础,且先秦环境美学思想也相当丰富,但是,环境美学思想并没有独立。环境美学思想融合在经济学、哲学、政治学之中,作为经济学、哲学、政治学的因子而存在。此书作为环境美学的专著,需要从经济学、哲学、政治学之中提炼出环境美学思想来,正如从铁矿中炼出铁来一样。

我们的工作是到先秦古籍中去做这种提炼。说是先秦古籍，也有少数著作直到汉代才为世人所发现，甚至也许经过汉人的加工，但因为说的是先秦的事，我们姑且视为先秦的思想予以评介。这种做法也许不够严谨，但我们的目的主要不是说史实，而是论学理，这点敬请读者理解。先秦有些重要古籍，我们原本想将它们纳入书中予以评论，如春秋三传、《仪礼》《孙子兵法》等，但因为这些书涉及环境美学思想的文字太少，难以提炼，只得舍弃。

此卷设计者为陈望衡，各章分工如下。陈望衡：第一章、第二章、第三章、第四章、第八章、第九章、第十章、第十一章、第十二章、第十三章、第十五章、第十六章、第十七章，第十八章。徐骆：第五章、第六章、第七章、第十四章。

陈望衡

2019.12.12 于武汉大学哲学学院